# 高职高专环境教材
## 编审委员会

教育部高职高专规划教材

# 生态学

第二版

周凤霞 主编

杨彬然 杨保华 副主编

化学工业出版社

·北京·

## 内容提要

本书从生物的个体、种群、群落、生态系统等层次阐述了生态学的基本原理；污染物在生态系统中的迁移规律，生物富集，环境污染的生态治理；环境污染的生态监测；生态工程、生态规划、生态文明等内容。还编入了12个生态学实验内容，理论与实践相结合。全书力求做到文字流畅，结构明晰，在章节之间插入了一些相关的知识或阅读材料，尽可能拓展学生的知识视野，也可增加本书的可读性。

本书是教育部高职高专国家规划教材，供高等职业技术学院和高等专科学校环境类专业和生命科学类专业的学生使用，也可供其他专业师生和从事环境保护工作的科技人员参考。

**图书在版编目（CIP）数据**

生态学/周凤霞主编．—2版．—北京：化学工业出版社，2013.3（2020.9重印）
教育部高职高专规划教材
ISBN 978-7-122-16443-8

Ⅰ．①生… Ⅱ．①周… Ⅲ．①生态学-高等职业教育-教材 Ⅳ．①Q14

中国版本图书馆CIP数据核字（2013）第020084号

责任编辑：王文峡　　文字编辑：周　倜
责任校对：洪雅姝　　装帧设计：尹琳琳

出版发行：化学工业出版社（北京市东城区青年湖南街13号　邮政编码100011）
印　　装：北京盛通商印快线网络科技有限公司
787mm×1092mm　1/16　印张18¾　字数464千字　2020年9月北京第2版第5次印刷

购书咨询：010-64518888　　售后服务：010-64518899
网　　址：http://www.cip.com.cn
凡购买本书，如有缺损质量问题，本社销售中心负责调换。

**定　价：48.00元**

# 第二版前言

《生态学》第一版于2005年出版，至今已经有8年了。8年来，作为高职高专规划教材，被广大相关的高职院校采用，深受广大使用者好评。随着人类社会的进步和科学的不断发展，人们对生态问题越来越重视，生态学与环境保护的关系越来越紧密，各学科之间的相互渗透使生态学的内容越来越丰富，极大地促进了生态学的发展。尤其是近几年职业教育的不断深入，生态学的教学内容、教学方法和教学目标等都在不断地进行改革，以培养适应职业岗位需求的高端技能人才。因此，适时修改、更新其中的内容，就显得十分必要。

编者总结了这几年来教学和科研实践经验，在广泛听取教师和学生意见的基础上，阅读了大量的参考资料，在修订时增加了一些生态学应用方面的内容，使本教材更具实用性。具体修改和更新的内容如下：

1. 第七章增加了"矿区土地污染的生态治理"案例。
2. 对第九章的内容进行了较大的调整，补充了生态工程和生态规划的内容，增加了一些生态工程和生态规划的案例；增加了"生态文明"一节。
3. 修改和补充了各章节的复习思考题。
4. 第十章生态学实验部分增加了"水体初级生产力的测定"实验。
5. 更新了一些比较陈旧的数据。

本教材经修改和更新后，更加明确了教学目标，体现了高职教育的应用特色和能力本位。可供高职高专环境类专业使用，也可供其他专业师生和从事环境保护工作的科技人员参考。

本书共十章，前九章为理论内容，第十章为实践内容。第二版由长沙环境保护职业技术学院的周凤霞、张素文、湖南省环境监测中心站的尹福祥和中国环境管理干部学院苗利军编写，由周凤霞统稿。

由于编者水平有限，书中难免有疏漏或不妥之处，恳请广大同仁、读者批评指正。

编　者

2013年3月

# 第一版前言

生态学是研究生物与环境之间相互关系的科学，它是随着环境科学的发展，由环境科学和生物科学相互渗透而形成的一门边缘学科。随着人口的增长、工业的发展和科学技术的不断进步，人类自身的生存环境却日益退化，环境问题越来越突出，引发了无数灾难性后果，如全球气候变暖、臭氧层破坏、酸雨、土地荒漠化、水土流失、生物多样性锐减、淡水资源危机、资源-能源短缺、环境污染等。这些问题的解决都有赖于生态学理论的指导，因此，生态学的发展非常迅速，因而也形成了很多分支学科，如森林生态学、海洋生态学、城市生态学、农业生态学、化学生态学、环境生态学、污染生态学、景观生态学等。

本书是教育部高职高专国家规划教材，供高等职业技术学院和高等专科学校环境类专业和生命科学类专业的学生使用，也可供其他专业师生和从事环境保护工作的科技人员参考。

高等职业教育面向生产和服务第一线，培养实用型的高级专门人才。因此，本书的指导思想是突出高职特色，着力体现实用性和实践性，使理论与实践相结合。因此，在编写过程中，适当地降低了理论知识的深度和广度，以“实用、够用”为原则。力求创新，努力反映新知识、新技术和新的科研成果，尽量与生产应用实践保持同步。本书深入浅出，文字流畅。在章节中安排了一些阅读材料，既能拓展学生的知识视野，又增加本书的可读性。本书共分为十章，在每章之前提出学习目标，章后进行小结并给出复习思考题，以便于学生更好地学习和掌握有关知识。打*的可作为选学或选做内容。

本书全面地阐述了生态学的研究对象、内容、方法以及生态学的最新发展和趋势；生态因子的生态作用以及生物对生态因子的适应；种群的特征、种群的增长、种内种间关系；群落的结构、群落的形成、发育与群落的演替；生态系统的结构与功能；生物圈的主要生态系统、自然保护区的建设与管理；污染物在生态系统中的迁移规律、生物富集、环境污染的生态治理；环境污染的生态监测；生态工程、生态规划、生态学实验技术等内容，在编写中既重视理论知识，又突出技能的培养。

本书共十章，包括理论教学和实践教学两部分，第一章、第七章、第九章由杨彬然编写，第二章、第三章、第八章由周凤霞编写，第四章、第五章、第六章、第十章由杨保华编写，全书由周凤霞统稿。

在本书编写过程中，化学工业出版社给予了大力的支持和帮助，在此表示衷心感谢。此外，编者还谨向被本书引用为参考资料的有关作者和专家表示衷心感谢。

鉴于编写水平和时间的限制，本书可能存在疏漏和不当之处，真诚希望有关专家和读者批评指正。

编 者

2004 年 10 月

# 目 录

# 第一章 绪 论

【学习目标】

随着人口的增长、工业的发展和科学技术的进步，人类自身的生存环境却日益退化，环境问题越来越突出，引发了无数灾难性后果，如全球气候变暖、臭氧层破坏、酸雨、土地荒漠化、水土流失、生物多样性锐减、淡水资源危机、资源-能源短缺、环境污染等。这些问题的解决都有赖于生态学理论的指导。生态学是研究生物与环境之间相互关系的科学，通过本章的学习，应掌握以下内容。

1. 环境问题的概念与产生。
2. 理解生态学是环境科学的理论基础。
3. 生态学的定义及发展过程。
4. 经典生态学与现代生态学的含义及相互关系。

## 第一节 环境问题的产生

### 一、环境问题的产生与发展

（一）环境问题

所谓环境问题，是指人类为了自身的生存和发展，在利用和改造自然界的过程中，对自然环境破坏和污染所产生的危害生物资源，危害人类生存的各种负反馈效应。人类环境问题按成因的不同，可分为自然的和人为的两类。前者是指自然灾害问题，如火山爆发、地震、台风、海啸、洪水、旱灾、沙尘暴、地方病等所造成的环境破坏问题，这类问题在环境科学中称为原生环境问题（original environmental problem）或第一环境问题（primal environmental problem）。后者是指由于人类不恰当的生产活动所造成的环境污染、生态破坏、人口急剧增加及资源的破坏与枯竭等问题，这类问题称为次生环境问题（secondary environmental problem）或第二环境问题。环境科学中着重研究的不是自然灾害问题，而是人为的环境问题即次生环境问题。总之，人类与环境之间是一个相互作用、相互影响、相互依存的对立统一体。人类的生产和生活活动作用于环境，会对环境产生有利或不利的影响，引起环境质量的变化；反过来，变化了的环境也会对人类的身心健康和经济发展产生有利或不利的影响。如因人类活动所产生的次生环境问题往往加剧了原生环境问题的危害，原生环境问题的加剧又导致了次生环境问题的进一步恶化。

（二）环境问题的历史回顾

自有人类以来就产生和存在着环境问题。原始社会时期人类的过度采集和狩猎就曾对许多物种的生存造成了一定的破坏，甚至使有的物种灭绝。新石器时期产生了原始农业、牧业，人类进入了“刀耕火种”的时代，进一步加速了对森林、草原等植被的破坏。被称为中华民族摇篮的黄河流域，到近代已变得千沟万壑，到处为荒山秃岭就是一个典型的例子。

18 世纪后半叶开始，由于蒸汽机广泛应用，人类进入蒸汽机时代，称为第一次产业革命。纺织、化工、铸造等行业飞速兴起，林立的烟囱成为工业发达和经济繁荣的象征，煤炭成为工业和交通的主要能源。煤的大量燃烧使大气遭到了严重的污染。蒸汽机故乡的伦敦市，在 1873～1892 年间，先后多次发生了严重的煤烟污染事件，夺去了上千人的生命。与工业化过程伴生的“城市化”对水源的污染也相当惊人，“把一切水都变成了臭气冲天的污水”。矿山的开采把大地挖得满目疮痍。由于当时的危害是局部或者区域产生的，加上有些污染和生态危害在时间上有时滞效应，当时在全球还没有引起大多数人的高度注意和重视。

19 世纪 30 年代以后，电机的产生、电能的利用以及汽车和飞机相继问世，形成了第二次产业革命，人类进入了电气时代。人类对自然资源的利用和开发因能源的大量消耗而达到了空前的程度。60 年代后，化学工业，尤其是有机化学工业的迅速崛起，合成了大量的化学物质以替代某些天然物质，其中不少化学物质对人类及生物资源具有直接的或潜在的危害，成为这个时期主要环境问题的根源。从 20 世纪 30 年代比利时马斯河谷事件开始，震惊全世界的污染公害相继发生。在工业发达的国家里，大气、水体、土壤以及农药、噪声和核辐射等污染都达到了十分严重的程度。人类第一次感觉到了自然的生存安全受到了挑战。

2011 年 10 月 31 日，“可怕的人口爆炸”又达到了新水平——世界人口突破 70 亿大关，这意味着人类所面临的粮食、能源资源和环境等问题更为严峻。南极上空的臭氧空洞在逐年加大，北极的臭氧层也在迅速被破坏，人类和生物资源面临着不断增强的紫外线的危害。2008 年，蒙古国遭遇百年不遇罕见特大暴风雪；美国艾奥瓦州遭遇 500 年一遇的特大洪涝灾害；南极维尔金斯冰架第三次大面积崩塌；北极 12 万年来首次变成一座孤岛，人类严重低估了全球暖化的速度。2011 年 3 月，日本东北和关东地区发生国内观测史上最大的里氏 8.8 级地震。2011 年 5 月 25 日，美国中东部 11 个州遭受史上最大规模的龙卷风袭击。2011 年 8 月，美国得克萨斯州遭遇特大干旱，湖泊干涸；与此同时一场历史罕见的大旱将中国的长江中下游地区推上了尴尬境地，烟波浩渺的两大淡水湖中心区成了“草原”。

世界已受到了前所未有的环境污染！地球发生了危机！人类正面临一场生死攸关的挑战，这是不容忽视的客观事实。

## 二、全球环境问题及危害

世界经济与发展委员会在“我们的共同未来”的报告中，列出了当今世界面临的 16 个严重的环境问题，这些问题都是人口、粮食、能源、资源和环境五大问题的具体化和发展。其影响范围从区域扩展为全球，给人类的生存造成了极大的威胁。以下重点介绍十大环境问题。

### (一) 土地退化和荒漠化

不合理的土地利用，如森林植被的消失、草场的过度放牧、耕地的过度开发、山地植被的破坏等导致土地退化，土地荒漠化。过去 45 年间由此导致 17% 的土地退化。目前已有 110 个国家（共 10 亿人口）可耕地的肥沃程度在降低。裸露的土地导致了土壤的年流失量迅速增加，有些地方达到 $100t/km^2$。此外，化肥和农药的过度使用、大气毒尘的降落、泥浆的喷洒、危险废料的抛弃等不仅对土地造成了污染，还加速了土地退化过程。

### (二) 全球气候变化（温室效应）

人类活动产生大量二氧化碳、甲烷等温室气体，使它们在大气中的浓度不断增加，导致全球气候变化。温室效应（greenhouse effect）严重威胁着人类。有人预测，到21世纪中叶，大气中的二氧化碳含量将增加0.056%，是工业革命前的2倍，全球气温将上升1.5～4.5℃，海平面将升高0.3～0.5m，许多人口密集地区（如孟加拉国以及太平洋和印度洋上的多数岛屿）也将被海水淹没。气温的升高还将对农业和生态系统产生严重影响。

（三）臭氧层的损耗（臭氧洞问题）

大量观测和研究结果表明，南北半球中高纬度高层大气中臭氧损耗5%～10%，在地球两个极地的上空形成了臭氧层空洞，南极的臭氧层（ozonosphere）最高时损失50%以上。臭氧使到达地面的紫外辐射UV-B的辐射强度增强，以致皮肤癌和白内障发病率增高，植物的光合作用受到抑制，海洋中的浮游生物减少，进而影响水生物的生物链乃至整个生态系统。

（四）淡水资源短缺和水质污染

全球人均水资源总量虽然丰富，但可获得的水资源却不足。人均水资源量不到2000$m^3$的国家有40个，人口比例占12%，这还不包括像中国这样的地区性缺水严重的国家。人类不能造水，只能设法保护现有水资源。据专家估计，从21世纪开始，世界上将有1/4的地方长期缺水。工业和城市生活污水处理不当，使河流、湖泊、地下水受到污染，进一步加剧了水资源短缺程度。在农业开发程度比较高的国家，由于过多使用农药和化肥，地表水和地下水都受到了严重污染。在发展中国家，有80%～90%的疾病和1/3以上的死亡都是与受细菌或化学污染的水有关。现在，每天有2万～5万人死于水污染的疾病。

（五）森林面积严重减少，引起一系列环境问题

过去数百年中，温带地区国家失去了大部分森林。最近几十年以来，热带地区国家森林面积减少的情况更加严重。森林过度砍伐的结果，导致水土流失、土地退化、物种减少、温室气体排放增加、生态环境恶化、旱涝灾害发生频率增加。

（六）生物多样性减少

由于城市化进程加快，森林、湿地和草原面积减少以及环境污染，使自然区域越来越小，生物的栖息地遭到破坏，生物物种被滥用，导致数以万计的物种灭绝。科学家认为，在过去6亿年中，每年灭绝的物种只有几种，而目前每天约消失50个物种。照此速度，今后50年内，1/4的物种可能会灭绝。生物物种的大量灭绝意味着生态系统的破坏，也会导致许多可被用于制造新药品的原料消失，还会导致许多有助于农作物战胜恶劣气候的基因消失，甚至会引起新的瘟疫。

（七）过度开发海洋和海洋污染，渔业资源锐减

海洋是生命之源。海洋的财富并不是取之不尽的，它比人们想像的要脆弱得多。由于过度捕捞，海洋的渔业资源正在以可怕的速度减少。因此，许多靠摄取海产品蛋白质为生的人面临着饥饿威胁。富集大量污染物的海产食物对人体的健康也带来了极大威胁。全世界有60%的人口挤在离大海不到100km的地区，这种因人口拥挤、污染加剧而造成的生态环境恶化的状况将对海洋造成更大的影响，生态平衡也将更加严重失调。

（八）化学污染威胁动植物和人体健康，引发癌症，并导致土壤肥力减弱

大工业带来的数百万种化合物存在于空气、土壤、水、植物、动物和人体中，甚至作为地球上最后的大型天然生态系统的冰盖也受到了污染。有机化合物、重金属、有毒产品，通过各种方式进入到食物链中，威胁到动植物及人体的健康，引发癌症，最终影响人类的生存，并导致土壤质地的破坏，肥力减弱。

（九）酸雨问题及大气污染的越界传输

工业生产和火力发电的发展使大气污染物的排放量大量增加，经高烟囱排放及大气环流的影响，使大气污染物远距离传送，越界进入邻近（邻国甚至跨洲）地区。大量的二氧化硫、氮氧化物等酸性气体经传输、转化和沉降形成酸雨。酸雨使土壤和湖泊酸化，破坏森林、植被和湖泊生态系统，腐蚀建筑材料、金属，伤及古迹文物。

（十）城市无序扩大，严重破坏环境

人口暴涨、农业土地退化、贫穷，导致大量农民离开农村，聚集于大城市。大城市的生活条件进一步恶化，造成拥挤、水污染、大气污染、生活垃圾及固体废物污染、热污染等日益加剧，卫生条件差，无安全感，威胁了数亿市民的健康，导致许多人丧失生命。城市化还导致了植被及耕地的大量减少，土地资源的严重破坏，生态系统的严重失调。

综上所述，全球环境问题的相互联系和相互制约，使人类所面临的各种环境问题构成了一个复杂的环境问题群（groups of environmental problems）。值得指出的是，以上列举的十大环境问题中，臭氧层破坏、温室效应和酸雨这三个环境问题在整个环境问题群中占有极其重要的位置，因而被认为是三大全球性环境问题。

20 世纪 60 年代后，首先是西方工业发达国家的人民群众发出了“保护环境，防治污染”的强烈呼声，掀起了声势浩大的“环境运动”。正如 M.K. 托尔巴博士所说：“决定我们这个星球上的生命能否维持其完整性并得到保护的是公众的舆论这种集体力量，即世界大家庭对环境问题的共同呼声。在‘环境运动’的推动下，促使‘联合国人类环境会议’的召开和‘联合国环境规划署’的成立”。随之各国环境保护机构也相继成立。“地球的危机就是人类自身的危机”，“保护全球生态环境是全人类的共同责任”，已成为了世界各国人民的共识。“在不危害后代人满足其需要的前提下，寻求满足当代人需要和愿望”的“持续发展”（sustained development）的新观念已被普遍接受。

环境问题的历史回顾和“环境问题”的兴起，使人们得到许多启示。如：环境是人类生存所依赖的资源库；环境问题的产生是人类发展的产物；人类面临的环境问题是相互联系、相互制约的；环境问题发展和变化的关键是人类的行为等。可以肯定，只要全人类重视现实，积极采取措施，全球环境问题的逐渐改善和解决是大有希望的。人类破坏了自身生存的环境，也同样有责任努力去恢复和重建它。

## 第二节　生态学的发展及其重要地位

### 一、生态学的概念

生态学一词由希腊文 oikos 衍生而来，oikos 的意思是“住所”或者“生活所在地”。因此，从字义来看，生态学是研究“生活所在地”的生物，即研究生物和它所在地关系的一门科学。

赫克尔（Haeckel，1869）首先对生态学做了如下定义：生态学是研究生物有机体与其周围环境（包括生物环境和非生物环境）相互关系的科学。我国著名的生态学家马世骏先生根据系统科学的思想提出：“生态学是研究生命系统和环境系统相互关系的科学”。奥得姆（E. P. Odum）在其著名的著作《生态学基础》中，将生态学（ecology）简单通俗的定义为“环境的生物学”。综上所述，尽管生态学这个名词的提出已有 100 多年的历史，然而“生态学是研究生物及其环境关系的科学”的论断，是普遍被科学家们所接受的。因此，可以将生态学做出如下定义："生态学是研究生命系统与环境系统相互作用的规律及其机理的学科"。

## 二、生态学发展的阶段

生态学的形成和发展经历了一个漫长的历史过程，而且是多元起源的。概括地讲，大致可分出 4 个时期：生态学的萌芽时期；生态学的建立时期；生态学的巩固时期；现代生态学时期。但也有学者将前三个时期统称为经典生态学时期，其分界线为 20 世纪 60 年代。即 20 世纪 60 年代以前为经典生态学时期，20 世纪 60 年代以后则进入了现代生态学时期。

1. 生态学的萌芽时期（公元 16 世纪以前）

在人类文明的早期，为了生存，人类对其饱腹的动植物的生活习性以及周围世界的各种自然现象进行观察。因此，从远古时代起，人们实际上就已在从事生态学工作。早在公元前 1200 年，我国《尔雅》一书中就有草、木两章，记载了 176 种木本植物和 50 多种草本植物的形态与生态环境。公元前 200 年《管子》"地员篇" 专门论述了水土和植物，记述了植物沿水分梯度的带状分布以及土地的合理利用。公元前 100 年前后，我国农历已确立了 24 个气节，它反映了作物、昆虫等生物现象与气候之间的关系。这一时期还出现了记述鸟类生态的《禽经》，记述了不少动物行为。在欧洲，Aristotle（公元前 384—公元前 322）按栖息地把动物分为陆栖、水栖等六类，还按食性分为肉食、草食、杂食及特殊食性 4 类。Aristotle 的学生，古希腊著名学者 Theophrastus（公元前 730—公元前 285）在其著作中曾经根据植物与环境的关系来区分不同树木类型，并注重到动物色泽变化是对环境的适应。但上述古籍中并无生态学一词，自然，那时也不会有生态学的存在。

2. 生态学的建立时期（公元 17～19 世纪）

进入 17 世纪之后，随着人类社会经济的发展，生态学作为一门科学开始成长。鲍尔（Boyle）1670 年发表了大气对动物影响效应的试验，是动物生理生态学的开端。法国的雷英（Reaumur）1735 年发表了 6 卷昆虫学著作，记述了许多昆虫生态学的资料。其后，马尔萨斯（Malthus，1803）发表了著名的《人口论》，阐明了人口的增长与食物的关系。Liebig（1840）发现了植物营养的最小因子定律，达尔文（1859）发表了著名的《物种起源》，赫克尔（1869）提出了生态学的定义。后来德国的摩比乌斯（Mobius，1877）提出生物群落的概念，1896 年斯洛德（Schroter）首先提出了个体生态学和群体生态学的概念，这些理论又促进了"人口统计学"及"种群生态学"的发展。1898 年波恩大学教授 A. F. W. Schimper 出版了《以生理为基础的植物地理学》，全面总结了 19 世纪中叶之前生态学的研究成就，被公认为生态学的经典著作，标志着生态学作为一门生物学的分支科学的诞生。

3. 生态学的巩固时期（20 世纪初至 20 世纪 50 年代）

20 世纪初，生态学有了蓬勃的发展，亚当斯（Adams，1913）的《动物生态学研究指南》，可以说是第一本动物生态学教科书。同期较著名的著作还有华尔得和威伯尔（Ward & Whipple，1918）的《淡水生物学》，约丹和凯洛（Jordan & Kellogg，1915）的《动物的生活和进化》。在这一时期，生态学的发展已不再停滞在现象的描述上，而是着重于解释这些现象；同时，数学方法和生态模型也进入了生态学，这时最有名的数学模型有洛特卡（Lotka，1926）和 Vottera（1925）的竞争、捕食模型，Thompson（1924）的昆虫拟寄生模型、Streter-Phelps（1925）的河流系统中水质模型，以及 Kermack-Mckendrick（1927）的传染病模型。

20 世纪 30～50 年代，生态学已日趋成熟。成熟的标志之一是生态学正从描述、解释走向机制的研究，例如 40 年代湖泊生物学家伯奇（Birge）和朱岱（Juday）通过对湖泊能量收支的测定，发展了初级生产的概念。R. Lindeman 提出了著名的林德曼“百分之十定律”。从他们的研究中，产生了生态学的营养动态的概念。成熟的标志之二是生态学已从学科范围里构建了自己独特的系统，有关生态学的专著不断出版，其中较有名的是美国查普曼(Chapman，1931)以昆虫为重点的《动物生态学》，苏联卡什卡洛夫（Kamkapol，1945）的《动物生态学基础》以及美国阿利和伊麦生（Allee&Emerson，1949）的《动物生态学原理》。此时，中国也出版了第一部生态学专著——费鸿年（1937）的《动物生态学纲要》。

4. 现代生态学时期（20 世纪 60 年代至今）

现代生态学发展始于 20 世纪 60 年代。这时生态学自身的学科积累已经到了一定的程度，形成了自己独有的理论体系和方法。另一方面是高精度的分析测定技术、电子计算机技术、高分辨率的遥感技术和地理信息系统技术的发展，为现代生态学的发展提供了物质基础及技术条件。第三方面是社会的需求，人类迫切希望解决经济发展所带来的一系列环境、人口压力、资源利用等问题，这些问题的解决涉及自然生态系统的自我调节、社会的持续发展及人类生存等重大问题，探索解决这些问题的途径极大地刺激了现代生态学的发展。

## 三、生态学的研究对象与分支学科

生态学是生物科学的一个分支学科，在 20 世纪 60 年代人类面临一系列挑战性问题后，一跃而成为世人瞩目的、多学科交叉的综合性学科。传统的生态学认为，“生态学是研究以种群、群落、生态系统为中心的宏观生物学”。“生态学研究的最低层次是有机体”（孙儒泳，2001)。然而由于 1992 年《分子生态学》杂志的创刊，标志着生态学已进入分子水平。因此，现代生态学研究的范畴，按生物组织水平划分，可以是分子、个体、种群、群落、生态系统、景观、生物圈直到全球。

若按研究对象分类，生态学可以分为动物生态学、植物生态学、微生物生态学等；若按栖息地类型分，又可分为森林生态学、草地生态学、淡水生态学、海洋生态学等；若按生态学与其他学科相互渗透、交叉形成新的分支学科，可分为数学生态学、化学生态学、生理生态学、经济生态学、进化生态学等；按生态学应用的门类来分，可以分为农业生态学、自然资源生态学、污染生态学等；若按研究方法分，还可以分为理论生态学、野外生态学、实验生态学等；按研究性质分又可以分成城市生态学、保育生物学、恢复生态学（Restoration Ecology)、生态工程学（Engineering Ecology)、人类生态学（Human Ecology)、生态伦理学（Ecological Ethics）等。

上面谈到生物的组织层次从分子到生物圈。与此相应，生态学也分化出分子生态学(Molecular Ecology)、进化生态学（Evolutionary Ecology)、个体生态学（Autecology)、种群生态学（Population Ecology)、群落生态学（Community Ecology，Synecology)、生态系统学（Ecosystem Ecology)、景观生态学（Landscape Ecology）与全球生态学（Global Ecology）等。

## 四、现代生态学的进展

20 世纪 60 年代以来，由于工业的高度发展和人口的大量增长，带来了许多全球性的问题（如人口问题、环境问题、资源问题和能源问题等)，危及人类的生死存亡。人类居住环境的污染，自然资源的破坏与枯竭以及加速的城市化和资源开发规模不断增长，迅速改变着人类自身的生存环境，造成对人类未来生活的威胁。上述问题的控制和解决，都要以生态学原理为基础，因而引起社会上对生态学的兴趣与关心。不少国家都提倡全民的生态意识，研究领域也日益扩大，不再限于生物学，而是渗透到地学、经济学以及农、林、牧、渔、医药卫生、环境保护、城乡建设等各个部门。由于现代科技水平的不断发展，为现代生态学的发展提供了物质基础及技术条件，一批具有渊博知识，能与系统科学等新兴学科相结合的生态学家不断出现和成长，有力地促进了现代生态学的庞大科学体系的建立和发展。

现代生态学较传统生态学在研究层次、研究手段和研究范围上有所不同，具体阐述如下。

（1）研究层次上向宏观与微观两极发展　经典生态学以动植物物种（个体）、种群、群落为主要研究对象，学科上主要发展了生理生态学、动物行为学、种群生态学与群落生态学。现代生态学的研究对象已在宏观方向扩展到生态系统、景观与全球。在生态系统水平上，对各生物类群的生产力、能量流动与物质循环研究取得丰硕成果。景观生态学的形成与发展更令人瞩目，美国景观生态学家 R. J. T. Forman（1995）出版了《土地镶嵌体——景观与区域生态学》一书，对该方面的成就做了概括。对于全球变化、生物多样性、臭氧层空洞等研究也有较大进展，从区域过渡到整个生物圈，1996 年 C. H. Southwick 出版了《人类前景中的全球生态学》。现代生态学在向宏观方向发展的同时，在微观方向也取得了不少进展，近年来还出现了分子生态学等新的分支学科，如转基因生物释放后的生态效应已成为分子生态学研究的热点之一。

（2）研究手段的更新　在传统生态学的研究中，生态学着重对研究对象的描述，所用的方法、仪器都很简单。而现代生态学研究中已广泛使用野外自动电子仪器（测定光合、呼吸、蒸腾、水分状况、叶面积、生物量及微环境等）；同位素示踪（测定物质转移与物质循环等）；稳定同位素（用于生物进化、物质循环、全球变化等）；遥感与地理信息系统（用于失控现象的定量、定位与监测）等技术，有力地支持了现代生态学的发展。特别值得提出的是，系统生态学的产生和发展，包含非线性的，具有时滞、突变、反馈等机制的生态模型的出现，在大型、快速计算机新技术的推动下，大大突破了原有研究方式和手段，被称为是“生态学领域的革命”。

（3）研究范围的扩展　经典生态学以研究自然现象为主，很少涉及人类社会。现代生态学则结合人类活动对生态过程的影响，从纯自然现象研究扩展到自然-经济-社会复合系统的研究。过去，许多国家只注意经济的发展而忽视了自然界的一些基本规律，结果引起了资源破坏、环境恶化的后果。随着人类对自然的向往与珍惜，如“天人合一”、“返璞归真”的呼声，人们进一步认识到要以生态学观点去分析经济建设及社会活动对环境的影响，用生态学原理去解决资源、环境、可持续发展等重大问题。因此，一些新兴的生态学分支及交叉学科如进化生态学、行为生态学、化学生态学、环境生态学、自然资源生态学（保护生物学）、生态毒理学、经济生态学、城市生态学、全球生态学等应运而生。20 世纪 90 年代初，全球性的生物多样性研究项目开始启动，提出了生物多样性科学的概念“生物多样性的生态系统功能”，因此，也可以把生物多样性科学看作是应用生态学的一门分支。

由于现代生态学已发展成为庞大的学科体系，这里仅以与环境科学关系最密切的几门生态学分支进行简略介绍。

（一）生态系统学的建立与发展

生态系统（Ecosystem）一词是英国植物学家坦斯黎（A. G. Tansley，1871—1955）于 1935 年首先提出的：“生物与环境形成一个自然系统。正是这种系统构成了地球表面上各种大小和类型的基本单元，这就是生态系统。”生态系统的概念自坦斯黎提出来以后，半个多世纪以来，许多生态学家对生态系统理论和实践做出了巨大贡献。有关生态系统的结构与特征，生态系统的物种流动、能量流动、物质循环、信息流动等方面，将在后面章节中重点阐述，下面仅从生态系统研究的发展趋势做一简单介绍。

1. 基础理论研究

在生态系统结构、功能及动态机制的研究中，着重于提高生态系统生产力和自然生态系统稳定性的研究。目前地球上保持最完整、较少受到干扰的生态系统，作为一个整体保持废物降至最少，具有和谐、高效和健康的共同特点。一个健康的生态系统比一个退化、脆弱的生态系统更有价值。研究中以寻求这类生态系统合理性机制、研究生态外界环境之间关系及其作用规律、系统的内在规律性等，为有效保护自然资源、合理利用和生态系统恢复提供科学依据，并把生态规划、生态设计与系统管理的原理结合起来，为创建可持续发展的生态系统提供正确理论指导。

2. 系统空间格局研究

现代生态系统需要从生态系统、区域以及全球等不同层次，应着重于全局性，点面结合的研究。当今，人类面临着全球性生态环境恶化的挑战，环境的恶化对各类生态系统的影响已动摇了人类生存的基础。为此，研究要扩展到包括大气圈、水圈、岩石圈在内的空间，要对全球生态系统进行跟踪监测和研究，研究建立适应全球变化的生态系统模型，为人们提供正确的对策。

3. 研究方法的改善

以野外调查工作为基础，与实验室工作相结合，开展以宏观与微观相结合的方法，把遥感（RS）、全球定位系统（GPS）、地理信息系统（GIS）以及中国生态系统网络（CERN）研究与“三微”，即微气候（micro-climate）、微环境（micro-environment）和微宇宙（microcosm）的研究相结合，还要与原子吸收分光仪、红外与紫外吸收光谱仪等的应用结合，开展生态系统定量化研究，建立优化的生态系统模型。

4. 促进自然科学与社会科学的结合

生态系统生态学已突破了生物学范畴，与数学、物理学、化学、地理学等自然科学相结合。在发展中又突破了自然科学范畴，与社会科学相结合，出现了生态经济学、生态法学、生态哲学等边缘学科。这意味着扩展了生态系统学的范围、内容和概念。促进交叉科学的发展，就要进一步打破和跨越自然科学和社会科学间的篱障与鸿沟，共同合作，长远发展。

（二）污染生态学的产生与现状

20 世纪随着工农业生产的发展，三废（废气、废水、废渣）的排放量和农药、化肥的施投量急剧增加。从 20 世纪 30 年代开始，污染不断加重，环境逐渐恶化，导致庄稼受害、家畜（禽）中毒，公害病频发，癌症和怪病发病率增加，人类健康水平普遍下降。震惊世界的公害事件有：比利时马斯河谷大气污染事件（1930）；美国宾夕法尼亚多诺镇的复合污染事件（1948）；美国洛杉矶光化学烟雾事件（1940）；英国伦敦烟雾事件（1952）；日本熊本县水俣湾有机汞中毒事件（1953～1956）；日本富山县镉中毒事件（1955～1972）；日本爱知县米糠油多氯联苯中毒事件（1968）等。

为了研究在污染条件下生物受害的原因及防治措施，人们开始研究污染物在环境及生态系统中迁移转化规律；研究生物受害机理，净化机制；研究污染物沿食物链富集规律和人体受害原因；同时研究生物抗性形成原因和生物防治污染的工程措施。在上述研究的基础上逐渐形成了一门新的分支学科——污染生态学。

污染生态学是以生态系统理论为基础，用生物学、化学、数学分析等方法研究在污染条件下生物与环境之间相互关系的规律。即研究生物受污染后的生活状况、受害程度以确定受害阈值及致死剂量；研究污染物在生物体的转移、富集、降解规律，以采取生物净化的有效措施；研究污染物沿食物链（网）逐级富集的规律，以避免或尽量减少污染物通过食物链进入人体；研究生态系统接受污染物的负荷能力，以确定生态系统的容量；预测环境质量变化的趋势，提出生物监测（生态监测）指标及综合防治措施；研究在污染条件下，生态系统能流、物流的规律，以充分发挥生态系统总体净化环境的生态效益，达到保护环境，造福人类的目的。

污染生态学是一门非常年轻的学科，它是介于环境科学和生态学之间的一门新兴的边缘性学科。目前，还不够完整，不够系统。但由于它具有很强的时代性和应用性，因此具有很强的生命力。

（三）资源生态学及自然保护生态学的兴起与应用

1. 资源生态学

资源生态学（Resource Ecology）是资源科学和生态学交叉而产生的一门应用性的边缘学科。在20世纪以来全球性资源问题和区域性资源问题骤起的情况下，资源生态学便应运而生。随着生态学的理论与原理不断的向资源领域渗透，如“食物链”和“金字塔营养级”所提出的“十分之一定律”（林德曼，1942）；《生态系统的概念在自然资源管理中的应用》（Dyne，1961）；《生态学和资源管理》（Wall，1968）；《自然资源生态学》（Ramade，1984）等的相继出版，使资源生态学领域的研究日趋活跃。

资源生态学具有广阔的应用前景。如：制定国土规划和区域开发规划；指导贫困地区的开发与发展；指导现代化农业的开发与建设；制定正确的资源生态环境战略，坚持可持续发展。

资源不仅包括自然资源，还包括社会资源。资源的概念归结为：在一定历史条件下，能被人类开发利用以提高自己福利或生存能力的具有某种稀缺性的、受社会约束的各种环境要素或事物的总称。而自然资源是指自然界中能够被人类利用的自然状态的物质和能量，即指在一定时间空间条件下，能够产生经济价值以满足人类当前和将来需要的自然环境因素的总和。可见自然资源是自然环境的组成部分，与社会资源有所不同。因此，资源生态学往往与自然保护生态学有机地结合起来，在环境规划与环境保护的实践中加以应用。

2. 自然保护生态学

自然保护生态学是近年来迅速发展起来的，是高度综合、多学科交叉而又相对独立的应用生态学的一个新领域。它是自然保护科学中的核心学科，是应用生态学中的一个重要分支学科。应用生态学的其他分支学科，如干扰生态学、景观生态学、恢复生态学、生态工程学、森林生态学、农业生态系统生态学等的基本理论，必将对自然保护生态学的发展和完善起重要作用。

自然保护就是保护自然环境和自然资源。自然环境和自然资源在某种意义上讲是同义语。从生态学观点看，自然环境是许多生态因素组成，如水、气、土、生物是组成环境的生态因素。自然资源是指在特定的历史条件下，人类能够从自然界中取得并加以利用的物质和能量。从资源学观点看，水、气、土、生物就是资源。自然环境的组成有许多自然资源，自然环境包括了自然资源在内。因此，自然保护就是对自然环境和自然资源的保护，从这个意义上说，保护自然环境，就是保护自然资源。

因此，有些学者将自然保护生态学的研究内容、对象及范围确定为：生物多样性的研究及保护；自然保护区学科的研究及自然保护区的管理与评价；生物圈保护区的战略意义及建立与发展。

（四）经济生态学与可持续发展生态学

1. 经济生态学

经济生态学（Economic Ecology）是研究生态学和各类生态系统、种群、群落、景观、生物圈过程与经济过程相互作用方式、调节体制及其经济价值体现的科学；它谋求实现社会经济与自然生态的协调，以求得社会经济的可持续发展。在研究过程中，生态学与经济学密切结合、相互渗透，逐渐形成了一门融生态学和经济学为一体的新型边缘学科。经济生态学起步较晚，始于20世纪70年代，而且由低层次向高层次逐渐发展，即由种群、群落向景观、生物圈的层次发展。随着人类认识的发展，经济生态学又从微观向宏观，直至向着人类共同解决全球性问题的广度发展，具有重要的战略意义。

2. 可持续发展生态学

可持续发展生态学（Sustainable Ecology）是可持续发展的基础，它是研究可持续发展与其支撑的生命系统、环境系统和社会系统之间的相互关系的科学。可持续发展一词最早出现于1980年国际自然保护同盟（IUCN），在世界野生生物基金会（WWF）的支持下指定发布的《世界自然保护大纲》（The World Conservation Strategy）。可持续发展（sustainable development）的概念来源于生态学，最初应用于林业和渔业，指使得资源不受破坏，新成长的资源数量应足以弥补所收获的数量。经济学家由此提出了可持续产量的概念。《我们共同的未来》提出可持续发展是“既满足当代人的需求，又不对供应后代人满足其自身需求的能力构成危害的发展。”这一概念得到了广泛的接受和认可，并在1992年联合国环境与发展大会上得到了全球范围的共识。可持续发展的这一概念鲜明地表达了两个基本观点，一是人类要发展，尤其是穷人要发展，要满足人类的发展需求；二是发展要有限度，不能损害自然界支持当代人和后代人生存的能力。要做到以上两个基本点，这正是可持续发展生态学所要研究和探讨的。

**五、生态学是环境科学的理论基础**

环境科学（Environmentology）是在人类与环境污染作斗争中产生并迅速发展起来的。环境科学的研究对象是“人类-环境”系统，它可定义为“一门研究人类社会活动与环境演化规律之间相互作用关系，寻求人类社会与环境协同演化、持续发展的途径与方法的科学。”

环境科学所涉及的内容非常广阔，包括自然科学和社会科学的许多重要方面，环境科学与生态学有着千丝万缕的关系，但环境科学突破了经典生态学的研究对象及范畴。20世纪60年代以前，生态学所研究的生命系统很少包括人类自身，随着人类活动对自然环境的破坏，遭受了自然的惩罚和报复，人们才逐渐有所认识。有一位生态学家曾经评论：“人类是生物界中唯一的一个能够勉勉强强摆脱自然控制的一种生物，这也许是一个不幸的事件。”其意思是说，人类有破坏自然生态系统的能力，但远远没有掌握足够的自然生态发展规律，也不能依靠人类的技术力量来取代自然生态系统的功能。因此，随着现代生态学的发展，环境科学强调把人类纳入生命系统之中，重点研究“人类和环境”这对矛盾之间的关系，其目的是要通过人类的社会行为，保护、发展和建设环境，努力加深对自然生态系统的认识，自我克制地把人类活动自觉地纳入自然生态系统的规律之下，用生态学的理论和原理指导社会实践，使环境永远为人类社会持续、协调、稳定的发展提供良好的支持和保证。

基于以上所述，环境科学与现代生态学一样，均为多门学科相互渗透的产物，二者有着不可分割的有机联系与内在关系，生态学特别是现代生态学是环境科学的理论基础。

在现代生态学及多门学科的推动与渗透下，从 20 世纪 70 年代起孕育产生了环境科学以及与之有关的分支学科。如环境生物学、环境地学、环境经济学、环境法学、环境管理学、环境数学、环境毒理学、环境物理学、环境化学、环境社会学、环境控制学、环境工程学、环境医学、环境工效学等。

随着生态学的不断发展，使生物监测（生态监测）、生态环境影响评价与环境监测、环境质量评价融为了一体；生态设计、生态规划、生态工程、生态恢复与环境的规划、环境预测、环境工程及治理有机地结合了起来。当前生态学与环境科学在自然科学与社会科学的领域中，正朝着使人类社会同地球生态环境协同发展的方向和谐共进。

## 复习思考题

1. 试述生态学的定义、研究对象与范围。
2. 现代生态学的发展趋势及特点。
3. 为什么说生态学是环境科学的理论基础?

# 第二章 生物与环境

【学习目标】

环境中包括各种各样的环境因子，每一种环境因子对生物都会起着或多或少、直接或间接的作用。在环境中，各种生态因子的作用并不是单独的，而是相互联系、共同对生物产生影响。生物长期生活在特定的生活环境中，对环境因子产生了相应的适应性，因而形成了各种各样的生态类型。通过本章的学习，要掌握或了解以下内容。

1. 什么是环境，什么是生态因子，掌握生态因子作用的规律。
2. 了解光、温度、水分、土壤、大气对生物的生态作用以及生物对它们的适应。
3. 掌握以光、水分、土壤为主导因子的植物生态类型。

## 第一节 环境与生态因子

### 一、什么是环境

（一）环境的基本概念

环境（environment）是指生物有机体周围一切的总和，它包括空间以及其中可以直接或间接影响有机体生活和发展的各种因素，如大气、水、土壤、生物等。环境是相对于一个主体或中心而言的，离开了这个主体或中心也就无所谓环境，因此环境只具有相对意义。在生物科学中，一般以生物为主体，环境指围绕着生物体或群体周围一切事物的总和，包括大气、水、土壤、岩石等。在环境科学中，一般以人类为主体，环境指围绕着人群的空间以及其中可以直接或间接影响人类生存和发展的各种因素，包括自然因素，如大气圈、水圈、土壤岩石圈、生物圈，以及社会因素和经济因素。

（二）环境的范围分类

环境有大小之别，大到整个宇宙，小到基本粒子。例如，对太阳系中的地球而言，整个太阳系就是地球生存和运动的环境；对栖息于地球表面的动植物而言，整个地球表面就是它们生存和发展的环境；对某个具体的生物来讲，环境是指该生物周围影响其生长发育的全部无机因素（如光、热、水、土壤、大气、地形等）和有机因素（植物、动物、微生物及人类）的总和。因此，根据环境范围的大小，可将环境划分为宇宙环境、地球环境、区域环境、生境、小环境、内环境六类。

1. 宇宙环境

宇宙环境（space environment），又称星际环境，是指地球大气圈以外的宇宙空间。是人类生存空间的最外层部分。宇宙环境由广阔的空间和存在其中的各类天体及弥漫物质组成，它对地球环境产生了深刻的影响。太阳辐射是地球的主要光源和能源，为地球上的生物有机体带来了生机，推动了生物圈的正常运转。因而，它是地球上一切生物能量的源泉。另外，由于人类活动越来越多地延伸到大气层以外的空间，如发射的人造卫星、各种运载火箭、空间探测工具等，给宇宙环境以及相邻地球的环境带来环境问题，这已开始被人们所关注，并成为环境科学的一个不可忽视的研究领域。

2. 地球环境

地球环境（global environment），又称全球环境或者叫生物圈，是指地球上整个有生命存在的部分，其范围是从海平面以下约 12km 的深度到海平面以上 10km 的高度，包括大气圈下层、水圈、土壤圈和岩石圈。它是整个人类生活和所有生物栖息的场所，在这些圈层界面上生活的生物构成了一个庞大的生态系统，它在不断地向人类提供各种资源的同时，也不断地受到人类活动的干扰而发生变化。全球性的生态环境迅速恶化是 20 世纪以来人类生存和发展所面临的重大危机，而恶化的原因，从根本上说是人类自己的发展模式和生产方式不当造成的，这些危机正日益威胁到人类本身的基本生存条件如土地、水、大气、森林等。例如，全球气候变暖，造成地球环境全面地变迁，是对人类和其他生物生存环境的巨大威胁。

3. 区域环境

区域环境（regional environment），又称地区环境，指生物圈内形成的不同区域。例如，江、河、湖泊、海洋、高山、沙漠、平原以及热带、亚热带、温带和寒带等，都有各自突出的自然环境特征。不同区域内生活着与其环境相适应的植物、动物和微生物，而每一个区域环境又是由各种不同的生态因素所组成。这些区域环境与其中的生物一起形成了所谓的生态类型。例如湖泊生态系统、沙漠生态系统、海洋生态系统、河流生态系统、热带雨林生态系统等。因此，区域环境是生物群落分布的生态环境。

4. 生境

生境（habitat）是指在一定时间内具体的生物个体和群体生活地段上的生态环境。简单地说，就是生物生长的环境，是生物有机体生存空间外界一切生态因子（要素）的综合。一般来说，生境是针对某一生存其中的生物种群来讲的，每一个种群的分布幅度，均要受到生长环境的制约，而有一定的限度。在最适分布幅度之内，种群发育最好（图 2-1），如超出了最适分布幅度，向最大和最小限度两极发展，种群则逐渐减退，乃至全部消逝。故生境也可以说成是种群分布的生态环境。

5. 小环境

小环境（micro-environment），又称微环境，是指接近生物个体表面，或个体表面不同部位的环境。例如，植物根系表面附近的土壤（根际）环境以及微生物的活动；叶片表面附近的大气环境及其温度和湿度的变化，形成的小气候都会对植物的生长产生影响。

6. 内环境

内环境（inner environment）是指生物体内组织或细胞间的环境。例如，叶片内部直接与叶肉细胞接触的气腔气室都是内环境的特殊构造。叶肉细胞生命活动所需要的环境条件，都是内环境通过气孔与外环境的交流形成的。叶肉细胞只有在内环境中才能生活，在外环境中不能生活。例如，叶肉细胞对光能的转化，发生光合作用和呼吸作用的生理功能等，都是在内环境中进行的。内环境中的温度、湿度条件，$CO_2$ 和 $O_2$ 的供应状况，都直接影响细胞的功能。因此，内环境能保持比较恒定的温度和饱和湿度，维持细胞旺盛的生命活动，能促进转化和输送更多的能流和物流。这种内环境的特点，是植物本身创造出来的，是外界环境所不可能代替的。

## 二、生态因子

### （一）生态因子的概念和分类

1. 生态因子的基本概念

生态因子（ecological factors）是指环境中对生物的生长、发育、生殖、行为和分布有直接或间接影响的环境要素。例如，光照、温度、湿度、食物、$O_2$、$CO_2$、$H_2O$和其他相关生物等。生态因子是生物生存不可缺少的环境条件，有时又称为生物的生存条件。所以生态因子构成生物的生态环境（ecological environment）。生态因子也可以认为是环境因子中对生物起作用的因子，而环境因子（environmental factors）则是指生物体外部的全部环境要素。

2. 生态因子的分类

在任何一种生物的生存环境中都存在着很多生态因子，这些因子在其性质、特性和强度方面各不相同，它们彼此之间相互制约，相互组合，构成了多种多样的生存环境，为各类极不相同生物的生存进化创造了不计其数的生境类型。虽然生态因子的数量很多，但可按照其性质划分为五个基本类型。

（1）气候因子　包括光、温度、湿度、降水、风等。

（2）土壤因子　包括土壤结构、无机元素，土壤物理、化学性质及土壤微生物及其活动。

（3）地形因子　包括地球表面的起伏、山岳、高原、平原、洼地、坡向、坡面等，构成生物生存的重要间接因子。

（4）生物因子　包括生物之间的各种相互关系，如捕食、寄生、竞争和共生等。

（5）人为因子　人类对生物资源的利用、破坏、改造和发展过程中的生态作用，如垦殖、放牧、采伐等。

### （二）生态因子作用的基本特征

1. 生态因子的综合作用

一个生态因子对生物不论有多么重要，它的作用只有在其他因子配合下方能表现出来。例如，温度是一二年生植物春化阶段中起决定性作用的因子，但是，温度在这个时候也只有在适当的湿度和良好的通气条件下才能发挥作用。如果空气不足，或是湿度不适当，萌发的种子就不能通过春化阶段。因为生物的生存需要很多生态因子，这些生态因子不是孤立存在的，而是彼此联系、互相促进、互相制约的，任何一个因子的变化，必将引起其他因子不同程度的变化及其反作用。生态因子所发生的作用虽然有直接和间接作用、主要和次要作用、重要和不重要作用之分，但它们在一定条件下又可以互相转化。例如，光和温度的关系就密不可分，光照强度的变化不仅影响空气的温度和湿度，同时也会影响土壤的温度、湿度的变化。这是由于生物对某一极限因子的耐受限度，会因其他因子的改变而变化，所以生态因子对生物的作用不是单一的，而是综合的。环境对生物体的生态作用是生境中各种生态因子综合作用的结果。

2. 主导因子的作用

在诸多环境因子中，有一个对生物起决定作用的生态因子，称为主导因子。主导因子发生变化会引起其他因子也发生变化。例如，光合作用时，光照强度是主导因子，温度和$CO_2$等是次要因子；春化作用时，温度是主导因子，湿度和通气条件是次要因子。又如，以水为主导因子，可把植物分为陆生植物和水生植物；以土壤为主导因子，可把植物分成多种生态类型，有盐土植物、喜钙植物、嫌钙植物、沙生植物等。

3. 直接作用和间接作用

在环境中有些生态因子能直接影响生物的生理过程或参与生物的新陈代谢，称为直接因子，如光、温度、水、土壤、$CO_2$、$O_2$、无机盐等；另一些生态因子通过影响直接因子而间接作用于生物，称为间接因子，如海拔高度、坡面、坡向、经度、纬度等。区分生态因子的直接作用和间接作用对认识生物的生长、发育、繁殖及分布都很重要。环境中的地形因子对生物的作用是最典型的间接作用。例如，四川二郎山的东坡湿润多雨，分布着常绿阔叶林；而西坡空气干热、缺水，只分布着耐旱的灌草丛，同一山体由于坡向不同，导致植被类型完全不同。其原因在于东坡为迎风坡，从东向西运行的湿润气流沿坡而上，随着海拔升高，气温逐渐降低，水汽大量凝结并在东坡降落，故东坡湿润多雨而分布常绿阔叶林；当气流越过坡顶沿山脊向西坡下行时，随着海拔降低，干冷的空气增温，这种干热空气不但本身缺水不能向坡面释放水分（降雨），反而从坡面上吸收水分，使西坡更加干旱，因而只能分布干旱灌草丛植被类型。

4. 阶段性作用

由于生物在生长发育的不同阶段对生态因子的需求不同，因此，同一生态因子在生物的各个不同发育阶段所起的作用是不同的，也就是说生态因子对生物的作用有阶段性，这种阶段性是生态环境的规律性变化所造成的。例如某些作物，低温在春化阶段是必要的条件，而在它以后的生长期中，低温肯定是有害的。另外，同一生态因子在生物某一发育阶段可能不起作用，而在另一阶段是必需的。例如，光照长短在植物的春化阶段并不起作用，但在光周期阶段是非常重要的。有些鱼类不是终生都定居在某一环境中，这是因为其生活史的各个不同阶段，对生存条件有不同的要求。例如，鱼类的洄游，大麻哈鱼生活在海洋中，生殖季节就成群结队洄游到淡水河流中产卵；而鳗鲡则在淡水中生活，洄游到海洋中去生殖。

5. 不可替代性和补偿作用

环境中各种生态因子对生物的作用虽然不尽相同，但都各有重要性，尤其是起主导作用的因子，如果缺少，便会影响生物的正常生长发育，甚至造成其生病或死亡。例如，植物生长发育所需要的铁等微量元素，虽然需要量很微小，但如果没有的话，植物的生命就会完全终止。所以从总体上说，生态因子的作用是不可替代的，但是局部是可以补偿的。例如，某一生态因子在量上的不足，可以通过其他因子的增加或加强而得到补偿，以获得相似的生态效应。以植物的光合作用来说，如果光照不足，可以通过增加 $CO_2$ 的量来补偿；良好的土壤湿度可以补偿大气湿度的不足；向阳的南坡可以补偿寒冷区域温度的不足；软体动物在锶多的地方，能利用锶来补偿壳中钙的不足。生态因子的补偿作用只能在一定范围内作部分补偿，而不能以一个因子代替另一个因子，且因子之间的补偿作用也不是经常存在的。

（三）生态因子的限制性作用

1. 限制因子

生物的生存和繁殖依赖于各种生态因子的综合作用，当某种生态因子作用于生物体时，使生物体的耐受力达到极限，这个因子就是限制因子（limiting factors），即限制生物生存和繁殖的关键性因子。任何一种生态因子只要接近或超过生物的耐受范围，就会成为这种生物的限制因子。例如，水中的盐分对许多鱼类的生命活动、分布等是一个限制因子，淡水鱼放到咸水里很快就会死亡，同样，大多数海洋鱼类放到淡水中也会很快死亡。

如果一种生物对某一生态因子的耐受范围很广，而且这种因子又非常稳定，那么这种因子就不可能成为限制因子；相反，如果一种生物对某一生态因子的耐受范围很窄，而且这种因子又易于变化，那么这种因子就可能是一种限制因子。例如，氧气对陆生生物来说，数量多，含量稳定而且容易得到，因此一般不会成为限制因子（寄生生物、土壤生物和高山生物除外），但是氧气在水体中的含量是有限的，因此常常成为水生生物的限制因子。由此可见，各种生态因子对生物的作用并非同等重要，一旦找到了限制因子，就意味着找到了影响生物生存和发展的关键性因子。

2. 最小因子定律

最小因子定律是由德国化学家利比希（Baron Justus Liebig）于 1840 年提出的。他首先发现作物的产量不是受需要量最大的营养物质影响（如 $CO_2$ 和 $H_2O$），而是受那些处于最低量的营养物质成分影响，如硼、镁、铁、磷等微量元素。例如，磷的缺乏常常是限制作物生长的因子。因此，1840 年在其所著的《有机化学及其在农业和生理学中的应用》一书中指出："植物的生长取决于环境中那些处于最小量状态的营养物质。"这一概念被称为"Liebig 最小因子定律"。这一定律只有在环境条件处于严格的稳定状态下，即能量和物质的输入和输出处于平稳的情况下才适用，如果稳定状态受到破坏，各种营养物质的存在量和需要量都在不断地变化，这时就没有最小成分可言。另外，还要考虑生态因子的相互作用。例如，有些植物生长在荫蔽的地方比生长在充足的阳光下需要较少量的锌，可见，光照条件不同，锌所起的作用不同。

3. 耐性定律

耐性定律是由美国的生态学家谢而福德（V. E. Shelford）于 1913 年提出的，他认为因子在最低量时可以成为限制因子，但如果因子过量超过生物体的耐受限度时也可成为限制因子。每种生物对某一生态因子都有一个生态上的适应范围，即有一个最低点和一个最高点，两点之间的幅度称为生态幅（ecological amplitude），或叫耐性限度。生物在环境因子处于最适点或接近最适点时才能很好生活，趋向两端时生长就会减弱，若超过了耐性限度，则该生物种不能生存，甚至灭绝。例如，熊猫仅见于秦巴山区，大象只生长在热带丛林，野兔、麻雀的分布则广得多。又如红松主要生长在北温带湿润山地，望天树主要分布于西双版纳热带雨林，而芦苇则到处可见。

按照生物对温度、水分、盐度、食性、栖息地环境等生态因子的适应范围，可分别划分为广温性和窄温性生物、广水性和窄水性生物、广盐性和窄盐性生物、广食性和窄食性生物、广栖性和窄栖性生物等。

图 2-1 是广温性和窄温性生物生态幅的比较。对广温性生物影响很小的温度变化，对窄温性生物种常常是临界的。窄温性生物种可以是耐低温的，也可以是耐高温的，或处于两者之间。

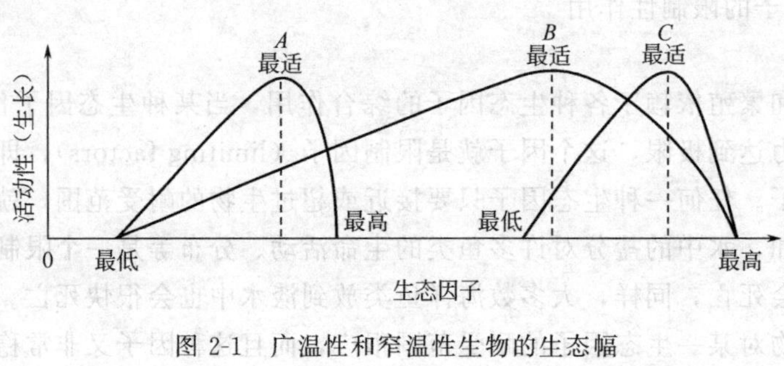


图 2-1　广温性和窄温性生物的生态幅

耐性定律还有一些重要的补充原理：①生物对一个因子的耐性范围很广，而对另一因子的耐性范围则很窄；②对所有因子的耐性范围都很广的生物，一般分布都很广；③生物的耐性限度会因发育时期、季节的不同而变化，如当一个生物个体生长旺盛时，会提高对一些因子的耐性限度，但处在休眠期的生物对低温和高温的耐受性反而大为增强；④当一种生物不是处于某一生态因子最适范围时，对另一因子的耐性限度将会下降，如当土壤的氮有限时，草对干旱的抵抗力下降。

## 阅读材料 2-1

### 指示生物

指示生物是指对环境中的某些物质能够产生各种反应信息的生物。生物在与环境的相互作用、协同进化的过程中，每个物种都留下了深刻的环境烙印。因此，常用生物作为指示者，反映环境的某些特征。例如，各地农民常根据物候确定农时，“枣发芽，种棉花”，“杏花开，快种麦”就是华北平原广泛流传的农谚。水文工作者常利用指示植物寻找地下水，例如，中国北方草原区，凡有芨芨草（*Achanatherum splendens*）成片生长的地段，都有浅层地下水分布。地矿工作者利用指示生物找矿，例如，安徽的海州香糯（*Elsholtzia splendens*）是著名的铜矿指示植物，湖南会同的野韭则指示金矿。在环境保护上，常用一些敏感生物指示环境污染状况，如地衣可以指示 $SO_2$ 的污染状况，唐菖蒲可以指示 HF 的污染状况，颤蚓的数量可以指示水体有机污染的程度等。

由上可见，生物的指示作用是普遍存在的，但指示生物也不能滥用，因为每个物种的指示作用都是相对的，仅在一定时空范围内起作用，而在另一时空条件下则失去指示意义。例如，上面谈到的海州香糯，在安徽海州指示铜矿的存在，而在辽宁、河北等地，则成为路边杂草，失去指示意义。同是铜矿，在海州的指示植物是海州香糯，在四川西部的指示植物是头状蓼（*Polyganum capitatum*），而在辽宁的指示植物是大叶石头花（*Gypsophila pacifica*）。

# 第二节　生态因子的生态作用

## 一、光的生态作用及生物的适应

地球上所有生命都是靠太阳辐射进入生物圈的能量来维持的，所以，光是地球上一切生物能量的源泉。光对生物的生态作用是由光照强度、日照长度和光谱成分的对比关系构成的。它们各有其空间和时间的变化规律，随着不同地理条件和不同的时间而发生变化。光的这些特性及其变化都会对生物的生长、发育和行为等生理过程发生各种影响和作用。因此，它是一切绿色植物生长发育过程中的一个极为重要的生态因子，对动物和微生物也能起到直接或间接的生态作用。

### （一）光谱成分及其生态作用

#### 1. 太阳光的光谱组成

光是太阳辐射能以电磁波的形式投射到地球表面的辐射线。太阳辐射的波长范围很广，从零到无穷大，但主要波长范围是 150～4000nm，其中人眼可见光的波长在 380～760nm 之间，可见光中根据波长的不同又可分为红、橙、黄、绿、青、蓝、紫七种颜色的光。红光波长为760～626nm，橙光为626～595nm，黄光为595～575nm，绿光为575～490nm，蓝光为490～435nm，紫光为435～380nm。波长大于760nm的光为红外光，地表热量基本上是由这部分太阳辐射所产生的，其波长越长，增热效应也越大。波长小于380nm的光是紫外光，其中波长短于290nm的辐射被大气圈上层（平流层）的$O_3$所吸收，所以紫外光真正射到地面上的只有波长在290～380nm之间的光波。紫外光和红外光都是不可见光。在全部太阳辐射中，红外光部分占50%～60%，可见光部分占40%～49%，紫外光约占1%。

光谱成分随空间发生变化的一般规律是短波光随纬度增加而减少，随海拔升高而增加。在时间变化上，冬季长波光增多，夏季短波光增多；一天之内中午短波光较多，早晚长波光较多。不同波长的光对生物有不同的作用，植物叶片对日光的吸收、反射和透射的程度直接与波长有关。

2. 光谱成分的生态作用

(1) 光谱成分对植物的生态作用　植物对太阳辐射的吸收是有选择的，对植物正常的生长发育起作用的是位于光谱中300～760nm波长范围内的辐射能。所以，一般来说，绿色植物只有当处在可见光的大部分波长的组合中才能正常生长。植物干质量的增加也是在日光的完全光谱下进行的。但是，从植物的形态建成、光合作用、叶绿素等色素的形成、向光性等与波长的关系上，可以看出不同波长的光其作用是不一样的。

在光合作用中，植物并不能利用光谱中所有波长的光能，只有可见光才能在光合作用中被植物所利用并转化为化学能。在可见光中，红橙光是被叶绿素吸收最多的光，具有最大的光合活性，所以红橙光也称为生理有效光。蓝紫光也能被叶绿素、胡萝卜素等强烈吸收。只有绿光在光合作用中很少被利用，这是因为绿色叶片透射和反射的结果。所以有人也称绿光为生理无效光。此外，红光还有利于$CO_2$的分解和叶绿素的形成。

不同波长的光对于光合作用产物的成分也有影响。实验表明，植物在不同波长的光照下进行光合作用，其光合作用产物的成分不同。如红光有利于碳水化合物的形成，蓝光有利于蛋白质的合成。因此，通过光质控制光合作用产物，可以改善各种作物的品质。

此外，在诱导植物形态建成、向光性及色素形成等方面，不同波长的光，作用也不同。如可见光中的蓝紫光与青光对植物生长及幼芽的形成有很大作用，能抑制植物的伸长而使植物形成矮粗的形态；还能引起植物向光性的敏感，并能促进花青素的形成，从而也就抑制了茎的生长。紫外线也能引起向光性敏感，促进花青素的形成。高山植物一般都具有茎杆短小、叶片缩小、毛茸发达、叶绿素增加、茎叶有花青素存在、花色鲜艳等特征，这是因为在高山上温度较低，再加上蓝、紫、青等短波光以及紫外线较多的缘故。

紫外线对种子的发芽能力和种子品质影响较大。在紫外线的辐射下，许多微生物死亡，土壤和植株被消毒，大大减少了植物病虫害的传播。此外，红光能促进种子的发芽。

(2) 光谱成分对动物的生态作用　不同波长的光对动物的影响不同。大多数脊椎动物可见光波的范围与人接近，但昆虫的可见光波范围则偏于短波光，相当于250～700nm之间，它们看不见红外光，却看得见紫外光。红外线和紫外线都具有重要的生物学意义。如昆虫对紫外线有趋光效应，而草履虫则表现为避光反应。紫外线有致死作用，波长360nm即开始有杀菌作用，在240～340nm的辐射条件下，可使细菌、真菌、线虫的卵和病毒等停止活动。在200～300nm之间，杀菌力最强，能杀灭空气中、水面及各种物体表面的微生物，这对抑制自然界的传染病病原体是极为重要的。在250～320nm之间，它们能促进抗佝偻病的维生素D的形成。当波长为200～400nm时，紫外线使人的皮肤上形成“晒斑”，在波长300nm时皮肤发红的敏感性（灼伤）最大。红外线的吸收能引起动物体温的升高。

（二）光照强度的变化及其生态作用

1. 光照强度的变化

光照强度在赤道地区最大，随纬度的增加而逐渐减弱。例如，在低纬度的热带荒漠地区，年光照强度为$8.38\times10^5 J/cm^2$以上；而在高纬度的北极地区，年光照强度不会超过$2.93\times10^5 J/cm^2$；位于中纬地区的我国华南地区，年光照强度大约是$5.02\times10^5 J/cm^2$。光照强度还随海拔高度的增加而增强，例如，在海拔100m可获得全部入射光能的70%，而在海拔0m的海平面却只能获得50%。此外，山的坡向和坡度对光照强度也有影响。在北半球的温带地区，山的南坡所接受的光照比平地多，而平地所接受的光照又比北坡多。随着纬度的增加，在南坡上获得最大年光照量的坡度也随之增大，但在北坡上无论什么纬度都是坡度越小光照强度越大。较高纬度的南坡比较低纬度的北坡得到更多的日光能，因此，南方的喜热作物可以移栽到北方的南坡上生长。

在一年中，夏季光照强度最大，冬季最小。在一天中，中午光照强度最大，早晚的光照强度最小。分布在不同地区的生物长期生活在具有一定光照条件的环境中，久而久之就形成各自独特的生态学特性和发育特点，并对光照条件产生特定的要求。

光照强度在一个生态系统内部也有变化。一般来说，光照强度在生态系统内将会自上而下逐渐减弱，由于林冠层吸收了大量的日光能，使下层植物对日光能的利用受到了限制，所以一个生态系统的垂直分层现象既取决于群落本身，也取决于所接受的日光能总量。照射到林冠叶片上的光，能被植物吸收75%，叶面反射23%，穿过叶片透射下来的光约2%，很少超过10%。反射和透射的能力，因叶的厚薄、构造和叶绿素颜色的深浅（含叶绿素的多少）以及光的性质不同而异。阳光穿过植物群落上层林冠时，因叶片相互重叠、镶嵌或互相遮阴，使阳光从林冠表面到林冠内部逐渐递减，其递减量与树冠形状和树叶的密度密切相关，而且光质也大大改变。

在水生生态系统中，光照强度将随水深的增加而迅速递减。水对光的吸收和反射是很有效的，在清澈静止的水体中，照射到水体表面的光大约只有50%能够到达15m深处；如果水是流动的或混浊的，能够到达这一深度的光量就要少得多。这对水生植物的光合作用是一种很大的限制。

2. 光照强度的生态作用

（1）光照强度对植物的生态作用　光照强度对植物的生长及形态结构的建成有重要的作用。因为，光能促进组织和器官的分化，制约器官的生长和发育速度。此外，光还能促进细胞的增大和分化，影响细胞的分裂和伸长。因此，植物体积的增长、质量的增加都与光照强度有密切关系。而且植物体各器官的组织能否保持发育上的正常比例也与光照强度直接相关。黄化现象（eitiolation phenomenon）就是光对植物生长及形态建成发生明显影响的典型例子。黄化现象是植物对黑暗环境的特殊适应，表现为茎细长柔软、节间距离拉长、叶面小而不展开、植物长度伸长而质量生长显著下降，茎叶外表呈淡黄色。黄化植物一旦暴露于光照之下，茎叶即可在短期内转变为绿色，叶片也舒展伸长，以后长出的茎叶其形态和色泽都趋于正常。这说明一切绿色植物必须在阳光下才能正常的生长。

但不同的植物需要的光照强度是不同的，这与植物的光补偿点高低有关。植物能够在微弱的光照下进行光合作用，并从外界吸收$CO_2$。当光照强度达到某一水平时，光合作用吸

收的 $CO_2$ 与呼吸作用释放的 $CO_2$ 达到平衡，表现出气体交换量为零，此时的光照强度为光补偿点。超过补偿点后，随着强度的增加，光合作用几乎呈直线上升，有机物合成量超过呼吸消耗量的数额就是净光合作用（图 2-2 中外表的光合作用）。净光合作用增长到一定程度，曲线趋于平缓，最后曲线达到峰值，尽管光照强度再增强，光合作用也不再增加。此时的光照强度称为光饱和点。各种植物要维持生存必须适应生境中的光照强度，并只能在光照强度超过光补偿点时才能正常积累有机物质。

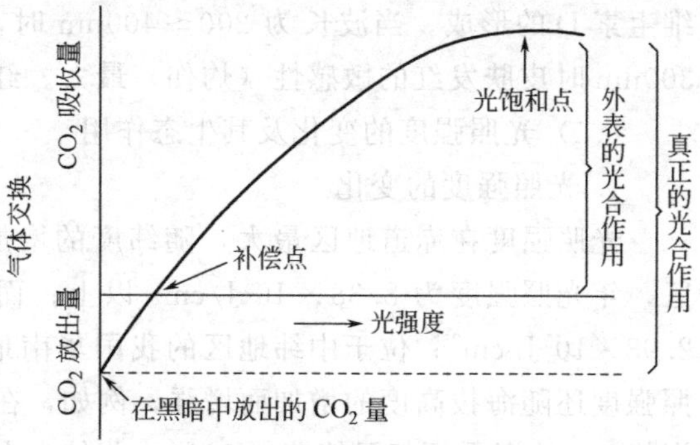


图 2-2　光补偿点和光饱和点示意

根据不同类型植物光补偿点的高低不同，可将植物划分为阳生植物、阴生植物及耐阴植物三种。

① 阳生植物。适应于强光照地区生活的植物称阳生植物，这类植物光补偿点较高，光饱和点也较高，在强光环境中才能生长健壮，不耐荫蔽，在弱光下生长发育不良。也可以说，阳生植物要求全日照，并且在水分、温度等条件适应情况下，不存在光照过强问题。因此，阳生植物多生长在旷野、路边及向阳山坡，如蒲公英、刺苋、松、杉、麻栎、柳、杨、桦、槐、甘草、黄花、白术、芍药等。此外，草原及沙漠植物，以及一般农作物也都是阳生植物。

② 阴生植物。适应弱光照地区生活的植物称阴生植物。这类植物光补偿点（植物的光合强度和呼吸强度达到相等时的光照度值）比较低，约 100 米烛光❶，光饱和点（在一定的光强范围内，植物的光合强度随光照度的上升而增加，当光照度上升到某一数值之后，光合强度不再继续提高时的光照度值）在 5000～10000 米烛光之间，所以能够忍耐荫蔽。故多生长于潮湿、背阴的地方或是生长于密林内，如林下草本植物酢浆草、连钱草、观音座莲等，树种中如铁杉、红豆杉、紫果云杉、柔毛冷杉等都极耐阴，很多药用植物如人参、三七、半夏、细辛等也属于这一类。阴生植物对生境的适应除呼吸作用较弱外，还反映在较充分利用光能上。阴生植物的叶绿素含量多于阳生植物，叶面积与体重比值较高，叶片较大较薄，叶肉细胞排列疏松（海绵组织），气孔经常开放，这些都是在弱光下进行光合作用有利的条件。

③ 耐阴植物。耐阴植物介于上述二者之间。这类植物在全光照下生长最好，但也能忍受适度的荫蔽，或是生长期间需要较轻度的遮阳。它们既能在阳地生长，也能在较阴地生长，只是不同植物种类耐阴性的程度不同而已。如树种中的山毛榉、云杉、侧柏、胡桃等，药用植物中的桔梗、党参、沙参、黄精、肉桂、金鸡纳等。

同种植物生长在阳地和阴地，其个体在形态结构和生理特性上有明显区别。同株植物不同部位的叶片因受光有强弱差异，也具有这些区别，分别称为阳生叶和阴生叶。

(2) 光照强度对动物的生态作用　光照强度对动物的生长发育和行为也会产生影响。蛙卵、鲑鱼卵在有光的情况下孵化快，发育也快；而贻贝和生活在海洋深处的浮游生物则在黑暗的情况下长得较快。有试验表明，蚜虫在连续有光的条件下，产生的多为无翅个体；在连续无光的条件下，产生的也为无翅个体；但在光暗交替的情况下，则产生较多的有翅个体。

❶ 1 米烛光＝35.315lx。

蚂蟥等有追求阴影的习性，蝗虫在迁徙中途如遇乌云蔽日则停止飞行，河流中幼鳗在溯游回到产卵地皆夜伏昼动。

（三）日照长度的生态作用

1. 植物与光周期现象

1920年，美国学者加纳（Garner）与阿拉德（Allard）发现，一种冬季开花的烟草若在冬季播种，其营养生长期很短，很快就开花了；若在春季播种，则迟迟不生花芽，只进行营养生长，并一直到冬季才开花。但是，若在夏季只给它几小时日照，其余时间让它在黑暗中，却很快能开花。由此说明，对开花起作用的是随着季节变化的日照长度。随着研究的深入，发现很多植物中都有这种情况。因此，就把植物对自然界昼夜长短，即光照与黑暗长度有规律的变化反应称为光周期现象。此外，除植物的花芽分化、开花、结果等发育过程外，休眠、落叶与地下储藏器官的形成等方面均与昼夜长短有显著的关系。根据植物对日照长度的反应可分为长日照植物、短日照植物、中日照植物和中间型植物。一般每天光照长度长于12～14h叫长光照，每天日照不足8～10h叫短日照。

（1）长日照植物　指日照长度必须大于某一时数（这个时间称为临界光期）才能开花的植物。这类植物原产地在长日照地区，即北半球高纬度地区，如我国的北方，其开花期通常是在全年日照较长的季节里，如小麦、大麦、油菜、菠菜、甜菜、萝卜、甘蓝以及紫菀、牛蒡、凤仙花、除虫菊等。若用人工方法延长光照时间可促使这些植物提前开花。

（2）短日照植物　指日照短于临界光期才能开花的植物。在一定范围内，暗期越长，开花越早，如在长日照下则只进行营养生长而不能开花。如水稻、大豆、玉米、棉、麻、烟草、向日葵、菊芋、苍耳、牵牛、紫苏等均属于短日照植物。这类植物通常在早春或深秋开花，若用人工方法缩短其日照时数，则可促使它们提前开花。

（3）中日照植物　指日照与黑暗时数的比例接近于相等时才能开花的植物。如甘蔗要求在12.5h的日照条件下才能开花。

（4）中间型植物　这类植物的开花受日照长度的影响较小，只要其他条件适合，在不同的日照长度下都能开花。如蒲公英、番茄、黄瓜、四季豆、早熟的荞麦等。

2. 日照长度对植物休眠和地下储藏器官形成的影响

植物的休眠是一种抗逆适应。如冬季休眠的植物比生长中的植物能抵抗更低的温度，否则很多植物将不能在温带、寒带过冬。

日照长度对植物的冬季休眠有重要意义。很多研究表明，温带植物的秋季落叶、冬季休眠都与日照长度有关，短日照可以促使植物进入休眠状态。同时，植物的冬季休眠主要依赖于日照长度，而不依赖于温度。故可以利用短日照处理来促使树木提早休眠，准备御寒，增强越冬能力。

此外，许多植物地下储藏器官的形成和发育也明显地受着日照长度的影响。如薯芋科植物、大理菊、某些品种的马铃薯地下块茎都明显地受到短日照的促进。但洋葱、贝母、葱等鳞茎的形成则受长日照的促进。

3. 日照长度对动物的生态作用

动物的生殖、换毛、休眠和迁徙等周期性现象都与日照长度的季节性变化有关。很多野生哺乳动物（特别是生活在高纬度地区的种类）都是随着春天日照长度的逐渐增长而开始生殖的，如雪豹、野兔和刺猬等，这些种类可称为长日照兽类。还有一些哺乳动物总是随着秋天短日照的到来而进入生殖期，如绵羊、山羊和鹿，这些种类属于短日照兽类，它们在秋季交配刚好能使它们的幼仔在春天条件最有利时出生。有些动物的毛色变化与光周期有关，如北极狐、雪兔、雷鸟等的毛色都随季节而变化，春夏季，其毛、羽呈棕黄色，冬季则换成白色。

鱼类的生殖和迁徙活动也与光有着密切的关系，而且也常表现出光周期现象，特别是那些生活在光照充足的表层水的鱼类。实验证实，光可以影响鱼类的生殖器官，人为延长光照时间可以提高鲑鱼的生殖能力，这一点已在养鲑实践中得到应用。日照长度的变化通过影响内分泌系统而影响鱼类的迁徙。例如光周期决定着三刺鱼体内激素的变化，激素的变化又影响着三刺鱼对水体含盐量的选择，后者则是促使三刺鱼春季从海洋迁入淡水和秋季从淡水迁回海洋的直接原因，归根到底三刺鱼的迁移还是由日照长度的变化引起的。

昆虫的冬眠和滞育主要与光周期的变化有关，但温度、湿度和食物也有一定的影响。例如，秋季的短日照是诱发马铃薯甲虫在土壤中冬眠的主要因素，而玉米螟和梨剑瘟夜蛾（蛹）的滞育率则决定于每日的日照时数，同时也与温度有一定关系。很多昆虫的代谢也受日照长度的影响，一些昆虫依据光周期信号在白天羽化，另一些昆虫在夜晚羽化。

## 二、温度的生态作用及生物的适应

温度是另一个重要的环境因子，任何生物都生活在具有一定温度的外界环境中，并受着温度变化的影响，如生物的新陈代谢、生长发育、繁殖、行为和分布等，温度的变化对生物的活动起着特殊的限制作用。温度还通过影响其他环境因子，如湿度、土壤肥力和空气流动，从而对生物产生间接作用。

### （一）温度变化的规律

#### 1. 温度在空间上的变化

（1）纬度　纬度决定一个地区太阳入射高度角的大小和昼夜长短，也决定太阳辐射量的多少。低纬度地区太阳高度角大，因而太阳辐射量也大，但因昼夜长短的差异较小，太阳辐射量的季节分配比高纬度地区均匀。随着纬度北移（指北半球），太阳辐射量减少，温度逐步降低，纬度每增加一度（平均 110km），年平均气温降低 0.5～0.7℃。因此，从赤道到北极可以划分为热带、亚热带、温带、寒带。

（2）海陆位置　我国位于欧亚大陆东南部，东面是太平洋，南面距印度洋不远，西面和北面都是广阔的大陆。由于我国属季风气候，夏季盛行温暖湿润的热带海洋气团和赤道海洋气团，气团的运行方向是从东或南向西或向北推进；冬季盛行极地大陆气团，寒冷而干燥，从西或北向东或南推进。因此，东面和南面多属海洋性气候，从东南到西北，大陆性气候逐步加强。

与同纬度其他地区相比，我国大陆性气候较强。夏季酷热，冬季严寒，气温年较差大。我国 1 月平均气温比同纬度其他地区要低，7 月平均气温比同纬度其他地区要高，年平均气温比同纬度其他地区要低，年温差比同纬度其他地区要大。例如，以北京和纬度相近的里斯本及纽约的平均气温相比较，则 1 月平均气温北京比里斯本低 14.9℃，比纽约低 3.8℃；7 月平均气温北京比里斯本高 5.1℃，比纽约低 3.1℃，北京的年温差远比这两个地区为大。

（3）海拔高度与地形特点　我国地形复杂，山地占国土总面积的大部分。据统计，海拔在 500m 以下的占 16%，海拔在 500～1000m 的占 19%，海拔在 1000～2000m 的占 28%，海拔在 2000～5000m 的占 18%，海拔在 5000m 以上的占 19%。海拔最高的是珠穆朗玛峰，为 8848m；海拔最低的是吐鲁番盆地，为－293m。地形高低起伏，高差很大。

地形复杂必然导致气候的多变。特别是我国西北、西南地区常有“十里不同天”的气候。错综复杂的山系常是南北暖冷气团运行的障碍，特别是东西走向的山脉能阻挡寒潮和湿热气团的运行，成为气候的分界线。山体也是影响温度水平变化的主要原因之一。例如，秦岭南坡温暖多雨，北坡寒冷少雨。海拔高度是影响温度变化的又一重要原因。随着海拔升高，温度降低，其降低率大致是海拔每升高 100m，气温下降 0.6℃左右，或海拔每升高 180m，气温下降 1℃左右。温度的这种递减率在夏季较大，冬季较小。

由于温度的这种变化，从山麓到顶峰随着海拔升高，温度的降低，可以划分为相应的植被气候带。

高原或高山上大气稀薄，太阳辐射强，但温度反而比平原低，这是因为随海拔升高，大气层变薄，水汽及 $CO_2$ 含量低，因此地面辐射的热量散失很大。太阳辐射仅限于白天，而地面辐射是白天、夜晚都在不断地进行，所以地面辐射量可以超过太阳辐射量。这样，使高原（高山）空气中储存的热量较少，温度降低，昼夜温度变幅增大。

不同坡向，热量分配也不均匀，一般南坡的太阳辐射大于北坡，所以南坡的空气和土壤温度比北坡高，但土壤温度西南坡比南坡更高，这是因为西南坡蒸发耗热较少，用于土壤和空气增温的热量较多的缘故。

封闭的谷地和盆地的温度变化有其独特的规律。以山谷为例，由于谷中白天受热强烈，再加上地形封闭，热空气不易输出，所以白天谷中的温度远比周围山地要高。例如，我国夏季最热的地方——吐鲁番盆地（7 月平均温度 33.5℃，最高温度 47.8℃）以及长江流域的河谷城市如南京、武汉、重庆等地。在夜间，因地面辐射冷却，地面上形成一层冷空气，冷空气密度较大，顺山坡向下沉降聚于谷底，而将热空气抬高至山坡一定高度，形成谷中温度的逆增现象。

温度逆增的原因有很多，主要有辐射逆温和地形逆温。辐射逆温就是前面已提到的，由于夜间地面辐射冷却，使近地层气温迅速下降的结果。在晴朗无风，空气干燥的夜晚，更有利于辐射逆温层的发展。地形逆温层的强弱与山谷的深浅有关，山谷越深，向谷底沉降的冷空气越多，则在谷底沉积的冷空气层越厚。逆温层形成后，由于大气污染物不易扩散，因此容易加重大气污染。

2. 温度在时间上的变化

（1）季节变化　在地球绕太阳的公转中，太阳高度角的变化是形成一年四季温度变化的原因。一年中根据气候冷暖、昼夜长短的节律变化而分为春、夏、秋、冬四季。在历法上，3～5 月为春季，6～8 月为夏季，9～11 月为秋季，12 月～来年 2 月为冬季。但是，由于各地纬度、海陆位置、地形和大气环流等条件不同，气候差别很大。例如，冬季，东北地区冰天雪地，而华南地区仍是风和日暖；夏季，四川盆地酷热难忍，而青藏高原仍是雪花纷飞，寒气逼人。因此，根据历法上的季节，在全国很难统一。所以目前一般用温度作为划分季节的标准。一般将 5 日平均温度为 10～22℃时为春秋季，22℃以上的为夏季，10℃以下的为冬季。

温度的年较差是温度季节变化的一个重要指标。年较差是指一年内最热月与最冷月平均温度的差值。年较差的大小受纬度制约。低纬度地区年较差小，高纬度地区年较差大。海陆位置也影响年较差，海洋和海洋性气候地区，年较差小，大陆和大陆性气候地区年较差大。因此，根据各个地区的年较差大小，可以判断该地区的气候特点。

（2）昼夜变化　气温的日变化中有一个最高值和最低值。最低值发生在将近日出的时候，日出以后，气温上升，在13～14h达到最高值，以后温度下降，一直到日出前为止。昼夜间最高气温与最低气温的差值称为气温日较差。

气温日较差随纬度的增加而加大。在高纬度地区，一天内太阳高度角的变化很大，所以日较差也大；在低纬度地区一天内太阳高度角变化很小，所以日较差也小。气温日较差还受季节的影响，温暖季节（夏季）日较差较寒冷季节（冬季）大。此外，海拔高度、地形特点等也都影响气温日较差。

3. 土壤和水体中的温度变化

（1）土壤中的温度变化　土壤中的温度随季节的变化而变化。土壤温度的日变化规律为：①夏季和白天，地面由于受热的结果，地表的温度远高于气温；夜晚和低温季节，由于地面冷却，地表温度略低于气温；②地表最低温度约在日出时出现（与气温相同），最高温度约在13点出现（在最高气温出现前1～2h），即最强日照1h后；③土壤温度日变化从表土向下仅影响1m左右的深度，随深度增加，一昼夜中最高温度和最低温度有后延现象，因为热量传递需要一定时间。

（2）水体中温度变化　光线穿过水体时，辐射强度随水深的增加呈对数下降。因此，太阳辐射增温仅限于水体的最上层。由于暖水比冷水的密度小，在高温季节或者在白昼，在静水体内形成了一个非常稳定的、温暖明亮的表水层；在距表水层较深处有一较冷、密度较大的静水层；在两层之间有一层温度剧烈变化的变温层。夜晚，特别是寒冷季节，水面温度下降，表层水的密度增加而下沉，它的位置被从深层上升的温暖水所取代，上、下层水体发生对流，充分混合。

水体的温度变化与土壤有很大的差别，水体中温度的日变化幅度远比土壤小。这是因为：①水的容积热容量比土壤大一倍，当两者吸收和放出同样的热量时，水的升温或降温都比土壤小一半；②水为半透明体，太阳辐射可以透入相当深的水层中，而太阳辐射在土壤中只被表土强烈吸收，仅透入极薄的表土层；③水体的蒸发耗热量远大于土壤，当水面受热，蒸发旺盛时，耗热量多，使温度不致剧升；④热量在土壤中基本靠分子传导，而在水体中热量主要靠乱流、对流的混合作用，后者比前者传热快得多。

（二）温度与生物的生长

任何一种生物，其生命活动中每一生理过程都有酶系统的参与，而每一种酶的活性都有它的最低温度、最适温度和最高温度，相应形成生物生长的“三基点”。在一定的温度范围内，生物体内的生化反应会随着温度的升高而加快，从而加快生长发育速度，温度如果低于最低温度或高于最高温度，酶的活性就受到制约，生物的生长发育就会受到影响，甚至造成死亡。例如，高温将使蛋白质凝固，酶系统失活；低温将引起细胞膜系统渗透性改变、脱水、蛋白质沉淀以及其他不可逆转的化学变化。

虽然生物只能生活在一定的温度范围内，但不同的生物和同一种生物的不同发育阶段所忍受的温度范围不同。有的植物光合作用最适温度在30℃，有的植物则在20～30℃，一些耐阴植物为10～20℃。动物也有其生长发育的最适温度。例如，所有家禽的最适温度约为15℃，当温度小于7℃或大于29℃时，产量及饲料效率就会下降。鱼群产卵也有特定适温范围。

（三）温度与生物的发育

生物完成生命周期，不仅要生长而且还要完成个体的发育阶段，并通过繁衍后代使种族得以延续。最明显的例子是某些植物一定要经过一个低温“春化”阶段，才能开花结果，否则就不能完成生命周期。

温度与生物发育的关系的最普遍规律是有效积温法则。法国学者 Reaumur（1735）从变温动物的生长发育过程中总结出有效积温法则。目前，这个法则在植物生态学和作物栽培中已经得到广泛应用。

$$K=N(T-T_0)$$

式中 $K$——该生物所需的有效积温，它是一个常数；

$T$——当地该时期的平均温度；

$T_0$——该生物生长活动所需最低临界温度（生物零度或发育起点温度），℃；

$N$——该生物生长发育所经历的时间，d。

如地中海果蝇在 26℃下，20d 内完成生长发育，而在 19.5℃下则需要 41.7d。利用上述公式可以计算出其 $K=250$d·℃。图 2-3 给出的是地中海果蝇发育历程与温度的关系。图 2-4 给出的是菜粉蝶（*Pieris rapae*）在 10.5℃以上从卵孵化成蛹的发育速度。

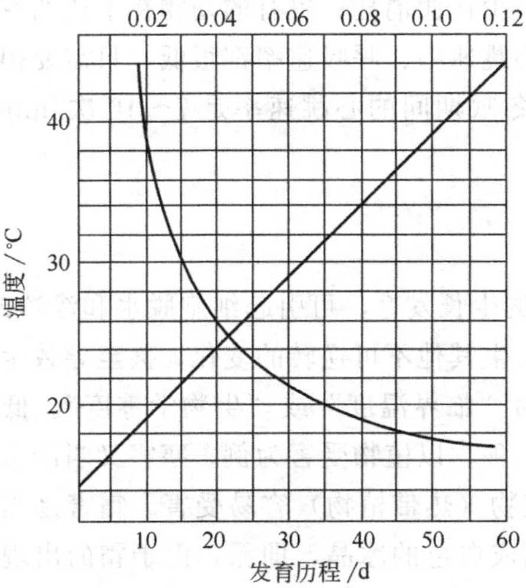


图 2-3 地中海果蝇发育历程与温度的关系

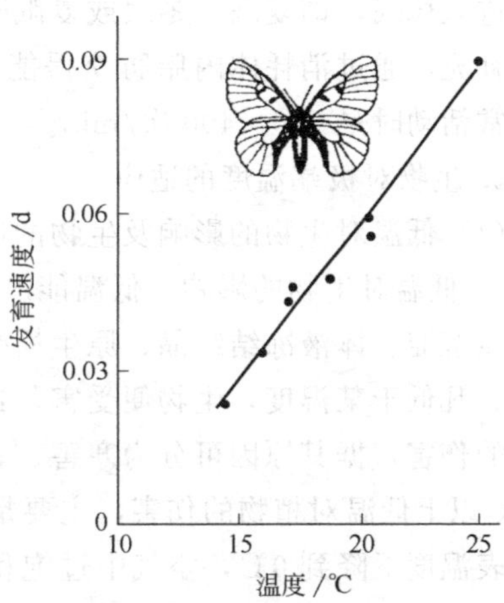


图 2-4 菜粉蝶在 10.5℃以上从卵孵化成蛹的发育速度

又如棉花从播种到出苗，其生物学零度是 10.6℃，有效积温是 66d·℃。

有效积温法则在农业生产上有很重要的意义，全年的作物茬口必须根据当地的平均气温和每一作物的有效积温来安排。此外，还可以根据有效积温来预测害虫发生的世代数和来年发生程度。

（四）生物对温度的适应

1. 温周期现象

温度有日变化，除赤道地区外，还有季节变化，植物对这两种节律性变化反应敏感，并且已经适应，在这样的变温条件下，才能正常发育，这一现象称为温周期现象。多数生物在变温下比恒温下生长得更好。例如，喜温作物番茄在昼温 23～26℃，夜温 8～15℃情况下生长最好、产果最多，而在昼夜均为 26℃恒温下生长反倒不好，果实形成也受限制；波斯菊生长在变温条件下比生长在恒温条件下重量增加 1 倍；火炬松苗在昼夜温差最大的条件下，生长量也最大。

动物也有类似的温周期反映。蝗虫在变温下的平均发育速度比恒温下快 38.6%；苹小卷叶蛾幼虫和蛹的发育，在昼夜变温条件下可加速 7%～8%。

2. 物候

生物长期适应于温度的季节性变化，形成与此相适应的生物发育节律，称为物候。植物发芽、生长、开花、结实、果实成熟、落叶、休眠都与一定的季节气候相联系，各个生长发育阶段开始和结束的时期称为物候期。大多数植物在春天大地温度回升时，开始发芽、现蕾、生长，夏季气温较高时，植物开花、结实、秋末转入低温，于是植物落叶，进入休眠。

植物的物候期直接与温度高低相关，每一个物候期需要有一定的热量，它像气象站一样，植物出现的发育的某一阶段，便预报了当时的气候状况。如杨柳绿表示春来了，枫叶红表示秋天到，秋风扫落叶则表示冬天即将来临。温度决定了植物的生长，而植物的生长发育又反映了温度的环境状况。

动物一般随着季节由暖变冷，表现为生理代谢的变化，从活动状态转入休眠，由繁殖期转为性腺静止期，由定居生活转为迁移等。生物体一般都有它生长发育的最佳温度和临界温度，多数变温动物更是如此。例如，两栖类的青蛙在7～8℃即进入蛰眠状态，在20～30℃则异常活跃。许多动物在寒冷的季节即冬眠，以减少代谢消耗；也有的动物在干热的季节或夏季进入休眠，即夏眠。冬眠或夏眠时不进食，心跳速率、呼吸速率都很低，只需要很少的能量补充，通过消耗体内脂肪获得能量。如黄鼠冬眠期间的心跳速率是7～10次/min，而在正常活动时是200～400次/min。

3. 生物对极端温度的适应

(1) 低温对生物的影响及生物的适应

① 低温对生物的影响。低温能严重影响生物的生长发育，可引起细胞脱水和渗透改变、蛋白质沉淀、体液冻结结晶、原生质受到破坏及发生其他不可逆转的变化，甚至导致生物的死亡。凡低于某温度，生物便受害，这个温度称为“临界温度”或“生物学零度”。低温对生物的伤害，据其原因可分为寒害、霜害和冻害三种。以植物受害为例，寒害又叫冷害，是指0℃以上低温对植物的伤害，主要是一些喜温植物（热带植物）容易受害。霜害是当气温或地表温度下降到0℃，空气中过饱和的水汽凝结成白色的冰晶，即霜，由于霜的出现而使植物受害称为霜害。冻害是指植物体冷却降温至冰点以下，使细胞间隙结冰所引起的伤害。

植物受低温的伤害除了极端低温值外，还决定于降温的速度。在相同的条件下，降温速度越快，植物受伤害越重。植物受冻害后，温度急剧回升要比缓慢回升受害更重。温度回升慢，细胞间隙的冰晶慢慢融化，植物能把细胞间隙的水分吸回到细胞内部，避免原生质脱水。低温期持续长短是决定植物受害的另一因素。低温期越长，则植物受害越重。

② 生物对低温的生态适应。长期生活在低温环境中的生物通过自然选择，在形态、生理和行为等方面表现出很多明显的适应。在形态上，寒冷地区的恒温动物比温暖地区同种个体体型大，从而使单位体重散热量相对较少，这就是贝格曼（Bergman）规律；恒温动物在低温环境中为减少散热，其身体突出部分如四肢、尾巴和外耳有变小变短的趋势，这一适应常被称为阿伦（Allen）规律，如北极狐（*Alopex lagopus*）、法国赤狐（*Vulpes vulpes*）、非洲大耳狐（*Fennecus zerda*）（图2-5）。北极和高山植物为防寒保温，其芽和叶片常受到油脂类物质的保护，芽具鳞片，植物体表面生长着蜡粉或密生绒毛，体形矮小并常成匍匐状、垫状或莲座状。

在生理上，处于热带地区的人种较寒冷地区的人种发育得早；动物靠增加体内产热量来增加御寒能力和保持体温恒定。生活在低温环境中的植物，往往通过减少细胞中的水分，增加细胞中的糖类、脂肪和色素来降低植物的冰点，增加抗寒能力。

（a）北极狐　（b）赤狐　（c）大耳狐

图 2-5 不同温度带狐的耳壳大小比较

在行为上，动物可通过减少活动量、休眠或迁移来适应，如动物进行高度迁移，冬天从山上迁到谷地，以避开大雪、低温及食物不足的不利环境。

（2）高温对生物的影响及生物的适应

① 高温对生物的影响。当温度超过生物适宜温度的上限后，会对生物产生伤害作用，使生物生长发育受阻。高温可减弱光合作用，增强呼吸作用，使植物的这两个过程失调。高温还可破坏植物的水分平衡，促使蛋白质凝固，体内生物化学组成变化，细胞受到破坏以至死亡。高温对动物的有害影响主要是破坏酶的活性，使蛋白质凝固变性，造成缺氧、排泄功能失调和神经系统麻痹等。水稻开花期如遇高温就会使受精过程受到严重伤害，导致空粒率增加。日平均温度 30℃持续 5d 就会使空粒率增加 20%以上。在 38℃的恒温条件下，水稻的实粒率下降为零，几乎是颗粒无收。动物对高温的忍受能力依种类而异。哺乳动物一般都不能忍受 42℃以上的高温；鸟类的体温比哺乳动物高，但也不能忍受 48℃以上的高温。

② 生物对高温的生态适应。生物对高温环境的适应也表现在形态、生理和行为三个方面。例如，有些植物生有密绒毛和鳞片，可以隔热并能过滤一部分光；有些植物呈白色、银白色，叶片革质发亮，能反射大部分光，使植物免受高温的伤害；有些植物叶片垂直排列使叶缘向光或在高温条件下叶片折叠，减少吸收光的面积；还有些植物的树干和根茎生有很厚的栓木层，具有绝热和保护作用。植物对高温的生理适应是通过蒸腾散热，或降低细胞含水量，增加糖、盐的浓度，以减缓代谢速率和增加原生质的抗凝结力。

动物对高温环境的一个重要适应就是适当放松恒温性，使体温有较大的变幅，这样在高温炎热的时刻身体就能暂时吸收和储存大量的热并使体温升高，而后在环境条件改善时或躲到阴凉处时再把体内的热量释放出去，体温也会随之下降。过热时，有些动物会夏眠，如黄鼠和一些昆虫。有些动物夏季脱毛、皮下脂肪变薄，这有助于散热。炎热环境中的动物比寒冷中的动物，身体突出的部分更长，而皮毛较薄。在太热的环境中动物会迁徙到水里或阴凉处。

4. 温度与生物的分布

决定某种生物分布区的因子，绝不仅是温度因子，但它是重要的生态因子。温度制约着生物的生长发育，而每个地区又都生长繁衍着适应该地区气候特点的生物。年平均温度、最冷月、最热月平均温度值是影响生物分布的重要指标。各种植物种类和森林类型，都分布在一定的气候区内，如受高温的限制，苹果和梨的某些品种不能在热带地区种植；而橡胶、椰子、可可由于不能忍受低温却只在热带地区生长；杉木不能在淮河以北生长，樟树不过长江；在长江流域和福建省山区，马尾松分布在海拔 1000～1200m 以下，其上被黄山松所代替，该海拔处温度是马尾松的低温界限，同时是黄山松的高温界限。

温度对动物的分布，有时可起到直接限制作用。例如，各种昆虫的发育需要一定的总热量，若生存地区有效积温少于发育所需要的积温时，这种昆虫就不能完成生活史。如玉米螟不能迁飞到一年中15℃以上的天数少于70d的地方；苹果蚜的北界是1月温度4℃以上的地区。

### 三、水的生态作用及生物的适应

#### （一）水及其变化规律

地球表面约有70%以上被水覆盖，地球总水量约为$14.5\times10^{8}km^{3}$，其中94%是海水，其余则以淡水的形式储存于陆地和两极的冰山中。三种形态的水因时间和空间的不同发生着变化，这种变化是导致地球上各地区水分再分配的重要原因。水因蒸发和植物蒸腾把水汽送入大气，而大气中的水汽又以雨、雪等形式降落到地面。以整个地球计，平均蒸发量和降水量是相等的，每年接近1000mm。蒸发量和纬度有关，一般高纬度地区的蒸发量比低纬度地区低。

水分在地球上的流动和再分配方式有三种：一是水汽的大气环流；二是洋流；三是江河排水。地球各地的水分平衡主要以这三种方式为主。地球上的水分循环由两部分组成，其一是海洋蒸发的水分有一部分经大气环流输送到大陆，并成为降水。大陆上的降水一部分蒸发成水汽，一部分渗至土壤中，一部分又经江河流回海洋。这种海洋与大陆之间的水分交换，称为大循环或外循环。其二是海洋和陆地水蒸发后，在空中形成降雨，回复到原来的海洋和陆地称为小循环或内循环。

1. 气态水

空气中的水汽主要来自海平面、湖泊、河流以及地表蒸发和植物的蒸腾。通常用相对湿度来表示空气中的水汽含量。相对湿度是指大气中实际水汽压与最大水汽压之比，用百分数表示。相对湿度越小，空气越干燥，植物的蒸腾和土壤与自然水体表面的蒸发就越大。相对湿度随温度的升高而降低，随温度的降低而升高。在一天内相对湿度早晨高，下午低；在一年当中，一般最冷月相对湿度最大，最热月则相对湿度最小。我国由于受季风影响，则出现相反的变化规律，就是冬季空气最干燥，而夏季空气最潮湿。

2. 液态水

空气中的水汽过饱和时会发生凝结现象，从而产生液态水，液态水包括雾、露、云和雨。露的形成是由于固体表面温度在晚间冷却到露点温度时，空气中的水汽在固体表面凝结成液态水，露对于沙漠地区的短命植物特别重要。当空气中的水汽达到饱和时就形成雾，雾实际上就是地面的云层，它能减少植物的蒸腾和地面的蒸发。云的形成是由于空气上升，绝热膨胀冷却，温度降低，水汽凝结的过程，云的多少会影响光照强弱和日照时数的长短。雨是降水中最重要的一种，占降水量绝大部分，它的形成是空气运动的结果，当空气上升，绝热膨胀冷却，水汽凝结就形成雨。根据形成的原因雨可分为气旋雨、地形雨、对流雨和台风雨四种。降雨量不仅因地区不同而不同，还因季节不同而有很大差别，一般是夏季降水量占全年降水量的一半左右，其次是春季和秋季，冬季降水量最少。我国降水量多少和同期的温度高低成正相关，这对植物生长发育很有利。但不同的降水方式对植物产生的效应是不同的，例如，降水过程越缓和，渗入土壤中的水分越多，则降水效应越好。

3. 固态水

固态水主要是指霜、雪、冰雹和冰。霜是指露点温度为零度以下时在物体表面所形成的固态水。当空气中的露点温度在0℃以下，水汽就直接凝结成固体小冰晶，降落到地面就是冰雹或雪。降雪的地区分布与该地区的温度高低有关，在低纬度地区，高山之上才有降雪；

在温带地区，降雪仅限于冬季；在两极，全年降水都是雪。

（二）水对生物的影响

1. 水是生物生存的重要条件

水是生物体的主要成分。一般植物体内含水量达60%～80%，动物体内含水量比植物更高。例如，水母含水量高达95%，软体动物达80%～92%，鱼类为80%～85%，鸟类和兽类为70%～75%。一切生物的新陈代谢都必须在有水的参与下才能正常进行；水是很好的溶剂，对许多化合物有水解和电离作用，许多化学元素都是在水溶液的状态下被生物吸收和运转；水是光合作用的原料。因此，水是生命现象的基础，没有水就没有原生质的生命活动。此外，水有较大的比热容，当环境中温度剧烈变动时，它可以发挥缓和调节体温的作用。水还能维持细胞和组织的紧张度，使生物保持一定的状态，维持正常的生活。

2. 水的不同形态及其生态意义

如上所述，水的形态有多种，这些降落到地面的不同形态的水，统称为降水，其强度大小、时间分布等对生物的生长、发育、形态结构和地理分布等都具有重要的生态意义。

（1）雨　雨是降水输入的主要形式，也是最重要的一种形式。可以补偿土壤、池塘、溪流、湖泊的水分，并通过水量变化和湿度影响生物。我国森林分布区的年降雨量一般在400mm以上，草原分布区的年降雨量在200mm以上，荒漠植被分布区的年降雨量在200mm以下。降雨量直接影响到生物的生存，例如长期干旱可导致颗粒无收，大牲畜饥饿致死；降雨量大，蝗虫数量少。

不同时期的降雨对植物有不同的影响，如开花期阴雨连绵，会影响开花和传粉；果实成熟期前雨水太多，将延长成熟期，使果实皮薄，易产生裂果；降雨太少，会引起落花、落果，降低种子产量和质量。大雨、暴雨能打落植物的叶片，摧毁草本植物，还会造成土壤侵蚀。

（2）雪　雪是重要的降水形式，特别是北方缺水地区降雪或干旱地区高山上的积雪，每年夏季融化后，成为生产生活用水的重要来源。雪的覆盖对植物和幼苗越冬有一定的保护作用，例如冬小麦利用雪被很好地越冬。但雪能造成雪压、雪折、雪倒以至雪崩，对植物，特别是高大的林木，产生很大的机械伤害。

（3）水汽和露水　水汽在大气中的含量表现为湿度。湿度的大小受气温的影响，与季节、植被、地貌条件、地理位置有关。湿度影响生物的繁殖、生殖发育、生长形态、构造、行为及地理分布。相对湿度降低，可使植物的蒸腾作用增强，甚至引起气孔关闭，降低光合速率；相对湿度过低，如小于60%，会影响开花受粉，使结实率降低或引起落花落果；相对湿度过高，能降低火灾的危险，但不利于传粉，容易引起病害。对动物来说，多数无脊椎动物和两栖类动物生活在潮湿的地方和水中。有的昆虫在土表湿度较低时，即深入土层深处。有些昆虫在某一发育阶段遇到干旱时，即发生滞育，当湿度适宜时才开始发育。有的生物对湿度的变化非常敏感，例如，衣鱼幼体在相对湿度小于7%或大于9%就会死亡。

在雨量少的地方，露水是降水量的一个不可缺少的重要来源。露水和近地面的雾不仅对沿海森林很重要，而且对沙漠也是重要的。部分水汽或雾凝结和滴落后，可被一些植物直接吸收利用。

（4）冰雹、霜、雾凇和雨凇　冰雹、霜、雾凇和雨凇都是固态水，其生态意义不大，且有危害性。能导致植物折枝、折干，损坏作物，甚至压死整株的植物，特别是茂盛的林木。

3. 水对生物生长发育的影响

水量对植物的生长也有一个最高、最适和最低三个基点。低于最低点，植物萎蔫、生长停止甚至死亡；高于最高点，植物根系缺氧、窒息、烂根。水分只有处于最适范围内，才能维持植物的水分平衡，从而保证植物最适宜的生长条件。种子萌发时，需要较多的水分，因为水能软化种皮，增强透性，使呼吸加强，还能使原生质从凝胶状态转变为溶胶状态，增强生理活性，促使种子萌发。

动物在水分不足时，会出现滞育或休眠。例如，在草原上的雨季临时性小水坑中，生活着一些水生昆虫，但雨季过后即进入滞育期。许多动物的周期性繁殖与降水季节密切相关，如羚幼兽在降水与植物茂盛时期出生，干旱年份澳洲鹦鹉即停止繁殖。

4. 水对生物数量和分布的影响

降水在地球上的分布是不均匀的，这主要是由于地理纬度、海陆位置、海拔高度的不同而引起的。我国从东南到西北可以分成三个等量雨区，即湿润、半干旱和干旱气候雨区，因而植被类型也可分为四个区，即湿润森林区、半湿润森林草原区、半干旱草甸、草原、荒漠植被区及干旱荒漠区（表 2-1）。即使同一山体，迎风坡和背风坡，也因降水的差异各自生长着不同的植物，伴随分布着不同的动物。水分与动植物的种类和数量存在着密切的关系。在降水量最大的赤道热带雨林中植物达 52 种/$hm^2$，而降水量较少的大兴安岭针叶林群落中，仅有植物 10 种/$hm^2$，在荒漠地区，单位面积物种数更少。

**表 2-1　我国的干燥度、水分状况与植被类型的关系**

| 干燥度① | 水分状况 | 自然植被 | 干燥度① | 水分状况 | 自然植被 |
|---|---|---|---|---|---|
| ≤0.99 | 湿润 | 森林 | 1.5～3.99 | 半干旱 | 草甸、草原、荒漠植被 |
| 1～1.49 | 半湿润 | 森林草原 | ≥4.0 | 干旱 | 荒漠 |

① 干燥度，指一个地区的可能蒸发量与同期实际降水量之比。

（三）植物对水因子的适应

植物生长环境中的水分状况，反映了植物对水分的适应。根据植物对环境中水分的需求量和依赖程度，可将植物分为水生植物和陆生植物。

1. 水生植物

水生植物是指所有生活在水中植物的总称。水体和陆地环境有很大的差异。水体环境的主要特点为：光照弱、氧气缺乏、黏性高、密度大、温度变化平缓以及能溶解无机盐类。因此，水生植物与陆生植物有本质的区别。首先，水生植物具有发达的通气组织，可以保证各器官组织对氧的需要。例如，荷花从叶片气孔进入的空气，通过叶柄、茎进入地下茎和根部的气室，形成一个完整的通气系统，以保证植物体各部分对氧气的需要。其次，水生植物适应于水体流动的特点，其机械组织不发达甚至退化，以增强植物的弹性和抗扭曲能力。同时，水生植物在水下的叶片多分裂成带状、线状，而且很薄，以增加吸收阳光、无机盐和 $CO_2$ 的面积。最典型的是伊乐藻属的植物，叶片只有一层细胞。有的水生植物，出现异型叶，毛茛在同一植株上有两种不同形状的叶片，在水面上呈片状，而在水下则丝裂成带状。

水生植物类型很多，根据对水深的适应性不同，可分为沉水植物、浮水植物和挺水植物。

（1）沉水植物　这类植物除了它们的花轴伸出水面外，全部植物体都沉没于水中固定直立生活。沉水植物体内有发达的通气组织，以保证身体各部分对氧气的需要；叶片常呈带状、丝状或很薄，有利于增加采光面积及对 $CO_2$ 和无机盐的吸收；植物体具有较强的抗扭曲能力以适应水的流动。如金鱼藻、狸藻和黑藻等。

（2）浮水植物　浮水植物分为漂浮植物和浮叶植物两类。漂浮植物的叶全部漂浮在水面，根悬垂在水中，不与土壤发生直接的关系，如紫背萍、凤眼莲、浮萍和满江红等。浮叶植物的叶浮在水面，但是它们的根牢固地扎在水下的土壤里，如荷花、睡莲和王莲等。浮水植物的叶子（如莲、芡）或植物体（如浮萍）漂浮在水面，上部直接接触空气，接受日光，所以气孔通常只生长于叶片的上表皮，叶的上表面覆有角质层（或蜡质层）。

（3）挺水植物　挺水植物的根固定生长在水底泥土中，整个植物体分别处于土壤、水体和空气三种不同的环境里，茎叶等下部分浸没在水中，上部分挺出水面，如芦苇、水葱、慈姑和香蒲等。慈姑幼株长出狭长带状的沉水叶，然后形成长叶柄的卵形浮水叶，最后出现戟形的气生叶，一生中所处不同的环境，个体发育期表现出不同的适应特点。水毛茛也有类似的特点，具有异形叶（图 2-6）。

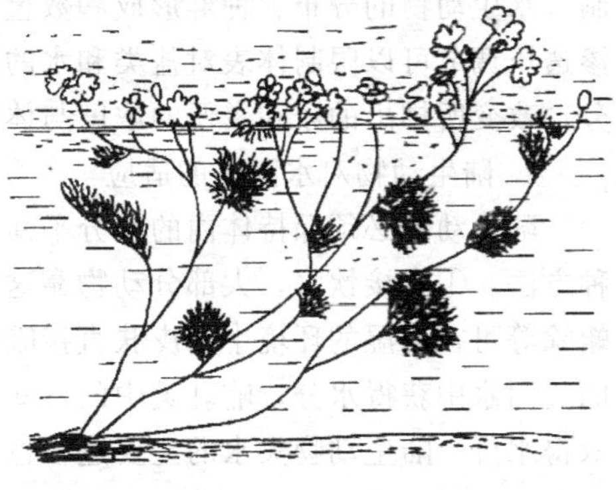

图 2-6　水毛茛的异形水生叶和气生叶

2. 陆生植物

陆生植物是指适应在陆地上生长的植物。根据对陆地生境中水分的需求，又分为旱生、中生和湿生植物三种类型。

（1）旱生植物　旱生植物能忍受较长时间干旱，主要分布在干热草原和荒漠地区。它们能借助生理上和形态上的一些特性在干旱条件下保持植物体内适宜的含水量。这些特性中有的是可以减少水分损失的旱生结构，如叶片缩小变厚，栅栏组织发达，角质层、蜡质层发达，表皮毛密生，气孔凹陷，叶片向内反转包藏气孔等。例如，仙人掌科的许多植物的叶片呈针状或鳞片状。有的是加强吸水能力和储水力适应干旱，如提高细胞液浓度，降低叶细胞水势，扩展根系，提高原生质水合程度等。例如，沙漠中的骆驼刺地上部分只有几厘米，而根系深达15m（图 2-7），范围达 $623m^2$；南非的瓶子树、西非的猴面包树，可储水 4t 以上。

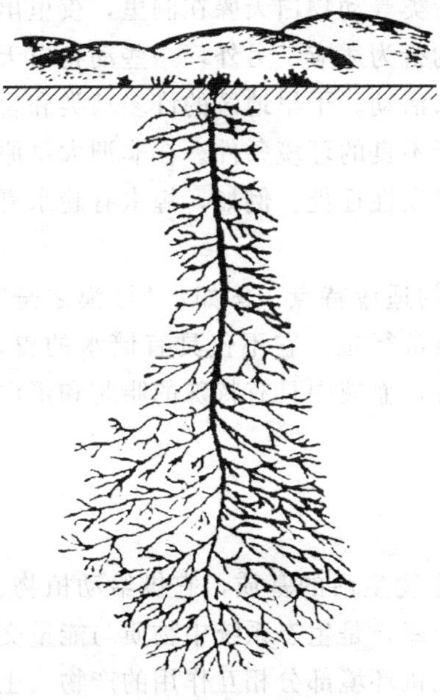

图 2-7　骆驼刺地下部分（根）与地上部分（茎、叶）之比

（2）湿生植物　湿生植物是抗旱能力最弱的水生植物，不能长时间忍受缺水，有的种类只要叶片失水 1% 便趋萎蔫。一般生长在光照弱、湿度大的森林下层，或生长在日光充足、土壤水分经常饱和的环境中，前者如热带雨林中的各种附生植物蕨类和兰科植物以及秋海棠等；后者如水稻、灯心草和半边莲等。

（3）中生植物　中生植物适于生长在水湿条件适中的环境中，其抗旱能力不及旱生植物，也不能正常生长在过湿的土地上，叶片结构介于旱生植物和湿生植物之间，是种类最多、分布最广和数量最大的陆生植物。

（四）动物对水因子的适应

动物按栖息地的不同，也可分为水生和陆生两大类，由于它们的生活环境不同，所以它们的主要适应特征也不同。

1. 水生动物对水因子的适应

水生动物生活在水的包围之中，似乎不存在缺水问题。其实不然，因为水是很好的溶剂，不同类型的水溶解不同种类和数量的盐类，水生动物其体表通常具有渗透性，所以也存在渗透压调节和水分平衡的问题。不同种类的水生动物，有着各自不同的适应能力和调节机制。水生动物的分布、种群形成和数量变动都与水体中含盐量的情况和动态特点密切相关。渗透压调节可以限制体表对盐类和水的通透性，通过逆浓度梯度主动地吸收或排出盐类和水分，改变所排出的尿和粪便的浓度与体积。

2. 陆生动物对水因子的适应

陆生动物必须保持体内的水分平衡才能在陆地环境中生存。陆生动物吸收水分主要有三种方法：①直接饮水，大部分动物靠这种方式获取水分；②皮肤吸水，两栖类动物如青蛙、蟾蜍等可在潮湿的环境中用皮肤直接吸收水分；③从代谢中获得水分，昆虫可自食物分解后的代谢水中获得水分，哺乳类中的一些动物，如生活在沙漠中的小袋鼠，也是由食物分解中取得水分。陆生动物失水的主要途径也有三种，一为体表蒸发失水，二为呼吸失水，三为排泄失水。影响陆生动物水分平衡的主要是环境中的湿度。陆生动物对水因子的适应特征表现在以下几个方面。

(1) 形态结构上的适应　不论是低等的无脊椎动物还是高等的脊椎动物，它们各自以不同的形态结构来适应环境湿度，保持生物体的水分平衡。昆虫具有几丁质的体壁，以防止水分的过量蒸发；生活在高山干旱环境中的烟管螺可以产生膜以封闭壳口来适应低湿环境；两栖类动物体表分泌黏液以保持湿润；爬行动物具有很厚的角质层，鸟类具有羽毛和尾脂腺，哺乳动物有皮脂腺和毛，都能防止体内水分过分蒸发以保持体内水分平衡。

(2) 行为的适应　沙漠地区夏季昼夜地表温度相差很大，因此，地面和地下的相对湿度和蒸发量相差很大。一般沙漠动物，如昆虫、爬行类、啮齿类等动物白天躲在洞里，夜里出来活动；更格卢鼠能将洞口封住，这都表现了动物对湿度的行为适应。另外，一些动物白天躲在潮湿的地方或水中，以避开干燥的空气，而在夜间出来活动。干旱地区的许多鸟类和兽类在水分缺乏、食物不足的时候，迁移到别的地方，以避开不良的环境条件。在非洲大草原旱季到来时，大型草食动物往往开始迁徙。干旱还会引起暴发性迁徙。例如，蝗虫有趋水喜洼特性，常从干旱地带成群迁飞至低洼易涝地区。

(3) 生理适应　许多动物在干旱的情况下具有生理上的适应特点。例如，“沙漠之舟”骆驼可以17d不喝水，身体脱水达体重的27%时，仍能照常行走。它不仅具有储水的胃，驼峰中还储藏有丰富的脂肪，在消耗过程中产生大量的水分，血液中具有特殊的脂肪和蛋白质，不易脱水。

## 四、土壤的生态作用及生物的适应

### (一) 土壤的生态意义

土壤是岩石圈表面能够生长植物的疏松表层，是陆生生物生活的基质，它供给动植物、微生物以生活空间，矿质元素和水，是生命的立足点和营养库，是生态系统中物质与能量交换的重要场所；同时，它本身又是生态系统中生物部分和无机环境部分相互作用的产物。土壤无论对植物还是对土壤动物来说都是重要的生态因子。对于植物而言，植物的根系与土壤之间具有极大的接触面，在植物和土壤之间有着频繁的物质交换，彼此有着强烈的影响，因此通过控制土壤等因素可影响植物的生长与发育。对于动物而言，土壤是比大气环境更为稳定的生活环境。由于土壤的热容量大且其本身具有良好的屏蔽作用，使土壤内的温度、湿度变化幅度小，且可以逃避高温、干燥、大风和阳光直射等不利因素，所以它能够成为一些狭适应性动物的良好生存场所。土壤摩擦力较大，动物在土壤中运动要比在大气和水中困难得多，大多数动物都只能利用枯枝落叶层中的空隙和土壤颗粒的间隙作为自己的生活空间。

不同土壤中生活着不同的生物，除植物外，土壤中还有细菌、真菌、放线菌等微生物，以及原生动物、轮虫、线虫、环节动物、软体动物和节肢动物等动物。在裸露的岩石上，只有地衣、苔藓类的植物能够生存。在大多数植物无法忍受的碱性土壤中，一些豆科植物能生长得根深叶茂。杜鹃花则能牢牢地扎根于酸性土壤之中。

土壤是由固体（无机物和有机物）、液体（土壤水分）和气体（土壤空气）组成的三相复合系统。每个组分都有它自己的理化性质，相互之间处于相对稳定或变化状态。在较小体积范围的土壤里，液相和气相处于相当均匀的状态，而固相则是不均匀的。固相中无机部分由一系列大小不同的无机颗粒组成，包括矿质土粒、二氧化硅、硅质黏土、金属氧化物和其他无机成分；有机部分主要包括有机质。土壤中这四种组分的质和量随土壤类型不同而有很大差异。适于植物生长的土壤按容积计，固体部分的矿物质占土壤容积的39%，有机质占12%；空隙（土壤水分和土壤空气）约占50%，其中土壤空气和土壤水分各占15%～35%。在自然条件下，土壤空气和水分的比例是经常变动的，当土壤水分含量最适于植物生长时，50%空隙中有25%是水分，25%是空气。以上四种组分，不是简单地、机械地混合在一起，而是相互联系、相互制约，构成一个统一体。

土壤的理化性质直接影响陆生生物的结构、生存、繁殖和分布。土壤肥力是指及时满足生物对水、肥、气、热的需求的能力。土壤质地是指土壤中石砾、沙、粉沙、黏砾等矿质颗粒的相对含量。质地越细，表面积越大，保持养分越多，潜在肥力也越高。土壤结构是指土壤颗粒排列状况，如团粒状、柱状、块状等。团粒结构是最好的土壤结构状态，因为团粒结构可使土壤水分、土壤空气和养分关系协调，可改善土壤理化性质，是土壤肥力的基础。土壤化学成分会影响植物成分，从而间接地影响动物营养。如土壤含钠低的地区，植物体可能缺钠，以此类植物为食的动物会出现缺钠症状，它们以舔食矿渣的办法弥补钠的不足。土壤的酸碱度即pH影响土壤的理化性质和微生物的活动，进而影响土壤肥力和植物生长。如酸性强的土壤，许多养分已被雨水淋失；$pH<6$，固氮菌活性低，$pH>8$，硝化作用受抑制，使有效氮减少。

（二）植物对土壤的适应

在不同土壤上生长的植物，由于各自长期生活在某种土壤上，对那种土壤就产生了一定的适应特性，据此形成了各种以土壤为主导因子的植物生态类型。例如，根据植物对土壤酸碱度的反应和要求，可将植物分为酸性土植物（$pH<6.5$）、中性土植物（pH为6.5～7.5）和碱性土植物（$pH>7.5$）三种生态类型。根据植物对土壤中矿质盐类（如钙盐）的反映，植物又可分为钙土植物和嫌钙植物。其他生态类型还有适合在沙土上生长的沙生植物，在盐土上生长的盐土植物，在贫瘠土壤上生长的耐瘠薄植物等。

植物在具有一定酸碱度的土壤中生活，形成了一定的适应性。大部分植物适合在中性土壤中生长，如油松适于生长在微酸性及中性土壤中，若$pH>7.5$，则生长不良。酸性土植物有马尾松、三叶橡胶、咖啡、油茶、茶、白栎、山帆、杜鹃、铁芒萁、狗脊等，碱性土植物有柽柳、紫穗槐、梭梭树、胡杨等。树木中能适应 pH 为 3.7～4.5 的是大多数针叶树，能适应 pH 为 4.5～6.9 的是大多数阔叶树，pH＞8.5 时多数树种难以生长。

盐碱土是盐土和碱土以及各种盐化和碱化土的总称。在我国内陆干旱和半干旱地区，由于气候干旱，地面蒸发强烈，在地势低平、排水不畅或地表径流滞缓汇集的地区，或地下水位很高的地区，广泛分布着盐碱化土壤。在滨海地区，由于受海水浸渍，盐分上升到土表，形成次生盐碱化土壤。

盐土是指土壤中可溶性盐含量达干土质量的1%以上的土壤。盐土所含的盐类主要为 NaCl 和 $Na_2SO_4$，这两种盐类都是中性盐，所以一般盐土的 pH＝7 是中性的，土壤结构尚未破坏。

碱土则是另一种类型的盐碱土，它的主要成分是 $Na_2CO_3$（也含有 $NaHCO_3$ 或 $K_2CO_3$）。土壤的碱化过程是土壤胶体中吸附有相当数量的交换性钠。一般，交换性钠占交换性阳离子总量20%以上的土壤称为碱土。碱土是强碱性的，其 pH 一般在 8.5 以上，碱土上层的结构被破坏，下层常为坚实的柱状结构，通透性和耕作性能极差。

盐分的种类不同，对植物的危害也不同。盐分对多数植物危害程度的大小，可按下列次序排列。

$MgCl_2 > Na_2CO_3 > NaHCO_3 > NaCl > MgSO_4 > Na_2SO_4$；

阳离子 $Na^+ > Ca^{2+}$；

阴离子 $CO_3^{2-} > HCO^{3-} > Cl^- > SO_4^{2-}$。

盐土和碱土对植物生长发育的不利影响主要表现在：使植物出现生理干旱，阻碍种子吸收水分，出苗率很低；伤害植物组织；引起细胞中毒；影响植物的正常营养，使植物生长不良，缺绿等。植物若吸收过多的盐分，会破坏体内酶系统平衡，合成过程受到抑制，水解作用加强，细胞内积存低分子化合物，光合作用、呼吸作用和生长都不能正常进行，甚至气孔失去调节能力使植物严重脱水，引起干旱枯萎。

盐生植物包括生长在内陆的和生长在滨海的两类。生长在内陆的为旱生盐生植物，如盐角草、盐爪爪、海韭菜、盐蒿、獐茅、海枣等。生长在海滨的盐生植物为湿生盐生植物，如盐蓬、后藤，以及秋茄、木榄、红海榄、桐树花、白骨壤等红树植物。

碱土植物如西伯利亚滨藜、碱蓬、芨芨草、药地瘤等。

在形态上，盐碱土植物多矮小、干瘦、叶子退化或无叶，有的肉质变红，有特殊储水细胞，该细胞不受盐分的伤害而能进行正常的同化作用。此外还有许多类似旱生植物的特点，例如，蒸腾面积缩小，气孔下陷，常有灰白色绒毛，细胞间隙缩小，栅栏组织发达等。在生理上，这类植物也有一系列的适应性特征。根据植物对盐分的适应特点不同，可将盐土植物分为三类。

（1）聚盐性植物　这类植物能适应在强盐渍化土壤上生长，具有能从土壤里吸收大量可溶性盐类且在体内积聚而不受害的能力。这类植物的原生质对盐类的抗性特别强，能忍受6%甚至更浓的 NaCl 溶液，故又称其为真盐生植物。它们的细胞液浓度也特别高，并有极高的渗透压，特别是根部细胞的渗透压，大大高于盐土溶液的渗透压，所以能吸收高浓度土壤溶液中的水分。

聚盐性植物的种类不同，积累的盐分种类也不一样。例如，盐角草、碱蓬能吸收并积累较多的 NaCl 或 $Na_2SO_4$；滨藜（*Atriplex* sp.）吸收并积累较多的硝酸盐。属于聚盐性植物的还有海蓬子（*Salicornia europaea*）、盐节木（*Halocnemum*）、盐穗木（*Halostachy-*

*scaspica*）、梭梭柴（*Haloxylon ammodendrom*）、西伯利亚刺（*Nitraria sibirica*）、黑果枸杞（*Lycium ruthenicum*）等。

(2) 泌盐性植物 这类植物的根细胞对于盐类的透过性与聚盐性植物一样是很大的，但是它们吸进体内的盐分并不积累在体内，而是通过茎、叶表面密布的分泌腺（盐腺），把所吸收的过多盐分排出体外，这种作用称为泌盐作用。排出到叶、茎表面的 NaCl 和 $Na_2SO_4$ 等结晶的硬壳，逐渐被风吹或雨露淋洗掉。

泌盐植物虽能在含盐较多的土壤上生长，但它们在非盐渍化的土壤上生长得更好，所以常把这类植物看作是耐盐植物。柽柳（*Tamarix chinensis*）、瓣鳞花（*Frankenia*）、红砂（*Reaumuria*）和生长于海边盐碱滩上的大米草（*Speatina anglica*）、滨海的一些红树植物，以及常生于草原盐碱滩上的药用植物补血草（*Limonium sinensis*）等，都属于泌盐性植物。

(3) 不透性植物 这类植物的根细胞对盐类的透过性非常小，所以它们虽然生长在盐碱土中，但在一定盐分浓度的土壤溶液里，几乎不吸收或很少吸收土壤中的盐类。这类植物细胞的渗透压也很高，但是不同于聚盐性植物，它们细胞的高渗透压不是由于体内高浓度的盐类所引起，而是由于体内含有较多的可溶性有机质（如有机酸、糖类、氨基酸等）所引起，细胞的高渗透压同样提高了根系从盐碱土中吸收水分的能力，所以常把这类植物看成抗盐植物。蒿属、盐地紫菀、碱菀（*Tripolium vulgare*）、盐地风毛菊（*Saussurea salsa*）、碱地风毛菊（*S. runcinata*）、獐茅（*Aeluropus littoralis* var. *sinensis*）、田菁（*Sesbania cannabina*）等，都属于这一类。

### （三）生物对土壤的影响

土壤既是生物的重要生态因子，又是生物活动的产物。从形成和发展来看，土壤是气候、生物、人类活动综合作用的结果，生物的作用不可缺少，没有生物就没有土壤。

土壤的产生是在生物的作用下土壤有机质形成和发展的过程。由地壳表面岩石风化形成土壤母质，但土壤母质并不是真正的土壤，只有当植物在土壤中种植以后，才开始从母质转变为土壤，生物在这一过程中起到决定性的作用。

① 动物、植物和微生物残体不断增加土壤中有机质的含量，从而大大增强了土壤的透水、通气、保水、保肥能力。植物根系死亡后，增加土壤下层的有机物质和阳离子交换量，并促进土壤结构的形成。根系的腐烂会留下许多孔道，从而改善了通气性，有利于水分下渗。

② 土壤深层的养分被植物吸收，植物体死亡分解后使营养集中于土壤上层。

③ 植物根系的机械穿插作用，以及动物（如蚯蚓）的活动，有利于土壤结构的改善。

④ 植物根系的分泌物，以及通过根系对根部周围的微生物区系和组成的调节，均能促进矿物和岩石的风化。

⑤ 植被对土壤的覆盖，可保护土壤免遭水和风的侵蚀。

⑥ 土壤中的可利用氮，只能来源于生物固氮作用。

## 五、大气的生态作用

大气是地球环境的重要组成部分，是生物必需的环境因子。没有大气层，地球上也就没有生命。地球被厚达 1100km 左右的大气层所包围，构成大气圈。它受地心引力的影响，在地球表面做各种各样的运动。在地表附近它的密度最大，随着高度增高迅速变稀薄。大气的 99%的质量存在于 29km 以下的大气层中，95%的质量存在于 12km 以下。

### （一）大气的组成

大气圈中空气是多种气体的混合体，其中除水汽有较大变化外，如果不受污染，其成分保持不变，各种气体的浓度相对稳定。组成大气的主要成分为氮、氧和氩，三者约占空气总量的99.9%，其他气体含量较少（表2-2）。

表 2-2 大气的组成

| 气体 | 体积分数/% | 气体 | 体积分数/% |
| --- | --- | --- | --- |
| 氮($N_2$) | 78.09 | 氖(Ne) | 0.0018 |
| 氧($O_2$) | 20.95 | 氦(He) | 0.0005 |
| 氩(Ar) | 0.93 | 氪(Kr) | 0.0001 |
| 二氧化碳($CO_2$) | 0.0355 | 氢($H_2$) | 0.00005 |
| 臭氧($O_3$) | 0.000001 | 氙(Xe) | 0.000008 |

空气是生物生存的必要条件，空气的成分和含量对生物都有重要的生态作用。

（二）$CO_2$ 的生态作用

1. 大气中 $CO_2$ 的变化

（1）日变化　当太阳升起时，植物开始光合作用，使空气中的 $CO_2$ 浓度迅速降低。中午前后在植被顶层，$CO_2$ 浓度达到最低值，比日平均值降低0.01%～0.015%，随着温度上升，空气湿度下降，光合作用逐渐减弱，呼吸作用相应加强，使 $CO_2$ 的消耗减少，累积量相应增加。到日落时，光合作用停止，而呼吸作用仍继续进行，使地表层的 $CO_2$ 浓度逐步增加，在日出前，空气中 $CO_2$ 的浓度可超过0.04%。

（2）年变化　在北半球春天来临后，植物对 $CO_2$ 的消耗量大大超过土壤中释放出来 $CO_2$，使大气中 $CO_2$ 的浓度显著降低，例如在北纬30°以北地区，从4～9月的植物生长季节，大气中 $CO_2$ 的含量要减少3%，大约相当于 $40\times10^8$ t的碳。

地球上陆生植物每年能固定 $(200\sim300)\times10^8$ t净碳，其中起主要作用的是森林，据计算，地球上森林所含的碳为 $(4000\sim5000)\times10^8$ t，假如树木的平均年龄为30年，每年约有 $150\times10^8$ t碳以 $CO_2$ 的形式转化为木材。

海洋浮游植物每年大约消耗 $CO_2$ $400\times10^8$ t，略超过陆地碳固定率。全球（陆地、海洋）每年消耗大气层 $CO_2$ 达 $(600\sim700)\times10^8$ t。

从以上可知，植物每年要消耗大量的 $CO_2$，但大气圈中 $CO_2$ 的浓度不仅不减少反而逐步上升，这主要是有 $CO_2$ 的供应者。地球上 $CO_2$ 的供应者主要是动植物的呼吸，有机物的分解，煤、石油等物质的燃烧，火山的爆发等。

$CO_2$ 虽然在空气中含量很低，但能通过生物呼吸、有机物分解、土壤和岩石中矿物的释放等，大量溶解于水中，并且在水中的含量变化很大。$CO_2$ 与水结合形成 $H_2CO_3$，并可进一步产生碳酸盐（$CO_3^{2-}$）和碳酸氢盐（$HCO_3^-$）。海洋中的碳酸盐是生物圈 $CO_2$ 的主要储存库，不仅是光合作用的碳库，而且起到缓冲作用，使海洋中氢离子浓度保持在中性附近。

2. 植物对 $CO_2$ 的吸收

空气中虽含有0.0355%的 $CO_2$，但对许多高等植物来说吸收 $CO_2$ 仍受到一定的限制，这是因为 $CO_2$ 进入植物叶绿体内需要经过道道关口。首先，$CO_2$ 要从大气输送到叶片附近；然后，通过气孔进入到叶肉细胞表面，气孔的开张度是决定 $CO_2$ 扩散速度的最重要条件，而气孔的开张度大小，受外界的光、温湿度、水分的供应及内部因素的影响；最后，从叶肉细胞表面进入到叶绿体，这个过程阻力最大。

（三）氧的生态作用及与 $CO_2$ 的平衡

$O_2$ 是植物呼吸作用所必需的，但有研究表明，$O_2$ 浓度降低，有些植物光合作用会增加。例如，豆类等植物的叶片周围的 $O_2$ 浓度降低 5%时，光合作用的速率可增加 50%。也有些植物不受 $O_2$ 的限制。对陆生植物来说，大气中 $O_2$ 的含量一般不会缺乏，只有在水淹的情况下会出现缺氧。

$O_2$ 对陆地动物的影响很大。例如在海拔大约 1000m 高度以下的大气层中，$O_2$ 能完全满足动物的需要，随着海拔进一步升高，空气越来越稀薄，因缺氧，动物种类也越来越少。在高山缺氧条件下生活的动物，都具有特殊的适应能力，如血液中所含红细胞的数目和血红蛋白含量较高。

$O_2$ 对好氧微生物起限制作用，随着土壤空气中 $O_2$ 的减少，$CO_2$ 浓度相应增加，物质分解速度下降。

大气中 $O_2$ 的主要来源是植物的光合作用，另外，有少量来源于大气层中的光解作用。光解作用是在紫外线的照射下，水汽分子被分解成氢和氧。

水中的溶解氧（DO）是一个非常重要的限制因子。在最适宜的条件下，水中实际含氧量也比大气中稳定的含氧量少得多。水中 DO 来源于空气中氧的扩散和水生植物的光合作用。低温或低盐度时，氧的溶解度会提高。造成水中氧的消耗是氧通过水表面扩散到大气中，以及水生生物的呼吸。

植物是环境中 $CO_2$ 和 $O_2$ 的主要调解器，它能吸收 $CO_2$ 放出 $O_2$，能恢复和维持大气中 $CO_2$ 和 $O_2$ 的正常平衡。植物在光合作用中，每吸收 44g $CO_2$ 就能放出 32g $O_2$。植物也进行呼吸作用，但在白天，光合作用释放的 $O_2$ 比呼吸作用所消耗的 $O_2$ 大 20 倍。据计算，每公顷森林每日能吸收 1t $CO_2$，放出 0.73t $O_2$；生长良好的草坪，每平方米每小时可吸收 1.5g $CO_2$（约合 $1hm^2$ 0.2t）；如果成年人每人每日耗氧 0.75kg，排出 $CO_2$ 0.9kg，则城市每人需要 $10m^2$ 的森林或 $50m^2$ 的草坪，才能满足人们呼吸的需要。如果再考虑到城市生活及工矿燃料燃烧所放出的 $CO_2$ 和消耗的 $O_2$，必须再增加 2～3 倍的林地面积，才能维持城市及工矿区的 $CO_2$ 和 $O_2$ 的平衡。

因此，造林绿化不仅能美化环境，更主要的是能调解环境中 $CO_2$ 和 $O_2$ 的平衡，净化空气，创造适合人类需要的大气环境。

（四）氮的生态作用

氮素是组成蛋白质和核酸必需的营养元素，而蛋白质是生命的基础，是构成生物物质的最重要部分。大气中含有 78.09%的氮，但它们不能被绝大多数生物所直接利用。只有某些微生物，如蓝细菌和根瘤菌能吸收和固定大气中的游离氮。氮原子从大气进入微生物细胞，而后作为固定氮进入土壤，其后再被高等植物所吸收利用。动植物死亡后，将所固定的氮交还给土壤。每年通过土壤微生物所固定的氮量可高达 100～200kg/$hm^2$，约为进入土壤中总氮量的 90%。大气层中放电时产生高温高压，可将空气中的氮（$N_2$）分离成氮原子，同水汽中的氢和氧结合，产生 $NO_3^-$ 和 $NH_3$，随降水进入土壤，供植物生长需要。每年随大气降水进入土壤中的氮量可高达 3.0～4.5kg/$hm^2$。

水中的氮主要来源于大气的溶解，此外，各种含氮化合物的反硝化过程及有机残体的腐烂分解都可形成游离氨。水中 DO 不足，氨和 $H_2S$ 会积累，使大多数水生生物受害。

## 本章小结

1. 环境是指生物有机体周围一切的总和，它包括空间以及其中可以直接或间接影响有机体生活和发展的各种因素，如大气、水、土壤、生物等。

2. 按环境的大小范围，可将环境分为宇宙环境、地球环境、区域环境、生境、小环境和内环境。

3. 生态因子是指环境中对生物的生长、发育、生殖、行为和分布有直接或间接影响的环境要素。生态因子包括 5 种类型，即气候因子、土壤因子、地形因子、生物因子和人为因子。

4. 在环境中，各种生态因子对生物的作用并不是单独的，而是相互联系，共同对生物产生影响。

5. 生态因子有主次之分，并非等价，在诸多生态因子中，有一个对生物起决定作用的生态因子，称为主导因子。

6. 在环境中有些生态因子能直接影响生物的生理过程或参与生物的新陈代谢，称为直接因子，如光、温度、水、土壤、$CO_2$、$O_2$、无机盐等；另一些生态因子通过影响直接因子而间接作用于生物，称为间接因子，如海拔高度、坡面、坡向、经度、纬度等。

7. 由于生物在生长发育的不同阶段对生态因子的需求不同，因此，同一生态因子在生物的各个不同发育阶段所起的作用是不同的，也就是说生态因子对生物的作用有阶段性。

8. 生态因子对生物的作用是不可替代的，但是局部是可以补偿的。

9. 生物的生存和繁殖依赖于各种生态因子的综合作用，其中限制生物生存和繁殖的关键性因子就是限制因子。任何一种生态因子只要接近或超过生物的耐受范围，就会成为这种生物的限制因子。

10. 植物的生长取决于环境中那些处于最小量状态的营养物质，这一概念被称为“Liebig 最小因子定律”。

11. 每种生物对某一生态因子都有一个生态上的适应范围，即有一个最低点和一个最高点，两点之间的幅度称为生态幅，或叫耐性限度。

12. 在光合作用中，植物并不能利用光谱中所有波长的光能，只有可见光才能在光合作用中被植物所利用并转化为化学能。在可见光中，红橙光是被叶绿素吸收最多的光，具有最大的光合活性，所以红橙光也称为生理有效光。蓝紫光也能被叶绿素、胡萝卜素等强烈吸收。此外，红光还有利于 $CO_2$ 的分解和叶绿素的形成。

不同波长的光对于光合作用产物的成分也有影响。如红光有利于碳水化合物的形成，蓝光有利于蛋白质的合成。

13. 植物能够在微弱的光照下进行光合作用，并从外界吸收 $CO_2$。当光照强度达到某一水平时，光合作用吸收的 $CO_2$ 与呼吸作用释放的 $CO_2$ 达到平衡，表现出气体交换量为零，此时的光照强度为光补偿点。超过补偿点后，随着强度的增加，光合作用几乎呈直线上升，有机物合成量超过呼吸消耗量的数额就是净光合作用。净光合作用增长到一定程度，曲线趋于平缓，最后曲线达到峰值，尽管光照强度再增强，光合作用也不在增加。此时的光照强度称为光饱和点。各种植物要维持生存必须适应生境中的光照强度，并只能在光照强度超过光补偿点时才能正常积累有机物质。

14. 根据不同类型植物光补偿点的高低不同，可将植物划分为阳生植物、阴生植物及耐阴植物三种。

15. 植物对自然界昼夜长短，即光照与黑暗长度有规律的变化反应称为光周期现象。植物开花要求一定的日照长度，根据植物对日照长度的反应可分为长日照植物、短日照植物、中日照植物和中间型植物。

16. 有效积温法则是指生物生长发育过程中，必须从环境中摄取一定的热量才能完成某一阶段的发育，而且各个阶段所需要的总热量是一个常数，可以用公式 $K=N(T-T_0)$ 表示。

17. 温度有日变化，除赤道地区外，还有季节变化，植物对这两种节律性变化反应敏感，并且已经适应，在这样的变温条件下，才能正常发育，这一现象称为温周期现象。生物长期适应于温度的季节性变化，形成与此相适应生物发育节律，称为物候。植物发芽、生长、开花、结实、果实成熟、落叶、休眠都与一定的季节气候相联系，各个生长发育阶段开始和结束的时期称为物候期。

18. 低温对植物的伤害主要有冷害（寒害）和冻害。冷害是指0℃以上低温对植物的伤害，主要是一些喜温植物（热带植物）容易受害。冻害是指植物体冷却降温至冰点以下，使细胞间隙结冰所引起的伤害。

19. 在形态上，寒冷地区的恒温动物比温暖地区同种个体体型大，从而使单位体重散热量相对较少，这就是贝格曼（Bergman）规律；恒温动物在低温环境中为减少散热，其身体突出部分如四肢、尾巴和外耳有变小变短的趋势，这一适应常被称为阿伦（Allen）规律。

20. 水体环境的主要特点为：光照弱、氧气缺乏、黏性高、密度大、温度变化平缓，以及能溶解无机盐类。水生生物适应水环境的这种特征，表现为：①具有发达的通气组织，可以保证各器官组织对氧的需要；②机械组织不发达甚至退化，以增强植物的弹性和抗扭曲能力；③水生植物在水下的叶片多分裂成带状、线状，而且很薄，以增加吸收阳光、无机盐和 $CO_2$ 的面积。

21. 水生植物类型很多，根据对水深的适应性不同，可分为沉水植物、浮水植物和挺水植物。

22. 陆生植物是指适应在陆地上生长的植物。根据对陆地生境中水分的需求，又分为旱生、中生和湿生植物三种类型。

23. 土壤是岩石圈表面能够生长植物的疏松表层，是陆生生物生活的基质，它供给动植物、微生物以生活空间，矿质元素和水，是生命的立足点和营养库，是生态系统中物质与能量交换的重要场所；同时，它本身又是生态系统中生物部分和无机环境部分相互作用的产物。

24. 根据植物对土壤酸碱度的反应和要求，可将植物分为酸性土植物（pH＜6.5）、中性土植物（pH为6.5～7.5）和碱性土植物（pH＞7.5）三种生态类型。根据植物对土壤中矿质盐类（如钙盐）的反应，植物有可分为钙土植物和嫌钙植物。

25. 根据植物对盐分的适应特点不同，可将盐土植物分为三类，即聚盐性植物、泌盐性植物和不透性植物。

26. $CO_2$、$O_2$ 和 $N_2$ 对生物的生长都会产生一定的影响。

## 复习思考题

**一、名词解释**

环境　环境因子　生态因子　限制因子　微环境　生境　有效积温　生态幅度　物候　温周期

**二、填空题**

1. 根据环境范围的大小，可将环境划分为______、______、______、______、______和______六类。

2. 环境中的生态因子很多，按照其性质可分为______、______、______、______和______等5个基本类型。

3. 根据植物对日照长度的反应可分为______植物、______植物、______植物和______植物。

4. 根据不同类型植物光补偿点的高低不同，可将植物分为______植物、______植物和______植物。

5. 根据水生植物对水深的适应性不同，可分为______植物、______植物和______植物。

**三、问答题**

1. 生态因子对生物作用的规律有哪些？
2. 什么是 Liebig 最小因子定律和耐受定律？
3. 何谓光补偿点和光饱和点？
4. 何谓光周期现象？以光为主导因子的植物生态类型有哪些？
5. 温度因子对生物有何影响？
6. 水生生物是如何适应水环境的？
7. 以水为主导因子的陆生植物生态类型有哪些？
8. 以土壤为主导因子的植物生态类型有哪些？
9. 根据植物对土壤盐分的适应，可把植物分为哪几种生态类型？并举例说明。
10. 以氮的生态作用说明保护自然界中微生物的重要性。

**四、计算题**

假设蚕卵在平均气温15℃时，平均每天的孵化率为10%，而在平均气温25℃时，平均每天的孵化率为20%，试计算蚕卵孵化的起始温度及有效积温。

# 第三章　种群生态学

**【学习目标】**

种群是由同种个体组成的集合体，它是物种在自然界存在的基本单位，又是生物群落的基本组成。种群具有密度、空间分布、年龄结构、出生率、死亡率等特征。种群的数量是经常变动的，其变动取决于 4 个参数，即出生率、死亡率、迁入率和迁出率。种群在无限环境中的增长为“J”形，在有限环境中的增长为“S”形。种群内的个体之间以及不同生物种群之间具有一些相互作用，如互助、竞争、捕食、寄生、共生、偏利、偏害等作用。通过本章的学习，应达到以下要求。

1. 掌握种群的概念，种群的基本特征。
2. 了解种群增长的模式。
3. 掌握生物种群之间的相互关系。

## 第一节　种群的概念和基本特征

**一、种群的概念**

在自然界，物种不是以个体分散地存在，而是以不同数量的个体集合在一起，形成具有一定年龄、性比例、遗传特性以及空间结构的许多组织单元，这些组织单元即为种群。所以，种群（population）是指在一定时空中同种个体的组合。也就是说种群是在特定的时间和一定的空间中生活和繁殖的同种个体所组成的群体。如湖泊中的所有草鱼就组成了草鱼种群；某稻田的所有三化螟就组成三化螟种群；某山地的所有马尾松构成马尾松种群。

同一种群内的个体栖息于共同的生态环境（生境）中，分享同一食物来源，个体之间可以繁殖并产生有生殖力的后代。

种群的分界线是人为划定的。生态学工作者往往为了研究的方便起见，划定出种群的分界线。例如，岛屿上的种群，水体就是该种群与其他种群的分界线。

由种群的定义可以看出，种群是由许多同种个体组成的，而且同一种群内的各个体彼此之间的联系较不同种群的个体之间的联系更为密切。种群占有一定的空间，而且随着时间的变化，空间中的种群也发生不断变化。

在自然条件下，种群是物种存在的基本单位，又是生物群落的基本组成。任何一个种群在自然界都不能孤立存在，而是与其他物种的种群一起形成群落。物种、种群和群落之间的关系从表 3-1 可以看出。表中列出了 4 个物种和 5 个群落，每一个物种都有几个种群，每个种群分别分布在不同的群落中，因此，每一个群落中都含有几个属于不同物种的种群。这说明种群不仅是物种的具体存在单位，而且也是群落的基本组成成分。

表 3-1　物种、种群和群落之间的关系

| 种群/群落<br>物种 | Ⅰ | Ⅱ | Ⅲ | Ⅳ | Ⅴ | 备　注 |
|---|---|---|---|---|---|---|
| A | A1 | A2 | A3 |  | A5 | 物种 A 分部最广；群落Ⅲ物种最丰富 |
| B |  | B2 | B3 | B4 |  |  |
| C | C1 |  | C3 | C4 |  |  |
| D | D1 |  | D3 |  | D5 |  |

## 二、种群的基本特征

### （一）密度特征

种群具有一定的大小，并随时间变动。种群的大小通常用种群密度（population density）表示，指在一定时间内，单位面积或单位空间内的个体数目，例如，在 $10hm^2$ 荒地上有 10 只山羊或 1mL 淡水中有 $5\times10^6$ 个小球藻。此外，还可以用生物量来表示种群密度，它是指单位面积或空间内所有个体的鲜物质或干物质的质量，例如，$1hm^2$ 林地上有栎树 350t。

种群密度可分为绝对密度（absolute density）和相对密度（relative density）。前者指单位面积或空间上的个体数目，后者是表示个体数量多少的相对指标。例如，10 只/$hm^2$ 黄鼠是绝对密度；而每置 100 夹，日捕获 10 只是相对密度，即 10%的捕获率。相对密度可以用来比较哪一个种群大，哪一个种群小，或哪一个地方的生物多，哪一个地方的生物少。相对密度的生物数量虽不准确，但在难以对生物的数量进行准确测定时，也是常用的密度指标。

1. 绝对密度的测定方法

（1）总数量调查法　总数量调查法（total count）又称直接统计法，是直接计数某面积内全部生活的某种生物的数量。对较大型的生物可直接调查其总数量，如草原上的大型有蹄类或海岸上的海豹等，可用航空摄影调查其总数。人口统计所采用的人口调查法也是其中的方法之一。对于其他生物种群，采用总数量调查法需要花费大量的人力、物力和财力，因此很少采用。

（2）取样调查法（sampling methods）　为了节省人力、物力和财力，大多数绝对密度的调查只是在几个地方计数种群的一小部分，由此估计种群整体的密度，这一类调查方法称为取样调查法。常用的取样调查法有：样方法、标志重捕法和去除取样法。

2. 相对密度的测定方法

相对密度的测定方法可分为两类，一类是直接数量指标，如捕捉法，以单位时间或单位距离内或两者结合的动物数量作为种群数量的指标。例如，每小时见到的飞过迁徙鸟类的数量，每千米见到的动物数量，单位时间内黑光灯诱捕的飞虫数量等。另一类是间接数量指标，如通过兽类的粪堆或足迹计数估计兽类的数量，以鸟类的鸣叫声估计鸟类数量的多少等。

种群的密度会随着季节、气候条件、食物储量和其他因素而发生很大变化。但是，种群密度的上限主要是由生物的大小和该生物所处的营养级决定的。一般说来，生物越小，单位面积中的个体数量就越多。例如，在 $1km^2$ 森林中，林姬鼠的数量就比鹿的数量多，其可容纳小树的数量就比大树的数量多。另一方面，生物所处的营养级越低，种群的密度也就越大，例如，同样是 $1km^2$ 森林，其中植物的数量就比草食动物多，而草食动物的数量又比肉食动物多。

从应用的角度出发，密度是最重要的种群参数。密度部分地决定着种群的能流、资源的可利用性、种群内部生理压力的大小以及种群的散布和种群的生产力。野生动物专家需要了解猎物的种群密度，以便调节狩猎活动和对野生动物栖息地进行管理。林学家也把树木管理和对林地质量的评价，部分地建立在树木密度调查的基础上。

（二）出生率和死亡率特征

出生率（natality）和死亡率（mortality）是影响种群增长的重要因素。出生率常用生理出生率（physiological natality）和生态出生率（ecological natality）表示，生理出生率是指种群处于理想条件下的出生率，也叫最大出生率（maximum natality）。生态出生率是指在一定时期内，在特定环境条件种群实际繁殖的个体数量，也叫实际出生率（realized natality）。完全理想的环境条件，即使在人工控制的实验室也是很难建立的，因此，最大出生率在一般情况下是不存在的。但在自然条件下，当出现最有利的条件时，它们表现的出生率可视为“最大的”出生率。它可以作为度量的指标，对各种生物进行比较。

出生率的高低在各类动物之间差异很大，主要决定于下列因素。①性成熟的速度：如人和猿的性成熟需要15～20年，东北虎需要4年，黄鼠只需要10个月，而低等甲壳动物出生几天后就可生殖，蚜虫在一个夏季就能繁殖20～30个世代。②每次产仔数量：灵长类、鲸类和蝙蝠通常每胎只产一仔；东北虎每胎产2～4个崽；鹌鹑类一窝可孵出10～20只幼雏；刺鱼一次产几百粒卵，而某些海洋鱼类一次产卵量可达数万至数十万粒。③每年繁殖次数：鲸类和大象每2～3年才能繁殖一次；蝙蝠一年繁殖一次；某些鱼类（如大麻哈鱼）一生只产一次卵，产卵后很快死亡；田鼠一年可产4～5窝。此外，生殖年龄的长短和性比例等因素对出生率也有影响。

死亡率同出生率一样也可用生理死亡率（physiological mortality）和生态死亡率（ecological mortality）表示。生理死亡率是种群在最适宜的环境条件下，种群中的个体都是因衰老而死亡，即每一个个体都能活到该物种的生理寿命（physiological longevity），又称为最小死亡率（minimum mortality）。对野生动物来说，生理死亡率同生理出生率一样是不可能实现的，它只具有理论和比较的意义。生态死亡率是指在一定条件下的实际死亡率，只有一部分个体能活到生理寿命，多数死于被捕食、饥饿、竞争、疾病和不良气候等。

种群的数量变动首先取决于出生率和死亡率的对比关系。在单位时间内，出生率与死亡率之差为增长率，因而种群数量的大小，也可以说是由增长率来调整的。当出生率超过死亡率，即增长率为正时，种群数量增加；如果死亡率超过出生率，增长率为负时，则种群数量减少；而当出生率和死亡率相平衡，增长率接近于零时，种群数量将保持相对稳定状态。

（三）年龄结构和性比例特征

1. 年龄结构

任何种群都是由不同年龄的个体组成的，各个年龄或年龄组在整个种群中都占有一定的比例，形成一定的年龄结构（age structure）。种群各年龄期的出生率和死亡率相差很大，因此，研究种群的年龄结构有助于了解种群的发展趋势，预测种群的兴衰。

从生态学角度，根据生物的繁殖状态，可以把一个种群分成3个主要的生态时期，即繁殖前期（prereproductive period）、繁殖期（reproductive period）和繁殖后期（postreproductive period）。各年龄期比例的变化，势必影响种群的出生率。许多动物即使在繁殖期内，不同年龄组的个体的繁殖能力也不同。死亡率在一些老龄个体占优势的种群中较高，而在幼龄组占优势的种群死亡率就低。

种群的年龄结构常用年龄锥体（age pyramid），或称年龄金字塔来表示。年龄锥体是用从下到上的一系列不同宽度的横柱做成的图。从下到上的横柱分别表示由幼年到老年的各个年龄组。横柱的宽度表示各年龄组的个体数或其所占的百分比。年龄锥体可分为三种基本类型（图 3-1）。

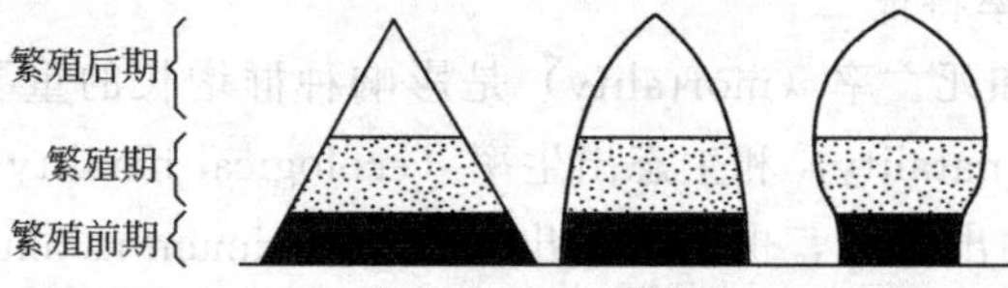


图 3-1 年龄锥体的三种基本类型

(a) 增长型种群；(b) 稳定型种群；(c) 下降型种群

① 增长型种群（expanding population）。锥体呈典型金字塔形，基部宽，顶部窄。表示种群中的幼体数量大，而老年个体却很少。这样的种群出生率大于死亡率，是迅速增长的种群。

② 稳定型种群（stable population）。锥体呈钟形。种群中的老年、中年和幼年的个体数量大致相等。种群的出生率和死亡率大致相平衡，种群稳定。

③ 下降型种群（diminishing population）。锥体基部比较窄，顶部比较宽，呈壶形。种群中幼体所占的比例很小，而老年个体的比例较大，种群死亡率大于出生率，种群数量处于下降状态。

2. 性比例

性比例（sex ratio）是指种群中雄性个体与雌性个体的比例。通常用每 100 个雌性的雄性数来表示，即以雌性个体数为 100，计算雄性与雌性的比例。如果性比例等于 1，表示雌雄个体数相等；如果大于 1，表示雄性多于雌性；如果小于 1，表示雄性少于雌性。不同生物种群具有不同的性比例特征。人、猿等高等动物的性比例为 1；鸭科等一些鸟类以及许多昆虫的性比例大于 1；蜜蜂、蚂蚁等社会昆虫的性比例小于 1。种群的性比例会随着个体发育阶段的变化而发生改变。例如，一些啮齿类出生时，性比例为 1，但 3 周后的性比例则为 1.4。

性比例影响着种群的出生率，因此也是影响种群数量变动的因素之一。对于一雌一雄婚配的动物，种群当中的性比例如果不是 1，就必然有一部分成熟个体找不到配偶，从而降低了种群的繁殖力。对于一雄多雌、一雌多雄婚配制以及没有固定配偶而随机交配的动物，一般来说，种群中雌性个体的数量适当地多于雄性个体有利于提高生殖力。

（四）空间分布特征

种群的空间分布是指种群中的个体在其生活空间中的位置状态或布局。种群的空间分布分为 3 种类型，即均匀型（uniform）、随机型（random）和集群型（clumped）（图 3-2）。

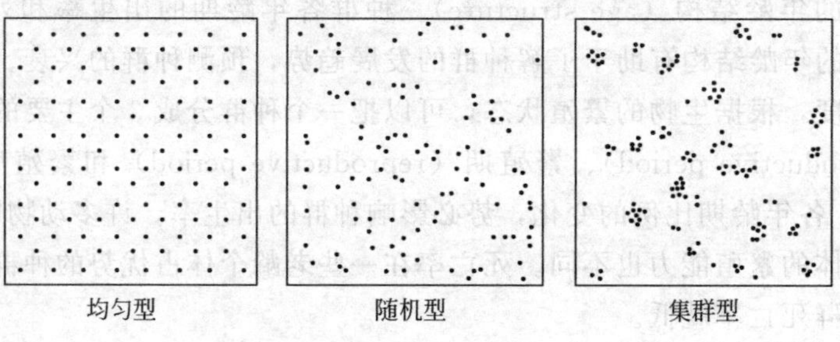


图 3-2 种群的 3 种空间分布类型

1. 均匀分布

种群在空间的分布是均匀的，各个体之间保持一定的均匀距离。均匀分布的主要原因，是由于种群内个体间的竞争。例如，森林中的植物为竞争阳光（树冠）和土壤中营养物质（根际），沙漠中的植物为竞争水分而导致均匀分布。

2. 随机分布

随机分布中每一个体在种群中的机会是相等的，并且某一个体的存在不影响其他个体的分布。种群内个体之间不呈现相互吸引或相互排斥，分布是偶然的、随机的。例如，森林地被层中的一些蜘蛛，面粉中的一些黄粉虫。

3. 集群分布

种群内的个体分布不均匀，形成许多密集的核心（团块），是最普通、最常见的分布型。造成这种分布的原因是：①环境资源分布不均匀；②植物传播种子方式使其以母株为扩散中心；③动物的社会行为使其结合成群。

（五）迁入迁出特征

扩散（dispersion）是大多数动植物生活周期中的基本现象。扩散有助于防止近亲繁殖，同时又是在各地方种群之间进行基因交流的生态过程。有些自然种群持久地输出个体，保持迁出率大于迁入率，有些种群只有依靠不断输入才能维持下去。植物种群中迁出和迁入的现象相当普遍，如孢子植物借助风力把孢子长距离地扩散，不断扩大自己的分布区。种子植物借助风、昆虫、水及动物等因子，传播其种子和花粉，在种群间进行基因交流，防止近亲繁殖，使种群的生殖能力增强。

从以上特征可以看出，由于种群是由同一物种的个体集合而成的，所以它部分反映了构成该种群的个体的生物学特征，也就是说，种群具有可以与个体相类比的一般性特征。例如，就个体而言，它有出生、死亡、寿命、性别、年龄、基因型、是否处于繁殖期等特征，相应地，就种群来说，有出生率、死亡率、平均寿命、性比例、年龄结构、基因频率、繁殖期个体百分数等，在这个意义上说，种群的特征是个体相应特征的一个统计量，它反映了该种群中每个“平均”个体的相应特性。此外，种群作为更高一级的结构单位，还具备了一些个体所不具备的特征，如种群密度及密度的变化，空间分布型，以及种群的扩散与积聚等。特别是种群具有按照环境条件的变化而调节自身密度的能力。种群是一个自我调节系统，借以保持生态系统内的稳定性。虽然种群内的个体在单位时间和空间内存在着不断地增殖、死亡、迁入和迁出，但作为种群整体却是相对稳定的，因为它可以借助出生率、死亡率、年龄结构、性比例、分布、密度、食物等一系列因子来调节。例如，某农田某种害虫种群密度过大，会导致食物供应不足，这样会使种群生殖力下降，或者扩散，同时也会招来很多天敌来控制害虫密度的增加。

## 第二节　种群的增长模型

种群的增长（population growth）是指种群的个体数量随着时间的发展而发生的改变。在自然界，任何单一的种群是不存在的，它们都或多或少地与其生物群落中的其他种群发生一定的联系。因此严格地说，真正的单一种群只有在实验室内人为控制的条件下才有可能存在，因此，在研究种群增长规律的时候，往往从研究单种种群的增长规律开始。研究实验种群的动态规律，是种群生态学研究的一条重要途径。现代生态学家在研究种群动态规律时，往往求助于数学模型，种群数学模型研究是种群生态学研究的重要辅助手段，它不仅有助于概括各种生物和非生物因素与种群之间的相互关系，而且有助于了解这些因素是怎样影响种群动态的，因而可以达到阐明种群动态的规律及其调节机制的目的。

**一、种群在无限环境中的指数增长**

所谓无限环境，是假设环境中空间、食物等资源能充分满足，种群不受任何条件限制，能发挥其最大的增长能力，种群数量迅速增加，呈现指数增长格局，这种增长规律，称为种群的指数增长规律。这种增长可分为两类。

（一）世代不重叠种群的离散增长模型

世代不重叠，是指生物的生命只有一年，一年只有一次繁殖，其世代不重叠。如一些水生昆虫，每年雌虫只产一次卵，卵孵化长成幼虫，蛹在泥里度过干旱季节，到第二年蛹才变成成虫，交配产卵。因此，世代是不重叠的，种群增长是不连续的。这种最简单的单种种群增长模型的概念结构里，包括四个假设：种群增长是无限的，即种群在无限环境中增长，没有受资源、空间等条件的限制；世代不相重叠，增长是不连续的或称离散的；种群没有迁入和迁出；种群没有年龄结构。其数学模型通常是把世代 $t+1$ 的种群 $N_{t+1}$ 与 $N_t$ 联系起来的差分方程：

$$N_{t+1}=\lambda N_t$$

$$N_t=N_0\lambda^t$$

式中 $N$——种群大小；

$t$——时间；

$\lambda$——种群的周限增长率。

例如，一年生生物（即世代间隔为一年）种群，开始时有 10 个雌体，到第二年成为 200 个，也就是说，$N_0=10$，$N_1=200$，即一年增长 20 倍（$\lambda=N_1/N_0=20$），若种群在无限环境中年复一年地增长，即

$$N_0=10$$

$$N_1=N_0\lambda=10\times20=200\ (10\times20^1)$$

$$N_2=N_1\lambda=200\times20=4000\ (10\times20^2)$$

$$N_3=N_2\lambda=4000\times20=80000\ (10\times20^3)$$

$$\cdots$$

$$N_{t+1}=\lambda N_t \quad \text{或} \quad N_t=N_0\lambda^t$$

$\lambda$ 表示种群为前一年 20 倍的速率增长，这种增长形式为指数增长或几何级数式增长。

$\lambda$ 是种群离散增长模型中有用的参数。从理论上讲，$\lambda$ 有四种情况。

$\lambda>1$　　种群上升

$\lambda=1$　　种群稳定

$0<\lambda<1$　　种群下降

$\lambda=0$　　种群无繁殖现象，且在下一代中灭亡

（二）世代重叠种群的连续增长模型

世代有重叠的种群，其数量以连续的方式改变，通常用微分方程来描述。

模型的假设：种群以连续方式增长，其他各点与上述模型相同。对于在无限环境中瞬时增长率保持恒定的种群，其增长率仍表现为指数增长过程，即

$$\frac{dN}{dt}=rN$$

其积分形式为

$$N_t=N_0e^{rt}$$

式中　$N_0$，$N_t$，$t$——定义同前；

e——自然对数的底；

$r$——种群的瞬时增长率（指种群在瞬间的增长率）。

例如，初始种群 $N_0=100$，$r$ 为 $0.5a^{-1}$，则以后的种群数量如表 3-2 所示。

**表 3-2　种群的增长**

| 时间/a | 种群的大小 | 时间/a | 种群的大小 |
|---|---|---|---|
| 0 | 100 | 3 | $(100)(e^{1.5})=448$ |
| 1 | $(100)(e^{0.5})=165$ | 4 | $(100)(e^{2.0})=739$ |
| 2 | $(100)(e^{1.0})=272$ | ⋮ | ⋮ |

若以种群数量 $N_t$ 对时间 $t$ 作图，种群增长曲线呈“J”形［图 3-3 中（a）］，因此种群的指数增长又称为“J”形增长。但以 $\lg N_t$ 对时间作图，种群的增长则成为直线［图 3-3 中（b）］。

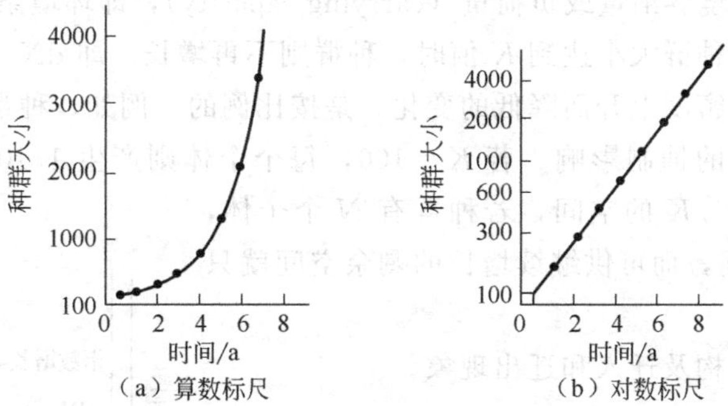


图 3-3　种群的指数增长曲线

$N_0=100$，$r=0.5$

种群的瞬时增长率 $r$ 是描述种群在无限环境中呈几何级数式增长能力的。瞬时增长率 $r$ 与周限增长率 $\lambda$ 的关系为

$$\lambda=e^r$$

或

$$r=\ln\lambda$$

如果把周限逐渐缩短，由 1 年到 1 月到 1 日……到无限短，其周限增长率 $\lambda$ 就接近于或等于 $r$，因周限增长率是有开始和结束期限的，而瞬时增长率是连续的，瞬时的，周限增长率的数值总是大于相应的瞬时增长率。周限增长率与瞬时增长率的关系见表 3-3。

**表 3-3　周限增长率与瞬时增长率的关系**

| $r$ | $\lambda$ | 种　群　变　化 | $r$ | $\lambda$ | 种　群　变　化 |
|---|---|---|---|---|---|
| $>0$ | $>1$ | 种群上升 | $<0$ | $<1$ | 种群下降 |
| $=0$ | $=1$ | 种群稳定 | $=-\infty$ | $=0$ | 雌体无生殖，种群灭亡 |

【例】1949 年我国人口为 5.4 亿，1978 年为 9.5 亿，试计算 29 年来我国人口增长率。

解 由

$$N_t = N_0 e^{rt}$$

$$\ln N_t = \ln N_0 + rt$$

$$r = \frac{\ln N_t - \ln N_0}{t}$$

得

$$r = \frac{\ln 9.5 - \ln 5.4}{1978 - 1949} = 0.0195$$

表示我国人口自然增长率为 19.5‰，即平均每 1000 人每年增加 19.5 人。

再求周限增长率 λ，得

$$\lambda = e^r = e^{0.0195} = 1.0196$$

即每年人口是前一年的 1.0196 倍。

## 二、种群在有限环境中的对数增长

自然种群不可能长期地按几何级数增长，因为野外种群总是处于有条件限制的环境当中，种群的增长因此也是有限的。随着种群密度的上升，种群内部对环境中有限的食物、空间和其他生活条件的竞争也将增加，这必然会影响到种群的出生率和死亡率，从而降低种群的实际增长率，直至种群停止增长，甚至发生下降。种群在有限环境下连续增长的一种最简单的形式是对数增长（logistic growth）。

### （一）模型的假设

① 假设有一个环境容纳量或负荷量（carrying capacity），即环境条件允许的最大种群数量，常用 $K$ 表示，当种群大小达到 $K$ 值时，种群则不再增长，即 $dN/dt=0$。

② 种群增长率随密度上升而降低的变化，是按比例的。例如，种群中每增加一个个体，就对增长率产生 $1/K$ 的抑制影响。若 $K=100$，每个个体则产生 1/100 的抑制效应，或者说，每一个体利用了 $1/K$ 的空间，若种群有 $N$ 个个体，就利用了 $N/K$ 的空间，而可供继续增长的剩余空间就只有 $1-N/K$ 了。

③ 种群无年龄结构及迁入和迁出现象。

### （二）数学模型

根据以上假设，种群的增长将不再是 J 形，而是 S 形，如图 3-4 所示。S 形有两个特点：①曲线有一上渐近线，即渐近于 $K$ 值，但不会超过 $K$ 值；②曲线的变化是逐渐的、平滑的，而不是骤然的。从曲线的斜率来看，开始变化速度慢，以后逐渐加快，到曲线中心有一拐点，变化速度加快，以后又逐渐减慢，直到上渐近线。

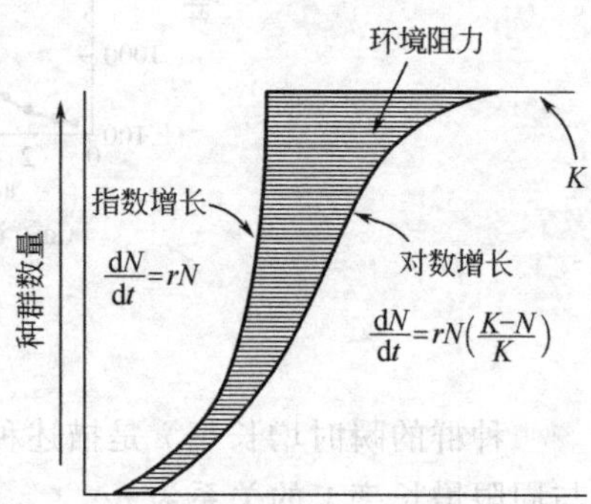


图 3-4 种群增长数学模型

对数增长模型的微分式在结构上与指数增长模型相同，但增加了一项修正值（$1-N/K$），也称剩余空间（residual space），其表达式为

$$\frac{dN}{dt} = rN\left(1-\frac{N}{K}\right) = rN\left(\frac{K-N}{K}\right)$$

式中 $N$，$t$，$r$——意义同指数增长模型；

$K$——环境容纳量。

修正项的生物学含义是，随着种群数量的增加，最大环境容纳量中种群尚未利用的剩余空间（如资源等）逐渐减少，拥挤效应等环境阻力逐渐增大，因此，种群最大增长率的可实现程度逐渐降低。种群每增加一个个体，对增长率的抑制作用为 $1/K$，称为拥挤效应

(crowding effect)。当$N$趋近于0，修正项（$1-N/K$）将趋近于1，剩余空间最大，阻力最小，种群最大增长率的实现最为充分，此时$dN/dt=rN[(K-N)/N]$趋近于$dN/dt=rN$，增长率接近于指数式。反之，当$N\to K$，修正项（$1-N/K$）趋近于0，剩余空间最小，阻力最大，增长率趋近于0。

对数增长模型的积分式为

$$N_t=\frac{K}{1+e^{a-rt}}$$

式中　$K$，e，$r$——意义同前；

$a$——参数，其数值取决于$N_0$，表示曲线对原点的相对位置。

## 第三节　种群的调节

在一个生态系统中，特别是自然生态系统中，对特定动物的个体进行长期观察，可以发现虽然种群数量变动多少是不规则的，但是如果这个系统没有平均环境条件的变化，这个种群的数量总是在某一平均水平上下波动。通常，种群即不会无限制地连续增加，也不会轻易灭绝，如果不加入人为的措施，在内外诸因素作用下，种群数量的变化总是维持在一定的范围之内，这一过程称为自然控制（natural control）。自然控制的结果就是种群数量的调节，即防止种群变得过大，也防止种群变得过小，从而使种群在生物群落中与其他生物成比例地维持在某个特定的水平上，这种现象叫种群的自然平衡。通常把自然平衡水平叫做平衡密度。

在自然界，自然控制的现象非常普遍。例如，自然界昆虫的种类很多，但真正需要防治的却很少，这就是自然控制的有利证明。如在美国和加拿大，已知昆虫有85000种，需要防治的仅为1425种，占1.7%。我国昆虫大约有$15\times10^4$种，但需防治的只占1%。现在提倡生物防治，就是利用自然控制、自我调节的原理来管理这1%的害虫。

在自然生态系统中，种群数量通常受环境中物理因子所调节，例如天气、水分、化学因子、污染状况等，同时，种群还受到生物因素所调节。根据种群密度与种群大小的关系，制约因素可分为两种类型。

① 密度制约（density dependent）因素。种群的死亡率随密度的增加而增加，主要由生物因子引起。如种间竞争、捕食、寄生以及种内调节等生物因素均为密度制约因素。

② 非密度制约（density independent）因素。种群的死亡率不随密度而变化，主要由气候因子所引起。如暴雨、低温、高温、污染物以及其他环境理化性质等非生物因素均为非密度制约因素，它们有时能影响种群数量，甚至可以使生物灭绝，但与种群本身的密度是无关的。

### 一、密度调节

密度调节（density regulation）包括种内、种间和食物调节三个方面。

#### （一）种内调节

种内调节是指种内成员之间，由于行为、生理和遗传的差异而产生的一种密度制约性调节方式。

1. 行为调节

行为调节是由英国生态学家温·爱德华（Wyune Edwards，1962）指出的。他认为，种群中的个体（或群体）通常选择一定大小的有利地段作为自己的领域，以保证存活和繁殖。

但在栖息地中，这种有利的地段是有限的。随着种群密度的增加，有利的地段都被占满，剩余的社会等级比较低的从属个体只好生活在其他不利的地段中，或者往其他地方迁移。那部分生活在不利地段中的个体由于缺乏食物以及保护条件，易受捕食、疾病、不良气候条件所侵害，死亡率较高，出生率较低。这种高死亡率和低出生率以及迁出，也就限制了种群的增长，使种群维持在平衡密度水平上。在植物种群中也有这种现象，例如，水稻、小麦的生长和消亡规律，初期，分蘖丛生能迅速占领地面，使种群迅速发展，但当种群密度过大而影响种群本身的发展时，下层的小分蘖由于光照不足就会死亡，使下层光照条件得到改善，种群就能很好地发育。

2. 生理调节

生理调节是指种内个体间因生理功能的差异，致使生理功能强的个体在种内竞争中取胜，淘汰弱者。美国学者克里斯琴（Christian，1950）的内分泌学说就是生理调节的理论基础。他认为当种群数量上升时，种内个体间的社群压力增加，个体间处于紧张状态，加强了对中枢神经系统的刺激，主要影响脑下垂体和肾上腺的功能，一方面使生物素减少，生长代谢受阻，个体死亡率增加，机体防御能力减弱；另一方面性激素分泌减少，甚至受到抑制，出生率降低，胚胎死亡率增高，幼体发育不佳等。种群增长由于这些生理上的反馈机制而下降甚至停止。例如，蜗牛在密度高时生长缓慢；美洲赤鹿在种群密度低时生殖的双胞胎占25%，在密度高时仅占1%以下。

3. 遗传调节

遗传调节是指种群数量可通过自然选择压力和遗传组成的改变而加以调节的过程。在种群中有两种遗传型，一种是繁殖力低、适合于高密度条件下的基因型A，另一种是繁殖力高、适合于低密度条件下的基因型B。在低种群密度的条件下，自然选择有利于第一种基因型，使种群数量上升；当种群数量达到高峰时，自然选择有利于第二种基因型，于是种群数量下降，种内就是这样进行自我调节的。

（二）种间调节

种间调节是指不同种群在捕食、寄生和竞争共同资源因子的过程中对种群密度的制约过程。这一方面的典型代表是尼科森（Nicholson，1933，1954，1957）、史密斯（Smith，1935）、拉克（Lack，1954）等，称为生物学派。他们认为，群落中的各个物种都是相互联系、相互制约的，从而使种群数量处于相对的稳定平衡；当种群数量增加时，就会引起种间竞争加剧（食物、生活场所等），捕食以及寄生作用加强，结果导致种群数量的下降。在这些种间生物因素中，食物因素也是其中之一。

（三）食物调节

食物因素也是一种种间关系，捕食和被食、寄生以及草食性动物与植物的关系，都是食物关系。英国鸟类学家拉克（Lack）通过对鸟类的研究认为，引起鸟类密度制约性死亡的动因可能有三个因素，即食物、捕食和疾病。他认为食物是决定性的因素。理由是：①只有少数成鸟死于不适和疾病；②在食物丰富的地方，鸟的数量就高；③每种鸟都吃不同的食物，如不把食物看成限制因子，就难以理解这种食物分化现象；④鸟类因食物而格斗，尤其在冬季，对大多数脊椎动物来说，食物短缺是重要的限制因子。拉克的观点，是把尼科森思想用于鸟类种群，认为调节鸟类种群的最重要因素是食物短缺，食物是作用于死亡率的密度制约因素，主要作用于幼鸟。自然种群中支持这个观点的例子还有松鼠和交嘴鸟的数量与球果产量的关系，猛禽与一些啮齿类动物数目的关系等。

## 二、非密度调节

非密度调节是指非生物因子对种群大小的调节。这方面的典型代表主要是一些昆虫学家，如博登海默（Bodenheimer，1928）、安德列沃斯和伯奇（Andrewatha and Birch，1954）等，称为气候学派。他们提出：种群数量是气候的函数，气候改变资源的可获性，从而改变环境容纳量。他们认为种群数量是不断变动的，反对密度制约与非密度制约的划分。可见，该学派强调种群数量的变动与天气条件有关，认为气候因素是影响种群动态的首要原因。例如，有研究表明昆虫的早期死亡率有80%～90%是由天气条件引起的。

### 阅读材料 3-1

**生态入侵**

生态入侵（ecological invasion）是指由于人类有意识或无意识地把某种生物带入适宜其栖息和繁衍的地区，种群不断扩大，分布区逐步稳定地扩展，危害当地的生产和生活，改变当地的生态环境的过程。简单地说，生态入侵就是外来物种对生态环境入侵造成生物多样性下降和生态环境破坏的现象。

外来入侵种的若为植物，其最主要危害是采用各种方式杀死或排挤当地土著植物物种。有些外来入侵种就像“绿色坟墓”一样，可以覆盖其他植被。被覆盖的植被由于得不到足够的阳光和空气窒息而死，生长良好的森林就变成了被单一物种垄断的平地。由于外来入侵种杀死或排挤当地植物，因而依靠当地植物生存的动物也就紧跟着大量减少，引起生态系统中物种的单一化，从而导致很多相应的生态问题，包括水土流失、火灾、虫灾以及当地特有生物资源丧失等。最麻烦的是，一旦外来物种大面积入侵后，就失去人类的控制，常常是想尽所有办法，诸如人工拔除、天敌控制、化学农药等都无法将其去除，甚至是无法限制其继续扩展。真正是“即使万民上阵，也难控制，人类在这些植物面前显得束手无策”。人类的努力常常反而助长外来入侵种的扩展，因为采取的控制方法常常是以对生态系统的进一步破坏为代价，而破坏后的地方更有利于这些外来入侵种的滋长。

2003年国家环境保护总局公布了16种危害最大的外来入侵物种，分别为紫茎泽兰、微甘菊、空心莲子草、豚草、毒麦、大米草、飞机草、凤眼莲（水葫芦）、假高粱、蔗扁蛾、湿地松粉蚧、强大小蠹、美国白蛾、非洲大蜗牛、福寿螺、牛蛙。我国目前有400多种外来入侵物种。

# 第四节 种内种间关系

## 一、种内关系

种内关系（intraspecific relationship）是指种群内部个体之间的关系。包括集群、种内竞争、领域性、社会等级等关系。

### （一）集群

集群（aggregation 或 society、colony）是指同一种生物的不同个体，或多或少都会在一定时期内生活在一起，从而保证种群的生存和正常繁殖。集群现象是生物适应环境的一种重要特征，在自然种群中普遍存在。在一个种群当中，一些个体可能生活在一起形成群体，但是，另一部分个体却可能是单独生活的。例如，大部分狮子是以家族方式进行集体生活的，但有一些狮子个体则是单独生活的。

根据集群后群体持续时间的长短，可以把集群分为临时性（temporary）和永久性（permanent）两种类型。永久性集群存在于社会动物中。所谓社会动物是指具有分工协作等社会性特征的集群动物，主要包括一些社会性昆虫（如蜜蜂、蚂蚁、白蚁等）和高等动物（如包括人类在内的灵长类等）。社会昆虫由于分工专化的结果，同一物种群体内的个体具有不同的形态。例如，在蚂蚁社会中，有大量的工蚁和兵蚁以及一只蚁后，工蚁专门负责采集食物、养育后代和修建巢穴；兵蚁专门负责保卫，具有强大的口器；蚁后则专门负责产卵生殖，具有膨大的生殖腺和特异的性行为，采食和保卫等功能则完全退化。大多数的集群属于临时性集群，临时性集群现象在自然界很普遍，许多动物在繁殖季节营单体生活，而到冬季过集群生活。而迁徙性集群以及取食、栖息等临时性集群等更为常见。集群生活的生态学意义主要有以下几个方面。

① 有利于提高捕食效率。许多动物以群体进行合作捕食，这样捕杀食物的成功性明显加大。成群的狼通过分工合作就可以很容易地捕食到有蹄类；相反，一只狼则难以捕获到这种大型的猎物。成群狮子的捕食成功率，平均是个体捕食的两倍。以鱼为食的鹈鹕、秋沙鸥和蛇鹈，会在水面上共同形成捕食圈，逐渐迫使鱼儿到浅水湾，然后再进行捕食，由此提高捕食效率。

② 可以共同防御敌人。如草原动物麝香牛群、野羊群受猛兽袭击时，成年的雄性个体就会形成自卫圈，角朝向圈外的捕食者，这样可有效地抵抗捕食者的袭击，又可以保护圈中的幼体和雌体。

③ 有利于改变小生境。

④ 有利于某些动物种类提高学习效率。

⑤ 能够促进繁殖。

（二）种内竞争

种内竞争（intraspecific completion）是指同种生物个体之间由于食物、栖息场所或其他生活条件的矛盾而斗争的现象。种内竞争是普遍存在的现象。例如，很多昆虫都有自相残杀的现象，如棉铃虫、异色瓢虫等，还有一些鱼类也有种内蚕食现象。

（三）领域性

领域（territory）是指由个体、配偶或家族所占据的，并积极保卫不让同种其他成员侵入的空间。很多营单体生活或家族生活的动物，都占据一定的小区域，不让同种其他个体侵入。具领域性的生物以脊椎动物中最多，尤其是鸟兽，这些动物的高级神经活动最复杂。但某些节肢动物，特别是昆虫也有领域性。例如，社会性昆虫蚂蚁是营家族生活的，每个家族都有自己的巢穴，不让其他家族侵入，如有来者侵犯，兵蚁就会与之“战斗”，保卫其领域和巢穴。当食物不足时，就会更换栖息场所，或排除已占区域上新的竞争者，这样就会引起迁移。迁移不仅使动物能够充分地利用适合于它们的生活环境，而且可使种群混杂，促使杂交繁殖，从而消除长期近亲繁殖的危险。同时，这种迁移和重新分布，也消除了地区性繁殖过剩的现象。因此，领域性也是生物适应环境的一种方式，使生物能够更好地生存。

（四）社会等级

社会等级（social hierarchy）是指动物种群中各个动物的地位具有一定顺序的登记现象。社会等级形成的基础是支配行为，或称支配-从属（dominant-submissive）关系。例如，家鸡饲养者很熟悉鸡群中的彼此啄击现象，经过啄击形成等级，稳定下来后，低级的一般表示妥协和顺从，但有时也通过再次格斗而改变顺序登记。稳定的鸡群往往生长快，产蛋也多，因为不稳定的鸡群中个体之间经常的相互格斗消耗许多能量。社会登记优越性还包括优势者在食物、栖息地、配偶选择中均有优先权，这样保证了种内强者首先获得交配和产生后代的机会。从物种种群整体而言，这有利于种族的保存和延续。社会等级在动物界中相当普遍，许多鱼类、鸟类、爬行类和兽类都有这种现象。

**二、种间关系**

种间关系（interspecies relationship）是指不同物种种群之间的相互作用所形成的关系。不同物种之间的相互关系可以是间接的，也可以是直接的，从性质上可以简单地分为两类，一种是对抗关系，即一个种的个体直接杀死另一个种的个体。一种是互利关系，即两个种的个体互相帮助，相互依赖而生存。在这两个极端类型之间还存在着各类极端类型。如果用“+”表示有利，“—”表示有害，“0”表示既无利也无害，那么，不同物种之间的关系可以总结为表 3-4。

**表 3-4　两物种间相互作用的类型**

| 种间关系类型 | 物种 | | 主要特征 |
|---|---|---|---|
| | 1 | 2 | |
| 中性作用(neutralism) | 0 | 0 | 彼此互不影响 |
| 竞争(competition) | — | — | 相互有害 |
| 偏害作用(amensalism) | — | 0 | 种群 1 受抑制，种群 2 无影响 |
| 捕食作用(predation) | + | — | 种群 1 是捕食者，种群 2 是被食者 |
| 寄生作用(parasalism) | + | — | 种群 1 是寄生者，种群 2 是寄主 |
| 偏利作用(commensalism) | + | 0 | 种群 1 有利，种群 2 无影响 |
| 互利共生(mutualism) | + | + | 彼此都有利 |

正相互作用可按其作用程度分为偏利共生、互利共生和原始协作三类。

（一）偏利共生

偏利共生是指种间相互作用仅对一方有利，对另一方无影响。例如，地衣、苔藓附生在树皮上，但对附生植物种群无多大影响；兰花生长在乔木的枝上，使自己更易获得阳光。动物的例子也有很多，如某些海产蛤贝的外套腔内共栖着豆蟹（*Pinnohteres*），它在那里偷食其宿主的残食和排泄物，但不构成对宿主的危害；藤壶附生在鲸鱼或螃蟹背上；䲟用其头顶上的吸盘固着在鲨鱼腹部等。

（二）互利共生

互利共生是指两种生物长期共同生活在一起，相互有利，如果缺少一方便不能生存。例如，白蚁和其肠道内的超鞭毛虫（*Tricho nympha*）的共生，白蚁靠超鞭毛虫（*Tricho nympha*）来消化木质素，如果没有超鞭毛虫（*Tricho nympha*），白蚁就不能消化木质素。超鞭毛虫（*Tricho nympha*）以白蚁吞入的木质作为食物和能量的来源，同时它分泌出能消化木质素的酶来协助白蚁消化食物。实验证明，人工除去白蚁肠道内的超鞭毛虫（*Tricho nympha*），它们就会活活饿死。又如，高等动物（反刍动物牛、羊等）与其胃中的微生物共生，才能消化不易分解的纤维素，微生物在帮助反刍动物消化食物的同时，自身又得到了生存。这种共生关系是生物在长期进化中形成的，有些生物是由两个物种共生形成的。例如，地衣是藻类和真菌的共生体，藻类进行光合作用，菌丝吸收水分和无机盐，两者结合，相互补充，共同形成统一的整体，生活在耐旱的环境中。菌根是真菌和高等植物根系的共生体，真菌从高等植物根中吸收碳水化合物和其他有机物，或利用其根系分泌物，而又供给高等植物氮素和矿物质，二者互利共生。很多植物在没有菌根时就不能正常生长或发芽，例如，松树在没有与它共生的真菌的土壤中，吸收养分很少，以致生长缓慢乃至死亡。

（三）原始协作

原始协作是指两种生物相互作用，双方获利，但协作是松散的，分离后，双方仍能独立生存。例如，蟹背上的腔肠动物对蟹能起武装保护作用，而腔肠动物又利用蟹作运输工具，从而在更大范围内获得食物。又如某些鸟类啄食有蹄类身上的体外寄生虫，而当食肉动物来临之际，又能为其报警，这对共同防御天敌十分有利。

## 阅读材料 3-2

### 小树和蚂蚁的共生

在南美亚马孙河流域中部，有一种名为 *Hirtellamyrmecophila* 的小树。这种小树的嫩叶上会长有一些很小的袋状物，里面经常有蚂蚁进进出出，那些袋状物就是蚂蚁的巢穴。

小树和蚂蚁的关系可以算得上一种共生关系。蚂蚁为小树充当保镖，保护它免受昆虫的袭扰，小树则为蚂蚁提供栖息地。但巴西科学家埃拉尔多·巴斯孔塞洛斯和同事发现，树叶和蚂蚁的“亲密接触”一般不会长久，因为双方都是为了暂时的利益才走在了一起。蚂蚁在小树上安家落户之后，常常会怠于职守，不尽义务；而小树树叶也只是在幼嫩的时候才需要保护，待其“枝繁叶茂”以后，就没必要再为自己并不需要的保镖提供报酬了。于是，树叶成熟后，上面的蚁袋就逐渐脱落了，小树和蚂蚁也就分道扬镳了。

为了探求其中是否还有深层次原因，科学家们还做了一个实验。他们将小树部分树枝上的蚂蚁驱逐殆尽，这些树枝上新长出的嫩芽大约有一半都成了其他昆虫的腹中美餐，但尽管如此，这些没有蚂蚁的树枝上开出的花朵是蚂蚁过多的树枝上花朵的大约8倍。科学家据此推测，过多的蚂蚁可能还会抑制小树的生长，这可能也是双方亲密关系不能持久的原因之一。

三、负相互作用

负相互作用（negative interaction）包括竞争、捕食、寄生和偏害作用等。

（一）竞争

竞争是指两种生物生活在一起时，每个种对另一个种的增长有抑制作用。发生竞争的两个物种大都具有相似的环境要求（食物、空间等），它们为了争夺有限的食物和生存空间而进行竞争，大多不能长期共存。由于两者之间的生存斗争，迟早会导致竞争力稍差的物种部分灭亡或被取代。

前苏联生态学家高斯（Gauss）用两种分类上和生态上很接近的草履虫，即双小核草履虫（*Paramecium aurelia*）和大草履虫（*P. caudatum*）为实验材料进行实验，他用一种杆菌（*Bacillus pyocyaneus*）作为饲料。当单独培养时，两种草履虫都表现出典型的S形增长，但当把两种同时放在一起培养时，开始两种都有增长，但双小核草履虫增长快一些，16d后，只有双小核草履虫生存，而大草履虫完全灭亡（图3-5）。这两种草履虫之间没有分泌有害物质，主要是一种增长快，一种增长慢，由于共同竞争食物而排挤掉了其中一种，高斯在此研究的基础上，就形成了所谓的高斯假说（Gause's hypothesis）或叫"竞争排斥原(principle of competitive exclusion)"，即生态上接近的两个物种是不在同一地区生活的，如果在同一地区生活，往往在栖息地、食性、活动时间或其他方面有所不同。

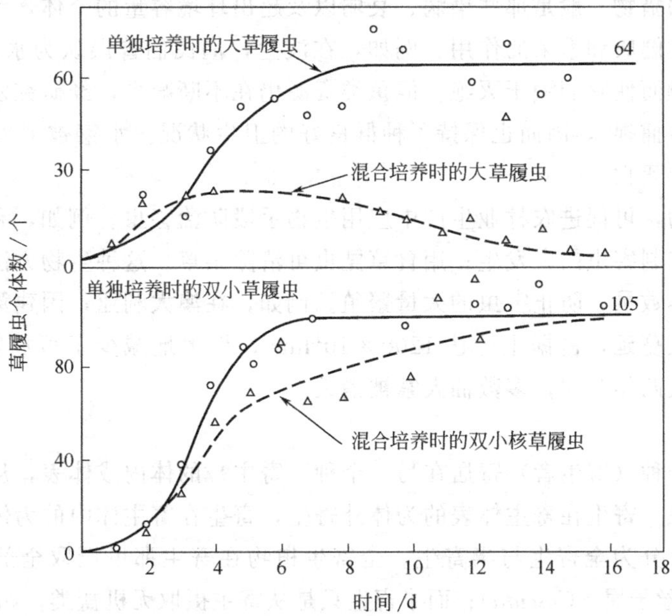


图 3-5　两种草履虫单独和混合培养时的种群动态

植物之间也有竞争关系。S. L. Harper（1962）曾做了三对萍种的混合培养生长试验。

① 浮萍＋紫萍　56d 后浮萍衰弱，逐渐被紫萍取代。

② 囊萍＋紫萍　囊萍占优势，但能与紫萍长期共存。

③ 槐叶萍＋紫萍　槐叶萍占优势，但也能与紫萍长期共存。

第一种情况说明两者相互排斥，紫萍取胜。后两种情况是两种能长期共存，但有一种保持优势。囊萍和槐叶萍占优势，主要归功于这两个种的生长型。囊萍之所以占优势是由于它的浮力比紫萍大（由于通气组织形成的浮力），所以囊萍的子萍能在两个种密集生长的萍体中保持较高的位置，不至于被紫萍遮阳。槐叶萍之所以占优势是由于新生的子萍可高出水面，而紫萍的新生子萍在水面上，因而被槐叶萍遮阳。

这说明了植物种群之间的竞争关系有时比动物更复杂，不仅是对资源和空间的直接竞争关系，也不仅决定于增长率，还与其本身的生长型和发育特性等因素有关。

（二）捕食作用

捕食作用是指一种生物吃掉另一种生物的过程。生态学中常用捕食者（predator）与猎物或被食者（prey）来说明捕食作用。

不同生物种群之间存在的这种捕食关系，往往对被捕食种群的数量和质量上起着重要的调节作用。例如，1905 年以前，美国亚利桑那州 Kaibab 草原的黑尾鹿群保持在 4000 头左右的水平，这可能是美洲狮和狼的作用造成的平衡，因为食物不成为限制因素。为了发展鹿群，政府有组织地捕猎美洲狮和狼，鹿群数量开始上升，到 1918 年约为 40000 头；1925 年，鹿群数量达到最高峰，约有 10 万头。但由于连续 7 年的过度利用，草场极度退化，鹿群的食物短缺，结果使鹿群数量猛降。这个例子说明，捕食者对猎物的数量起到了重要的调节作用。

由于捕食者与猎物的关系是在长期的进化过程中形成的，所以捕食者可以作为自然选择的力量对猎物的质量起一定的调节作用。在自然界中，捕食者种群将猎物捕食殆尽的例子是很少的，被捕食的猎物一般是那些染病、衰弱以及超出环境容量的个体，因而实际上起到了维持被捕食者种群健康和繁荣的作用。例如，在波兰，渔民们曾误认为水獭会把鱼类吃光，因此大量捕猎水獭而使它们濒于灭绝。但鱼类资源仍在不断减少，经研究发现水獭主要吃病鱼（因病鱼容易被捕捉），因而也保持了种群良好的卫生状况。水獭被消灭却引起了鱼类传染病的蔓延和大量死亡。

研究捕食行为，可促进农林业生产中应用生物手段防治害虫。例如，利用七星瓢虫等害虫的天敌，可以控制害虫的大发生；用食草昆虫可清除杂草。这种生物方法，可以在大范围内减少种群的个体数量，防止害虫的大量繁殖。例如，在澳大利亚，因建篱笆而栽种仙人掌后，仙人掌便到处蔓延，占据土地达 $1200\times10^4 hm^2$，极大地减少了可放牧羊的草场面积，后来引入螟蛾，仅两年时间，多数仙人掌被消灭。

（三）寄生

寄生是指一个种（寄生者）寄居在另一个种（寄主）的体内或体表，从而摄取寄主养分以维持生活的现象。寄生在寄主体表的为体外寄生，寄生在寄主体内的为体内寄生。在寄生性种子植物中还可分为全寄生与半寄生。全寄生植物在寄主那里摄取全部营养，如列当属(*Orobanche*)和菟丝子属（*Cuscuta*）；而半寄生只是从寄主摄取无机盐类，如槲寄生（*Viscum*）和玄参科的植物等。

在植物之间的相互关系中，寄生是一个重要方面。寄生物以寄主的身体为定居的场所，并靠吸收寄主的营养而生活。因而寄生物使寄主的生长减弱，生物量和生产量降低，最后使寄主植物的养分耗尽，并使组织破坏而死亡。因此，寄生物对寄主的生长有抑制作用，而寄主对寄生物则有加速生长的作用。

（四）偏害作用

偏害作用是指两种生物生活在一起时，一种受害，但对另一种没有影响。包括异种抑制和抗生作用。异种抑制一般指植物分泌一种能抑制其他植物生长的化学物质的现象，也称他感作用。例如，胡桃树（*Juglans nigra*）和苹果不能种在一起，因为胡桃树能分泌一种叫做胡桃醌的物质，它对苹果起毒害作用。胡桃树周围也不能种番茄、马铃薯。一种菊科植物(*Encelia farniosa*)的叶片能分泌一种苯甲醛物质，对相邻的番茄、胡椒和玉米的生长有强烈的抑制作用。抗生作用是指一种微生物产生一种化学物质抑制另一种微生物的过程，如青霉素就是岛青霉所产生的一种细菌抑制剂，通常称为抗生素。

## 阅读材料 3-3

### 生 态 位

生态位是生态学中的一个重要概念，也是生态学界一直争论的热门话题。它主要指在自然生态系统中一个种群在时间、空间上的位置及其与相关种群之间的功能关系。不同学者对生态位有不同的定义和观点，大致可归为三类：①格林尼尔(Grinnel，1917）的“生境生态位”，认为生态位是一个物种的最小分布单元，或者说是一个物种所占有的微环境，其中的结构和条件能够维持物种的生存，实际上，他强调的是空间生态位的概念；②埃尔顿（Elton，1927）的“功能生态位”，认为生态位是有机体在生物群落中的功能作用和地位，特别强调与其他种的营养关系，这种生态位主要是营养生态位；③哈奇森（Hutchinson，1957）的“超体积生态位”，认为生态位是一个允许物种生存的超体积，即是 $n$ 维资源中的超体积，是对“生境生态位”的数学描述。哈奇森认为在生物群落中，若无任何竞争者和捕食者存在时，该物种所占据全部空间的最大值，称为该物种的基础生态位（fundamental niche）。实际上很少有一个物种能全部占据基础生态位。当有竞争者时，必然使该物种只占据基础生态位的一部分。这一部分实有的生态位空间，称之为实际生态位（realized niche）。竞争种类越多，使某物种占有的实际生态位可能越小。

## 本章小结

1. 种群是指在一定时空中同种个体的组合。在自然条件下，种群是物种存在的基本单位，又是生物群落的基本组成。

2. 种群的基本特征有种群密度、出生率、死亡率、年龄结构、性比例、空间分布型、迁入迁出等。种群的空间分布分三种类型：均匀型、随机型和集群型。

3. 种群在无限环境中的增长为指数增长。所谓无限环境，是假设环境中空间、食物等资源能充分满足，种群不受任何条件限制，能发挥其最大的增长能力，种群数量迅速增加，呈现指数增长格局，其增长曲线为J形。

4. 种群在有限环境中的增长为洛吉斯谛增长。因为在有限环境下，随着种群密度的上升，种群内部对环境中有限的食物、空间和其他生活条件的竞争也将增加，这必然会影响到种群的出生率和死亡率，从而降低种群的实际增长率，直至种群停止增长，甚至发生下降，这种种群的增长曲线呈S形。

5. 种群具有自我调节机制，通常，种群即不会无限制地连续增加，也不会轻易灭绝，如果不加入人为的措施，在内外诸因素作用下，种群数量的变化总是维持在一定的范围之内，这一过程称为自然控制。

6. 种内关系是指种群内部个体之间的关系。包括集群、种内竞争、领域性、社会等级等关系。

7. 生物种群之间的关系包括正相互作用和负正相互作用，正相互作用可按其作用程度分为偏利共生、原始协作和互利共生三类；负正相互作用包括竞争、捕食、寄生和偏害作用等。

## 复习思考题

**一、名词解释**

出生率　死亡率　年龄结构　性比　种群密度　环境容纳量　环境阻力

**二、填空题**

1. 种群是指在一定时空中__________个体的组合。

2. 种群的空间分布分为 3 种类型，即____________、____________和____________。

3. 种内关系主要包括____________、____________、____________和____________。

4. 种间关系主要包括______、______、______、______、______、______和______7种类型。

**三、问答题**

1. 种群具有哪些主要特征？
2. 请举例说明种群的年龄结构对预测种群兴衰的作用。
3. 何谓互利共生？请举例说明。
4. 请举例说明种内关系的主要类型。
5. 何谓竞争排斥原理？

**四、计算题**

已知2000年世界人口为60亿，当年的人口增长率为12‰，若世界人口以后均按此增长率增长，多少年以后，人口将翻一番？

# 第四章　群落生态学

【学习目标】

群落是种群集合的生命形式。对群落的研究，侧重于群落组成成分及其数量、结构特征，关注其形成与演替规律。通过本章学习，应达到以下要求。

1. 掌握群落的概念，了解群落的基本特征。
2. 熟悉描述群落成员的数量特征的常用指标。
3. 掌握优势种等群落成员分类概念。
4. 掌握物种多样性的概念，了解几种指数。
5. 掌握生活型、生活型谱、季相的概念。
6. 掌握群落内部垂直格局、水平格局、时间格局的概念或含义，了解其成因及对生产与环境保护的意义。
7. 了解群落交错区和边缘效应的概念、成因、意义。
8. 掌握群落的形成的过程，掌握裸地、定居、先锋等概念，了解群落发育的一般规律。
9. 掌握群落演替的概念，了解群落演替的类型、典型演替的阶段特征、影响演替的主要因素。
10. 掌握演替顶极的概念，了解顶极群落的不同学说。

## 第一节　群落与群落生态学

**一、群落的概念**

生物群落（biotic community）是指在一定时间内，由居住在一定区域内的相互联系、相互影响的各种生物种群组成的有规律的结构单元。它是具有一定的外貌及结构，并具有特定的功能及发展规律的生物集合体。它们和相邻的生物群落，有时界限分明，有时则混合难分。

**二、群落的基本特征**

生物群落具有以下几个方面的基本特征。

（1）一定的动态（dynamic）　生物群落由生物组成，生物具有不停地运动发展的特征，因此，群落也具有动态特征。其动态特征包括季节动态，年际动态，演替与演化。

（2）一定的分布（distribution）范围　任何群落都形成在特定地段或特定生境上，无论在全球范围，还是在区域范围内，生物群落都对应着一定的地段规律分布。

（3）一定的边界（boundaries）　在自然条件下，有些群落具有明显的边界，可以清楚地加以区分；有的则不具有明显边界，而处于连续变化中。前者见于环境梯度变化较陡，或者环境梯度突然中断的情形，如地势变化较陡的山地的垂直带，断崖上下的植被，陆地环境和水生环境的交界处等。但两栖类（如青蛙）动物群落常常在水体与陆地之间移动，其边界并不十分清晰。此外，火烧、虫害或人为干扰也可造成群落的边界。后者见于环境梯度连续缓慢变化的情形。大范围的变化如森林和草原的过渡带，草原和荒漠的过渡带等；小范围的变化如沿一缓坡而渐次出现的群落替代等。在多数情况下，不同群落之间都存在过渡带，被称为群落交错区（ecotone），可视为具有边界的特殊群落。

（4）具有一定的物种组成（composition of species） 每个群落都由一定的植物、动物、微生物种群组成，物种组成是区别不同群落的首要特征。一个群落中物种的多少及每一物种的个体的数量，是度量群落多样性的基础。

（5）不同物种之间的相互影响（interaction） 群落中的物种有规律地共处，即在有序状态下生存。生物群落是生物种群的集合体，但不是一些物种的任意组合。一个群落的形成和发展必须经过生物对环境的适应和生物种群之间的相互适应。哪些种群能够组合在一起构成群落，取决于两个条件；第一，必须共同适应它们所处的无机环境；第二，它们内部的相互关系必须取得协调、平衡。因此，研究群落中不同种群之间的关系是阐明群落形成机制的重要内容。

（6）具有一定的外貌（physiognomy）和结构（structure） 生物群落除具有一定的物种组成外，还具有一系列的外貌和结构特点。其结构包括形态结构、生态结构与营养结构，如生活型组成、种的分布格局、成层性、季相、捕食者和被捕食者的关系等。群落结构常常是松散的，不像一个生物体的结构那样清晰，有人称为松散结构。

（7）具有形成群落环境的功能（functions） 生物群落对其居住环境产生重大影响，并形成群落环境。如森林中的环境与周围裸地就有很大的不同，包括光照、温度、湿度与土壤等都经过了生物群落的改造。即使生物非常稀疏的荒漠群落，对土壤等环境条件也有明显的改造作用。

群落概念的产生，使生态学研究出现了一个新领域，即群落生态学（community ecology），它是研究生物群落与环境关系及其规律的学科。

## 第二节 群落成员分析

### 一、种的个体数量指标

1. 多度

多度（abundance）指群落中一个种的个体数目。多度的统计法，通常有两种，即记名计算法和目测估计法。记名计算法是在一定面积的样地中直接点数各种群的个体数目，在树木种类研究，或者在详细的群落研究中，常用记名计算法。目测估计法是按预先确定的多度等级来估计单位面积上个体数目，在生物个体数量多而体形小的群落（如灌木、草本群落）研究中，或者在概略性的勘查研究中，常用目测估计法。

植物群落中植物种间的个体数量对比关系，可以通过各个种的多度来确定。

2. 密度

密度指单位面积上的植物株数，用公式表示为

$$d=\frac{N}{S}$$

式中　$d$——密度；

$N$——样地内某种植物的个体数目；

$S$——样地面积。

根据个体的密度，可以推算出株均面积和个体间的距离。

密度的倒数即为每株植物所占的单位面积。个体间距离由下式计算。

$$L=\sqrt{\frac{S}{N}}-D$$

式中　$L$——平均株距；

$D$——树木的平均胸径。

样地内某一物种的个体数占全部物种个体数的百分比称为相对密度（relative density）。某一物种的密度占群落中密度最高的物种的密度的百分比称为密度比（density ratio）。

3. 盖度

盖度可分为投影盖度和基部盖度。

投影盖度指植物地上器官垂直投影所覆盖土地的面积。在植物群落中，可以测定一种植物的种投影盖度，也可以测定一层植物的层投影盖度，还可以测定全部植物的总投影盖度。在森林群落中，上层林冠对总投影盖度的贡献并不一定最大，因为不同的林冠郁闭程度对林下的光照和湿度等环境条件产生的影响不同，从而影响到下层植物的种类、数量，进而影响总投影盖度。例如，当林冠盖度为90%时，林冠郁闭度为0.9时，林下光照条件差，湿度较大，造成一个阴湿的环境，植物种类和数量稀少，总投影盖度并不一定高，此时林冠层投影盖度的贡献较大。相反，林冠盖度较低时，总投影盖度可能很高，此时林冠层投影盖度的贡献较小。

投影盖度的大小不取决于植株的数目，而是取决于植株的生物学特性，如分枝、叶面积等。通常，分枝多、叶面积大的物种，投影盖度大，其营养功能强，在群落中的作用也大。

进行盖度分析有利于健全对群落的认识。例如，如图4-1，从生活型谱看，我国东北的鱼鳞云杉林中地面芽植物种类最丰富，但如果把各类生活型植物的种类系数同盖度系数综合分析，高位芽植物鱼鳞云杉的地位便凸现出来，所以将其定名为鱼鳞云杉林。

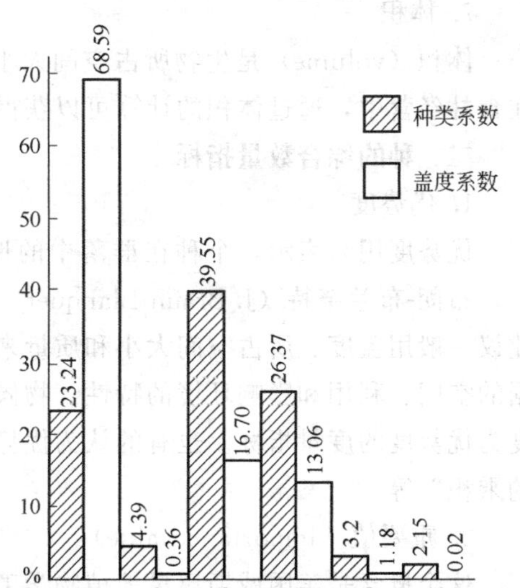


图4-1　鱼鳞云杉林的生活型谱

（引自武吉华，1995）

1—高位芽植物；2—地上芽植物；3—地面芽植物；4—地下芽植物；5——年生植物；6—藤本植物

基部盖度又称纯盖度，是指植物基部实际所占的面积。在草本群落中，基部盖度指草丛基部（距地面3cm处）的截面积总和。测定的方法有方格网法和样线法。方格网是一个用线分隔成100个$1dm^2$的小格的$1m^2$框架，样线是一条有刻度的米尺或绳索，将方格网法或样线置于地面，测定草丛所覆盖的空间即为草本基部盖度。在林业中，基部盖度也称树干盖度、立木度，为某树种胸径（距地面1.3m处）的截面积总和与全部树木胸径截面积总和之比，也称树干盖度、立木度。为研究树木的疏密度和木材的蓄积量，常常测量树木的基部盖度。如欧洲的山毛榉-鹅耳枥-椴树林中，其山毛榉树干盖度为 5/10，鹅耳枥树干盖度为 4/10，椴树树干盖度为 1/10。

4. 频度

频度（frequency）即某个物种在调查范围内出现的频率。常用包含该种个体的样方数占全部样方数的百分比来表示，即

$$频度=\frac{某物种出现的样方数}{样方总数}\times100\%$$

丹麦学者拉恩基尔（C. Raunkiaer）用 0.1m$^2$ 的小样圆任意投掷，将小样圆内的所有植物种类加以记载，就得到每个小样圆中的植物名录，然后计算每种植物出现的次数与样圆总数之比，由此得到欧洲草地群落中各个种的频度，并根据 8000 多种植物的频度统计结果，编制了一个标准频度图解（frequency diagram），见图 4-2。该图显示，8000 多种植物中，频度在 1%～20%的 A 级植物占 53%，频度在 21%～40%的 B 级植物占 14%，频度在 41%～60%的 C 级植物占 9%，频度在 61%～80%的 D 级植物占 8%，频度在 81%～100%的 E 级植物占 16%。

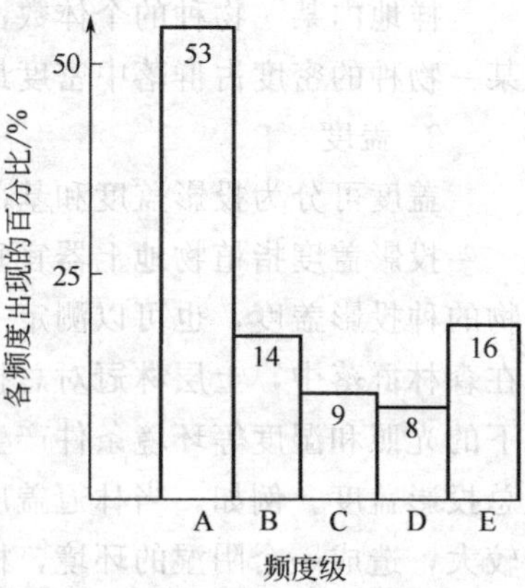

图 4-2 Raunkiaer 的标准频度图解

5. 高度

高度（height）为植物体体长的测量值。某种植物高度与最高种的高度之比为高度比。

6. 质量

质量（weight）是用来衡量种群生物量（biomass）或现存量（standing crop）多少的指标。可分鲜质量与干质量。在草原植被研究中，这一指标特别重要。单位面积或容积内某一物种的质量占全部物种总质量的百分比称为相对质量。

7. 体积

体积（volume）是生物所占空间大小的度量。在森林植被研究中，这一指标特别重要。在森林经营中，通过体积的计算可以获得木材生产量（材积）信息。

## 二、种的综合数量指标

1. 优势度

优势度用来表示一个种在群落中的地位与作用，但其具体定义和计算方法各家意见不一。布朗-布兰奎特（J. Braun-Blanquet）指出，在不同群落中应采用不同指标确定优势度，建议一般用盖度、所占空间大小和质量来表示优势度。前苏联学者主张用多度、体积或所占据的空间、利用和影响环境的特性、物候动态作为种优势度指标。另一些学者认为盖度和密度为优势度的度量指标。也有的认为优势度即“盖度和多度的总和”或“质量、盖度和多度的乘积”等。

2. 重要值（lmportancevalue）

这个概念是美国威斯康星地植物学工作者提出的。在种类繁多而优势种不甚明显的情况下，重要值就是一个比较客观的指标。重要值是从数量、频度、盖度统计出来的，为相对密度（density，%）、相对频度（frequency，%）和相对盖度（dominance，%）的均值。这样把三个不同性质的特征综合成一个数值，从而较好地避免了只用单一指标来表示植物种在群落中的重要性的偏差。

3. 综合优势比

综合优势比（summed dominance ratio，SDR）由日本学者提出，包括两因素综合优势比、三因素综合优势比、四因素综合优势比和五因素综合优势比四类，常用的为两因素综合优势比（$SDR_2$）。其计算依据是密度比、盖度比、频度比、高度比和质量比五项指标。两因素综合优势比（$SDR_2$）为任意两项指标的平均值再乘以 100％，余类推。如 $SDR_2$＝(密度比＋盖度比)/2×100％。

由于运动性的缘故，在动物群落研究中，常以数量或生物量为优势度的指标。一般说来，对于小型动物，以数量为指标易于高估其作用，而以生物量为指标，易于低估其作用；相反，对于大型动物，数量低估了其作用，而生物量高估其作用。如果能同时以数量和生物量为指标，并计算出变化率和能流，其估计便比较可靠。

## 三、群落成员分类

### (一) 单一物种水平的分类

对群落的组成种类逐一登记后，即得到一份所研究群落的生物种类名录（一般是高等植物名录或动物名录，很少可能包括全部生物），进而可以根据生物种类的数量特征和功能特征，划分其类型。植物群落研究中常将群落成员分成以下几类。

(1) 优势种和建群种　对群落的结构和群落环境的形成有明显控制作用的植物种称为优势种（dominant species)。通常，优势种是个体数量多、投影盖度大、生物量高、体积较大、生活能力较强的种。群落的不同层次可以有各自的优势种，比如森林群落中，乔木层、灌木层、草本层和地被层分别存在各自的优势种，其中，优势层中的优势种常称为建群种(constructive species)。

(2) 亚优势种（subdominant）　指个体数量与作用都次于优势种，但在决定群落性质和控制群落环境方面仍起着一定作用的物种。在复层群落中，它通常居于下层，如大针茅草原中的小半灌木冷蒿就是亚优势种。

(3) 伴生种（companion species）　伴生种为群落的常见但量少的种类，它与优势种相伴存在，但不起主要作用。

(4) 偶见种或罕见种（rare species）　偶见种是那些在群落中出现频率很低的种类，即个体数量稀少的物种。偶见种可能偶然地由人们带入或随着某种条件的改变而侵入群落，也可能是衰退中的残遗种。偶见种的出现具有生态指示意义，有的还可作为地方性特征种来看待。

(5) 关键种　一些珍稀、特有、庞大的物种，对其他物种发生的影响，与自身生物量不成比例 (disproportionately)，它们在维护生物多样性和生态系统稳定方面起着重要的作用，一旦它们消失或削弱，整个生态系统就可能要发生根本性的变化，这样的物种称为关键种(keystone species)。这一概念最初由派尼（Paine）提出，此后在生态学中受到重视。

关键种与优势种的区别在于它们的影响远大于其多度所显示的水平。关键物种就像是一个拱形门的中央处，移去它就会引起其他物种的灭绝和多度的大的变化，导致结构的坍塌。

根据发挥作用的方式，关键种可以分为以下类型：关键捕食者（keystone predator)、关键被捕食者（keystone prey)、关键植食动物（keystone herbivore)、关键竞争者（keystone competitor)、关键互惠共生种（keystone mutualism)、关键病原体或寄生物（keystone pathogen/parasite)、关键改造者（keystone modifier)。

海星是一个经典的关键捕食者。海星主要以食贻贝和藤壶为生，去除海星会使贻贝种群占优势，而使吃藻类的蛾螺和帽贝等种类被排斥，从而导致潮间带群落产生明显变化。

关键物种不一定是食物链最顶端或高端的物种，例如传粉的昆虫对维持群落结构扮演着关键性的作用，因而传粉昆虫可以被认为是关键物种。关键物种这一术语对于任何一个物种都是适用的。

（二）多物种组合水平的分类

在鉴定物种的基础上进行群落成员地位和功能研究，无疑具有高度的精确性，同时，也具有很大的难度，因此，一些相对模糊的概念被引入群落成员地位和功能研究中，先后引入并不断被廓清的概念主要有以下两个。

(1) 层片　层片（synusia）一词系瑞典植物学家吉姆斯（H. Gams）1918 年首创。吉姆斯将层片划分为三级，第一级层片是同种个体的组合，第二级层片是同一生活型的不同植物的组合，第三级层片是不同生活型的不同种类植物的组合。很明显，吉姆斯的第一级层片指的是种群，第二级层片则是用于群落研究的过渡结构或工具，第三级层片指的是植物群落，而第一级、第二级层片都是群落的结构单元。

学者们对层片的认识，在以下几点上比较一致：层片具有一定的种类组成；这些种具有一定的生态生物学一致性；层片具有一定的小环境，这种小环境构成植物群落环境的一部分。我国学者李博归纳的层片基本特征如下。

① 属于同一层片的植物是同一个生活型类别。但同一生活型的植物种只有其个体数量相当多，而且相互之间存在着一定的联系时才能组成层片。

② 每一个层片在群落中都占据着一定的空间和时间，而且层片的时空变化形成了植物群落不同的结构特征。

③ 每一个层片在群落中都具有一定的小环境，不同层片小环境相互作用的结果构成了群落环境。

机械划分的层比层片宽厚，一个层可能包含若干第一级、第二级层片。北方森林的乔木层可能就是一个第一级层片，常绿夏绿阔叶混交林和针阔混交林中的乔木层则含有两个或两个以上的第一级层片，而热带森林的乔木层不但包含若干第一级层片，甚至可能包含若干第二级层片。在草原群落中，羊草、大针茅和防风属于同一机械层，但羊草是根茎禾草层片，大针茅是丛生禾草层片，而防风则是轴根杂类草层片。

(2) 同资源种团　同资源种团（guild）指群落中以同一方式利用共同资源的物种集团，团内物种在群落中占有同一功能地位，是等价种。如果一个种由于某种原因从群落中消失，其他种就可能取而代之，因而可利用它们进行竞争和群落结构的实验研究。同资源种团开辟了形态、营养级、种群功能等研究角度，所以一些学者认为，同资源种团的研究是群落生态学研究的一个很有希望的研究方向。

## 四、群落物种的多样性

生物多样性（biological diversity or biodiversity）一般有三个水平，即遗传多样性、物种多样性、生态系统多样性。遗传多样性，指地球上各个物种所包含的遗传信息之总和；物种多样性，是指地球上生物种类的多样化；生态系统多样性，是指生物圈中生物群落、生境与生态过程的多样化。本小节仅讨论物种多样性，不涉及生物多样性的其他领域。

（一）物种多样性的定义

菲舍而（R. A. Fisher，1943）等人最初提出的物种多样性（species diversity），指的是群落中物种的数目和每一物种的个体数目。后来，生态学家有时也用别的特性来说明物种多样性，比如生物量、现存量、重要值、盖度等。

自麦克阿瑟（Mac Arther，1957）的论文发表后，近几十年来讨论物种多样性的文章很多，归纳起来，物种多样性通常具有下面两方面含义。

① 种的数目（numbers）或丰富度（species richness），指群落或生境中物种的多寡。珀尔（Poole，1974）认为，这个指标是惟一真正客观的多样性指标。在统计种的数目的时候，需要说明多大的面积，以便比较。在多层次的森林群落中还必须说明层次和径级，否则是无法比较的。

② 种的均匀度（species evenness or equitability），指群落或生境中各物种个体的数量比值。通常，该比值越接近1，群落的均匀度越高。例如，甲群落中有100个个体，其中90个属于种A，另外10个属于种B，乙群落中也有100个个体，但种A、种B各占一半，那么，甲群落的均匀度就比乙群落低得多。

（二）物种多样性指数

描述物种多样性的指数很多，这里选取几种有代表性的作简要说明。

1. 丰富度指数（richness indices）

物种丰富度是最简单、最古老的物种多样性指标，至今仍为许多生态学家所应用。生态学上用过的丰富度指数很多，现举两例。

（1）Gleason（1922）指数

$$d_{\mathrm{G1}}=\frac{S-1}{\ln A}$$

式中　$S$——群落中物种数目；

$A$——单位面积。

（2）Margalef（1951，1957，1958）指数

$$d_{\mathrm{G1}}=\frac{S-1}{\ln N}$$

式中　$S$——群落中物种数目；

$N$——样方中观察到的个体总数。

2. 多样性指数（diversity index）

多样性指数是丰富度和均匀性的综合指标，下边是两个最著名的计算公式。

（1）辛普森多样性指数（Simpson's diversity index）　辛普森在1949年研究了在群落中随机取样得到同样的两个标本的概率有多大的问题，他发现，在加拿大北部寒带森林中，随机选取两株树，属同一种的概率很高，在热带雨林随机取样，两株树属同一种的概率很低。他从这个关于概率的问题出发得出了一个多样性指数的计算方法。

设种 $i$ 的个体数 $n_i$ 占群落中总个体数 $N$ 的比例为 $P_i$，那么随机取种 $i$ 的两个个体的联合概率应为 $P_i \times P_i$，或 $(P_i)^2$。将群落中全部种的概率合起来，就可得到辛普森指数，即

$$d=1-\sum_{i=1}^{S}(P_i)^2$$

例如，甲群落中A、B两个种的个体数分别为99和1，而乙群落中A、B两个种的个体数均为50，按辛普森多样性指数计算，则甲群落的多样性指数为0.02，乙群落的多样性指数为0.5。从丰富度来看，两个群落是一样的，从均匀度来看，两个群落不同，所以，造成这两个群落多样性差异的主要原因是种的不均匀性。

（2）香农-威纳指数（Shannon-Weiner index）　信息论中熵的公式是用来表示信息的紊

乱和不确定程度的，如用来描述物种个体出现的紊乱和不确定性，就得到了香农-威纳指数。

$$H' = -\sum_{i=1}^{S} P_i \log_2 P_i$$

式中　$H'$——信息量（information content），即物种的多样性指数；

$S$——物种数目；

$P_i$——属于种 $i$ 的个体 $n_i$ 在全部个体 $N$ 中的比例。

信息量 $H'$越大，未确定性也越大，因而多样性也就越高。

在香农-威纳多样性指数中包含了两个因素：①物种的数目，即丰富度；②物种中个体分配上的平均性（equitability）或均匀性（evenness）。物种的数目多，可增加多样性；同样，物种之间个体分配的均匀性增加也会使多样性提高。

(3) Pielou 均匀度指数（Pielou venness ndex）　皮耶罗（Pielou，1969）利用 Shannon-Wiener 指数 $H'$，把均匀度 $J$ 定义为群落的实测多样性 $H'$与最大多样性 $H'_{max}$之比。

$$J = \frac{H'}{H'_{max}}$$

最大多样性 $H'_{max}$为在给定物种数 $S$ 下的完全均匀群落的多样性，当 $S$ 个物种每一种恰好只有一个个体时，即 $P_i = \frac{1}{S}$，则 $H'_{max} = \log_2 S$，信息量最大。

于是，群落的均匀度为

$$J = \frac{H'}{\log_2 S}$$

式中　$H'$——信息量（information content），即物种的多样性指数；

$S$——物种数目。

（三）造成群落物种多样性梯度的原因

从热带到极地，有明显的多样性梯度变化。越接近赤道地区，物种越丰富，群落多样性越高但优胜种不明显，而在远离赤道的温带或寒带地区则物种稀少，多样性低但优势种明显。此外，沿着山区的海拔梯度以及从多雨区到干旱区的湿度梯度，也可见到类似纬向上的多样性梯度变化。造成群落物种多样性梯度的原因，可归纳为图 4-3。

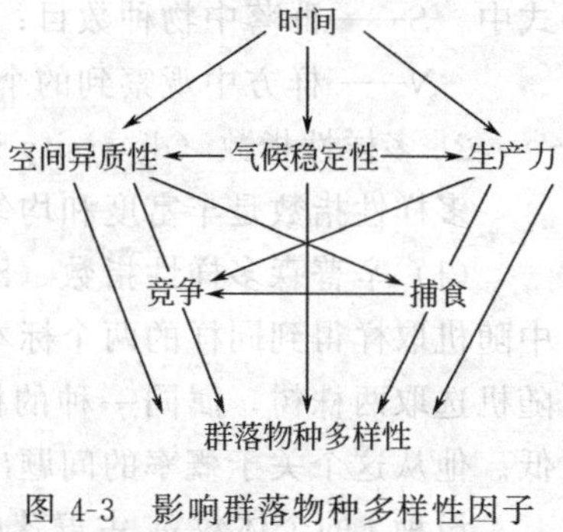


图 4-3　影响群落物种多样性因子的网络结构（仿 Pianka，1974）

1. 时间因子

提出并注意这一因子的是动物地理学家和古生物学家。时间可分为两个等级，进化时间等级（evolutionary time scale）和生态时间等级（ecological time scale）。进化时间等级长，跨越数百甚至数千个生物世代。生态时间等级短，跨越数个或数十个生物世代。

时间因子深刻地影响着群落物种的丰富度。热带地区环境条件稳定，不存在冰蚀一类的灾难性气候，群落无间断的进化时间较大，因此群落比较成熟，物种多样性较高。而温带和极地，有较多的灾难性气候变化，群落进化偶尔间断，群落比较年轻，物种数量较少。

2. 空间异质性因子（spatial heterogeneity factor）

环境异质性越高，生境越丰富多样，越适宜于更多种类的动植物栖息生长。麦克阿瑟（MacArthur，1969）发现，由于有复杂的环境分异，巴拿马森林的鸟种是美国佛蒙特州的

2.5 倍，厄瓜多尔的鸟种是新英格兰州的 7 倍。辛普森（Simpson，1964）发现，由于山区地形起伏，异质性高，产生较多的种群地质岛（geographic island of population），美国哺乳动物的最高多样性发生在山区。

3. 竞争因子（competition factor）

在温带和极地，主要由物理因子控制物种多样性，但在热带地区，竞争是物种进化和生态位特化造成物种多样性的重要原因。由于竞争，动物和植物的生境、营养都受到限制。由于竞争激烈，物种在具有较高的进化特征的同时，只有较窄的生态位即狭小的适应性，因此在同样大的空间，热带比温带有更多的物种。

4. 捕食因子（predation factor）

派尼（Paine，1966）认为，热带有较多的捕食动物，它们把各自的被食者种群抑制在低水平，使被食者之间的竞争减少，从而允许存在更多的被食者物种，这又反过来供养新的捕食者。因而捕食作用会使捕食者和被食者的物种多样性增加。他在华盛顿海岸进行的无脊椎动物控制试验验证了这一观点：把捕食动物海星去除，结果发现物种由 15 种减少到 8 种。其原因是一种贻贝发展成优势种，排挤了其他物种，导致群落组成变得简单。

5. 气候稳定因子（climatic stability factor）

气候越稳定，动植物的种类越多。地球上的热带气候是最稳定的，所以，热带出现了大量狭生态位的和特化的种类。而在温带和极地，气候剧变造成生境、食物多变，迫使物种向广适应性的方向进化，而特化物种被淘汰。

6. 生产力因子（productivity factor）

这一因子与气候稳定性因子密切相关。环境稳定性高时，生物用于调节适应的能量就少，于是就有更多的净生产力；而净生产力的增加，又支持了更多的种群；由于有更多的种群，种间的联系更复杂，就可能有更大的遗传变异性，新物种的形成可能性更大，形成过程更快。简言之，生产的食物越多，通过食物网的能流量越大，物种多样性就越高。

## 第三节　群落的外貌分析

群落的外貌是认识群落的基础，也是划分不同群落的标志，如植物群落的森林，草原和荒漠等，首先就是根据外貌区别开来的。

外貌是群落与外界环境长期适应的反应，情况较为复杂，不能把外貌理解成单纯的外观。人们对植物群落的外貌研究得较详细，它主要包括生活型、叶的性质和周期性三个方面。

### 一、生活型和生活型谱

（一）生活型

生活型是生物对外界环境适应的外部表现形式，同一生活型的物种，形态相似，其对环境的适应特点也是相似的。研究植物生活型的工具较多，最著名的是丹麦生态学家拉恩基尔（C. Raunkiaer）生活型系统。拉恩基尔选择休眠芽在不良季节的着生位置作为划分生活型的标准。根据这一标准，拉恩基尔把陆生植物划分为五类生活型。

(1) 高位芽植物（phanerophytes）　指休眠芽位于地面 25cm 以上的植物，又依高度分为 4 个亚类，即大高位芽植物（高度＞30m）、中高位芽植物（8～30m）、小高位芽植物

（2～8m）、矮高位芽植物（25cm～2m）。

（2）地上芽植物（chamaephytes） 指更新芽位于土壤表面至地上25cm之下的植物，多半为灌木、半灌木或草本植物。

（3）地面芽植物（hemicryptophytes） 又称浅地下芽植物或半隐芽植物，指更新芽位于近地面土层内、冬季地上部分全枯死的植物，通称为多年生草本植物。

（4）隐芽植物（cryptophytes） 又称地下芽植物，指更新芽位于较深土层中或水中的植物，鳞茎类、块茎类和根茎类多年生草本植物或水生植物属此类。

（5）一年生植物（therophytes） 以种子越冬的植物。

上述拉恩基尔生活型被认为是植物在其进化过程中对气候条件适应的结果，因此，它们可作为某地区气候的标志。由于拉恩基尔生活型系统反映了植物对环境（主要是气候）的适应特点，简单明了，所以该系统被广为应用。

（二）生活型谱

生活型谱（biologicalspectrum）指不同生活型植物的百分比构成。

通过调查整个地区（或群落）的全部植物种类，确定每种植物的生活型，然后把同一生活型的植物归为一类，即可计算某生活型的百分比。

$$\text{某一生活型的百分数}=\frac{\text{该地区该生活型的植物种数}}{\text{该地区全部植物种数}}\times 100\%$$

将各生活型的百分比罗列，即为生活型谱。拉恩基尔任意选择1000种种子植物，大致描绘了全球植物的生活型谱，即高位芽植物46%，地上芽植物9%，地面芽植物26%，隐芽植物6%，一年生植物13%。从各个不同地区或各个不同群落的生活型谱的比较，可以反映各个地区或群落的环境特点，特别是对植物有重要作用的气候特点。

## 二、叶的性质

叶的性质包括叶级（叶的面积）、叶型（单叶或复叶）、叶质（质地）和叶缘。研究最多的是叶级。

拉恩基尔所创立的分类系统，把叶面积的大小分为六级，以25mm$^2$为最低一级，以后各级均比上一级大9倍。

| | |
|---|---|
| 1级为鳞叶——25mm$^2$ | 4级为中叶——18225mm$^2$ |
| 2级为微叶——225mm$^2$ | 5级为大叶——164025mm$^2$ |
| 3级为小叶——2025mm$^2$ | 6级为巨叶>164025mm$^2$ |

对每一群落，均可做叶级的分析，并做出叶级谱。

对叶性质的研究，有助于对群落的深入认识，这对结构复杂的森林（如热带雨林和亚热带森林等）意义重大。如石栎属（*Lithocarpus*）的几乎所有植物，在湿润亚热带森林中与在热带雨林中的典型叶相一致，都是全缘、革质、中型的单叶，这显示了常绿阔叶林与热带雨林之间的密切联系。

## 三、周期性

群落对应季节的外貌称为季相。在正常情况下，随着季节更替，群落季相变化呈周期性，即年复一年地顺序出现相应季相。

在热带和亚热带的一般森林里，作为森林优势层的林冠终年常绿，所以季相的更替并不十分明显，只是在乔木的花期或果期，才在外貌上略添景色。林下的灌木和草本植物，虽然由于光照条件不同，而表现出明显的季相更替，但对森林整体外貌的影响不大。在热带雨林里，由于各种乔木树种有终年开花的特点，故季相可出现一定的差异。在季雨林内，由于存在明显的干、湿季，有一部分或全部乔木在旱季落叶，因而出现明显的季相差异。

在温带地区的夏绿阔叶林里，乔木的发叶、花期、果期和落叶期明显，群落季相周期性表现明显。

与森林不同，热带和高纬度温带草原的季相更替比低纬度温带草原的季相更替明显。

事实上，因种类组成复杂，或因环境条件多样，特别是降水的多寡，群落往往会出现比对应四个季节更多的季相，例如在前苏联库尔斯克的斯特列勒茨克北方华丽杂类草原上，其季相可达 12 个之多。

## 第四节　群落内部结构分析

### 一、垂直格局

群落内各成员即各组成物种的个体和种群以垂直方向的分布为特征，称为垂直格局。群落的垂直格局主要表现为群落分层现象。

分层现象是自然选择的结果，它显著提高了植物利用环境资源的能力。

分层现象与植物对光的利用有关。在发育成熟的森林中，上层阳光充分，中层阳光减弱，下层光更弱，有时仅占到上层全光照的 1/10，近地处则高度荫蔽，而乔木、灌木、草本植物和苔藓等能分别有效利用不同强度光的植物占据各层，森林便依次分为乔木层、灌木层、草本层和地被层等层次（图 4-4）。

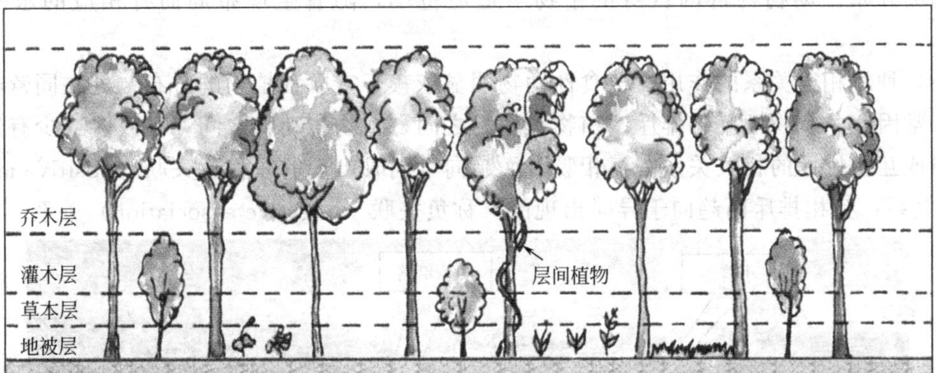


图 4-4　群落的垂直格局模式图

一般而言，热带森林的成层结构最为复杂，温带夏绿阔叶林的地上成层现象最为明显，寒温带针叶林的成层结构简单。

群落的成层性包括地上成层、地下成层和水下成层。地上成层是陆生群落中不同高度或不同生活型的植物在空间上的垂直排列。通常，根据植物生长的实际状态确定其层属，如将不同高度的乔木幼苗划入实际所分布的层中，将生活在乔木不同部位的地衣、藻类、藤本及攀缘植物等层间植物（也叫层外植物）归入相应的层中。地下成层是由土壤中达到不同深度的植物的根系所形成的，最大的根系生物量集中在表层，土层越深，量越少。而水下成层是水生群落在水面以下不同深度的分层排列。水中植物的成层现象见图 4-5。

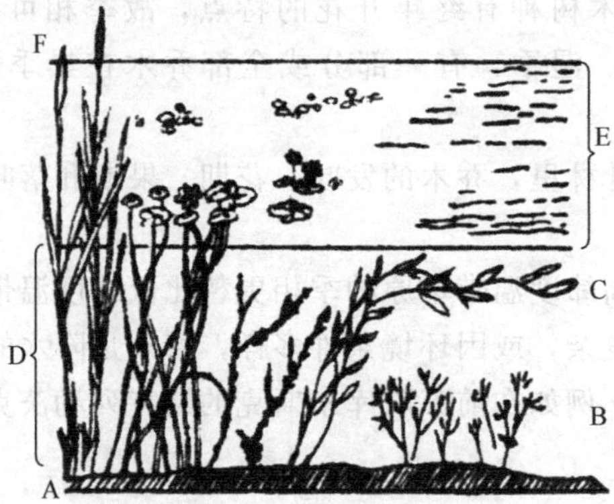


图 4-5 水中植物的成层现象

A—水底层群；B—沉水矮草层群；C—沉水漂草层群；D—水面高草层群；E—漂浮草本层群；F—挺水草本层群

## 二、水平格局

群落内各成员即各组成物种的种群以水平方向的分布为特征，称为水平格局（图 4-6）。大多数群落的水平格局表现为各物种形成相对高密度集团的斑块状镶嵌或成带现象。导致这种水平格局的主要原因有以下三方面。

（1）亲代的扩散分布习性　以风力传播种子的植物，分布可能广泛，而较明显地依靠无性繁殖的植物，则在母株周围呈群聚状。对于昆虫而言，由于产卵环境的特化，由卵孵化出来的幼体经常集中在一些较适宜于生长的生境。

（2）环境的异质性　土壤的性质、结构和水分条件妨碍或阻止根生植被的发展，从而影响植物的分布。动物种群因自身的生物学适应范围，随着生境布局而有相应的水平分布格局。

（3）种间相互关系的作用　植食性动物明显依赖于它取食植物的分布；处在同营养级的动物，常因竞争食物而互相排斥。植物与植物之间，植物与动物之间，都或多或少有这类互相吸引或互相排斥的相关关系。互相吸引而趋向于同时出现的，称正关联（positive association）关系；互相排斥而趋向于异时出现的，称负关联（negative association）关系。

图 4-6 群落的水平格局

### 三、时间格局

受有明显时间节律（如昼夜节律、季节节律）的光、温度和湿度等环境因子的影响，群落的组成与结构随时间序列发生有规律的变化，就是群落的时间格局（temporal pattern）。其外在表现就是季相的更替。

群落中动物组成，不仅具有与植物同步的四季变更，更有明显的昼夜节律。夏日的亚热带森林中，黎明时分，黄莺、杜鹃、画眉等舒展歌喉优美啼鸣，山蚋、小蠓、粉虱等小虫在晨曦中成群飞舞，野兔纷纷出洞寻找嫩草取食，蜻蜓则迎着朝阳在空中滑翔觅食；阳光普照下，彩蝶在花丛中飞来舞去，金花虫、瓢虫、蜘蛛等在地面叶间惹人注目，松鼠在树枝上跳来跳去，燕子、老鹰、隼在蓝天翱翔，双目炯炯地搜索着猎物；夕阳中，蛇出洞了，螃蟹也从石缝中爬出，狐狸、猫头鹰、老鼠以及各种蛾类昆虫等开始其取食、交配活动。这些大量明显的物种变更，使生物群落结构的昼夜相迥然不同。

## 第五节　群落间结构分析——群落的交错区和边缘效应

不同群落的交界区域，或两类环境相接触部分，即通常所说的结合部位，称为群落交错区（ecotone），也称“生态环境交错带”或“生态环境过渡带”。在引入界面（相对均衡要素之间的“突发转换”或“异常空间邻接”）的概念后，将群落交错区定义为：在生态系统中处于两个或两个以上的物质体系、能量体系、功能体系之间所形成的“界面”，以及围绕该界面向外延伸的“过渡带”的空间。群落交错区被视为界面理论在生态研究中的广延与发展。

群落交错区实际上是一个过渡地带。从规模上看，这种过渡地带大小不一，有的较窄、有的较宽；从形式上看，有的过渡很突然，表现得泾渭分明，称为断裂边缘，有的过渡温和，表现为两种群落互相交错形成镶嵌状，称为镶嵌边缘；从过程上看，有些是持久的，有些是暂时的。如在森林带和草原带之间，常有维持以世纪计的很宽的森林草原地带，在此地带中，森林和草原相嵌着出现。

交错区形成的原因很多。气候变化引起的自然演替导致植被分割或景观切割，但这种分割或切割并非“刀切斧砍”；山水之间、海陆过渡，地形、地质结构的地带性差异导致群落结构分异，但这种分异并非总是“泾渭分明”；人类活动造成群落隔离，森林、草原、湿地退变和土地沙化，但并非这些变化都是人类活动所致。

交错区或两个群落的边缘的环境条件往往与两个群落的内部核心区域有明显的区别，对于大规模的群落而言，这种区别尤甚。例如，由于太阳的辐射在群落的南缘和北缘相差很大，在夏季，南向边缘比北向边缘每天可多接受日照数小时，从而使北森林南草原的森林草原边缘地带的风大，蒸发强，较森林内部干燥。

在群落交错区内，单位面积内的生物种类和种群密度较之相邻群落有所增加，这种现象称为边缘效应（edge effect）。形成边缘效应需要一定条件，其一，两个群落各自具有一定面积；其二，两个群落的渗透力应大致相似，造成相对稳定的过渡带；其三，两个群落具有适应交错区的生物类群。因此，不是所有的交错区内都能形成边缘效应。在遭受高度干扰的过渡地带和人类创造的临时性过渡地带，由于生物种的适宜度低或种类单一引发近亲繁殖，群落的边缘效应不易形成。

发育较好的群落交错区，其生物包括相邻两个群落的共有物种以及群落交错区特有的物种。这种仅发生于交错区或原产于交错区的最丰富的物种，称为边缘种（edgespecies）。在自然界中，边缘效应是比较普遍的，农作物的边缘产量高于中心部位的产量。

## 第六节　群落的形成、发育和演替

### 一、群落的形成

新群落的形成可以从裸地开始，也可以从已有的群落开始。无论是哪一种情况，都有物种传播、定居、竞争几个阶段。

（一）裸地的概念

没有植物生长的地面称裸地，它是群落形成的舞台。

裸地形成是地形、气候、动物牧食和人类活动综合作用的结果。水力侵蚀和沉积形成沟壑、峭壁、洞穴及冲积平原、沙洲、三角洲；波浪和潮汐生成岛屿、台地、沙洲、礁；风力侵蚀和沉积形成石林、土堡及沙丘、黄土高坡（我国西北大面积的黄土高原都是风的堆积物）；重力侵蚀形成陡岩、山顶、海岸、河岸；每次火山爆发总会导致大片土地上的植物毁灭等。各种原因造就了形形色色的裸地。裸地通常可分为原生裸地和次生裸地，原生裸地指完全没有植被并且也没有植物繁殖体存在的裸露地段；次生裸地指不存在植被，但在土壤等基质中保留有植物繁殖体的裸露地段。

（二）群落的形成

群落形成是一个在裸地上不断增加物种和物种个体数量的过程。裸地外物种库是群落形成的决定性条件，而物种在裸地的发展是群落形成的必经路径。

1. 物种传播

物种传播有主动侵入和被动扩散两种类型。

植物主要以被动扩散形式传播。风力是被动传播的主要动力。孢子、种子等繁殖体，小而轻，或者具有翅、冠、毛等构造，可依靠风力进行传播。很多微型生物，如病毒、微生物和原生动物很容易由风传送，甚至一些较小的脊椎动物如蛙也能被大风传带。在远离陆地3000km的太平洋的上空，飞机曾收集到蜘蛛、螨、昆虫及多种植物孢子和种子。水、人和动物的活动也是被动扩散的动力。有些植物的繁殖体具有钩、刺、芒、黏液，可依附在动物体上传播，有些植物则靠动物吞食后的排泄而到处扩散。

有些植物的繁殖体也能进行主动侵入。如有的植物果实开裂后，种子呈种子雨向四周弹出，有的植物依靠根茎生长向外蔓延。

动物主要以主动侵入传播。为寻求新的生存空间和食物来源，动物总是不断地向新的区域扩散。飞行动物——尤其是那些呈季节性迁徙的候鸟、年年作长距离迁飞的昆虫——经常变动栖境，会成为多种群落的临时成员。洄游的鱼类也是如此，如鳗鲡，繁殖产卵时是海洋群落的成员，卵孵化发育的幼鳗则游入江河，变成淡水生物群落的分子。

生物传播到一个新区的可能性随扩散距离增大而下降，随生物对新区域的适应性增强而增加。山、海洋、河流或温度带是生物扩散到新区的天然屏障。这些阻限（barrier）降低生物扩散成功的概率；仅有适宜于动植物区系中扩散力最强的成员可以超越的路线，叫筛滤路线（filter route）。

2. 物种定居

定居是物种传播成功与否的衡量标准。定居以物种实现繁殖生理活动为标志。靠种子扩散传播的植物，到达新区后，必须首先实现种子发芽，并能生长发育到生殖阶段，继而繁殖新的种子，才算定居成功。如果气候不能适应各个阶段的发育，或遭动物伤害而中途死亡，就是定居失败。动物定居的条件，除气候能够适应之外，还必须有足够的食物，能在与其他物种的竞争中取胜，并具有躲避天敌的能力。此外，必须有一定数量的个体同时扩散到这一新区才具有配种繁衍后代的机会，才能够建立一个新的种群。

扩散力很强、对环境条件忍受幅度大的物种通常能迅速定居成功。有开拓新区能力的物种，常被称为先锋物种。低等植物（如地衣、苔藓）和杂草具备这些特性，又被称为先锋植物。随着先锋植物进入新区的是昆虫、螨类等开拓性动物。

3. 竞争

物种经历的最初的竞争发生在穿越筛滤路线到达新区域时。到达新区域后，经受环境考验是物种面临的第二轮竞争。而与抵达同一新区的其他种的竞争是物种必须参加的第三轮竞争。最初，发生在相近营养阶层成员间的竞争往往较小，随着已定居种种群数量的增长以及新种的不断迁入，为空间、营养或食物资源的竞争会不断剧变，同时遭受高一级营养阶层成员的捕食危机也会随之增加。竞争中，生态幅较宽、繁殖能力较强的物种往往获得优势。竞争成功者在群落中发展，失败者则遭受抑制，甚至灭种。竞争成功者分别占有各自独特的空间和资源，从而使其对资源的利用更加有效。

## 二、群落的发育

群落发育指一个群落开始形成到开始被另一个群落代替的过程。大致可分为三个阶段，即群落发育的初期、盛期和末期。当群落变化迅速时，群落的形成和发育之间很难划出截然的界限。

1. 发育初期

动荡是群落发育初期的总特征。第一，物种组成不稳定，每种动植物的个体数量变化很大，但植物建群种发育良好。植物建群种在发育中的动态变化，影响到其他植物以及动物的生存与发育，是这一阶段的主要特征。第二，群落物理结构不稳定，植物相层次分化不明显。第三，群落的特有植物在群落形成的变动中表现不突出。

2. 发育盛期

在这一时期，群落的物种组成已基本稳定，每种生物都能良好的发育；群落结构已经定型，层次分化良好，群落表现出明显的自身特点；每一层都有特定的植物以及依附其的动物种类。

3. 发育末期

群落内郁闭度增加，通风透光性能减弱，使温湿度改变；枯枝落叶加厚，影响到土壤温度和腐殖质的形成，使土壤质地发生变化。群落对内部环境的这种改造，渐渐对自身不利，但为新种的迁入和定居创造了有利条件。由此，物种成分又开始混杂，原来群落的结构和环境特点逐渐减弱，开始孕育下一个群落发展的初期。通常要到下一个群落的发育盛期，上一个群落的特点才会完全消失。这种两个群落末初的两个发育阶段的交叉和过渡，有机地联结了群落之间的演替。

## 三、群落演替的概念

生物群落外界环境条件在不断地变化，这种变化也时时影响着群落变化的方向和进程。生物群落虽有一定的稳定性，但组成群落的各种植物都有其生长、发育、传播和死亡的过程，加上环境因素或时间变迁的影响，生物群落必然发生变化。这种变化既包括特定生物群落形成、发育的动态过程，也包括各个生物群落依次替代的过程。这种一个群落被另一个群落所取代的过程，称为群落的演替（community succession）。群落演替过程是一系列群落形成过程的重演或螺旋式发展。最早进入老群落并定居成功的，是那些适应性强的物种，而适应性相对较弱的物种，往往在新群落形成的后期出现。

在群落的演替过程中，裸地上最初形成的群落称为先锋群落，通常，在原生裸地上的先锋群落为地衣群落，而在次生裸地上的先锋群落为苔藓群落或杂草群落。随后，出现具有地下茎的禾草群落，继而禾草群落被杂草群落所代替，又被灌草丛所代替，直到最后形成森林群落。在因火灾、水灾、砍伐等原因破坏了群落的地区，一般都会部分或全部经历上述过程。

## 四、群落演替的类型

### （一）划分演替类型的依据

不同学者提出不同依据划分演替类型。

（1）依裸地性质　演替分为原生演替和次生演替。前者是指在原生裸地上发生的群落演替，其演替系列称为原生演替系列。后者是指在次生裸地上发生的群落演替。其演替系列称为次生演替系列。

（2）依基质性质　演替分为水生基质演替和旱生基质演替。

（3）依水分关系　演替分为水生演替、旱生演替和中生演替。后者是指在中生生境发生的演替。

（4）依时间　演替分为快速演替、长期演替、世纪演替。快速演替是在几年或几十年期间发生的演替；长期演替是延续几十年甚至是几百年时间的演替；世纪演替是延续的时间以地质年代计算的演替，是与大陆和植物区系进化相联系的演替。

（5）依植被状况和动态趋势　演替分为灾难性演替、发育性演替。前者是与植被破坏相联系的演替，后者指未受破坏的植被保持自然发育状态的演替。

（6）依主导因素　演替分为内因演替、外因演替。内因演替是植物群落成分生命活动的结果；外因演替是由环境条件变化所引起的植被变化过程。

### （二）群落演替的过程

#### 1. 水生演替

首先，考察一下水体不同深度的群落分布。

（1）沉水群落　在 3～5m 水深的底质上，最初可生长无根沉水植物，为湖底裸地的先锋植物，继而狐尾藻、金鱼藻、眼子菜等高等水生植物出现，构成沉水植物群落，此处，水层中生活着浮游植物和浮游动物及鱼类，水底有螺蚌等底栖生物，上述生物共同构成沉水生物群落。

（2）浮水群落　在 2～3m 水深的底质上，可生长浮叶根生植物，主要有菱角、杏菜、莲、睡莲等，它们与浮游植物、浮游动物、鱼类、水底螺蚌等共同构成浮水生物群落。

（3）挺水群落　在 1～2m 水深的底质上，芦苇、香蒲、水葱、白菖、黑三棱、泽泻等直立水生植物生长良好，其中尤以芦苇最为常见；鱼类等典型水生动物减少，而两栖类、水蛭和蜗牛等动物变多；水下土地间而露出，形成浮岛。各种生物共同构成挺水植物群落。此群落开始即具有陆生群落的特点。

（4）湿生群落　在干燥季节底质可能全部裸露的岸边地带，禾本科、莎草科和灯心草科的湿生草本植物发展，群落成为湿生草本植物为主的湿生群落。陆生群落的特点更加明显。

把上述群落在水体空间上的分布，放在时间轴上考察，就会发现水生群落的演替，即随着外界输入的增加（泥沙、生物残体淤积），水体底质逐渐增厚，水体变浅，水体将经历沉水群落、浮水群落、挺水群落、湿生群落阶段，最终发展为陆地。

2. 原生旱生演替

指在环境条件极端恶劣的岩石表面或砂地开始的演替，包括地衣植物阶段、苔藓植物阶段、草本植物阶段、灌木群落阶段、乔木群落阶段。

(1) 地衣植物阶段　裸岩上没有土壤，只能生长壳状地衣，以极薄的一层紧贴岩表，并由地衣分泌有机酸来腐蚀岩表。在壳状地衣长期作用下，环境有所改变，随后可能依次出现叶状地衣、枝状地衣。

(2) 苔藓植物阶段　由于地衣的改造作用，环境条件继续向温和方向改变，苔藓植物出现。与地衣相似，苔藓植物能忍受干旱环境。苔藓生长可以积累更多的土壤和腐殖质，为草本植物创造条件。

(3) 草本植物阶段　随土壤条件逐步改善，草本植物出现并发展，各种定居动物开始入住，群落发展到以草本植物为主的群落阶段。

其后，随环境条件进一步丰富和分化，群落将经历灌木群落阶段到达乔木群落阶段，最终演化为森林。一般而言，前三个阶段演替时间很长，后两个阶段演替较迅速。

3. 次生旱生演替

次生旱生演替的起点很多，农田、草场、森林等的生产过程都可看成次生旱生演替。一般而言，原群落越成熟，被破坏后的次生演替越困难。森林被砍伐殆尽之后，其恢复过程较缓慢，一般都要经过草本植物期、灌木期和盛林期等时期。以云杉林为例，在云杉被采伐后，一般要经过采伐迹地、杂草群落、小叶树种群落（花树、山杨群落），才能进入云杉定居阶段（云杉、杨桦混交阶段），最后才能恢复云杉纯林。

伴随上述旱生植物群落演替过程，动物群落演替也十分明显。如，在草本植物时期，生境是开阔的，田鼠、百灵、黄雀等是此期的具有代表性的动物；随着树木出现，成层现象便日益明显，生境改变了，一年生植物时期的一些代表动物让位于其他动物，白足鼠等替代了田鼠和棉尾兔。

需要再次强调的是，群落形成与演替的过程，不是物种发生和进化的过程，而是物种侵入和更新的过程。

## 五、关于群落演替的理论

### （一）演替顶极的概念

随着群落的演替，最后出现一个相对稳定的群落，该群落是一个围绕着一种稳定状况波动的群落，称为演替顶极（climax）。换言之，顶极是自然群落演替到达的稳定状态。顶极概念的中心点，就是群落的相对稳定性。毫无疑问，顶极有赖于群落组成、结构、功能的稳定，因此，顶极是生态平衡的表现形式。

### （二）顶极群落的不同学说

1. 单顶极学说

单顶极学说（monoclimax theory），泛指单一因素导致单一顶极的一类学说。具有代表性的是美国生态学家克里门茨（Clements，1916，1936）创立的气候单元顶极（mono climax）理论。他认为，受气候条件控制，在任何一个地区，一般的演替终点都是一个单一的、稳定的、成熟的、优势种能很好地适应气候条件的植物群落，这样的群落称之为气候顶极群落（climatic dimax）。只要是气候保持不急剧的改变，只要没有人类活动和动物显著影响或其他侵移方式的发生，它便一直存在，而且不可能存在任何新的优势植物。根据这种理论，一个气候区域之内只有一个潜在的气候顶极群落。这一区域之内的任何一种生境，如给以充分时间，最终都能发展到这种群落。

克里门茨等提出的单元顶极学说，曾对群落生态学的发展起了重要的推动作用。但当人们进行野外调查工作时，却发现任何一个地区的顶极群落（明显处于相对平衡状态下的群落）都不止一种，就是提示，顶极群落除了决定于各地区的气候条件以外，还决定于那里的某些非气候因素。

2. 多元顶极学说

多元顶极学说（polyclimax theory），泛指多因素导致单一顶极的学说。该学说的早期提倡者是英国的生态学家坦斯黎（Tansley，1939），他认为，受土壤湿度、化学性质、动物活动等因素的影响，在一个生境中，会相继产生一些不同的稳定群落或顶极群落。这是说，在每一个气候区内存在一个气候顶极群落，但并不排除在相同地区存在其他顶极群落。简言之，任何一个地区的顶极群落都可能是多个的。

根据这一概念，任何一个群落，只要被任何一个单因素或复合因素稳定控制相当长时间而表现出稳定状况，都可认为是顶极群落。它所以维持不变，是因为它和稳定生境之间实现了高度协调。

3. 顶极群落-格局学说

顶极群落-格局学说（climax pattern theory）又称顶极群落配置学说，是由怀特埃特（Whittater，1953）在多元顶极学说的基础上提出的。他认为，由于地形、土壤的显著差异及干扰，各生境中的群落必然产生某些差异，从整体上看，顶极群落是一个各种相对稳定的群落的相互交织的连续体，是种群以自己的方式对独特的生境格局中的环境因素进行独特反应的综合体现，换言之，顶极群落格局与生境格局相协调，在一个地区可以同时存在若干差异明显的顶极群落。

## 六、影响演替的主要因素

群落演替是生物及环境综合作用的结果，生物与环境的各种特征都会影响群落演替。

（一）植物繁殖体的迁移、散布和动物的活动性

植物繁殖体的迁移和散布普遍而经常地发生着，动物为取食、营巢、繁殖等生理活动选择场所也普遍而经常地发生着，因此，不论环境条件好坏，一个地区或生境的群落发生变化或演替是顺理成章的事。

（二）群落的内部环境

群落内部环境的变化是促成群落演替的重要动力。群落内部环境至少从以下几个方面影响群落构成和结构，从而导致群落演替。

（1）化感作用　例如，赖斯（E. L. Rice）在研究美国俄克拉何马州的草原弃耕地恢复时发现，恢复第一阶段中的优势物种向日葵的分泌物对自身的幼苗具有很强的抑制作用，但对 *Aristida oligantha* 的幼苗却不产生任何抑制作用，于是向日葵占优势的先锋群落很快被 *Aristida oligantha* 群落所取代。

（2）群落内环境改变　由于群落中植物种群特别是优势种的发育而导致群落内光照、温度、水分及土壤养分状况的改变，也可为演替创造条件。例如，在云杉采伐后的林间空旷地

段，首先出现喜光草本植物。当喜光的阔叶树种定居下来，并在草本层以上形成郁闭树冠时，喜光草本便被耐阴草本所取代。以后当云杉伸出到群落上层并郁闭时，原来发育很好的喜光阔叶树种便不能更新。这样，随着群落内光照由强到弱及温度由不稳定到较稳定，依次发生了喜光草本植物、阔叶树种阶段和云杉阶段的更替过程。

(3) 种内和种间关系的改变　组成群落的物种在其种群内部以及物种之间都存在特定的相互关系。这种关系随着外部环境条件和群落内环境的改变而不断地进行调整。在尚未发育成熟的群落中，当生物密度增加使种群内部的关系紧张化的同时，种群间的关系也紧张化，竞争能力强的种群得以充分发展，竞争能力弱的种群则逐步缩小自己的地盘，甚至被排挤到群落之外。即使是处于成熟、稳定状态的群落，在外界条件的剧烈刺激下，也可能发生种间数量关系重新调整的现象，使群落特性或多或少地改变。

（三）外界环境条件

虽然决定群落演替的根本原因存在于群落内部，但群落之外的环境条件诸如气候、地貌、土壤和火等都是引起演替的重要条件。气候决定着群落的外貌和群落的分布，也影响到群落的结构和生产力，气候的变化，无论是长期的还是短暂的，都会成为演替的诱发因素；地貌的改变会使水分、热量等生态因子重新分配，也影响到群落本身；冰川、地震、火山活动等，可使地球表面的生物毁灭，从而使演替在局部甚至全局从头开始；土壤的理化特性与置身于其中的植物、土壤动物和微生物的生活有密切关系，土壤性质的改变势必导致群落内部物种关系的重新调整。

（四）人类的活动

人对生物演替的影响远远超过其他所有的自然因子，因为人类有意识、有目的生产活动，常常对生态环境中的各种关系起促进、抑制、改造和重建的作用。放火烧山、砍伐森林、开垦土地等，都可使生物群落改变面貌；抚育森林、管理草原、治理沙漠，能使群落演替按照不同于自然的道路进行；人甚至还可以建立人工群落，将演替的方向和速度置于人为控制之下。

## 本章小结

1. 一个生物群落，就是在一定空间内，生活在一起的各种动物、植物和微生物种群的集合体。可定义为特定空间或特定生境下生物种群有规律的组合。生物之间以及生物与环境之间彼此影响，相互作用。具有一定的形态结构与营养结构，执行一定的功能。

2. 生物群落具有一定的物种组成，物种有规律地共处，在有序状态下生存。群落可以形成群落内环境，具有一定结构和功能。具有季节动态、年际动态、演替与演化。具有一定的分布范围和边界特征等基本特征。

3. 物种组成是决定群落性质最重要的因素，也是鉴别不同群落类型的基本特征。群落学的研究一般都从分析物种组成开始。物种有优势种、建群种、亚优种、伴生种、偶见种等，可以用密度、多度、盖度、频度、生物量、优势度、重要值等进行定量研究。

4. 物种多样性指群落中物种的数目和每一物种的个体数量，也可用生物量、现存量、重要值、盖度等来说明种的多样性，并可以用丰富度指数或多样性指数加以测定。常用的物种多样性指数有 Shannon-Wiener 指数和 Simpson 指数。物种多样性从热带到两极、从低海拔到高海拔、从浅水层到深水层有逐渐减少的趋势。时间因素、空间异质性因素、气候稳定因素、竞争因素、捕食因素和生产力因素等共同影响物种多样性。

5. 生物在整个群落中的分布是不均匀的。生物的分布可以从垂直和水平面去考察。某些森林群落分层明显，可以分为乔木层、灌木层、草本层和地被层。动物在林内和土壤里的分布情况也很类似。水域中垂直分布情况也很明显。多数群落中的各个物种常形成斑块状镶嵌，也可能均匀分布。导致分布不均匀性的有亲代的扩散分布习性和繁殖方式、环境异质性、种间相互作用等方面的原因。

6. 演替是指某一地段上一种生物群落被另一种生物群落所取代的过程。演替是指从生物侵入开始直至发展为顶级群落的整个顺序演变过程。克里门茨（Clements）指出，演替就是在地表上同一地段有序地分布各种不同植物群落的时间过程。影响演替的原因有植物繁殖体的迁移、散布和动物的活动性、群落内部环境的变化、种内和种间关系的改变、外界环境条件的变化、人类活动等。按演替发生的起始条件划分，演替可分为原生演替和次生演替。按基质的性质划分可以分为水生演替、旱生演替和沙生演替。

7. 开始于原生裸地（完全没有植被并且也没有任何植物繁殖体存在的裸露地段）上的群落演替，叫做原生演替。开始于次生裸地（不存在植被，但有土壤，在土壤或基质中保留有植物繁殖体的裸地）上的群落演替，叫做次生演替。

8. 一般而言，原生阔叶林演替，会依次出现地衣阶段、苔藓阶段、草本植物阶段、灌木阶段和乔木阶段几个演替阶段。

9. 形成任何群落，达到任何一个群落演替阶段，完成任何一类演替，都要经过迁移、定居、群聚、竞争、发育、稳定六个阶段。对于一类演替，最终到达稳定阶段的植被是和当地气候条件保持协调和平衡的植被。这是演替的终点，这个终点就称为演替顶级群落。

## 复习思考题

**一、名词解释**

生物群落　群落的垂直结构　群落演替　原生演替　次生演替　顶级群落　群落交错区　边缘效应

**二、填空题**

1. 多度的统计方法通常包括__________和__________。

2. 森林群落中，乔木层、灌木层、草本层常有各层的优势种，乔木层的优势种即为__________。

3. 影响群落结构的生物因素包括__________和__________。

4. 群落演替按照演替的起始条件可分为__________和__________。

5. 控制演替的主要因素包括__________、__________、__________、__________和__________。

**三、多选题**

1. 以下属于种的个体数量指标的有（　　）。

A. 多度　　B. 密度　　C. 盖度　　D. 频度

2. 生物群落的基本特征包括（　　）。

A. 具有一定的物种组成　　　　B. 具有形成群落环境的功能

C. 具有一定的动态特征　　　　D. 具有一定的分布范围

3. 以下指标可以用来衡量种的综合特征的是（　　）。

A. 优势度　　B. 重要值　　C. 综合优势比　　D. 种间关联

**四、判断题**

1. 盖度可分为种盖度、层盖度、总盖度。（　）

2. 频度是指某个物种在调查范围内出现的频率。（　）

3. 成层结构是自然选择的结果，它显著提高了植物利用环境资源的能力。（　）

4. 城乡交接带、干湿交替带、水陆交接带都属于生态过渡带。（　）

5. 群落交错区是一个交叉地带。（　）

# 第五章　生态系统

【学习目标】

生态系统是生命形式与非生命环境的集合体。在生态系统层次的研究，除必然涉及生态系统的组成、结构外，更重视生态系统的功能，由于生态系统的生产功能涨落与人类息息相关，生态系统的稳定或平衡备受关注。通过本章学习，要求：

1. 掌握生态系统的概念，熟悉生态系统的特征。

2. 熟悉生态系统的非生物环境成分，掌握生产者、消费者、还原者的概念和作用。

3. 掌握食物链、营养级的概念，了解“金字塔”术语的含义，掌握三种生态金字塔的特征及相互关系。

4. 掌握生态系统能量单向流动的概念或含义，掌握几个描述生态系统中能量流动效率的概念。

5. 掌握生态系统物质循环的概念，熟悉生物地球化学循环的类型，掌握几种主要物质的循环过程和特点。

6. 了解生态系统中的信息传递类型。

7. 掌握生态平衡的概念，熟悉生态系统平衡的基本特征，了解生态平衡的调节机制，了解生态系统平衡失调的概念、原因、标志。

## 第一节　生态系统的概念及特征

### 一、生态系统的概念

英国生态学家坦斯黎（A. G. Tansley）在 1935 年首先使用了生态系统（ecosystem）一词，并对其含义进行了阐述。他认为，物理学上使用的“系统”概念适用于生态研究，所不同的是，生态系统既包括生物，也包括构成生物生活环境的全部物理、化学因素，因此，生态系统是指在一定时间和空间内，由借助物种流动、能量流动、物质循环、信息传递和价值流动而相互联系、相互制约的生物群落与其环境组成的具有自调节功能的复合体。可见，与种群研究和群落研究侧重研究生物自身的活动与发展不同，生态系统研究更关注各组成要素间的物质和能量运动。

生态系统可以是抽象的概念，也可以是一个很具体的实体，一个池塘、一块草地、一片森林都是一个生态系统。小的生态系统联合成大的生态系统，简单的生态系统组合成复杂的生态系统，而最大、最复杂的生态系统就是生物圈。

### 二、生态系统的特征

从生态系统的概念可知，每一个生态系统都是一定的生物群落与其栖息环境的结合，其内进行着物种、物质和能量的运动，这种运动在一定时空条件下，处于协调的动态之中。作为一个系统，生态系统毫无疑问具有一般物理系统的基本的、核心的、本质的特点，如整体性、层级有序性、功能性，而由于生命活动的特殊性及环境条件的丰富变化，不仅使系统的基本特点在生态系统里进一步特化，而且使生态系统具有了不同于机械系统的独特特征。

（一）区域特征

生态系统都与特定的空间相联系，因而包含地区或范围的空间意义。生态系统的区域特征包括两层含义。其一，生态系统的区域边界比物理系统的机械边界模糊而难以精确确定。其二，不同环境条件的不同区域与生物群落存在对应关系，一方面，不同环境条件可满足不同生物类群栖息的需要，如寒温带的长白山区，满足针阔混交林的生长需要，热带、亚热带的海南岛，孕育了热带雨林；另一方面，生态系统的结构和功能可以反映地区特性，即根据物种结构、物种丰度或系统的功能差别，便可判明系统所在的地区特征，而汽车、家电之类的物理系统不具备这种区域对应特征。

（二）动态特征

生态系统的动态特征主要表现为以下两个方面。

1. 开放但不平衡态的热力学特征

任何自然生态系统与外界环境要不断进行物质交换和能量传递，即有物质和能量的输入（input）与输出（output），因此生态系统都是开放的系统。当生态系统变得更复杂更大时，就需要更多的可用物质和能量去维持，但在对系统输入的同时，并没有从系统等量的输出，因而，生态系统极少处于热力学平衡状态。与此相对，开放的物理系统是热力学平衡的。

2. 双向演化

生态系统的生物具有一系列生物学特性，如生长、发育、繁殖、代谢、衰老等，使生态系统具有内在的动态变化的能力而总是处于不断发展、进化或衰败、退化的演变之中，经历幼年期、成长期、成熟期等不同发育阶段。相反，一个物理系统一旦组装完成，虽然其与外界也不断进行物质交换和能量传递，但其动态的归宿只有一个，老化进而报废。

（三）自持特征

机械系统要靠人的管理和操纵来输入输出能量和物质以完成其功能和维持，如一台机床或一部机器的工作和保养均是如此。自然生态系统则不同，它通过生产者对太阳光能的“巧妙”转化获取所需要的能源，同时从环境获取所需要的物质，并通过分解者分解动、植物残体以及生物生活时的代谢排泄物将有机物中的矿质元素归还到环境（土壤）中，供系统重新利用。这即是所谓的“自持”。这个过程往复循环，从而不断地进行着能量和物质的交换、转移，保证生态系统完成功能并输出系统内生物过程所制造的产品。生态系统自我维持的基础是它所具有的代谢机能，这种代谢机能是通过系统内的生产者，消费者，分解者三个不同营养水平的生物类群完成的，它们是生态系统“自维持”（self-maintenance）的结构基础。

（四）自动调节特征

所谓自动调节是指当受到外来干扰而使稳定状态改变时，系统靠自身内部的机制再返回稳定、协调状态的能力。自然生态系统若未受到人类或者其他因素的严重干扰和破坏，其结构和功能是非常和谐的，就是因为生态系统具有自动调节的功能。生态系统自动调节功能表现在三个方面，即同种生物种群密度调节、异种生物种群间的数量调节、生物与环境之间相互适应的调节（主要是生物自动调节与环境之间的物质和能量的输入和输出，如贝格曼效应）。

（五）有限负荷特征

生态系统能承载的负荷是有限的，只是它的限度不如物理系统的负荷限度确定或明确。

1. 生态系统输出负荷

这是一个涉及系统生产力和对系统使用强度的二维概念。显而易见，对系统的使用强度增加，会导致系统资源的减少。认识到这一点，在实践中就应设法控制对物种的使用量，将种群保持在环境条件所允许的最大数量以维持种群的繁殖速率，保证系统的持续稳定输出。

2. 生态系统输入负荷

任何系统能承载的输入都是有限度的，环境保护工作重点关注生态系统能承载的污染性输入限度，即环境容量。所谓环境容量，是指在不受损害的前提下，一个生态系统所能容纳的最大污染物量。任一生态系统，它的环境容量越大，可接纳的污染物就越多，反之则越少。对生态系统排放污染物，必须与生态系统的环境容量相适应。

# 第二节　生态系统的组成和结构

## 一、生态系统的组成成分

任何一个生态系统都由非生物成分和生物成分组成。任一生态系统都包含图 5-1 所示组分的全部或一部分。

生态系统
- Ⅰ. 非生物部分（生命支持系统）
  - 1. 非生物环境
    - 能源：太阳能、其他能源
    - 气候：光照、温度、降水、风等
    - 基质和介质：岩石、土壤、水、空气等
    - 物质代谢原料
      - $CO_2$、$H_2O$、$O_2$、$H_2$
      - 无机盐（矿物质原料）
      - 腐殖质、脂肪、蛋白质、碳水化合物等
- Ⅱ. 生物部分
  - 2. 生产者
    - 绿色植物、光合细菌、化能细菌等
  - 3. 消费者（动物）
    - 食草动物：一级消费者
    - 一级食肉动物：二级消费者
    - 二级食肉动物：三级消费者
    - 杂食动物：杂食消费者
    - 腐食消费者：其他消费者
  - 4. 分解者（还原者）
    - 微生物（细菌、真菌等）

图 5-1　生态系统的组成

（一）非生物环境

非生物环境，即无机环境，包括能源和热量、生物生长的基质和媒介、生物生长代谢的材料三方面。驱动整个生态系统运转的能源主要是太阳能，它是所有生态系统运转直至整个地球气候系统变化的最重要能源，它提供了生物生长发育所必需的热量。此外，还包括地热能和化学能等其他形式的能源。生物生长的基质和媒介包括岩石、砂砾、土壤、空气和水等，它们构成生物生长和活动的空间。生物生长代谢的材料包括 $CO_2$、$O_2$、无机盐类和水等。风、温度、湿度等气候因子是上述三类因子综合运动的表现形式，也可认为是第四类因子。

（二）生物

生物是生态系统的主角，根据在生态系统中发挥的作用和地位，生物划分为三大功能类群，即生产者、消费者和分解者。

（1）生产者（producer） 也叫初级生产者，包括所有的绿色植物和利用化学能的细菌，主要是绿色植物。因能用无机物质制造有机物质供自身和其他生物使用，又称自养生物。生产者是生态系统中最积极的因素。绿色植物（包括一些光合细菌）进行光合作用，一方面把$CO_2$和水转变成碳水化合物并释放氧气，另一方面把部分光能转化为化学键能储存起来。利用化学能的细菌，能利用某些物质在化学变化过程中产生的能量来合成有机物，同时转化并储存部分化学能于新合成有机物中。只有通过生产者，太阳能和化学能才能源源不断输入到生态系统，成为消费者和还原者的可利用能源。

各种藻类是水生生态系统中最重要的生产者，乔木、灌木、草本植物和苔藓等则是陆地生态系统的主要生产者。需要强调的是，所有自我维持的生态系统都必须有生产者。

（2）消费者（consumer） 是不能用无机物质制造有机物质，而必须直接或间接地依赖于生产者所制造的有机物质生活的生物，又称异养生物。根据有机物来源不同，消费者可分为初级消费者和次级消费者。初级消费者，指以植物为营养的动物，又称植食动物或草食动物，如马、牛、羊、啮齿类和昆虫的一些种类。次级消费者指主要以动物为营养的动物，又可分为二级消费者（secondary consumer）和三级消费者（third consumer）。前者指以草食动物为营养的动物，又称一级肉食动物；后者指以一级肉食动物或其他动物为营养的动物，又称二级肉食动物。一级肉食动物和二级肉食动物统称捕食性动物。

（3）分解者或还原者（decomposer or reducer） 是分解已死的动植物残体的异养生物。主要是细菌、真菌和某些营腐生生活的原生动物和小型土壤动物（例如甲虫、白蚁、某些软体动物等）。它们将酶分泌到动植物残体的表面或内部，把生物残体消化为极小的颗粒或分子，最终分解为无机物质，归还到环境中，再被生产者利用。

从能量流动的角度来看，分解者对生态系统是无关紧要的，但从物质循环的角度看，它们是生态系统不可缺少的重要部分。大约有90%的初级生产量经过分解者分解归还大地，相当大量的消费者生产量也是经分解者归还环境的。可以设想，如果没有还原者的分解作用，地球表面将堆满动植物的尸体残骸，一些重要元素就会出现短缺，生态系统就不能维持。

## 二、生态系统的营养结构

所谓结构，指系统中各要素相互关系的总和。就生态系统而言，众多的要素相互关系可以从数量关系、时空关系、功能关系方面加以描述，即通常所说的生物多样性结构、系统的时空结构、系统的营养结构。关于生物多样性和时空结构问题，在群落生态学中已有讨论，本节主要对营养结构作简要探讨。

生态系统的非生物环境及生产者、消费者、还原者以营养为纽带相互联系，形成了营养结构。每一个生态系统都有特殊的营养结构，而每个营养结构中蕴含着复杂的物质循环和强大的能量流动过程，因而营养结构是生态系统功能的基础。对营养结构的研究，产生了食物链与食物网、营养级与生态金字塔等理论。

（一）食物链与食物网

1. 食物链

生态系统中，各种生物之间的营养联系，直观地体现在猎物与捕食者构成的链条上，这个链条称食物链（food chain）。按食物类型和捕食活动过程，食物链可有四种类型。

① 捕食食物链（放牧食物链） 这种食物链以生产者为基础，继之以植食性动物和肉食性动物。其构成是：植物→植食性动物→肉食性动物。这种食物链既存在于水域，如湖泊中的“藻类→甲壳类→小鱼→大鱼”链，也存在于陆地环境，如草原上的“青草→野兔→狐狸→狼”链。

② 碎食食物链 这种食物链是以碎食为基础，继之以植食性动物和肉食性动物。所谓碎食，指植物因各种原因作用形成的碎屑。该链的构成是：碎食物→碎食物消费者→小型肉食性动物→大型肉食性动物。在森林中，有 90%的净生产量是以碎食方式被消耗掉的。

③ 寄生性食物链 这种食物链是以大型动物为基础，继之以小型动物、微型动物、细菌和病毒。前者为宿生，后者为寄生物，后者与前者是寄生性关系。其典型构成是：哺乳动物或鸟类→跳蚤→原生动物→细菌→病毒。

④ 腐生性食物链 这种食物链以动、植物的遗体为基础，继之以腐生微生物，后者与前者是腐生性的关系。其构成关系是：动、植物遗体→腐生微生物。

2. 食物网

受环境、季节变化的影响和生物自身生长、发育需求的制约，自然界中很少有一种生物只依赖另一种生物而生存，常常是一种生物同时是多种动物的食物，而一种动物可以多种生物为食物。如青蛙的幼体在水中生活，以植物为食，而成体以陆上活动为主，并以各种小型草食动物为食。因此，很多条食物链彼此交错联结，构成错综复杂的食物链网络，称为食物网，见图 5-2。

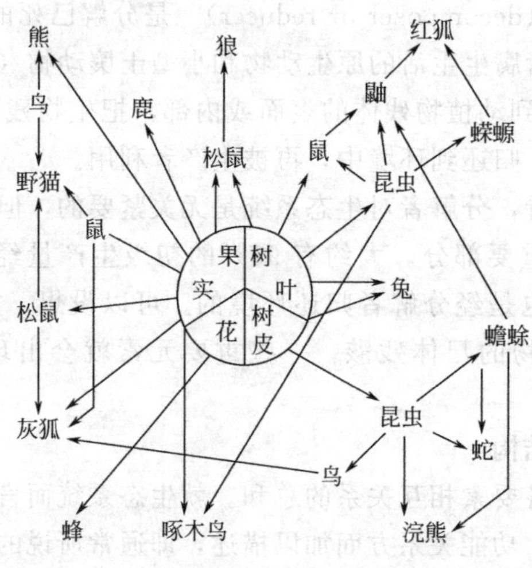

图 5-2 落叶食物网（引自窦伯菊，1983）

（二）营养级与生态金字塔

1. 营养级

食物链和食物网是物种和物种之间的营养关系，这种关系错综复杂，无法用图解的方法完全表示，为了便于进行定量的能流和物质循环研究，生态学家提出营养级的概念。营养级是指处于食物链某一环节上的所有物种的总和。一个营养级可能包含不同系统分类等级的生物，而一种生物可能在不同的食物链中处于不同的营养级。通常，绿色植物和其他自养生物为第一营养级，草食动物为第二营养级，一级肉食动物为第三营养级，二级肉食动物为第四营养级。

2. 生态金字塔

一般情况下，随营养级位次的提高，营养级内的生物个体数、生物量、能量逐渐减少。如果将各营养级生物个体数、生物量、能量的数值分别图形化叠放，就会构成一组金字塔，这组生物个体数金字塔、生物量金字塔、能量金字塔统称生态金字塔。能量金字塔是生态金字塔的基础，生物量金字塔和生物个体数量金字塔是能量金字塔的外在表现。

能量金字塔始终是正向的，这是由生态系统能流的单向性决定的。由于各营养级不能百分之百地同化输入到本级的能量，也不能百分之百地输出本级同化的能量到后一营养级，单向流动的能量在各个营养级的储存必然逐级减少，从而必然形成能量金字塔。能量金字塔的客观存在，必然要求有持续的太阳能输入，只要这个输入减少或中断，生态系统便会退化甚至丧失其功能。能量金字塔的客观存在，必然导致食物链长度的有限性，即生态系统中的营养级一般只有四级、五级，很少超过六级。

生物量金字塔有倒置的情况。例如，在海洋生态系统中，由于生产者（浮游植物）的个体很小，生活史很短，在某一时刻调查的生产者生物量，常低于浮游动物的生物量。但考察一年的情况，生产者的总生物量还是较浮游动物多。

数量金字塔倒置的情况就更多一些。这往往发生在消费者个体小而生产者个体大的时候，如昆虫和树木，昆虫的个体数量往往多于树木数量。同样，寄生者的数量也往往多于宿主。

## 第三节　生态系统的基本功能

生态系统具有多种功能，通常人们主要关心其在能量、物质、信息运动方面发挥的功能。

### 一、生态系统中的能量流动

物理学已经阐明，能量既不能创造，也不能消灭，只能从一种形式转化为另一种形式。进入一个系统的全部能量，最终要储存在该系统之内或释放出去，总的能量收支是平衡的。在生态系统中，绿色植物能够吸收太阳光能，借助光合作用，把太阳能转化为化学能，各种生物进而可将食物中的化学能转化为机械能（运动）、光能（萤火虫发光）、电能（电鳗放电）释放或储存在矿藏（煤、石油）中。简言之，生态系统的生物部分，具有吸收、转化、储存、释放能量的功能，或者说，能量通过生态系统的生物部分而流动。

（一）生态系统中的能量流动是单向的

生态系统能量的流动是单一方向的（one way flow of energy），主要表现在两个方面。

① 从能量形式的转换方向上看，生态系统的能量，只有太阳能→化学能→生物机械能或生物光能或生物电能→热能这一个转换方向。后一种能量形式不能再返回到前一种能量形式。

② 从能量载体的接续方向上看，生态系统的能量，只有太阳→自养生物→异养生物→环境这一个接续方向。进入后一个能量载体的能量不能再返回给前一个能量载体。

由上所述，能量总是一次性流经生态系统，是不可逆的；能量在生态系统中流动，最终通过呼吸作用以热的形式散失，散失到空间的热能不能再回到生态系统中参与流动。至今尚未发现以热能作为能源合成有机物的生物。

（二）生态系统中的能量流动是有一定效率的

1. 效率参数

如果把生态系统看成是能量转换器，那么就存在转换效率的问题，用于描述效率的基本参数有四个。

(1) 摄取量　指被生产者吸收的光的数量或被消费者吃进的食物或能量的数量。

(2) 同化量　指被植物在光合作用中固定的能量或消费者从食物中吸收的能量或被分解者从胞外底物中吸收的能量。

(3) 呼吸量　指在呼吸等代谢活动中消耗的能量（对动物而言，包括排泄物中蕴含的能量）。

(4) 净生产量　指生物体内积累下来的能量，它用于形成生物组织及供下一营养级利用。

2. 效率指标

效率指标可以分两大类，即营养级内指标和营养级间指标。前者度量一个营养级同化、利用能量的能力，后者度量营养级位之间能量转化的能力和能流通道的大小。

(1) 营养级内的效率指标

① 同化效率。生产者的同化效率为

$$同化效率=\frac{被植物固定的能量}{吸收的能量}$$

消费者的同化效率为

$$同化效率=\frac{同化量(被吸收的食物能)}{摄取量(吃下的食物量)}$$

同化效率度量营养级同化能量（光能或食物能）的效率。因为肉食动物的食物在化学组成上更接近于肉食动物本身的组织，转化时的丢失量和能耗量小，因而肉食动物同化率比植食动物中要高。

② 呼吸效率。

$$呼吸效率=\frac{呼吸消耗量}{同化量}$$

③ 生长效率。

$$组织生长效率=\frac{营养级位\ N\ 的净生产量}{营养级位\ N\ 的同化量}=\frac{同化量-呼吸量}{同化量}$$

$$生态生长效率=\frac{营养级位\ N\ 的净生产量}{营养级位\ N\ 的摄入量}=\frac{同化量-呼吸量}{摄入量}$$

植物光合能量的约40%用于呼吸，约60%用于生长；昆虫把63%～84%的同化能量用于呼吸；肉食动物将它们同化的能量的65%用于呼吸，35%用于生长；哺乳动物呼吸消耗的能量最多，占同化量的97%～99%，只有1%～3%用于净生产量。

大型动物的生长效率比小型动物低，年老动物比年幼动物低，恒温动物比变温动物低。

(2) 营养级间的效率指标

① 林德曼效率。指某营养级位对上一营养级位的同化量效率。

$$林德曼效率=\frac{营养级位\ N\ 的同化量}{营养级位\ N-1\ 的同化量}$$

林德曼效率的数值一般为1/10，因此也被称为“十分之一”定律，其一般性阐述为：生态系统 $N-1$ 营养级的同化量中，有5%～20%（平均为10%）被 $N$ 营养级同化时，不损

害 $N-1$ 营养级的功能。这是生态学中很重要的定律，对生态链设计、养殖规模的设计、生态调查等有一定的指导作用。近年来研究发现，林德曼效率高的可达 30%，低的只有 1% 左右。

② 生产效率。指某营养级位对上一营养级位的净生产量效率。

$$生产效率=\frac{营养级位\ N\ 的净生产量}{营养级位\ N-1\ 的净生产量}$$

这一效率描述不同营养级位净生产量的转化效率，不同营养级位的生产效率是不稳定的。

③ 消费效率。也称利用效率，指某营养级摄取上一营养级位量占上一营养级位净生产量的比例。

$$消费效率=\frac{在营养级位\ N\ 的摄取量}{在营养级位\ N-1\ 的净生产量}$$

这个量可用来度量一个营养级位对前面一个营养级位的相对压力。消费效率可能从第一营养级位起稍微升高，但一般来说，都在 20%～35%范围内。这意味着每一营养级位的净生产的 65%～75%进入到分解者（碎屑）食物链，被损失到系统之外。

森林中大部分初级产品被分解掉，只有很少一部分被植食动物所消费，而草地生态系统中的大部分初级产品被植食动物消费，即草地生态系统比森林生态系统的消费效率高，或者说植食动物对草地的压力较对森林的压力大。

## 二、生态系统中的物质循环

### （一）物质循环的概念

生态系统中的物质通常指维持生命活动正常进行所必需的各种营养元素。与能量流动的单向性不同，生态系统的物质运动是双向或循环的，一方面，这些物质通过食物链各营养级传递和转化；另一方面，生态系统中各种有机物质经过分解者分解归还环境后，可被生物再次利用，同一种物质可以被食物链的各个营养级多次利用。物质的这种周而复始流动过程，叫做物质循环。

循环过程中，物质可在生物或非生物环境暂时滞留（固定或储存）一定数量，这种滞留一定量物质的生物或非生物环境，称为库（pools）。例如，在一个湖泊生态系统中，水体是一个库，浮游植物也是一个库。可见，生态系统中的物质循环实际上就是物质在库与库之间的转移。根据容量大小、物质活跃程度、物质输入输出量的速率，库分为两类：容积大而物质不活跃且交换缓慢的称储存库，如岩石库或沉积物库；容积小而物质活跃且交换迅速的称循环库，如植物库、动物库、土壤库等。

### （二）物质循环的层次

物质循环可在三个层次上进行。

（1）生物个体层次的物质循环　指营养物质被任一生物个体吸取使用后，经过分解者分解归还于环境供生产者使用。

（2）生态系统层次的物质循环　指营养物质经初级生产者、消费者和分解者使用后，经过分解者分解归还于环境供生产者使用。也称为生物小循环。

（3）生物圈层次的物质循环　指营养物质通过生物小循环圈和生物圈的各非生物圈层的循环，也称生物地球化学循环。

本小节主要讨论后两个层次的物质循环，即生态系统内部的物质循环和生态系统之间的物质循环。图 5-3 显示了森林生态系统的营养流动。

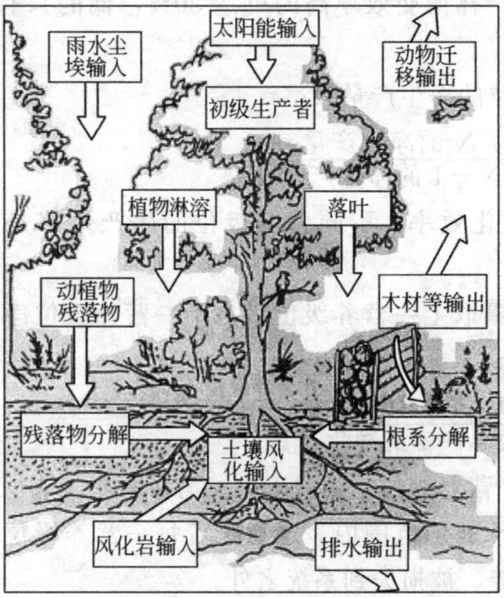


图 5-3 森林生态系统的营养流动

（引自郑师章，1994）

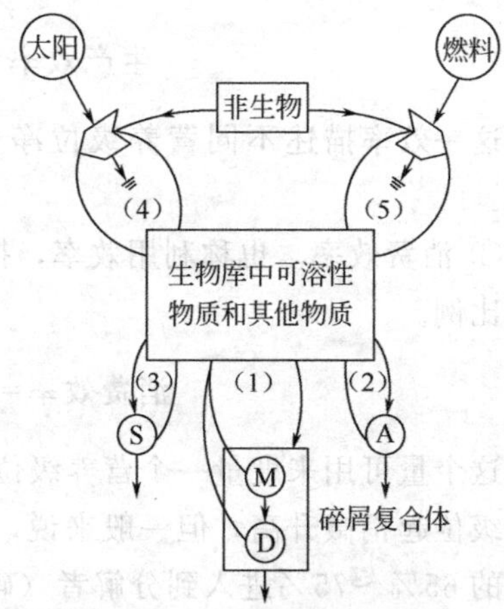


图 5-4 五条物质循环途径示意

M—自由生活微生物；D—碎屑消费者；

S—共生微生物；A—动物

（三）物质循环的途径

当物质以一种可被生产者利用的形态返回环境，即意味着产生了一条循环的途径。因此，物质循环的途径有以下几条。

(1) 微生物与碎屑消费者分解途径　在草原、温带森林及其他以碎屑食物链为主的生态系统中，微生物和碎屑消费者分解是主要途径。

(2) 动物排泄与生物自溶途径　哈里斯（Harris）1959 年研究发现，浮游动物在其生存期间所排出的能直接被生产者所利用的无机物和可溶性有机营养物质的数量，比它们死亡后经微生物分解所放出的同类物质的数量多好几倍。因此，动物排泄途径是一条重要的循环途径。植物尸体不经任何微生物的分解作用也能释放可被植物吸收利用的营养物质。海洋等以浮游生物为优势种的水域生态系统都可能以这条途径为主要物质循环途径。

(3) 菌根共生途径　植物残体（枯枝落叶）中的营养物质被菌根共生系统中的真菌转化后，直接供植物根系吸收。在热带雨林生态系统中，这是一条重要的循环途径。

(4) 风化和侵蚀途径　岩石和土壤库中的营养物质主要通过之一途径进入生物库。

(5) 人工途径　人类生产的化肥投放到环境中，可大大增加植物可用的营养物质量。

物质再循环的五条途径中，前四条是在自然状态下进行的。第五条途径的作用在加强，对生物圈的正常功能的影响也越来越大，由此引发许多问题正是环境生态学所研究的重要内容。生态系统中营养物质循环的各种途径见图 5-4。

（四）生物地球化学循环的类型

生物地球化学循环可分为三大类型，即水型循环（water cycle）、气型循环（gaseous cycle）和沉积型循环（sedimentary cycle）。

主要储存库是水体的物质循环称为水型循环。以水型循环的物质，其分子或化合物常以液体形态存在。以水型循环的物质有水。

主要储存库是大气和水体的物质循环称气型循环。以气型循环的物质，其单质或化合物常以气体形态存在。以气型循环的物质有氧、二氧化碳、氮、氯、溴、氟等。该循环的特征是：与大气和海洋密切相连，具有明显的全球性；循环速度比较快；物质来源充沛，一般无枯竭之虞。

主要储库是岩石、土壤和水的物质循环称沉积型循环，如磷、硫循环。以沉积型循环的物质，其单质或化合物常以固体形态存在。以沉积型循环的物质有：磷、钙、钾、钠、镁、锰、铁、铜、硅等，其中磷是典型的沉积型循环物质。该循环的特征是：物质的主要储库在土壤、沉积物和岩石中，而无气体状态，因此这类物质循环的全球性不如气体型循环；以沉积型循环的物质，其单质或化合物最初是通过岩石的风化、溶解转变为可被生物利用的营养物质，随后进入沉积物，而沉积物转化为岩石圈成分再进入生态系统，则是一个相当长的物质转移过程，时间要以千年来计，因此，沉积型循环速度比较慢。

（五）几种主要物质的循环

1. 水的循环

水的循环是地球生物圈中最大规模的物质循环，见图 5-5。环境水循环可发生在陆地、海洋之间及陆地、海洋区域内，经过蒸发与降水、滞留与传送等环节，受大气环流、洋流等控制，而大气环流、洋流受太阳辐射等支配。生物体内的水循环经过吸收、传输、蒸腾等环节，除温度等环境因素外，渗透压也是控制生物体内水循环的主要因素。

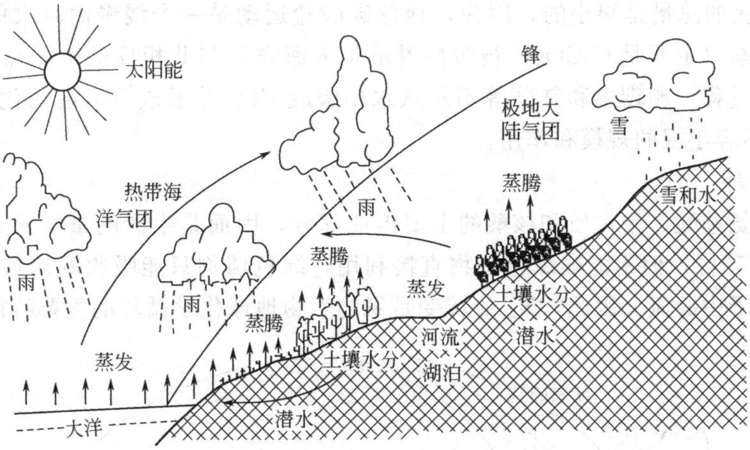


图 5-5 水的全球循环（引自祝廷成等，1983）

2. 碳的循环

碳的循环是地球上规模仅次于水循环的物质循环，见图 5-6。

$CO_2$ 很容易在空气与水之间交换，大气中每年约有 1000 亿吨的 $CO_2$ 进入水中，同时水中每年也有相等数量的 $CO_2$ 进入大气。$CO_2$ 在水中可以溶解态（$CO_2$）或水合态（$H_2CO_3$）大量存在。

在生物与环境之间，C 循环的最简单形式是：水生、陆生绿色植物借助光能进行光合作用，吸收 $CO_2$ 和水固定成有机分子，有机分子又被动物、细菌和其他异养生物所消耗，转变成呼吸的代谢产物 $CO_2$ 和水排出体外，呼出的 $CO_2$ 被植物直接再利用。如果生物在腐败之前被保存在海洋、沼泽和湖泊的沉积物中，那么其中含有的 C 就会在相当长的一段时间内脱离 C 循环。

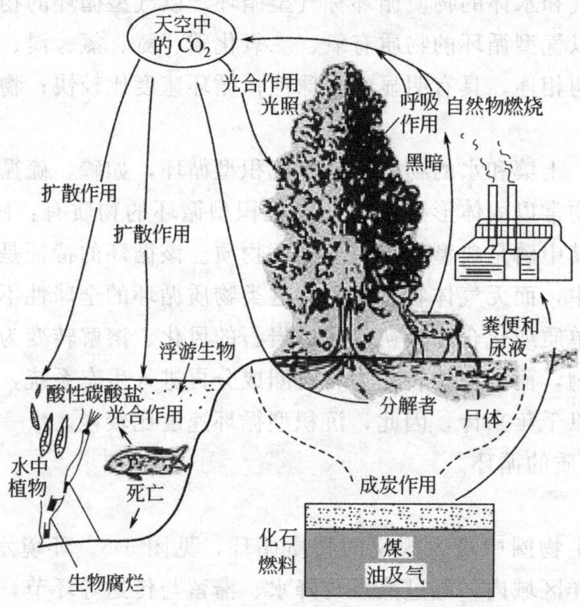

图 5-6 碳的循环（引自郝道猛，1978）

在上述循环中，C 迅速地周转着，但与碳酸盐沉积物和有机化石沉积物中的含 C 量相比，C 周转一次的总量是很小的，因为，地球碳酸盐运动是一个缓慢而巨大的运动，其中，陆地上的碳酸盐（主要是 $CaCO_3$）被缓慢淋溶带入海洋及与此相反的碳酸盐沉降形成海底沉积物是主要过程，珊瑚虫和红藻等不断从水中吸收 $CO_2$ 并形成不溶解的化合物（珊瑚的骨骼），也有不容小视的规模和作用。

3. 氮的循环

氮是各种氨基酸、蛋白质和核酸的主要组成部分，因而是生命的重要元素。大气中 $N_2$ 的含量虽然占 79%，但不能被绿色植物直接利用，绿色植物只能吸收利用铵离子、亚硝酸离子和硝酸离子中的氮。因此，$N_2$ 的转变是氮的生物地球化学循环的重要特征，见图 5-7。

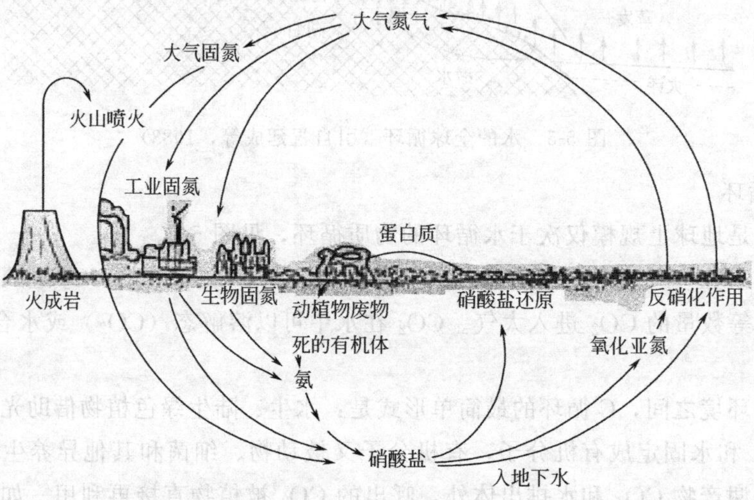

图 5-7 氮的循环（引自祝廷成等，1983）

$N_2$ 转变成氨、亚硝酸盐、硝酸盐的过程，叫做硝化作用（nitrification）。自然界中的硝化作用是靠一些特殊类群的微生物来完成的。这些微生物有固氮菌、蓝绿藻和根瘤菌等，它们把气态 $N_2$ 转变为氨，再把氨氧化成亚硝酸盐和硝酸盐，供给植物利用。

进入植物体的硝酸盐和铵盐与植物体中的C结合，形成氨基酸，进而形成蛋白质和核酸，这些物质再和其他化合物共同组成植物有机体，当植物被消费者采食后，N随之转入并结合在动物的机体中。

动物和植物死后，机体中的蛋白质被微生物分解成简单的氨基酸，进而被分解成氨、$CO_2$ 和水，返还到环境中去，这一过程叫做氨化过程。进入土壤中的氨可再一次被植物利用。

土壤和水环境中的硝酸盐可被转化为 $N_2$ 归还大气，这个过程称反硝化作用。

4. 氧的循环

水圈、大气圈和岩石圈是氧的三大储存库。氧原子主要存在于 $H_2O$、$O_2$、$CO_2$ 和一些矿化的氧化物，其中，存在于 $H_2O$ 中的氧最多，存留时间大约为200万年，其次是存在于大气圈中的 $O_2$ 中的氧，它们几乎全部来源于植物的光合作用，自从开始测定大气中的氧含量以来，尚未发现其含量有可察觉的变化；氧还存在于地壳中的很多化合物中。

生态系统中的氧循环，主要发生在大气、水和生物之间。绿色植物通过光合作用将 $H_2O$ 中的氧转化为 $O_2$ 释放到空气中，动植物在呼吸时吸收 $O_2$ 用于氧化或分解有机物产生能量，O与有机物中C、H结合，以 $CO_2$ 和 $H_2O$ 的形式释放到空气中，循环往复。

5. 磷的循环

磷是生物体不可缺少的重要元素，生物体中的能量物质腺苷三磷酸（ATP）和遗传物质核酸（DNA或RNA）中都含有磷。磷在生态系统中的循环是很典型的沉积循环。通常，磷首先因降水从岩石圈淋溶到水圈里，并形成可溶性磷酸盐被植物吸收，随后，经过一系列消费者利用，含磷的枯死物、废料、有机化合物归还到土壤，再通过还原者的一系列的分解作用，又转变为可溶性磷酸盐供植物再次使用。由于生物体吸收转移大量的溶解磷酸盐，更多的磷酸盐从土壤表层被侵蚀带入大海，因此，许多地区土壤磷含量持续下降，以致影响生态系统的发展。所以，磷是需要持续人为补充的物质之一。

（六）描述物质循环状况的参数和指数

1. 流通量、周转率、周转时间

通常，把单位时间的物质转移量称为流通量，把入、出“库”的流通量差与入库流通量的比值称为周转率，把入库流通量与流通量差的比值称为周转时间，于是，对生态系统某营养级而言有如下关系。

$$输入流通量=\frac{同化量}{t}$$

$$输出流通量=\frac{呼吸量}{t}$$

$$周转率=\frac{营养级位N的净生产量}{营养级位N的同化量}$$

$$周转时间=\frac{营养级同化量}{营养级净生产量}=\frac{1}{周转率}$$

2. 循环指数

循环指数指再循环量与通过总量的比值，即

$$CI=\frac{R}{T}$$

式中 $CI$——循环指数；

$R$——再循环量；

$T$——通过总量。

循环指数为 0～0.1 时，为低再循环率，表明进入再循环的量少，此种情况出现在生态系统发育早期，系统中未用的该元素很丰富。循环指数值大于 0.5 时，为高再循环率，表明进入再循环的量多，此种情况出现在生态系统发育成熟期，系统中未用的该元素稀缺。

（七）影响物质循环速率的因素

不同物质循环速率在空间和时间上差异很大，影响物质循环速率的原因有以下几个方面。

（1）元素的性质　元素的物理、化学特性直接影响物质的形态和生物利用物质的能力和方式，毫无疑问影响物质循环速率。

（2）动植物生长的速率　它决定生物对该物质吸收的速率以及该物质在食物网中运动的速度。

（3）有机物质腐烂的速率　在适宜的土壤、温度、湿度条件下，若同时具有大量分解者，则有机废弃物分解和矿化过程加快。反之，在恶劣的环境条件中，细菌和真菌种群密度很低，分解速度就慢。

（4）人类活动的影响　一方面，人类可以创造适宜的条件，促进循环；另一方面，人类活动也可以抑制甚至阻断物质循环。

## 三、生态系统中的信息传递

生态系统中包含的信息，大致可以归为物理信息、化学信息、行为信息和营养信息四类。

（一）物理信息及其传递

生态系统物理过程传递的信息称为物理信息，光、声、热、电、磁都是物理信号。

1. 光信息

太阳是生态系统中光信息的初级信源。通过太阳光的折射、反射、散射和太阳能的储存、释放等过程，生态系统中形成了大量次级信源。高空的鹰通过视觉发现地面的兔子，是一个光信息传递过程，兔子是发出信息的信源，但来自兔子的光是反射太阳的光，所以兔子是次级信源。除来自太阳或其派生出来的光信息，其他恒星所发出的光，也是重要光信息，如迁徙的候鸟在夜间可靠天空星座确定方位。光信息可从波长、强弱、光照时间等方面考察。

2. 声信息

声信息对动物是非常重要的。在光线暗弱的环境中，声信息比光信息更为重要。蝙蝠、森林动物、远洋中的鲸类等都是靠声信息确定食物的位置或发现敌害的存在。大部分动物都能靠声音传达特定的讯息。如生活在一起的各种鸟类，可以用彼此都能识别的趋于相似的鸣叫声报警，这样，每一种鸟都能从其他种鸟的报警鸣叫中受益。而另一些动物的声音还能发挥“领地声明”的作用，如有人把一种鸟的雄鸟致哑，结果，这种鸟很快就丧失了领地。植物也能感受声信息，如含羞草在强烈声音的刺激下，就会发生小叶合拢、叶柄下垂的运动。有人发现，给植物以声刺激，其生物电位会发生变化。

3. 电信息

动物对环境中的电很敏感，特别是鱼类、两栖类，其皮肤有很强的导电力，其体内的电感器官或组织灵敏度也很高。例如团扇鳐能感到0.02～0.01$\mu V/cm^2$ 的电场电压。海浪也包含电信号，一些鱼能察觉到风暴前的海浪电信号变化，及时潜入海底以躲避海浪摧残。

4. 磁信息

太阳和地球的磁场都对生物有影响。生物对磁的感受能力，常称为生物的第六感觉。许多研究证明，磁场对动物定向有重要作用。在浩瀚的大海里，很多鱼能遨游几千海里，来回迁徙于河海之间；在广阔的天空中，候鸟成群结队南北长途往返飞行都能准确到达目的地，特别是信鸽千里传书而不误；在百花争艳的原野上，工蜂无数次将花蜜运回蜂巢等。在这些行为中，动物主要是凭着自己身上的电磁场，与地球磁场相互作用确定方向和方位。

有人将训练过的20只信鸽分成两组，其中10只翅膀上缚上铜片，另10只缚上小磁片，同时放飞，4d后，缚铜片的有8只返航，缚磁片的仅1只返航。说明磁片干扰了鸽子生物电磁场与地球磁场间的相互作用，使信鸽迷失了方向。

植物对磁场也有反应。据研究，在磁异常地区播种小麦、黑麦、玉米、向日葵及一年生牧草，其产量比正常地区低。在很弱的外加磁场中，蒲公英开花要晚得多，置于外加磁场中的蒲公英比自然环境中的蒲公英早死亡。

(二) 化学信息及其传递

生物代谢产生的化学物质传递的信息，称为化学信息；传递信息的化学物质通称为信息素。

1. 动物和植物间的化学信息

植物花的香味及花蕊中含有的性信息素（香精油）等成分，都是昆虫能感受到的化学信号。它们能影响动物对植物的行为，如蜜蜂取食和传粉。事实上，植物气味等化学信息不仅对昆虫有影响，对哺乳动物、鸟类和爬行类，也有重要作用。

2. 动物之间的化学信息

动物通过外分泌腺体向体外分泌某些信息素，它携带着特定的信息，通过气流或水流的运载，被种内的其他个体嗅到或接触到，接受者能立即产生某些行为反应，或产生某种生理改变。信息素不仅可作为种间、个体间的识别信号，还可用于刺激性成熟和调节生殖率。哺乳动物除由体表释放信息素外，还可将信息素寄存到一些物体或生活基质中，以建立气味标记点持续而缓慢地释放。如猎豹和猫科动物有着高度特化的尿标志特性（它们还能在各种痕迹中识别猎物和同类的信息），以进行有效地捕食和避免与栖居同一地区的对手遭遇。

3. 植物之间的化学信息

在植物群落中，植物通过分泌和排泄某些化学物质而影响另一种植物的生长甚至生存的现象是很普遍的。一些植物通过挥发、淋溶、根系分泌或残株腐烂等途径，把次生代谢物释放到环境中，促进或抑制其他植物的生长或萌发，从而对群落的种类结构和空间结构产生影响。人们早就注意到，有些植物可以通过分泌化学物质相互促进生长，如洋葱与食用甜菜、马铃薯与菜豆、小麦与豌豆种在一起能相互促进；有些植物可以分泌植物毒素或防御素使其对邻近植物产生毒害，或抵御邻近植物的侵害，如栎树对榆树、白桦与松树都有相互拮抗的现象。

(三) 行为信息

植物的表现和动物的行动传递的信息，通称为行为信息。蜜蜂发现蜜源时，就以不同舞蹈动作表示蜜源的远近和方向，如蜜源较近时，做圆舞姿态，蜜源较远时，做摆尾舞，同伴则以触觉、听觉、视觉来感受正确的方向和距离信息。地鹌是草原中的一种鸟，当发现敌情时，雄鸟就会急速起飞，扇动两翼，给在孵卵的雌鸟发出逃避的信息。

（四）营养信息

在生态系统中，食物链各营养级的种类和数量信息称为营养信息。由于食物链中的各级生物要求一定的比例关系，即生态金字塔规律，草食动物可以根据草种和密度变化，肉食动物可以根据猎物的种类和数量变化调整自己的生长繁殖。在草原牧区，根据牧草的生长量设定草原的载畜量，也是在利用营养信息。如果不顾牧草提供的营养信息，超载过牧，就必定会因牧草饲料不足而使牲畜生长不良并引起草原退化。

## 第四节　生态系统的平衡及其调节机制

### 一、生态平衡的概念

一般情况下，如果一个生态系统的输入和输出长期保持稳定（相等或分别稳定），生态系统的结构和功能就在较长时间内处于稳定状态，表现为生物的种类组成及数量比例没有明显变动，且在遭遇外来干扰时能通过自我调节从受冲击的状态恢复到稳定状态，人们把生态系统的这种稳定状态称为生态系统平衡，亦称为生态平衡。在自然界中，一个正常运转的生态系统，其能量和物质的输入和输出最终会自动趋于平衡。人们在任何时候看到的生态系统都只是生命之流的某一片段，而生态平衡是一个较长时间的、动态的、相对平衡的生命之流片断。

### 二、生态系统平衡的基本特征

（一）能量特征

生态系统的总生产量与群落呼吸量之比（$P/R$）是表示生态系统营养特性和相对成熟程度的能量特征指标。如果系统早期的 $P/R>1$，则为自养演替（autotrophic succession）系统；如果系统早期的 $P/R<1$，则为异养演替（heterotrophic succession）系统。而在上述两种演替中，$P/R$ 都随着演替发展至平衡状态而接近于1。换言之，在生态平衡的系统中，固定的能量与消耗能量趋向相等。

（二）食物网特征

食物链与食物网结构也是标明生态系统成熟与稳定性的指标。自养演替生态系统在幼年期往往只有规模较小的、级数较少的、直线的食物链结构，随后发展成为以规模较大的放牧食物链为主的简单食物网，到成熟期，则形成以腐食食物链为主的复杂食物网。成熟系统复杂的营养结构，使生物系统对环境干扰具有较强的抵抗能力。这也是生态平衡系统自我调节能力的一个基础。

（三）物质循环特征

物质循环量能反映生态系统发展的进程。N、P、K、Ca 等主要的营养物质的生物地球化学循环，随系统演替的发展而逐步稳定，到系统成熟时，由于系统形成了复杂的物流网络而具有强大的保持营养物质的功能，即营养物质丧失量少，使系统对外部输入的要求降低，最终导致输出量与输入量波动减小甚至两者相等。

（四）群落结构特征

一般认为，在演替过程中，物种多样性和均匀性增加，即物种数量增加，而某一物种或少数类群占优势的情形减少。但多样性最高的时候，并不一定是生态平衡的时候，因为物种多样性增加，可能孕育更为激烈的种间竞争，并导致物种生活史变化，系统可能要在淘汰一些物种及竞争胜利的物种生活特征稳定后才达到平衡。

（五）种群适应对策特征

通常，系统幼年期，物种数少且密度低，此时，具有高增殖潜力的物种有较大的生存可能性，即 r-选择（非密度制约性自然选择）是系统幼年期的种群适应对策特征；系统接近平衡的晚期，物种数多且密度高，低增殖潜力且具有较强竞争力的物种有较大的生存可能性，即 k-选择（密度制约性自然选择）是系统成熟期的种群适应对策特征。换言之，幼年期生态系统中，种群采取的是以量取胜的适应对策，生态平衡的系统中，种群采取的是以质取胜的适应对策。

**三、生态平衡的调节机制**

生态系统平衡是通过系统的反馈、后备力、抵抗力和恢复力等调节机制发挥作用实现的。

（一）反馈

简言之，反馈（feedback）就是系统的输出变成了决定系统未来功能的输入。反馈可分为正反馈（positive feedback）和负反馈（negative feedback）。如果回输的信号与原输入的信号相同，且使整个系统运动加剧，就是正反馈。如在无限系统中，或在生态系统的幼年期，生物的生长繁殖对种群数量发生促进增加作用，就是正反馈。如果回输的信号与原输入的信号相反，且使整个系统的运动受到抑制，就是负反馈。如在有限环境中，或在生态系统的中年期与成熟期，生物的生长繁殖对种群数量发生密度制约作用，就是负反馈。负反馈调节作用的意义在于，系统通过自身的响应减缓系统内的压力以维持系统的稳定。

（二）后备力

后备力（redundancy）是指生物群落中具有同样生态功能的物种，即同功能团的物种互为后备力。在正常情况下，同功能团中仅有一个物种履行着功能职责，其他的则显然并不那么重要或作用不明显，而一旦环境条件发生变化，在原履行功能职责的物种衰退或消亡后，后备力就替代原履行功能职责的物种发挥作用，从而保证系统结构的相对稳定和功能的正常进行。

（三）抵抗力

抵抗力（resistance）是生态系统抵抗外干扰的能力。抵抗力与物种特性及系统发育阶段状况有关，生物个体对环境因子的适应性越强，系统发育越成熟，系统抵抗外干扰的能力就越强。例如我国长白山红松针阔混交林生态系统，生物群落垂直层次明显、结构复杂，系统自身储存了大量的物质和能量，这类生态系统抵抗干旱和虫害的能力要远远超过结构单一的农田生态系统。环境容量是系统抵抗力的表现形式。

（四）恢复力

恢复力（resilience）是指生态系统遭受外干扰破坏后恢复到原状的能力。恢复能力主要由生命成分的基本属性（生命力和种群世代延续的基本特征）和生物群落特征决定。一般而言，生物的生活世代短，系统的结构简单，其恢复力就强。如杂草生态系统遭受破坏后恢复速度要比森林生态系统快得多。自净作用是系统恢复力的表现形式。

对生态系统而言，抵抗力和恢复力是一对矛盾，抵抗力强的生态系统其恢复力一般比较低，反之亦然。

生态系统能否在受到干扰时保持平衡，除与构成生态系统调节能力的上述四个方面有关外，还与外干扰因素的性质、作用方式、持续时间等有关。通常，把不使生态系统丧失调节能力的外干扰强度称为“生态平衡阈值”。生态平衡阈值是自然生态系统资源开发利用的重要参量，也是人工生态系统规划与管理的理论依据之一。

## 四、生态系统平衡失调

### （一）生态系统平衡失调的概念

任何生态系统，在受到了超过系统自身调节能力的外界压力（自然的或人为的）的情况下，其现存的生态关系将被打乱，反馈自控能力将下降，这会造成结构破坏和功能受阻。已经达到平衡的生态系统也不能超脱于这一规律之外，此时，其平衡状态将被打破。平衡的生态系统偏离平衡状态的现象称为生态平衡失调。

### （二）导致生态系统平衡失调的原因

引起生态平衡失调的因素可分为自然因素和人为因素两类。自然因素主要有火山喷发、海陆变迁、雷击火灾、海啸地震、洪水和泥石流以及地壳变动等，这些因素通常是局部的。人为因素主要有开采资源、构筑建筑、单一生产、环境污染等，这些因素在全球普遍存在。

随着经济的发展，人为因素越来越强烈地干预着自然生态系统的发展过程，经常而普遍地导致生态系统平衡失调，主要表现在五个方面。

① 乱砍、滥伐森林、重采轻造、采育失调，使森林资源遭到很大破坏。

② 排放“三废”、滥施化肥农药，使有毒物质进入食物链，危害生态系统的健康。

③ 大量围湖造田，缩小了内陆的水面，破坏了全球生态系统的比例结构。

④ 滥垦草场、过度放牧，加速了草原的沙化。同时，优质牧草减少，生态系统生产受损。

⑤ 农田灌溉排水系统不配套，加剧了土壤的次生盐碱化。

### （三）生态系统平衡失调的标志

1. 平衡失调的结构标志

平衡失调的生态系统，往往在结构上出现变异或缺损。

当外部干扰还不甚严重时，系统各组分会发生变异，通常称为二级结构改变，特别是各功能生物群发生物种组成比例、种群数量丰度、群落垂直分层结构的变化，导致原系统趋于“生态单一化”，如过度捕捞使水域生态系统退化、过度放牧使草原退化、过度采伐使森林退化等。

当外部干扰巨大时，系统四大组分中的一个甚至多个会缺损，通常称为一级结构破坏，特别是各功能生物群丧失，导致原系统崩溃，如严重污染使水体消费者生物消亡、大火使森林生产者和消费者缺失等。

二级结构改变与一级结构破坏之间并无严格界线，二级结构改变很容易演进到一级结构破坏，如草原消费者鹰、蛇种群濒危时，消费者鼠种群暴发，造成生产者草的减少甚至消失，于是草原生态系统崩溃而荒漠化。

2. 生态平衡失调的功能标志

平衡失调的生态系统，在功能上表现为能量流动受阻或物质循环障碍。

能流受阻主要表现为初级生产者第一性生产力下降和能量转化效率降低或“无效能”增加。水域生态系统中悬浮物的增加影响水体藻类的光合作用，重金属污染抑制藻类的某些生理功能，属于前者。而在因热污染而增温的局部水域，蓝、绿藻种类和数量明显增加，初级生产力有所提高，但因鱼类对高温的回避，区域内鱼产量并不增高，属于后者。

物质循环障碍主要表现为物质循环减弱甚至中断和输入输出比例的失调。物质循环减弱甚至中断是目前许多生态系统平衡失调的主要原因和标志，这种减弱甚至中断有的是由于分解者的生境被污染而使其大部分丧失了分解功能，更多的则是由于正常的物质循环过程被破坏，如农业生产的作物秸秆和草原上的枯枝落叶被用做燃料而没有进入自然的分解归还环境的途径。物质输入输出比例的失调也是生态系统平衡失调的原因和标志。如某些污染物排入系统后，未能有效地从系统输出而积累于系统之中，这些积累物质不断释放将严重危害系统结构和功能，重金属污染是这方面的典型例子。

（四）生态系统平衡失调的预防

应进一步认识自然，了解生态规律，自觉地将生态平衡的理论应用到生产实践中去，以预防生态系统平衡失调。特别要注意以下几点。

① 正确认识保持生态平衡与促进社会经济发展的辩证关系。保持生态平衡，可以提供稳定的物质和能量供给来促进社会经济发展，而社会经济的发展，可以提供强大的政策、法律和资金支持来强化生态平衡保护工作，两者相辅相成。对于发展中国家和欠发达地区而言，不能再走以牺牲生态平衡换取社会经济发展的老路，而应探索在生态平衡基础上的发展社会经济并进一步完善生态平衡保护工作，实现持续的、与发达国家和地区协调的发展进步。

② 努力控制对资源的适宜的需求水平。生态系统中的生物资源是可再生资源，但再生至少要满足两个条件，其一，要保有一定的生物种群量，其二，要经历相当长的时间。这就要求人类应将对资源的开采利用数量控制在保证生态系统维持其稳定再生产的水平，而一旦开采利用使种群量接近再生产所需的最小种群量，就必须停止，待其恢复发展到足以维持稳定再生产的水平后才再度开发利用。

③ 尽量维持生态系统内部和生态系统间的自然优化状态。人类已经掌握了通过控制物质和能量输入来调控特定生物生产的大量技术，但对这类输入所造成的对生态系统的全面影响还知之甚少，因此，在尽量减少从生态系统输出的同时也应尽量减少这类输入，以其通过维持—至少要保证迅速恢复—生态系统的自然优化状态来满足人类的需求。

## 本章小结

1. 生态系统是生态学重要概念之一。生态系统就是在一定的时间和空间范围内，由生物与生物、生物与非生物环境通过不断的物质循环和能量流动而构建起来的统一整体。

2. 生态系统研究的内容包括生态系统的结构与功能、稳定性，以及生态系统对于干扰的恢复能力和自我调节控制能力等。研究的中心内容就是生态系统的结构与功能。生态系统研究的对象可以是自然界的任何一个部分。

3. 生态系统的组成包括生物群落和非生物环境。生物群落可分为生产者、消费者和还原者三部分。非生物环境包括驱动整个生态系统运转的能源和热量等气候因子、生物生长的基质和媒介、生物生长代谢的材料三方面。

4. 生态系统包括形态结构和营养结构。生态系统的营养结构是一种以营养为纽带联结生产者、消费者、还原者三大功能类群及非生物环境的结构。这种结构是生态系统功能研究的基础。在一个生态系统中的各种生物彼此相互关联，组成食物链。食物网是生态系统长期发展形成的，是指食物链之间形成的网状结构。生态系统越稳定，生物种类愈丰富，食物网也越复杂。食物网维持着生态系统的平衡。

5. 生产者也叫初级生产者，包括所有的绿色植物和利用化学能的细菌等，是生态系境中最积极和最稳定的因素。所有的初级生产者都是自养型生物。消费者由动物组成，它们以其他生物为食，自己不能生产食物，只能直接或间接从植物获得能量。消费者又可分为：草食动物、肉食动物和杂食动物等。还原者又称分解者，主要是一些真菌和细菌，也包括一些原生动物及腐食动物，它们营腐生生活。它们把复杂的动物、植物等有机体残体分解为简单的化合物，最终分解为无机物质，归还到环境中，再被生产者利用。

6. 生态系统的金字塔可以表示为：数量金字塔、生物量金字塔和能量金字塔。塔基越宽生态系统越稳定。

7. 生态系统的功能主要包括两个方面的内容，即物质循环和能量流动，两者不可分割，成为生态系统的核心。

8. 能量流动是能量从太阳到生产者到消费者到还原者到环境的流动过程。

9. 第一性生产是指能量从太阳能到化学能，物质从有机物到无机物的同化过程。而第二性生产是指除初级生产者以外的其他有机体的生产，即消费者和还原者利用初级生产量进行同化作用，表现为动物和微生物的生长、繁殖和营养物质的存储等其他生命活动的过程。

10. 对于生态系统来说，一般只有10%的净初级生产量被消费者转化为次级产量。第二性生产是由一系列次级生产组成的。

11. 物质循环是指物质从大气、水域或土壤中，通过生产者吸收进入食物链，然后转移到消费者，最后被还原者分解转化回到环境中。这些释放出的物质又再一次被植物利用，重新进入食物链，参加生态系统的物质再循环的过程。每种生物元素的循环都在生物个体水平、生态系统水平和生物圈水平三个不同级别上进行。水、C、N、O、P、S、矿质元素等的生物地球化学循环是物质循环的重要组成部分。

12. 生态系统中的信息传递是一个比较新的研究领域。在生态系统中，种群与种群之间，同一个种群内部个体与个体之间，甚至生物与环境之间都可以表达、传递信息。信息传递与能量流动和物质循环一样，都是生态环境中重要功能，它通过多种方式的传递把生态系统的各组分联系成一个整体，具有调节系统稳定性的功能。一般把信息分为物理信息、化学信息、营养信息、行为信息4类。

13. 生态系统平衡是指能量和物质在生态系统中输入和输出达到一种平衡的状态，也称自然平衡。能保持平衡的系统是稳定的系统。影响生态平衡的因素很多，主要有植被破坏、生物种类的减少、食物链被破坏等。

## 复习思考题

**一、名词解释**

生态系统　食物链和食物网　生态金字塔　林德曼效率　生态恢复　生态平衡

**二、填空题**

1. 根据生物在生态系统中的作用和地位，可将其划分为______、______、______。

2. 根据能流发端、生物食性及取食方式的不同，可将生态系统中的食物链分为______、

__________、__________、__________、__________。

3. 一个营养级是指____________________。

4. 生态系统的时空结构包括________、________、________。

5. 生态系统的基本功能包括________、________、________。

6. 生态系统中的物理信息包括________、________、________、________。

**三、多选题**

1. 生态系统的基本成分包括（　　）。

A. 非生物成分　　B. 生产者　　C. 消费者　　D. 分解者

2. 生态锥体分为（　　）。

A. 能量锥体　　B. 生物量锥体　　C. 数量锥体　　D. 重量锥体

3. 以下属于生态系统重要特征的有（　　）。

A. 复杂、有序的层级结构　　B. 明确的功能

C. 自维持、自调控功能　　D. 健康、可持续发展特性

4. 能流在生态系统中流动的特点是（　　）。

A. 能流在生态系统中和在物理系统中不同　　B. 能量是单向流

C. 能量在生态系统内流动的过程是不断递减的过程　　D. 能量在流动中质量逐渐提高

5. 生态系统中包含多种多样的信息，大致可以分为（　　）。

A. 物理信息　　B. 化学信息　　C. 行为信息　　D. 营养信息

**四、判断题**

1. 生态系统中的食物链是固定不变的。（　　）

2. 生态系统中的营养级一般只有四级、五级，很少有超过六级。（　　）

3. 生态系统中能量的流动是单一方向的。（　　）

4. 生态系统中的水循环包括截取、渗透、蒸发、蒸腾和地表径流。（　　）

5. 在生物圈中，磷参与循环的量目前正在减少，磷将成为人类和陆地生物生命活动的限制因子。（　　）

6. 生态系统中包含多种多样的信息，其中声信息是行为信息的一种。（　　）

**五、简答题**

1. 生态系统的能量流动有哪些特点？简述生态系统中能量流动的过程。

2. 简述氮、硫、磷的全球循环及其特点。

3. 信息传递有哪几种类型？其过程如何？

**六、论述题**

1. 生态系统有哪些重要特征？你认为哪些特别重要？

2. 生态平衡对生态系统有哪些重要性？如何在实际中运用生态平衡的原理来解决问题？

# 第六章　生物圈的主要生态系统

**【学习目标】**

地球生物圈中的生态系统可有多种分类方法，通常，根据环境中水分的情况，将地球上的生态系统划分为陆生生态系统和水生生态系统两大类群。人类应对生态系统实施必要的保护。通过本章学习，要求掌握、了解或熟悉如下内容。

1. 掌握影响陆地生态系统分布的因素，了解陆地生态系统的水平分布格局、垂直分布格局。
2. 了解主要森林生态系统的组成、结构、生产力特征。
3. 了解我国主要草地生态系统的分布、组成、结构、生产力特征。
4. 熟悉适应荒漠区生长的植物的三种生活型。
5. 掌握水域生态系统的环境特点、营养结构特点、功能特点。
6. 掌握河流生态系统、湖泊生态系统的分带特征。熟悉沼泽生态系统的基本特征。
7. 熟悉红树林生态系统的生境与生物特征，了解海草的适应特征、生态意义和经济价值。
8. 熟悉河口生态系统、浅海生态系统、大洋生态系统的生境特征、生物特征、生产特征。
9. 掌握自然保护区的概念，了解自然保护区的类型，熟悉自然保护区的规划和基本工作。

生物圈是一个巨大而极其复杂的生态系统，它是由无数个大小不等的各类生态系统所组成，这些大小不等、类型各异的生态系统可归为陆地生态系统和水域生态系统，而水域生态系统又包括淡水生态系统和海洋生态系统。图 6-1 是一种生态系统划分模式。

- 生物圈
  - 陆地生态系统
    - 自然生态系统
      - 森林生态系统
      - 草原生态系统
      - 荒漠生态系统
      - 冻原极地生态系统
    - 人工生态系统
      - 城市生态系统
      - 农田生态系统
      - 模拟人工生态系统
      - ……
  - 淡水生态系统
    - 流水生态系统，如河流等
    - 静水生态系统，如湖泊等
  - 海洋生态系统
    - 海岸生态系统
    - 浅海生态系统
    - 远洋生态系统

图 6-1　生物圈主要生态系统的划分

# 第一节　陆地生态系统

陆地生态系统是地球上最重要的生态系统，包括森林、草地、荒漠等。它为人类提供了居住环境以及食物和衣着的主体部分。陆地生态系统中虽然太阳光充足，但空气中的光合原料 $CO_2$ 稀少，且多数营养物质必须经相对狭窄的根系通道由土壤溶液进入生物体，所以陆地生态系统整体上能量流通率低，物质周转速率慢。由于空气浮力小，环境温度变化大，陆生植物演化出了发达的支持组织和保护组织。

## 一、森林生态系统

森林，又称林地，是以木本乔木为主体的陆地生态系统，是地球上最重要的陆地生态系统类型。世界自然资源研究所（World Resources Institute）1986 年报告，在人类大规模砍伐之前，世界林地面积约占地球陆地总面积的 45.8%，至 1985 年，森林面积下降到占陆地总面积的 31.7%。在陆地生态系统每年生产的 $102\times10^9$t 有机物质中，森林生产了 $58\times10^9$t，约占 56.8%；草地生产了 $20.8\times10^9$t，约占 20%；农作物生产了 $10.5\times10^9$t，约占 10%。

地球上的森林主要有热带雨林、亚热带常绿阔叶林、温带落叶阔叶林及北方针叶林四种，其分布见图 6-2。

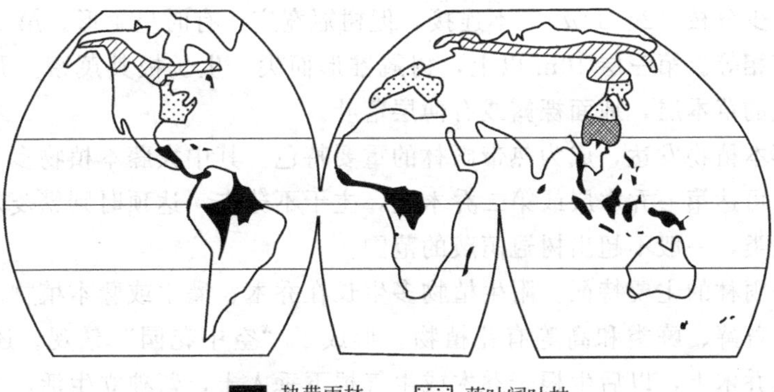


图 6-2　主要森林类型的世界分布（引自 Emberlin，1983）

### （一）热带雨林

热带雨林（tropical rain forest）又称常雨木本群落或称热带适雨林。斯奇姆珀（Schimper）在 1960 年曾从形态构成方面给出了热带雨林的概念：常绿的，具湿生特性的，以高度超过 30m 的乔木，粗茎的藤本的木本和草本附生植物为主要植物的生态系统。

热带雨林是目前地球上面积最大的森林生态系统，据美国生态学家利俄斯（H. Lieth）1972 年估算，热带雨林面积近 $1.7\times10^7km^2$，约占地球上现存森林面积的一半。热带雨林主要分布在南美洲的亚马孙盆地、非洲的刚果盆地和东南亚一些岛屿。我国西双版纳与海南岛南部也有分布。

热带雨林分布在赤道及其两侧的湿润区域，区域为赤道周日气候型。温度的日变幅 2～9℃，月平均温度都在 20℃以上，年平均气温约 26℃；年降水 2500～4500mm，全年均匀分布，无明显旱季，多在中午降大雨，雨后很快天晴；常年多云雾，日照率低。

热带雨林中的物质循环几乎是封闭的。虽然风化过程强烈、母岩崩解层深厚，但土壤酸性、强烈淋溶，仅留下三氧化物（$Al_2O_3$，$Fe_2O_3$）丰富的硅红壤，因此土壤养分极为贫瘠，雨林所需要的营养成分几乎全储备于植物量中，植物死去后很快矿质化，并直接被根系所吸收。

热带雨林是陆地生态系统中生产力最高的类型，有研究显示，热带雨林太阳能固定量平均为 $3.43\times10^7$ J/($m^2$·a)，光能利用率约 1.5%，为农田平均光能利用率的 2 倍；热带雨林呼吸消耗量大，因而净生产力小，有研究显示，其总初级生产力 124.4t/($hm^2$·a)，净初级生产力仅为 29.8t/($hm^2$·a)。

热带雨林植被具备如下特点。

1. 种类组成极为丰富

据统计，组成热带雨林的高等植物有 45000 种以上，主要为木本乔木、藤本植物和附生植物。雨林中的种类组成与热带陆地的古老性有很大关系，因为自第三纪以来，这里的环境很少发生强烈的变化，所以雨林本身也仅有很缓慢的变化和发展。

2. 群落结构复杂

热带雨林中，植物对群落环境的适应，达到了极其充分的程度，因而形成了复杂的结构。

雨林中的乔木可分为三层。第一层异常高大，常达 46～55m，最高达 92m，但胸径并不大，树干细长；少分枝（2～3 级），不连接，但树冠宽广，有时呈伞形。第二层一般 20m 以上，树冠长、宽相等。第三层 10m 以上，树冠锥形而尖，生长极其茂密。乔木层下为灌木层，再下为稀疏的草本层，地面裸露或有薄层落叶。

雨林中的藤本植物发达，成为热带雨林的重要特色。其中大藤本植物多为木本，粗如绳索或电线杆，长可达第一乔木层或第二乔木层，主干不分支，达顶时则繁茂发育。小藤本多单子叶植物或蕨类，一般不超出树冠荫蔽的范围。

附生植物是雨林的主要特征。附生植物多生长在乔木、灌木或藤本植物的枝叶上，其组成包括藻、菌、苔藓、蕨类和高等有花植物，形成了“空中花园”景观。还有一类附生植物，开始附生在乔木上，以后生根于乔木或生气根下垂入土，营独立生活，并最终杀死借以支持的乔木，所以被称为“绞杀植物”，如无花果属（*Ficus*）的一些种。

3. 乔木具特殊构造

雨林中的乔木，具有一些特殊构造。

(1) 板状根　主要起稳定植物不倒的作用；其中第一层乔木的板状根最发达，第二层次之，一般每树具 3～5 条，多的可具十余条；板状根高度可达地面上 9m。有的植物还具支柱根及气生根。

(2) 茎花　即由短枝上的腋芽或叶腋的潜伏芽生花，且多一年四季开花。

此外，乔木的树皮光滑，色浅而薄，不具有深裂而显著变化的皮孔，乔木的叶子大小、形状、质地、长势相似，大型羽状复叶多具有滴水叶尖等，都是雨林乔木的构造特殊之处。

4. 群落无明显季相交替

由于雨林乔木叶子平均寿命 13～14 个月，零星凋落，零星添新叶，雨林开花植物多为四季开花，所以，雨林群落的季相变化不明显。

上述植被特点给动物提供了丰富的食物和隐蔽场所，而经过长期进化，大多数热带雨林动物均为窄生态幅种类，因此这里也是地球上动物种类最丰富的地区。据报道，巴拿马附近的一个面积不到0.5$km^2$小岛上，就有哺乳动物58种，但每种的个体数量少，于是有“捉100种动物容易，捉100个同种动物困难”之说。昆虫、两栖类、爬虫类特别适应热带雨林的生境，它们在这里广泛发展，而且躯体巨大，某些昆虫的翅膀可长达17～20cm，巨蛇身长可达9m。

热带雨林中的众多物种具有很高的经济价值，如三叶橡胶是世界上最重要的橡胶植物，可可、金鸡纳等是非常珍贵的经济植物。但应注意的是，在多雨的雨林地区开辟大面积的经济植物种植区，会带来严重的生态问题：其一，因有机物质分解快、淋溶流失快，会迅速发生严重的水土流失；其二，雨林生物种群大多是k-对策物种，一旦被伐，在短时间内不易恢复。因此，人类要站在维持全球生态平衡的高度，切实保护热带雨林，慎重决策对热带雨林的开发利用。

（二）常绿阔叶林

常绿阔叶林指以常绿阔叶树种为主的森林生态系统。

常绿阔叶林主要分布于欧亚大陆东岸北纬22°～40°之间，在非洲东南部、美国东南部、大西洋中的加那利群岛等地也有少量分布。其中，我国常绿阔叶林是地球上面积最大（人类开发前约$2.5\times10^6 km^2$）、发育最好的一片。

常绿阔叶林分布区是亚热带大陆东岸湿润季风气候，夏季炎热多雨，冬季寒冷少雨，春秋温和，四季分明。年平均气温16～18℃，最热月平均24～27℃，最冷月平均3～8℃，冬季有霜冻；年降雨量1000～1500mm，主要分布在4～9月，但无明显旱季；土壤为红壤、黄壤或黄棕壤。本区域从侏罗纪起，一直保持温暖湿润的气候，海陆分布与气候变化都很小，所以保存了第三纪已基本形成的植被类型和古老种属，著名的如银杏（*Ginkgo biloba*）、水杉（*Metasequoia glyptostroboides*）、鹅掌楸（*Liriodendron chinense*）等。

较之热带雨林，常绿阔叶林高度明显降低，结构明显简单。乔木分两个亚层，上层以壳斗科、樟科、山茶科常绿树种为主，树高20m左右，很少超过30m，林冠整齐；下层以樟科、木兰科等树种为主，树高10～15m，树冠多不连续。灌木层明显，但较稀疏。草本层以蕨类为主。藤本植物与附生植物常见，但不如雨林繁茂，见图6-3。

常绿阔叶林的地上生物量与净生产力均较热带雨林为低，据钟章成（1988）等报道，四川常绿阔叶林的优势树种大头茶（*Gordonia acumenata*）地上生物量为150～176t/$hm^2$，净初级生产力约为10t/($hm^2\cdot a$)，其中90%以上为地上部分。

我国常绿阔叶林区是中华民族经济与文化发展的主要基地，平原与低丘全被开垦成以水稻为主的农田，是我国粮食的主要产区。原生的常绿阔叶林仅残存于山地。

（三）落叶阔叶林

落叶阔叶林指以在暖季生长而在冬前叶子枯死并脱落的树种为主的森林生态系统，又称夏绿林。

落叶阔叶林主要分布于北美中东部、欧洲及我国温带沿海地区。

落叶阔叶林分布区为中纬度湿润地区。年平均气温8～14℃，一月平均气温多在0℃之下（－3～－22℃），7月平均气温24～28℃；年降水量500～1000mm；土壤为褐色土与棕色森林土，较为肥沃。

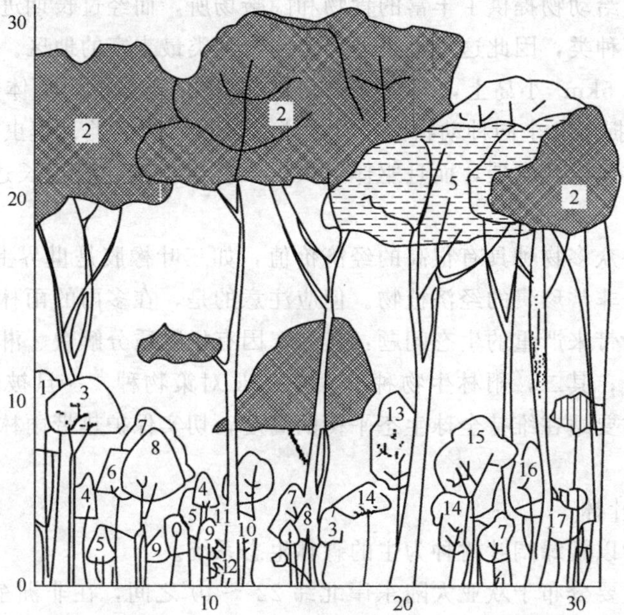


图 6-3 华栲、厚壳桂、大果厚壳桂群落结构图

1—肖蒲桃（*Acmena acuminatissima*）；2—华栲（*Castanopsis chinensis*）；3—乌榄（*Canarium pimela*）；4—绒毛润楠（*Machilus velutina*）；5—厚壳桂（*Cryptocarya chinensis*）；6—橄榄（*Canarium album*）；7—毛柿（*Diospyros reiantha*）；8—大叶蒲桃（*Syzygium levinei*）；9—罗伞树（*Ardisia inquegona*）；10—水梓（*Sarcospermum laurinum*）；11—黄藤（*Daemonorops margaritae*）；12—狗骨柴（*Tricalysia dubia*）；13—大果厚壳桂（*Cryptocarya concinnd*）；14—岭南山竹子（*Garcinia oblongifolia*）；15—榕树（*Ficusmicrocarpa*）；16—臀形果（*Pygeum topengii*）；17—云南银柴（*Aporusa yunnanensis*）

这类森林一般分为乔木层、灌木层和草本层，成层结构明显。乔木层高 15～20m，组成单纯，优势树种为壳斗科的落叶乔木，如山毛榉属（*Fagus*）、栎属（*Quercus*）、栗属（*Castanea*）、椴属（*Tilia*）等，其次为桦木科、槭树科、杨柳科的一些种。常为单优种，有时为共优种。灌木层一般比较发达，草本层也比较茂密。

有资料显示，在原始状态下，落叶阔叶林的叶面积指数为 5～8（热带雨林达 12 以上），光能利用率在 0.75%～2.5%之间，净初级生产力为 10～15t/(hm$^2$·a)，而现存生物量可达 200～400t/hm$^2$。

目前，原始的落叶阔叶林仅残留在山地，而平原及低丘处的落叶阔叶林地多被开垦成为棉花、小麦杂粮及落叶果树的种植地。我国的华北平原、北美东部地区均是如此。

（四）北方针叶林

北方针叶林指以常绿针叶树种为主的森林生态系统。

北方针叶林分布在北半球高纬度地区，面积约 1.2×10$^7$km$^2$，是仅次于热带雨林的第二大森林生态系统。

北方针叶林地区处于寒温带。≥10℃持续期少于 120d，夏季长度约 1 个月，冬季可长达 9 个月以上；年平均气温多在 0℃之下，最热月平均 15～22℃，最冷月平均－21～－38℃，绝对最低气温达－52℃。年降水量 400～500mm，集中在夏季。优势土壤为棕色针叶林土，土层浅薄，以灰化作用占优势。

北方针叶林树高20m上下，种类组成较贫乏，乔本以松（*Pinus*）、云杉（*Picea*）、冷杉（*Abies*）、铁杉（*Tsuga*）和落叶松（*Larix*）等属的树种占优势，多为单优种森林。林下灌木层稀疏，但常绿小灌木和草本植物组成的地被层很发达，并常具各种藓类。枯枝落叶层很厚，可达50t/$hm^2$，分解缓慢，下部常与藓类一起形成毡状层。树木根系较浅，于冻土层之上。

针叶树的叶面积大，叶面积系数可达16，终年常绿，但因冷季长，土壤贫瘠，净初级生产力是很低的。英国生态学家罗顶（L. E. Rodin）报道，泰加林的生物量可达100～330t/$hm^2$，但净初级生产力是所有森林生态系统中最低的，仅4.5～8.5t/($hm^2$·a)，在冬季不太冷的温带地区，也仅有14t/($hm^2$·a)。怀特克（Whittaker）报道，北方针叶林的平均生产力为$9.6\times10^9$ t/a，占全球森林生态系统总生产力$77.2\times10^9$ t/a的12.4%。

北方针叶林的动物有驼鹿、马鹿、驯鹿、黑貂、猞猁、雪兔、松鼠、鼯鼠、松鸡、飞龙等及大量的土壤动物（以小型节肢动物为主）和昆虫，后者常对针叶林造成很大的危害。这些动物活动的季节性明显，有的种类冬季南迁，多数冬季休眠或休眠与储食相结合。动物的数量年际之间波动性很大，这与食物的多样性低而年际变动较大有关。

北方针叶林组成整齐，便于采伐，是人类极其重要的木材资源，世界工业木材总消费量约$1.4\times10^9$ $m^3$，一半以上来自北方针叶林。

由于这里气候寒冷，土壤有永冻层，不适于耕作，所以自然面貌保存较好。

## 二、草地生态系统

草地是以多年生草本植物为主体的陆地生态系统，是仅次于森林的重要陆地生态系统类型。草地可分为草原与草甸两大类。前者在地球表面占据特定的生物气候地带，由耐旱的多年生草本植物组成，是地球上草地的主要类型，也是本节讨论的主题。后者可出现在不同的生物气候地带的不同生境，如河漫滩低湿地、林间空地、森林砍伐区，属隐域植被，由喜湿润的中生草本植物组成。

草原是内陆干旱到半湿润气候条件的产物，旱生多年生禾草占绝对优势，并有多年生杂类草及半灌木。

世界草原总面积约$2.4\times10^7$ $km^2$，约占陆地总面积的六分之一，大部分地段是天然放牧场。因此，草原是人类重要的放牧畜牧业基地。

草原是地球演化的产物。地球上的被子植物从白垩纪末期起开始繁盛，并逐渐发展成最大的一个植物类群，其中较年轻的一个大科——禾本科从第三纪中期开始分化，并很快分布到全世界，现在约有4500种，其中有些就是草原植被的主要建成者。称号“草原之王”的针茅属（*Stipa*），其诞生时期不迟于渐新世，至中新世时期在欧亚大陆形成广泛地草原景观，进入第四纪以后，草原逐渐扩大其面积，最迟在晚更新世（距今10万年）前已形成目前的草原类型。

大体上，草原都处于湿润的森林区与干旱的荒漠区之间。靠近森林一侧，气候半湿润，草群繁茂，种类丰富，并常出现岛状森林和灌丛，如北美的高草草原（tall grass prairie）、南美的潘帕斯（Pampas）、欧亚大陆的草甸草原（meadow steppe）以及非洲的高稀树草原（tall savanna）。靠近荒漠一侧，雨量减少，气候变干，草群低矮稀疏，种类组成简单，并常混生一些旱生小半灌木或肉质植物，如北美的矮草草原、我国的荒漠草原以及前苏联欧洲部分的半荒漠等。在这两者之间为辽阔而典型的禾草草原。此外，在寒温带年降雨量150～

200mm 地区也有大面积草原分布。概而言之，水分与热量的组合状况是影响草原分布的决定因素。

根据组成和地理分布，草原可分为温带草原与热带草原两类。温带草原分布在南北两半球的中纬度地带，如欧亚大陆草原、北美大陆草原和南美草原等。因为这些地区夏季温和，冬季寒冷，春季或晚夏有一明显的干旱期，土壤中钙化过程与生草化过程占优势，所以草种以耐寒低矮的旱生禾草为主，其地上部分高度多不超过 1m。热带草原分布在热带、亚热带，最著名的是非洲大陆草原。因为这些地区温度高、降雨集中，土壤强烈淋溶，以砖红壤化过程占优势，比较贫瘠，加上频繁的野火，限制了植被的稳定发育，所以物种以季节性高大禾草与散生小乔木为主，草高可达 3m。其别称为萨王纳（Savanna），意即稀树草原。

草原的净初级生产力变动较大，温带草原在 0.5t/(hm$^2$·a)（荒漠草原）到 15t/(hm$^2$·a)（草甸草原）之间；热带稀树草原净初级生产力高一些，变动于 2t/(hm$^2$·a) 到 20t/(hm$^2$·a) 之间，平均达 7t/(hm$^2$·a)。在草原生物量中，地下部分常常大于地上部分，气候越是干旱，地下部分所占比例越大。值得指出的是，土壤微生物的生物量常达很高数量，如加拿大南部草原，在植物生物量为 434g/m$^2$ 时，30cm 土层内土壤微生物量达 254g/m$^2$；我国内蒙古草原土壤微生物的取样分析结果也与之相近。

草原动物很丰富，大型哺乳动物有稀树草原上的长颈鹿，欧亚大陆草原上的野驴、黄羊，北美草原上的野牛，还有众多的啮齿类、鸟类以及土壤动物。总的看来，因受水分条件的限制，草原动植物区系的丰富程度及生物量均较森林为低，但显著高于荒漠。但据哈特诺斯（Haltenorth）研究，草原动植物的个体数目以及较小单位面积内种的饱和度比森林和荒漠都高。

高利（F. B. Golley）用一个极简化的食物链——生产者为禾草，第一级消费者为田鼠及蝗虫，第二级消费者为黄鼠狼——研究了美国密执安地区禾草草原生态系统中能量沿食物链流动的情况，显示植物对太阳能的利用率约为 1%，田鼠消费植物总净初级生产力约 2%，由田鼠转移给黄鼠狼约 2.5%。与高利的研究结果相吻合的是，在非洲坦桑尼亚的热带稀树草原上，能量在生产者和一级消费者之间的流动规模极小，当植物量为 24t/hm$^2$ 时，主要草食动物野牛、斑马、角马、羚羊与瞪羚的生物物量仅 7.5kg/hm$^2$。其原因是植物组成的饲用价值不高，植物中含有大量粗纤维和二氧化硅，但氮、磷含量很低，氮仅 0.3%～1%，磷仅 0.1%～0.2%。

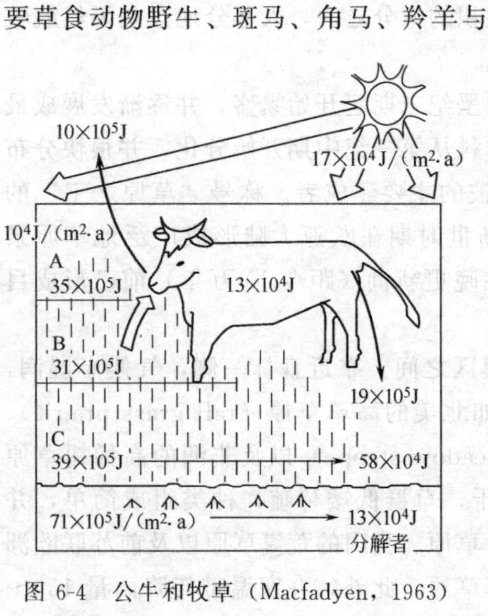


图 6-4 公牛和牧草（Macfadyen，1963）

在放牧生态系统中，家畜代替野生动物成为主要的消费者，其能量流动状况有所改观。杜威格尼奥德（P. Duvigneaud）研究了英国草地上饲养肉牛的饲草转化效率，结果发现，草地干草 16t/hm$^2$ 的净初级生产力中，约有 11% 转化成了肉牛的净次级生产力，见图 6-4。

## 三、荒漠生态系统

荒漠（desert）是以超旱生的灌木、半灌木或小半灌木占优势的，地上部分不能郁闭的生态系统，是三大陆地生态系统类型之一。

荒漠主要分布于亚热带干旱区，往北可延伸到温带干旱地区，见图 6-5。这里年降水量少于 200mm，有些地区年雨量还不到 50mm，甚至终年无雨；易溶性盐类很少淋溶，土壤表层有石膏累积；地表细土被风吹走，剩下粗砾及石块，形成戈壁；而在风积区则形成大面积沙漠。

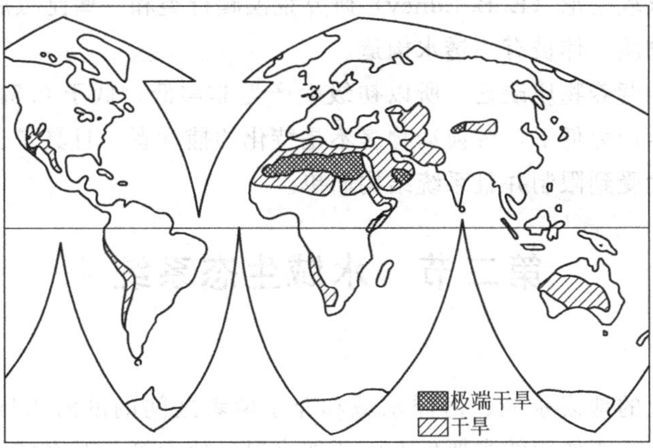


图 6-5　世界干旱区域的分布（引自 Embedin，1983）

荒漠的植被极度稀疏，适应荒漠区生长的植物主要有三种生活型。第一类为荒漠灌木及半灌木，这类植物具有发达的根系、呈灰白色以反射强烈阳光的茎秆、小而厚的叶子，如霸王（*Zygophyllum*）、梭梭（*Haloxylon*）、白刺（*Nitratia*）、红沙（*Reumuria*）等属的一些种。第二类为肉质植物，这类植物为景天酸代谢型（CAM），夜间气孔开放，吸收 $CO_2$，以苹果酸的形式储存在植物体内，白天气孔关闭以适应干燥空气，苹果酸释放出 $CO_2$，供植物光合作用，即将固定 $CO_2$ 与 $CO_2$ 的进一步代谢在时间上分隔开来，这样，肉质植物既安全得到 $CO_2$ 供应，又维持了植物的水分平衡。肉质植物主要分布在南美及非洲的荒漠中，如仙人掌科与百合科的一些种。第三类为短命植物与类短命植物，前者为一年生，后者系多年生，它们利用较湿润的季节迅速完成其生活周期，以种子或营养器官渡过不利生长时期。

多刺疏林是典型的荒漠生态系统，为最旱生的一类热带木本群落。群落由旱季落叶的乔、灌木组成，有时可见到藤本和附生植物，草本植物很不发达，特别缺少禾本科植物和菊科植物。植物体多刺，叶常羽状，茎叶肉质化。多刺疏林主要分布在非洲、美洲和大洋洲，在美洲的卡汀珈群落中，最突出的植物是木棉科的纺锤树，树干膨大如瓶，木质部为疏松柔软的特殊储水室，见图 6-6。

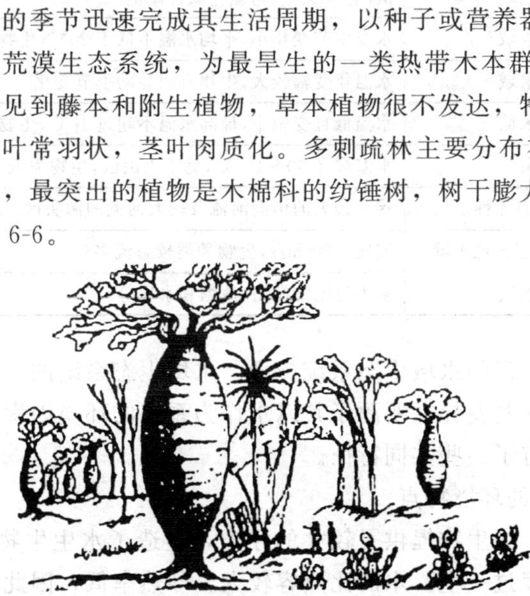

图 6-6　南美洲多刺疏林中的纺锤树（引自唐廷贵，1984）

荒漠的消费者主要是爬行类、啮齿类、鸟类以及蝗虫等。它们以各种不同的方法适应水分的缺乏。施密德-尼尔森（Schmidt-nielsen）研究发现，更格卢科的啮齿类动物，能以干种子为生而不需要饮水，它们也不需要用水调节体温，而是靠排尿营造温润生境，这些动物白天躲在尿液维持相对湿度为30%～50%的洞穴里，夜间才到相对湿度为0～15%荒漠地面活动。英国生态学家埃德尼（E. B. Edney）研究荒漠爬行类和一些昆虫后发现，这些动物体内具有保持水分的物质，体被有不透水构造。

荒漠生态系统中营养物质缺乏，所以初级生产力非常低，低于0.5g/($m^2$·a)，植物生长缓慢。由于初级生产力低下，荒漠动物多不是特化的捕食者，且具较长的生活史。总体上看，荒漠的能量流动受到限制并且系统结构简单。

## 第二节　水域生态系统

### 一、概述

水域分为陆地上的地表水域、海洋水域和介于两者之间的滨海水域。可以依据对水生生物分布、生长等起重要作用的主要生态因子如水温、盐度等，对水域的类型进行划分，见表6-1。

**表6-1　水域的类型划分及主要特征**

| 分类依据 | 生态类型 | | 主要特征 |
|---|---|---|---|
| 盐度 | 淡水水域 | | 含盐度在0.01‰～0.5‰之间。多数江河、湖泊、水库、池塘等 |
| | 海水水域 | | 平均含盐度32‰～38‰，最高可达47‰，如海洋 |
| | 半咸水域 | | 含盐度在0.6‰～16‰之间，多指河口区及淡水化海洋 |
| | 超盐水域 | | 含盐度在47‰～300‰之间，多为内陆无河流出入的"封闭式"湖泊 |
| 酸碱度 | 酸性水域 | | pH一般不超过6，常见于沼泽水域 |
| | 中性水域 | | pH在6～9之间，多数天然水域 |
| | 碱性水域 | | pH在9以上，常见盐碱性湖泊 |
| 温度 | 热带水域 | | 水温季节变化小，平均水温不低于20℃，生物种类丰富，如热带各种水域 |
| | 温带水域 | | 水温年变幅较大，生物有明显的季节变化 |
| | 近极水域 | | 水温低且变幅小，最高水温不超过10℃，生物多为冷水性耐寒种类 |
| | 温泉 | | 水温多在30～100℃，见于火山区，生物为低等耐温种类 |
| 流动性 | 流动水域 | 急流性水域 | 落差较大的山涧河流及较大河流的源头区，流速＞50cm/s |
| | | 缓流性水域 | 流速＜50cm/s，生物种类较急流多 |
| | 静水水域 | | 多为封闭的湖泊、池塘和水库等 |

在各类水域内，有丰富的水域生态系统类型。水域生态系统的结构和功能与陆地生态系统有许多明显的差异，这些差异主要源于其以水作为系统的环境因素，正是由于水的理化特征，使水域生态系统具有了一些共同特征。

（一）水域生态系统的环境特点

水的密度大于空气，为生物提供了较大的浮力，塑造了水生生物在构造上的许多特点，使生物可以悬浮在水中度过一生。水的比热容较大，导热率低，因此水温的升降变化比较缓慢，通常不会像陆地温度变化那么剧烈，为生物提供了相对稳定的环境条件。

（二）水域生态系统的营养结构特点

除一部分水生高等植物外，水生生态系统的生产者主要是体型微小但数量惊人的浮游植物。消费者层次的组成状况在淡水和海洋两类生态系统中的差别较大，在淡水水域，消费者一般是体型较小、生物学分类地位较低的变温动物。

（三）水生生态系统的功能特点

与陆生生态系统相比，水生生态系统初级生产者对光能的利用率低，物质生产能力也相对较低。据奥德姆（Odum）对佛罗里达中部银泉的能流研究，生产者实际用于总生产力的有效太阳能仅有1.22%，除去生产者自身呼吸消耗的0.7%，初级生产者净生产力所积累的光能只有0.52%。海洋是生物圈中最大的生态系统，其固定的能量占到生物圈各类生态系统总量的33%左右，但其生物量只有$3.3\times10^9$t，还不及陆地森林生态系统的1/500。

**二、地表水域生态系统**

地表水域生态系统大体分为河流生态系统、湖泊生态系统、沼泽生态系统。

（一）河流生态系统

河流可划分为两大类，一类为注入海洋的外流河，另一类为流入封闭的湖泊或消失于沙漠、盐海的内流河。河流属流水型生态系统，在生物圈的物质循环中起着重要作用。

河流生态系统主要具有以下特点。

(1) 纵向成带现象　从上游到河口，水温和水体某些化学成分有明显差异，必然影响着生物群落的结构，不同断面的生物群落便有了差异。当然这种纵向差异不是均匀的连续变化，特殊条件和特殊种群可以在整个河流中存在。

(2) 生物具有适应急流生境的特殊形态结构　在流水型生态系统中，水流常是主要限制因子。所以，河流中特别是河流急流中生物群落的一些种类，在自身的形态结构上具有相应的适应特征，有的通过吸盘或钩营附着或固着生活，有的体呈流线型以使水流经过或上溯时产生的阻力最小，有的壳和头黏合在一起以增加在急流中的安全性，还有的生物体呈扁平状，能在石下和缝隙中栖息。

(3) 制约因素复杂　河流生态系统受其他系统的制约较大，它的绝大部分河段受流域内陆地生态系统的制约，流域内陆地生态系统的气候、植被以及人为干扰强度等都对河流生态系统产生较大影响。例如流域内森林破坏，水土流失加剧，便使河流含沙量增加、河床升高。从营养物质的来源看，河流生态系统也主要是靠陆地生态系统的输入。在河口附近的河段还受海洋的影响。

(4) 自净能力强，受干扰后恢复速度较快　由于河流生态系统流动性大，水的更新速度快，从而加强了系统自身的自净能力，一旦污染源被切断，系统的恢复速度比湖泊、水库要迅速。

（二）湖泊生态系统

湖泊就是地面上长期存水的洼地。水库、池塘等可被视为人工的湖泊。

湖泊的基础构造称为湖盆，其成因是多种多样的，构造运动、火山活动等内力作用可形成湖盆，冰川、风力等外力作用也可塑造湖盆。

从宏观上看，湖泊结构包括从陆地到湖泊水面的过渡带，即湖泊湿地。湖泊湿地包括湖滩地和河滩地，含盐量小于1%的湖泊湿地为淡水湖泊湿地。

湖泊水面下的生境因子具有独特的变化规律。湖水的温度既有明显的地带性规律，也受湖面高程等非地带性因素的影响，各地差别很大。一些较深的湖泊，水温的垂直变化随季节不同而有差异，一般夏季水温的分层现象比较明显，冬季则在冰面下呈逆温分布。我国的湖泊在每年10月中旬至12月中下旬期间，自北向南出现冰情，北纬28°以南的湖泊属于不冻湖。湖水按矿化度不同分为三类，含盐量小于1g/L的为淡水湖，含盐量1～35g/L的为咸水湖，含盐量大于35g/L的为盐湖。含盐量受湖盆构造、补水和气候影响，如淡水湖一般为重碳酸钙质水，主要分布在长江中下游平原、黄淮海平原、云贵高原和东北地区，新疆和青藏高原也有少量的淡水湖。

湖泊的生态结构与功能，呈现同心圆状分布，由外向内大体为湖泊沼泽、沿岸带、深水区三部分。这与湖岸的倾斜度、深度，汇入养分的多少、温度变化以及湖泊的底质成分等有关。

最外圈为湖泊湿地，由于有与陆地相似的光、温和气体交换条件，蓄积着来自水陆两相的营养物质，所以成为以高等植物为主要的初级生产者的具有较高的初级生产力的圈层。同时，湖泊湿地为鱼类和其他水生动物提供了丰富的饵料和优越的栖息条件，具有较高的渔业生产能力。

由湖岸向湖心的方向深入，在湖泊水面下常有一个低浅的沿岸带，带内湖水较浅，光照较强，水温较高，溶解氧含量高，营养物质丰富，生产者极为繁茂，尤其是水生维管束植物和藻类发达；以丰富的挺水植物、浮水植物、沉水植物、浮游植物为营养，这里浮游动物和自由动物也很丰富。

向湖心方向进入湖泊的深水区后，水下光线减弱，在浮游植物光合作用补偿点以下的光强度不能满足藻类光合作用的需要，因此，深水层以异养动物和嫌气性细菌为主。

我国天然湖泊总面积达80000km$^2$以上，湖泊率为0.8%，面积在1km$^2$以上的有2800余个，其中面积较大的有青海湖、鄱阳湖、洞庭湖和太湖等。

湖泊有它独特的发展过程，可经历贫营养阶段、富营养阶段、水中草本阶段、低地沼泽阶段演变为森林顶极群落，即最终由水域生态系统演变为陆地生态系统。人为干扰的增强，将大大缩短转变时间。这已成为湖泊生态系统面临的一个很突出的环境问题。

（三）沼泽生态系统

沼泽是水体和陆地之间的过渡型自然综合体，是典型的湿地生态系统，以沼泽植物占优势，动物的种类也很多。从含盐量的角度，沼泽分为淡水沼泽和盐水沼泽。

1. 淡水沼泽的分布

淡水沼泽在世界上集中分布在北半球的寒带森林、森林苔原地带以及温带森林草原地带。我国是世界上沼泽分布较多的国家之一，在东北寒温带、温带湿润气候区，四川和西藏的高原高山内，分布着类型繁多、面积广大、发育良好的沼泽。

2. 沼泽的特征

（1）水文特征　地表常年过湿或有薄层积水。积水来自降雨，河、湖输入，以及泥炭层外渗。沼泽水是地表水和地下水的过渡类型，它具有一系列特殊的水文过程。

（2）泥炭特征　泥炭又称草炭，是沼泽形成和发育过程的产物，是沼泽的本质特征。

（3）植物特征　沼泽植物是沼泽生态系统的主要组成部分，它能综合反映沼泽的生境，是沼泽的指示特征。由于各地的自然条件和植物区系的历史不同，沼泽中的植物种类较多，约有90科，其中维管束植物约74科。从数量上看，莎草科、禾本科植物最多，其次为毛茛科、灯心草科、杜鹃花科、伞形科、木贼科、蓼科、玄参科、黄眼草科、天南星科、水麦冬科、茅膏菜科、狸藻科、菊科、蔷薇科及泽泻科植物；从分布上看，莎草科、禾本科、毛茛科、狸藻科、伞形科、天南星科、蓼科及水麦冬科等为广布科，如禾本科的芦苇（*Phragmites communis*）分布于从东北的三江平原到西南的云贵高原，从东海之滨至西北的北疆山地的广大地区。

3. 沼泽生态系统的结构

半水半陆的生态环境，决定了沼泽植物群落和动物群落具有明显的水陆相兼性和过渡性。多样的沼泽植物、沼泽动物、细菌和真菌类群，组装了极为复杂的沼泽生态系统。

沼泽植物群落包括乔木、灌木、小灌木、多年生禾本科、莎草科和其他多年生草本植物以及苔藓和地衣。沼泽动物种类有涉禽、游禽、两栖动物、哺乳动物和鱼类等，其中有的是珍贵的或有经济价值的动物。珍贵禽类有黑龙江西部扎龙和三江平原芦苇沼泽中的丹顶鹤（*Grus japonensis*），三江平原沼泽中的白鹤（*Grus lencogeranns*）、白枕鹤（*Grus vipio*）、天鹅（*Cygnus cygnus*），华北和新疆天山地区沼泽中的矶鹬（*Tringa hypoleucos*），青海湖周围沼泽中的斑头鸭，青藏高原芦苇沼泽中的黑颈鹤以及斑嘴雁、棕头雁等；珍贵哺乳类动物有水獭（*Lutra lutra*）、麝鼠（*Ondatra zibethica*）；珍贵两栖类有花背蟾蜍（*Bufo raddei*）、黑斑蛙（*Rana nigromaculata*）等。

4. 沼泽生态系统的功能

沼泽生态系统的能量流和蕴藏的较大生物生产力，对沼泽的生态平衡和充分利用，有着重要的理论价值和生产意义。

沼泽地草本植物生长茂密，土地肥沃，有机质含量高，排干后可开垦为耕地，素有“鱼米之乡”美称的珠江三角洲、江汉平原、洞庭湖平原、太湖平原等，都是从沼泽上开发出来的。

不同地区、不同类型的沼泽生态系统中的植物成分有所差别。三江平原地区的草本植物纤维的总储量可达884万吨；新疆博斯腾湖芦苇的商品规格刈割产量达60余万吨；有的沼泽中生长着药用植物和优良牧草。此外，茂密的沼泽植物死亡后，以泥炭的形式储存了大量的太阳能。

沼泽上的纤维植物和泥炭利用具有广阔的前景。纤维植物（小叶章、大叶章、芦苇、毛果苔草等）是很好的造纸和人造纤维的原料。泥炭有机质含量丰富，一般为50%～70%，氮、磷、钾等的含量也较高，是良好的肥料，可用泥炭来改良土壤，提高土壤肥力。此外，泥炭在工业、农业、医药卫生等方面有广泛的用途。

**三、滨海生态系统**

（一）红树林生态系统

1. 生境特征

（1）地质地貌　红树林生态系统形成的地质条件为以花岗岩或玄武岩粉粒（silt）、黏粒（clay）为主，富含有机质、含盐量0.2%～2.5%、pH4～8的淤积物；地貌条件为平坦而广阔、风浪较微弱、水体运动缓慢的河口海湾、三角洲地区海岸及沿河口延伸至内陆数公里的河岸。

（2）温度　红树林分布中心地区海水温度的年平均值为24～27℃，气温则在20～30℃范围内。

（3）潮汐　红树植物生长良好的地带有潮间带的每日有间隔的涨潮退潮变化。长期淹水，红树很快死亡；长期干旱，红树将生长不良。

2. 红树林生物组成及其适应性

（1）红树林植物　红树植物（*mangrove plants*）是能忍受海水盐度生长的木本挺水植

物。主要建群种类为红树科的木榄（*Bruguiera gymnorrhiza*）、海莲（*B. sexangula*）、红海榄（*Rhizophora stylosa*）、红树（*R. apiculata*）和秋茄（*Kandelia candel*）等，其次有海桑科的海桑（*Sonneratia caseolaris*）、杯萼海桑（*S. alba*），马鞭草科的白骨壤（*Avicennia marina*），紫金牛科的桐花树（*Aegiceras cornicutatum*）等。可组成七个主要群系：即木榄群系、秋茄群系、红树群系、桐花树群系、海桑群系、白骨壤群系和水椰群系。

(2) 红树林植物的适应性

① 根系。红树植物很少有深扎和持久的直根，而是适应潮间带淤泥和缺氧以及风浪等条件，形成各种适应的根系（常见的有表面根、板状根或支柱根、气生根、呼吸根等）。

表面根是蔓布于地表的网状根系，可以相当长时间暴露于大气中，获得充足的氧气。桐花树、海漆的表面根发达。

支柱根或板状根是由茎基板状根或树干伸出的拱形根系，能增强植株机械支持作用。秋茄、银叶树等有板状根，红海榄等有支柱根。

气生根是从树干或树冠下部分支产生的，悬吊于枝下而不抵达地面，因而区别于支柱根。红树属和白骨壤属的一些种有典型的气生根。

呼吸根是红树植物从根系中分生出向上伸出地表的根系，富有气道，是适应缺氧环境的通气根系。呼吸根有多种形状，白骨壤为指状呼吸根，木榄为膝状呼吸根，海桑则有笋状呼吸根。

② 胎生。不少红树植物在成熟果实仍然留在母树上时，种子即在果实内发芽，伸出一个棒状或纺锤状的胚轴悬挂在树上，到一定时候，幼苗下落插入松软的泥滩中，几天后即可生根而固定于泥滩土壤中，或随水远播。

③ 旱生结构与抗盐适应。由于热带海岸地区云量大、气温高、海水盐度也高，所以，红树林实际处于是生理干旱环境中。红树林从多方面对这种生境进行适应。

叶片具旱生结构，如表皮组织有厚膜而且角质化，厚革质。

叶片具高渗透压，通常在 3039.75～6079.50kPa 之间，如海桑 3242.40kPa、白骨壤 3495.71～6282.15kPa。

树皮富含抗腐蚀剂单宁，红树属和木榄属所含的单宁占树皮质量的 15%～20%，占树皮体积的 20%～25%。

拒盐植物秋茄、红海榄等依靠木质部内高负压力，通过非代谢超滤作用从盐水中分离出淡水，使蒸腾流吸入盐分在 1%左右；泌盐植物白骨壤等通过盐腺系统将盐分泌出叶片表面处，使蒸腾流吸入的盐分多数从叶面盐腺排出体外。

3. 红树林植物群落分布和演替

红树林主要分布在潮间带，其群落结构（或群落演替发育）呈现与环境特征相适应的平行于海岸的带状特征。

(1) 低潮泥滩带　指小潮低潮平均水面线至大潮低潮最低水面线之间的地带。大潮时，海水能淹没此带内全部植物，小潮时，海水仍淹没植物树干基部，海水和底质盐度较高。所以，此带内生长的是能适应这种恶劣条件的物种，换而言之，此带的生物群落为红树林发育早期的群落。

(2) 中潮带　指小潮低潮平均水面线至小潮高潮平均水面线之间的地带。该带宽度从几十米至几千米不等，退潮时地面暴露，涨潮时，树干被淹没一半左右，盐度在 1.0%～2.5%，是典型的红树生境。因此，大部分红树植物能在此带生长繁殖，或者说，此带的生物群落为红树林繁盛群落。

(3) 高潮带　指小潮高潮平均水面线至大潮高潮最高水面线之间的地带。这是红树林带和陆岸过渡的地带，土壤经常暴露，表面比较硬实，土壤盐度因受降雨等淡水冲洗而较低，生境条件已非典型。所以，又只有部分红树林植物可以在此带内生存，或者说，此带的生物群落为红树林衰退群落。

不同地区，在以上各带内生长的红树植物是不一样的，见图 6-7。

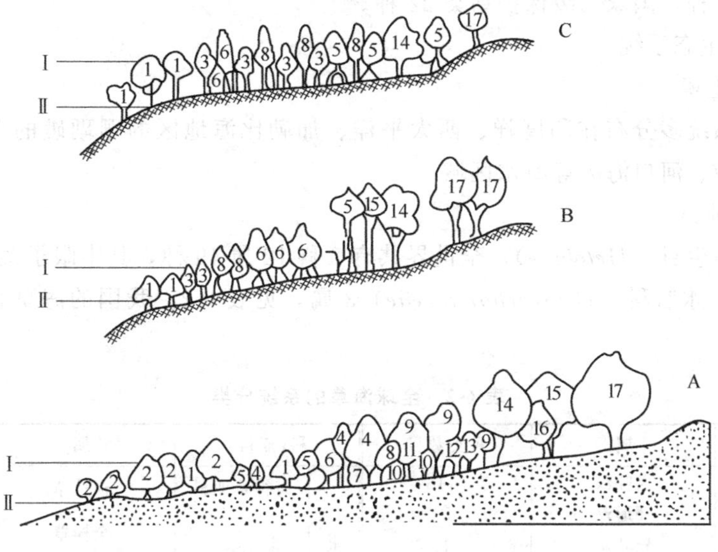

图 6-7　中国东南部海岸红树林的演替（引自 Lin，1988）

A—海南岛清澜港；B—广东省雷州半岛；C—福建省南部海岸；Ⅰ—高潮线；Ⅱ—低潮线

1—白骨壤（*Avicennia marina*）；2—海桑（*Sonneratia caseolaris*）；3—桐花树（*Aegiceras corniculatum*）；4—红树（*Rhizophora apiculata*）；5—木榄（*Bruguzera gymnorrhiza*）；6—红海榄（*Rhizophora stylosa*）；7—老鼠勒（*Acanthus ilicifolius*）；8—秋茄（*Kandelia candel*）；9—海莲（*Bruguiera sexangula*）；10—卤蕨（*Acrostichum aureum*）；11—角果木（*Ceriops tagal*）；12—瓶花木（*Scyphiphora hydrophyllacea*）；13—榄李（*Lumnitzera racemosa*）；14—海漆（*Excoecaria agallocha*）；15—银叶树（*Heritiera littoralis*）；16—玉蕊（*Barringtonia racemosa*）；17—黄槿（*Hibiscus tiliaceus*）

4. 红树林区的动物

红树林中的优势海洋动物是软体动物，还有多毛类、甲壳类及一些特殊鱼类。

软体动物以汇螺科、蜒螺科、滨螺科和牡蛎科种类为代表。

红树林中有大量的大型蟹类和虾类生活，常见的有招潮蟹（*Uca*）、相手蟹（*Sesarma*）和大眼蟹（*Macrophthalmus*）。这些动物在软基质上挖掘洞穴，使氧气可以进入基质底层，从而改善了那里的缺氧状况。

红树林内生活的多毛类并不多，常见的是小头虫科的背蚓虫（*Notomastus latericeus*）、双齿围沙蚕（*Perinereis aibuhitensis*）和锐足全刺沙蚕（*Nectoneanthes axypoda*）等。但在红树林外的软相潮间带中，多毛类种数、密度和生物量均较多。在深圳河口红树林海岸泥滩，多毛类密度为 4312.8 个/$m^2$，生物量为 67.54g/$m^2$，成为河口泥滩潮间带的主要类群。

红树林区也是对虾和鲻类等鱼类育苗场。这些鱼虾游向大海以前的生活史都在这里度过。

弹涂鱼（*Periophthalmus* spp.）及其近缘种的小型大眼鱼是红树林最引人注目的鱼类。

它们身体较小，一生大部分时间都离开水，靠强有力的胸鳍在淤泥上“走动”，有时甚至爬上红树枝干。这些鱼也在泥地上掘洞穴作为避难和繁殖的场所。它们可以靠尾部和尾鳍提供的冲力完成一系列的“飞跃”或“跳跃”动作，快速通过空旷的淤泥区，因而被称为“泥上飞鱼”(mudskippers)。

红树林区是滨海湿地，因而是鸟类的重要分布区。我国的红树林鸟类达 17 目 39 科 201 种，其中留鸟和夏候鸟 83 种，旅鸟和冬候鸟 118 种，分别占总鸟类的 41％和 59％，有国家一级保护鸟类 2 种，国家二级保护鸟类 22 种。

（二）海草生态系统

1. 分布与生境

海草生态系统多分布在印度洋、西太平洋、加勒比海地区的珊瑚礁的泻湖、近海浅水域、暗礁浅水域、河口海湾等海水区域。

2. 海草的种类

海草属于沼生目（*Helobiae*)，全世界共有 2 科 12 属 49 种，其中眼子菜科（*Potamogetonaceae*）9 属，水鳖科（*Hydrocharitaceae*）3 属，见表 6-2。我国的海草有 15 种 2 亚种，见表 6-3。

**表 6-2 全球海草的系统分类**

| 科(亚科) | | 属 | 种类数目 | 科(亚科) | | 属 | 种类数目 |
|---|---|---|---|---|---|---|---|
| 眼子菜科 | 大叶藻亚科 | 大叶藻 | 11 | 水鳖科 | 海神草亚科 | 根枝草 | 2 |
| | | 虾形藻 | 5 | | | 全楔草 | 2 |
| | | 异叶藻 | 1 | | 水鳖亚科 | 海菖蒲 | 1 |
| | 聚伞藻亚科 | 聚伞藻 | 3 | | 海龟草亚科 | 海龟草 | 2 |
| | | 二药藻 | 8 | | 喜盐草亚科 | 喜盐草 | 8 |
| | 海神草亚科 | 海神草 | 4 | | | | |
| | | 针叶藻 | 2 | | | | |

**表 6-3 中国海草种类与分布**

| 名 称 | 分 布 |
|---|---|
| 大叶藻 *Zostera marina* L. | 辽宁、河北、山东 |
| 丛生大叶藻 *Zostera caespitosa* Miki. | 辽宁、河北、山东 |
| 日本大叶藻 *Zostera japonica* Aschers & Graebn. | 海南、广东、广西、福建、辽宁、河北、山东 |
| 红须根虾形藻 *Phyllospadix iwatensis* Makino. | 辽宁、山东 |
| 二药藻 *Halodule uninervis*(Forssk.)Aschers. | 海南 |
| 圆头二药藻 *Halodule pinifolia*(Miki.)Den Hartog. | 广东、台湾 |
| 海神草 *Cymodocea roundata* Ehrenb. & Hempr. Ex Asehers. | 海南、广东 |
| 齿叶海神草 *Cymodocea serrulata*(R. Br.)Aschers. & Magnus. | 海南 |
| 针叶藻 *Syringodium isoetifolium*(Aschers.)Dandy. | 广西 |
| 全楔草 *Thalassodendron ciliatum*(Forssk.)Den Hartog. | 海南、广东 |
| 海菖蒲 *Fnhalus acoroides*(L. f.)Royle. | 海南 |
| 海龟草 *Thalassia hemprichii*(Ehrenb.)Aschers. | 海南、广东、西沙群岛 |
| 喜盐草 *Halophila ovalis*(R. Br.)Hook. f. | 海南、西沙群岛、广东、香港 |
| 喜盐草卵叶亚种 *Halophila ovalis*(R. Br.)Hook. f. ssp. ovalis | 广东、广西、海南 |
| 喜盐草拟卵叶亚种 *Halophila ovalis*(R. Br.)Hook. f. ssp. pseodovalis | 广东、海南 |
| 具毛喜盐草 *Halophila decipiens* Ostenf. | 海南 |
| 无横脉喜盐草 *Halophila beccarii* Aschers. | 海南、西沙群岛、香港 |

3. 海草对海洋生境的适应

海草具备四种机能以适应其海生生活。

① 适应盐介质的能力。

② 具有发达的支持系统来抗拒波浪和潮汐。

③ 当完全为海水覆盖时，有完成正常生理活动以及实现花粉释放和种子散布的能力。

④ 在环境条件较为稳定的情况下，具备与其他海洋生物竞争的能力。

4. 海草的生长型及其垂直分布

海草的器官构造与其生长的自然环境相协调，这种协调适应的器官类型称为生长型。生长型主要涉及营养器官的习性、形状和延续的时间，而不涉及繁殖器官。海草的生长型在其营养体的分支形式和解剖结构上具有多样性。根据其生长型的不同，可将海草分为六类，见表 6-4。

**表 6-4 中国海草的不同生长型及其在潮间带的垂直分布**

| 生长型 | 属名 | 中潮带 | 低潮带 | 潮下带上部 | 潮下带下部 |
|---|---|---|---|---|---|
| 狭叶大叶藻型 | 二药藻 | + | + | + | + |
| | 大叶藻属的拟叶藻亚属 | + | + | + | — |
| 阔叶大叶藻型 | 大叶藻 | — | + | + | + |
| | 海神草 | — | + | + | — |
| | 海龟草 | — | + | + | — |
| 针叶藻型 | 针叶藻 | — | + | + | — |
| 海菖蒲型 | 海菖蒲 | — | + | + | — |
| | 虾形藻 | — | + | + | + |
| 喜盐草型 | 喜盐草 | + | + | + | + |
| 全楔草型 | 全楔草 | — | ± | + | ± |

注：+表示有分布，—表示无分布，±表示偶尔分布。

5. 海草的生产力

海草对碳的固定量几乎与热带雨林相当。有研究显示，大叶藻在夏季每天固碳 $4.8g/m^2$，其整个生长期的总生产力达 $812g/m^2$；虾形藻的生产力为 $696.1g/m^2$；海龟草的年生产力是 $500\sim1500g/m^2$。

海草的根和茎从其生长的底质中吸取养料。有研究显示，海龟草场每公顷每年固定氮 100～500kg。

6. 海草的群落结构

由于海草场在外观上的单调以及整个海草种类的贫乏，因而长期以来普遍认为海草场生物群落的结构非常简单。目前，这一看法正在逐步改变。

狭叶大叶藻型和喜盐草型的群落结构比较简单，它们通常由少数几种生物组成，形成镶嵌型排列；除海草外，一般无大型植物，只有几种附生植物（主要是硅藻）存在；附着动物也较少，只有几种小型动物隐蔽在根部。

阔叶大叶藻型的群落结构较为复杂，组成群落的非海草生物种类也很多。例如，在青岛水域，附生在大叶藻或虾形藻叶片的海藻有海韭异皮藻及浒苔属、水云属、多管藻属、仙菜属的一些种类，另外还有一些底栖硅藻。苔藓虫的一些种类通常也附生在大叶藻等的叶片上，常见的有美丽琥珀苔虫、卵形达苔虫、东方拟小孔苔虫、扇形管孔苔虫、加州草苔虫等。底栖动物的扁裂虫、千岛裂虫、具牙裂虫、棒格裂虫、黎球裂虫、多孔虫也栖息于海草场中。另外，还有一些营固着生活的贝类、甲壳类及游泳的甲壳类、幼鱼等也是组成阔叶大叶藻型海草群落的成员。

7. 海草的生态意义和经济价值

海草群落的复杂性，特别是对物理环境的影响，已被许多学者所认识。关于海草群落在海洋环境的生态意义可归纳为以下六点。

① 海草捕获者沉积物，具有稳定底泥沉积物并改善水的透明度的作用。

② 海草群落是热带和温带浅海水域初级生产力的重要提供者。

③ 海草是许多动物的主要的食物来源。对 340 种动物进行稳定碳核素比率的测定分析说明，很多动物对海草有高度的消耗水平和依赖关系。

④ 海草群落是许多动物的重要栖息地和隐蔽场所。

⑤ 海草是附生动植物的重要底物。哈林（Harlin）发现，在海草叶片上，附生有 450 种以上的大型藻类、150 种以上的小型藻类和 180 种以上的无脊椎动物。

⑥ 海草可高效地转运海水和底质沉淀物表面的养分，是控制浅水水质的关键植物。

此外，海草在编织、造纸、保温、隔声、建筑、养殖、种植、环保方面有广泛用途。

当然，海草也有其有害的方面，海湾河口的海草场大量生长时，会造成河道堵塞，影响航道通行。

## 四、海洋生态系统

### （一）河口生态系统

河口是地球上陆海两类生态系统之间的过渡区之一，特指海水与淡水交汇和混合的海湾及河段。这一定义的含义是海水和淡水的自由连接，至少一年中有一部分时间是如此。这一定义排除了那些永远隔离的堤坝围住的近岸水域，也排除了像里海、亚速海和大盐湖之类孤立的半咸水水域或咸水水域。

1. 生境状况

（1）盐度　河口的盐度有潮汐周期性和季节周期变化。潮汐周期性指高潮时海水向河道上游顶推，移动上游的等盐线，低潮时海水下退，移动下游的等盐线。季节性周期指降水、融冰、蒸发等在特定季节改变盐度。

（2）底质　大多数河口区的底质是松软的泥质，它们是由海水和淡水带入河口的泥沙沉积而成，是一个富含有机质和微生物的体系。

（3）温度　河口的水温比附近海岸水域的水温变化大。河口的水较浅，表面积却比较大，以及陆地江河来水，都影响河口水温。一般来说，与附近海岸水域相比，河口水温是冬天更冷，夏天更暖。表层水比底层水温度变化范围大。

（4）波浪和水流　河口通常被陆地包围，受海风影响较小，因而波浪较小，是个较平静的区域。

河口区的水流主要是海潮和入海河水的流动，河道上的流速有时可达每小时数千米，在河道中央流速最大。

大部分河口区有淡水的连续注入，与海水进行不同程度的混合。给定体积的淡水从河口排出的时间称为冲洗时间（flushing time）。这个时间可作为河口系统稳定性的一个测度。较长的冲洗时间对维持河口浮游生物是很重要的。

（5）浑浊度　河口水中有大量的悬浮颗粒，其浑浊度较高，特别是在有大量河水注入时，河水携带和底质泛起的悬浮物猛增，导致水体透明度下降，浮游植物和底栖植物的光合作用率也随之下降。在浑浊度很高时，浮游植物的产量可忽略不计。

(6) 氧 河口经常不断地有淡水和海水流入，加上风的作用，水体中的氧非常充分。因为氧在水中的溶解度随着温度和盐度的增高而降低，故水中的氧量也会随着这些参数的变化而发生变化。由于淤泥颗粒细，限制了间隙水与上面水体的物质交换，加上有机物含量高和细菌数量多，需要消耗间隙水中大量的氧，所以，底质往往严重缺氧。当然，淤泥中大量蟹类和多毛类等穴居和潜居动物的活动，会给底表沉积层充氧。

2. 河口区的生物群落

一般情况下，河口湾内植物包括浮游植物、小型底栖硅藻类和海草、盐沼草类和大型海藻等，整年内都有植物进行光合作用。但小型底栖藻类的作用常常被人们所忽视。

河口动物种类组成较贫乏。广温性、广盐性和耐低氧是河口生物的重要生态特征。河口区的动物组成主要有三种成分：海洋动物，来自海洋入侵种类，是主要生物成分；淡水动物，由广盐性淡水生物移入；半咸水动物，是已适应于低盐条件的特有种类。

就浮游动物而言，阶段性浮游动物种类较多，而终年性浮游生物的种类较少。

河口区的底栖动物多是广盐性种类，能忍受盐度较大范围的变化，其中，泥蚶、牡蛎和蟹等是完全营河口湾生活的物种。碎屑食性和滤食性底栖动物的种类较多，也有捕食性动物。

终生生活在河口区的游泳动物只有鲻鱼等少数种类，而阶段性生活在河口区的种类却是大量的，因为很多浅海种类在洄游过程中常以河口作为索饵育肥的场所，还有许多海洋经济动物的产卵场也在河口附近水域。鳗鲡、梭鱼和大、小黄鱼等是在河口区进行生殖的洄游鱼类。

总体上看，河口生物群落的特征之一是种类多样性较差，而某些种群的丰度却很大。

(二) 浅海生态系统

浅海区指潮下带内缘至深度 200m 以内的大陆架线之间的区域。

1. 生境状况

(1) 波浪 波浪是浅海区一个重要生境因子。风暴潮、航船、捕捞是形成波浪的主要原因。波浪的作用能够一直影响到浅水域的底部，所以，松软的海底在波浪经过时会产生波动，从而使基质颗粒向四处运动并重新悬浮于水中。

(2) 盐度 由于经常有大量的淡水从大河注入，浅海区的盐度比大洋或深海变化剧烈。

(3) 温度 浅海水域的温度多变。温带地区浅海水域的温度变化季节性明显。

(4) 透明度 与大洋区域相比，浅海区域的透光度较低。从陆地上来的大量碎屑、支离破碎的大型海藻和海草、由于营养物丰富而密度很高的浮游生物共同作用，使光只能透射至水下几米的深度。

(5) 底质 浅海区域的底质大部分由松软沉积物、沙和泥构成，硬基质区比较少。

2. 生物群落

(1) 浮游生物 浮游植物的主要类别是硅藻和腰鞭毛藻（甲藻），此外，分类系统尚未确定的微型鞭毛藻混合类群也是很重要的。近岸浮游植物（至少在温带地区）的数量有季节周期性变化。

浮游动物的重要组分是季节性浮游动物，其中，主要是底栖生物和自游生物的幼体。由于产卵、孵化季节不同，各季度都有不同的季节性浮游动物出现。终生浮游动物主要是桡足类、磷虾类等甲壳动物。其他浮游动物还有原生动物（有孔虫类、放射虫类和砂壳纤毛虫），软体动物（翼足类和异足类，小型水母类和栉水母），浮游被囊类（纽鳃樽），浮游多毛类和毛颚类等。

（2）底栖生物　在植物方面，底栖硅藻和大型海藻是最重要的，后者主要分布在浅水的岩石或其他硬质底部，包括绿藻类、褐藻类和红藻类等。在浅海底部，有时生长着繁盛的海草或大型海藻，构成海草场或海草甸。

海底动物主要有四类：多毛类、甲壳类、棘皮动物和软体动物。多毛类蠕虫的代表是数量众多的筑管和钻洞动物；甲壳类动物主要有介形类、端足类、等足类、原足类、糠虾和十足类等；软体动物的代表是各种掘穴的双壳类和少量的腹足类；棘皮动物有海蛇尾和海胆（心形海胆和扁形海胆等）。

在垂直方向上，海底有底上动物和底内动物的分层现象。前者包括那些营固着生活或比较不活动的动物，还有一些特化的鱼类，如鲽类和鳐类，它们的身体与沙质、淤泥的颜色混同。后者如多毛类、甲壳类、双壳类和其他无脊椎动物，数量也是很多的。在近岸较深处，底栖生物组成常形成混杂的或镶嵌状的分布，不同的底质种类组成有差别。

（3）游泳生物　浅海区的游泳生物包括鱼类、大型甲壳类、爬行类（龟、鳖）、哺乳类（鲸、海豹）等主动游泳者和海鸟等表层活动者，鱼类是主要的游泳生物。由于大部分浅海鱼类有集群洄游的习性，所以世界主要渔场几乎全部位于大陆架或大陆架附近。虽然许多鱼类都有一定的经济价值，但组成世界渔业大部分捕获量的只有少数几种鱼类，世界海洋鱼类产量较大的有缇鱼、大西洋鲱、大西洋普鳕、鲭鱼、阿拉斯加狭鳕、南非沙丁鱼、比目鱼（鲆、鲽等）、鲑鱼、金枪鱼（包括东方狐鲣和圆蛇鲣）。海鸟和海龟、海豹等的重要性在于它们是海洋与陆地的联系环节，因为它们的食物来源于海洋，却在陆地上繁殖，其中鸟类多集中于近岸富有生产力的区域。

我国近海主要的经济鱼类是大黄鱼、小黄鱼、带鱼、墨鱼（软体动物）等“四大家鱼”以及鲱鱼、马面鲀、鲳鱼、鲐鱼等。自 20 世纪 60 年代以后，各海区的主要捕捞对象有较大变化，这与过度捕捞有关。

（三）大洋生态系统

大洋区是大陆架之外的整个水体。大陆和岛屿边缘的浅海水域还不到世界大洋总面积的 1/10，有光照的大洋上层水域体积只占海洋总体积的极小的一部分，而永远寒冷和黑暗的深海水域以及与之相连的海底占地球表面水域 85%～90%的份额。

1. 生境状况

（1）阳光　透光层的深度一般不突破水面下 200m，因此，水面下 200m 以下的水域光照强度极低甚至一片漆黑，光合作用不能进行。

（2）温度　在大洋区，表层水和深层水之间常有温跃层存在，其厚度从几百米至上千米。在温跃层的下方，水温低，变化小，1500m 深度以下的水温，基本上是恒定的低温。

（3）压力　在对深海生物起作用的所有环境因素中，压力是最重要的。深海的深度从几百米到海沟底部的 1 万余米不等，压力可达 2026.5～101325kPa。

（4）溶解氧　表层溶解氧含量很高，接近饱和状态；在 500～1000m 之间出现氧最小值的水层，这主要是由于生物呼吸消耗和缺少与富营养水交换的机会；更深的水体是由北极和南极下沉而来的富氧表层冷水，加上深水区生物数量少，氧的消耗相应减少，所以含氧量增高；到了深海底部，氧含量又有所下降，因为那里生物栖息密度相对高一些。

（5）盐度　大洋区的盐度基本上是稳定的。

（6）食物　深海区因没有光合作用，所以也没有初级生产力。深海是唯一没有初级生产力的地区。深海中生物的食物一般是靠别处光合作用产生，而后转移至深海的。

（7）底质　深海底部的广大面积都覆盖以微细的沉积物，通常称为“软泥”（softooze）。沉积物主要是硅藻类的外壳以及原生动物的球房虫属（*Globigerina*）的外壳。

2. 深海生物的适应

（1）眼睛　许多深海的动物通过发光器自主产生光线，如灯笼鱼、星光鱼和乌贼腹部都有发光器。

在200～700m深的海中，已没有足够的光，动物的眼睛特别发达，如乌贼（*Histiothidae*科），上部的大眼对从上层来的微弱光线产生反应，下部的小眼可对其本身发光器发出的光产生反应。在更深的完全黑暗的水层，动物的眼睛很小或完全退化。

此外，深海动物有相应的体色适应，如海洋中层的鱼类多呈银灰色或深暗色，无脊椎动物则为紫红或亮红色，甲壳动物也常为红色。再深的大洋深处动物通常是无色或白色的。

（2）捕猎食物的器官　深海食物稀少，鱼类常具有很大的口、尖锐的牙齿、可以高度伸展的颌骨、伸缩度很大的食囊，能吞食很大的捕获物，如图6-8所示的鲮鳙鱼（Leratoidea）。

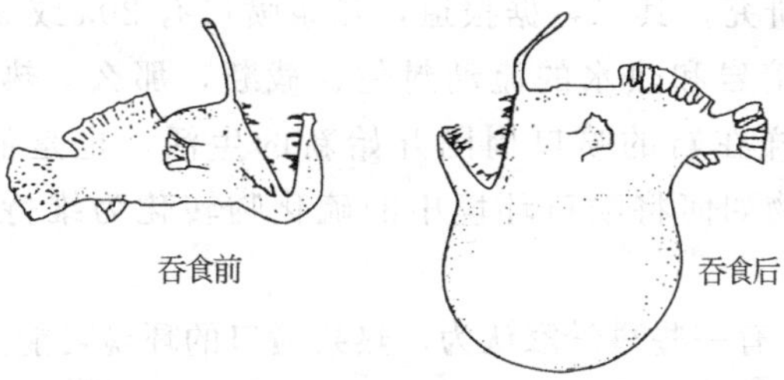


图6-8　一种深海的鲮鳙鱼摄食前后的示意（引自沈国英等，1996）

还有一些鱼类将某些器官特化为诱捕工具，如背鳍或颏上的鱼须高度延伸特化成发光器吸引猎物。

（3）繁殖　在浩瀚而黑暗的区域中，生物寻找配偶进行繁殖是很困难的，于是，有的种类形成“补雄”机制，即雄性个体寄生在雌体上，如鮟鱇鱼的雄性个体很小，通过嗅觉找到雌体后就寄生在雌体上。

（4）体被　在深海低温、高压、高的二氧化碳含量、海流缓慢的条件下，动物钙的沉淀困难而缺少钙质骨骼，也无坚硬的保护外壳。

（5）肢体与附肢　为适应松软而深厚的底质，深海底栖动物都具有长的肢体与附肢及丰富的刺、柄和其他的支持方式。如鼎足鱼的胸鳍和尾鳍条特别细长，能以三足鼎立之势站在海底，还可以跳跃前进；深海蟹类的附肢特别长；海绵、水螅虫、海百合都具有长柄。

3. 生物群落组成

（1）大洋上层　植物中，浮游植物占优势，在贫营养大洋区，蓝细菌和固氮蓝藻是重要的自养性浮游生物；动物种类丰富，除浮游动物外，还有经济价值比较大的乌贼、金枪鱼、鲸等。

（2）大洋中层　动物主要是浮游动物的大型磷虾类与游泳动物的有鳔鱼类，它们能共同形成深散射层，白天，深散射层甚至能深达中层底限（1000m）。

（3）深海　除角鮟鱇、宽咽鱼、深海鳗等深海鱼类外，主要是各类底栖动物。各类动物的相对丰度不一样。甲壳类，尤其是等足类、端足类、异足类和涟虫在深海都很普遍，在大西洋的深海区，它们构成动物区系的 30%～50%；多毛类的数量也比较多，占大西洋动物区系的 40%～80%。深海照片中最醒目的生物往往是海参类（*Holothuroidea*），在拖网渔获的生物中，海参类占 30%～80%，这说明它们是深海底栖动物群落的主要组成部分。这与它们是食底泥动物，而深海有丰富的软泥资源有关。

（4）深海热泉生物群落　1977～1979 年，美国深潜器“阿尔文”号在加拉帕戈斯（Galapagos）群岛附近的深海中央海嵴的火山口周围发现热泉，热泉温度比周围海水温度高 200℃，在热泉喷出的海水中，富有硫化氢和硫酸盐。近 20 年，在深海不断发现热泉形成特殊的生物群落。硫化细菌十分丰富，密度高达 $10^6$ 个/mL，这些细菌以化学合成作用进行有机物的初级生产；该群落的动物有，滤食有机物和细菌的双壳类铠甲虾、与细菌共生的巨型管栖动物管水母、小蟹、某些腹足类和红色的鱼类。它们构成的生物群落被称为“深海绿洲”。

热泉生物群落带来了很多难题。其一，这些硫化细菌能在 200℃高温下生长生殖（在深海高压条件下，200℃的水仍为液态）并通过氧化硫化物和还原 $CO_2$ 制造有机物和生产腺苷三磷酸，显然，它们的蛋白质、核酸和其他大分子化合物都有耐受高温和高压的特殊机制，尚待人们去深入研究。其二，据报道，热泉喷口有 20a 或 30a 的活动期限，随后它们会被地球内部深处的熔岩和热水的流动封住、截断，那么，热泉生物如何从一个喷口转移到另一个喷口，怎样在新的喷口周围开始新的生活，也是值得研究的课题。其三，热泉生物群落中的微生物如何将喷口环境中的硫化物转化为维持鱼类等动物生存所需要的氧气等。

特别值得提出的是，有一些科学家认为，热泉喷口的环境可能类似于前寒武纪早期生命所处的环境，因而推论地球上的生命可能来源于并进化于与热泉喷口状况相似的条件，从而为地球生命起源提出新的研究方向。

## 第三节　自然保护区的建设与管理

### 一、自然保护区的概念

在对自然界的开发利用过程中，人类逐渐认识到自然界在承受能力及再生发展方面的有限性。为充分研究自然界，让自然界对人类发挥更大的价值，人类划定了一些自然区域加以保护，这些人类划定的自然区域统称为自然保护区。

自 1864 年美国首次掀起“自然保护运动”，并于 1872 年建立了世界上第一个自然保护区——美国黄石公园以来，人们逐渐改变了“只利用自然，不保护自然”的不良倾向，自然保护区在全球各地兴建起来。据世界资源研究所统计，至 1986 年，全世界有 136 个国家建立了面积在 $1000hm^2$ 以上的各种类型的保护区达 4190 个。人们在自然保护区的兴建中，特别是近几十年来在自然科学迅猛发展的促进下，已经积累和总结了很多自然保护区建设的经验和方法。

### 二、自然保护区的类型

保护区类型与保护区的性质和任务、宗旨是紧密相关的。当前，关于保护区的类型及名称，国际上尚无统一标准，大体上分以下几类。

① 严格自然保护区与科研自然保护区。指具有国家性或国际性科学意义的包含典型的著名的生态系统（即生物学和地质学多样性）的地方。这类保护区对于遗传资源的保护有特

别重要的意义，一般不向公众开放，不允许进行休养、旅游等活动。但不排除有严格组织的有向导的徒步野外科学考察。

② 自然保护区或受控自然保护区。指具有国家和世界意义的特定生态系统、生物群落和生物种栖息地。其首要任务是保护管理自然状况。

③ 生物圈保护区。指联合国教科文“人与生物圈”国际协调理事会审定认可的保护区。生物圈保护区偏重教育、监测、研究和生态系保护等方面的工作。

④ 国家公园与省立公园。指各国政府机构划定的保护目标宽泛的保护区。

⑤ 自然纪念物保护区。指具有某种特殊自然体的未受人为活动影响的保护区。如地质断层、地貌结构、特有珍稀动植物种及其原来的栖息地。

⑥ 保护性景观。保护性景观涉及的范围较广，包括自然的、半自然的、文化性的或者兼而有之的。如我国的西湖、庐山，既有自然风景，又有历代人为加工的人工景观，并有风俗习惯、宗教信仰、社会结构、哲学、美学等文化内涵。

⑦ 世界自然历史遗产保护地。

⑧ 自然资源保护区。指各种单项自然资源或综合自然资源的保护地或储备地。如禁猎（伐）区等。

⑨ 人类学保护区。指国际上划定的对于偏僻隔离地区的部落民族的保护区。

⑩ 多种经营管理区域或资源经营管理区。

### 三、自然保护区的管理

自然保护区的管理，要结合国情特点，妥善协调国家和人民的长远利益与当地群众暂时利益间的关系。在建设和具体管理上应注意做到以下几点。

#### （一）科学合理规划

自然保护区的规划要科学合理，可将保护区划分为核心区、缓冲区和实验区。

（1）核心区　这是保护区内未经或很少经人为干扰过的自然生态系统本底区。该区以保护种源和自然本底资料为目标。区内严禁干扰活动，故又称为绝对保护区。对于母树林、禁猎区、禁渔区等既有保护自然环境或物种作用，又有满足社会的一定的物质和精神需要作用的保护区，一般可不设置绝对保护区。核心区禁止任何单位和个人进入，也不允许进入从事科学研究活动。因科学研究的需要，必须进入核心区从事科学研究观测、调查活动的，应当事先向自然保护区管理机构提交申请和活动计划，并经省级以上人民政府有关自然保护区行政主管部门批准；其中，进入国家级自然保护区核心区的，必须经国务院有关自然保护区行政主管部门批准。

（2）缓冲区　指环绕核心区的周围地段，它是试验性和生产性的科研基地，也是对该保护区进行研究的重点地区，因而该区一般不得开展旅游活动。

（3）实验区　缓冲区外围划为实验区，可以进入从事科学试验、教学实习、参观考察、旅游以及驯化和繁殖珍稀、濒危野生动植物等活动。

#### （二）严格科学管理

（1）常规性工作　主要是对保护区基本数据的收集和整理，观察外围区生态环境变化动态对保护区产生的影响。

（2）专题性工作　即保护区的基础研究工作，如保护区内生物群落的动态变化研究，生态系统生物生产过程和生产力的研究，生态系统稳定性研究等。

（3）宣传教育工作　做好宣传教育工作，增强人们的生态意识，保证自然保护区不致受到人为破坏。

此外，在保护区要加强防火管理，要加强旅游资源管理，应将地理信息系统，遥感和全球定位系统应用到自然保护区的管理工作中去。关于这方面的应用研究已是自然保护区管理科学的热点。

## 本章小结

1. 陆地生物群落分布受多种因素影响，其中起主导作用的是海陆分布、大气环流和由于各地太阳高度角的差异所导致的太阳辐射量的多少及其季节分配，亦即与此相联系的水热状况，形成纬度地带性、经度地带性、垂直地带性等。

2. 地球上森林的主要有热带雨林、亚热带常绿阔叶林、温带落叶阔叶林及北方针叶林四种，它们各具特征。

3. 我国拥有丰富的草地资源。

4. 我国拥有丰富的河流、湖泊、沼泽生态系统资源。

5. 浅海生态系统是生产意义最大的海洋生态系统。

6. 人类划定的自然区域统称为自然保护区。对自然保护区应加强规划和基础管理。

## 复习思考题

1. 纬度地带性和经度地带性有何区别?

2. 热带雨林、常绿阔叶林和落叶阔叶林有何异同? 这些森林在遭到人为破坏后的恢复过程有何特点?

3. 森林、草原、荒漠的特征有何异同，其分布有何规律?

4. 淡水湖泊生态系统有哪些特点?

5. 淡水沼泽生态系统有哪些特点?

6. 红树林生态系统有哪些特点?

7. 河口生态系统有哪些特点?

8. 大洋生态系统有哪些特点?

9. 规划良好的自然保护区应有哪些功能区?

10. 森林有何生态效益、社会效益和经济效益?

11. 应如何定义湿地?

12. 假设你主持规划建立一个新的自然保护区，你将如何规划? 步骤是什么?

# 第七章　污染生态学

**【学习目标】**

污染物进入环境后能对自然环境产生直接或间接的影响，能参与自然生态系统的物质循环，污染生态学就是研究生物与被污染的环境之间相互关系的科学。通过本章的学习，要掌握以下内容。

1. 环境污染的基本特征和污染物种类。
2. 污染物在生态系统中迁移转化的途径。
3. 生物富集的概念及生态效应。
4. 污染物对植物、动物和人类的主要影响。
5. 环境污染的主要生态治理方法。

## 第一节　污染物在生态系统中的迁移规律

### 一、污染物的概念、性质和分类

（一）污染物的概念

何谓污染物（pollutant）？有的人认为，污染物是指进入环境后能直接或间接危害人类的物质，但从生态学的角度看，污染物的作用对象是指所有包括人在内的生物。因此，污染物可作如下定义：进入环境后使环境的正常组成发生直接或间接有害于生物生长、发育和繁殖的变化的物质。这类物质有自然产生的，也有人类活动产生的。环境科学研究的，主要是人类生产和生活排放的污染物。

（二）污染物的性质

从广义来讲，任何物质都有可能成为污染物。也就是说，一种物质成为污染物，必须在特定的环境中达到一定的数量或浓度，并且持续一定的时间。

污染物有的是生产中的有用物质，有的甚至是人和生物必需的营养元素。一般来讲，由于长期适应的结果，生物对环境中各元素形成依赖和共存关系，即环境中化学元素及其比例和生物体内所含的元素及其比例有其相似性。某些物质的数量或浓度低于某个水平或只短暂存在，就不产生毒害，甚至还有益。例如，微弱的 X 射线能使水蚤的生命延长 1～2 倍；低剂量的 DDT 能延长雄性大鼠的生命；铬能减缓动脉硬化过程，能协助胰岛素改善糖和脂肪的代谢等等。但是，这些物质若排放量过大，持续时间过长，超过了环境承受的负荷，便会产生毒害作用，成为了典型的污染物。

但值得指出的是，污染物在环境中并非一成不变，而是能不断转化，具有易变性。如人体吸收的硝酸盐会转变成毒性更大的致癌物质亚硝酸盐；汞转变成甲基汞和亚甲基汞后毒性增强；一些污染物（如农药）通过光化学降解或生物体降解后毒性降低。不同污染物共存时，相互间会发生相加、协同、拮抗等作用而使毒性增大或降低。

（三）污染物的分类

污染物可有多种分类方法，按中国大百科全书《环境科学卷》分类如下。

① 按污染物的来源，可分为自然来源和人为来源的污染物。

② 按受污染物影响的环境要素，可分为大气、水体和土壤污染物等。

③ 按污染物的形态，可分为气体、液体和固体污染物。

④ 按污染物的性质，可分为化学、物理和生物污染物。化学污染物又可分为无机和有机污染物；物理污染又可分为噪声、微波辐射、放射性污染、热污染、光污染等；生物污染物又可分为病原体、变异原污染物等。

⑤ 按污染物在环境中物理、化学性状的变化，可分为一次和二次污染物。

此外，为了强调某些污染物对人体的有害作用，还可划分出致畸物、致突变物和致癌物、可吸入的颗粒物以及恶臭物质等。

**二、污染物在生态系统中的迁移转化及其影响因素**

（一）污染物在生态系统中的迁移方式

污染物的迁移转化，是指污染物在环境中空间位置的转移和存在形式的转化，在多数情况下，这两者是同时发生的，尤其是存在形式的转化必然伴随着空间位置的移动。污染物在环境中的迁移，按照物质运动形式，可分为三种基本类型。

1. 机械迁移

污染物被水流或气流机械搬运，如气体污染物在大气中的扩散，水污染物在水体中的扩散等。

2. 物理-化学迁移

对无机污染物而言，是指污染物以简单离子、配离子和可溶性分子在环境中通过一系列物理-化学作用，如水解作用、氧化还原作用、沉淀-溶解作用、配位、螯合和吸附作用等所实现的迁移；对有机污染物而言，除指上述迁移方式外，还指污染物的化学分解、光化学分解和生物化学分解过程。物理-化学迁移是污染物在环境中迁移的重要形式。这种迁移的结果，决定了污染物在环境中的存在形态、富集状况和潜在危害程度。

3. 生物迁移

生物迁移是指污染物通过生物体的新陈代谢和生长、死亡过程以及食物链等过程所进行的迁移。这是一种复杂的迁移，不单是物理-化学问题，而且是服从于复杂的生物学规律（包括遗传、变异等）的。几乎所有污染物都能通过生物迁移。生物体对某些污染物有分解、净化和解毒能力，对另一些则不能或很弱。关于污染物在生物体内的浓缩富集将在下一节介绍。

（二）影响污染物在生态系统中迁移转化的因素

污染物的迁移转化，一方面决定于污染物自身的物理化学性质，如组成该污染物的元素形成化合物的能力、形成不同电价离子的能力、形成配合物的能力和被胶体吸附的能力等。另一方面决定于外部的物理化学条件，主要是环境的酸碱条件、氧化还原条件、胶体的种类和数量、有机质的数量与性质等。此外，污染物对生物的毒性和生物体对污染物的代谢与解毒作用也是重要的因素之一。影响因素可以概括为以下几个方面。

1. 生物种的生物学、生态学特性

不同生物种对污染物的吸收、累积量差异很大。例如，蕨类植物吸收镉的量特别多，体内含镉量可高达 1200mg/kg；水稻对镉的吸收、累积量也很大，大部分是在抽穗期、开花期和灌浆期内，容易形成“镉米”，对人体健康造成了极大的危害，而黄颌蛇草对镉的吸收、累积能力超过水稻的 10 倍以上，因此有人提出，在水稻田中，若含镉量较高，可种植黄颌蛇草，以减少水稻对镉的吸收。

生态型之间的差异也很明显。把生长在冶炼厂的 *Hisbiscus* 的种和生长在非污染区的种同时栽种在含铅量相同的土壤上，结果前者比后者的吸铅量要少得多。这是因为生长在污染区的生态类型在生理、生化和遗传上发生了相应的变化，形成了与环境适应的抗铅生态型。

水生维管束植物对水体铅污染的反应，与各类植物的生态习性有关。沉水植物整个植物都是吸收面，相对吸收量就比浮水、挺水植物高；而挺水植物中，如芦苇的根茎交接处对铅的吸收累积量比挺立在空中的茎、叶要高。

2. 污染物的种类及其形态差异

如植物对某些元素容易吸收，而对另一些元素很难吸收。同一元素的不同价态吸收系数差别很大。用 $CdS$、$CdSO_4$、$CdI_2$ 和 $CdCl_2$ 灌溉水稻，这些化合物在糙米中的积累率之比为 1∶1.9∶3.7∶3.9，因为上述化合物在水中的解离常数是 $CdS<CdSO_4<CdI_2<CdCl_2$。

3. pH

土壤中绝大多数重金属都是以难溶态存在的，它们的可溶性受 pH 的控制。pH 降低可导致碳酸盐和氢氧化物结合态的重金属溶解、释放，同时也趋于增加吸附态重金属的释放。

土壤的 pH 能影响对农药的吸收。如 2,4-D 在 pH3～4 的条件下，能分解为有机阳离子，而在 pH6～7 的条件下解离为有机阴离子。前者为带负电荷的土壤胶体所吸附，后者仅为带正电荷的土壤胶体所吸附。

4. 氧化还原电位

在含砷量相同的土壤中，水稻易受害，而对旱地作物几乎不产生毒害。这是因为在淹水条件下易形成还原态的三价砷（亚砷酸），而旱地常以氧化态的五价砷存在。三价砷的毒性比五价砷高。

在不同的氧化还原电位条件下，沉积物中重金属的结合形态可互相转化。在还原条件下，有机结合态镉最稳定，但在氧化条件下，有机结合态镉则被转化为生物可利用的水溶态、可交换态或溶解配合态而释放到水中，并随着氧化还原电位增大，释放量增多。

5. 土壤阳离子交换量（简称 CEC）

增加土壤有机质含量，提高土壤阳离子的固定率，就能减少植物对镉等重金属的吸收。植物根表面能与根际环境的重金属发生离子交换吸附，其离子交换量越大，重金属离子进入根部的概率也越大。如根系 CEC 大的豆科植物对镉最敏感，而根系 CEC 小的禾本科作物耐受镉的能力较强（这是水稻镉米形成的主要原因）。

6. 污染物间的不同效应

在现实环境中，单种污染物对生物体孤立作用的情况是比较少见的，大多数是多种污染物对生物产生的复合污染。一般而言，复合污染时污染物的联合作用方式有：协同效应、加和效应、拮抗效应、竞争效应、保护效应、抑制效应、独立作用效应等。由于以上的联合作用方式，往往综合了多种物理、化学和生物过程，形成复合污染效应。如污水处理后的污泥中，如果处理不当，常常导致重金属的复合污染；光化学烟雾也是由 $NO_x$ 和碳氢化合物造成的复合污染。

7. 土壤性质的影响

土壤类型和特性不同，能影响植物根系对污染物的吸收。土壤中有机质含量越多，吸附污染物的能力则越强，根系吸毒量就越少。因此，根据土壤能吸附、螯合、配位污染物的特点，可从改良土壤入手，添加腐殖质等土壤改良剂，减少植物对污染物的吸收。另外，在复合污染的土壤中施入石灰，加 Ca、Mg、P 也能减少水稻、小麦等对 Cd、Pb、As 等的吸收。

## 三、污染物在生态系统中迁移转化的途径

进入生态系统的污染物，如果浓度达到杀死某种生物的剂量，它将直接危害和消灭生态系统的某种成分，破坏生态系统的结构。如果污染物的浓度较低，它将沿着食物链转移，逐渐浓缩，使处于高位营养级的消费者受害最大，甚至造成伤亡。有些污染物不容易分解，在土壤里残留时间较长，缓慢而持久地进入生态系统的物质循环之中，长期危害生态系统的功能。下面举例说明之。

1. 二氧化硫和酸雨

所有含硫燃料燃烧时，都产生 $SO_2$。1t 煤中含有 5～50kg 的硫黄，1t 石油也含硫黄 3～50kg。这些硫黄燃烧时，变成 2 倍于硫黄的二氧化硫排入大气。因此，工业排放废气和民用燃料的燃烧是二氧化硫的主要来源。

大气中二氧化硫在强光照射下，进行光化学氧化作用，产生硫酸雾。硫酸雾在空气中凝聚增大，遇到水汽就以酸雨（亚硫酸）的形式降落。一般将 $pH<5.6$ 的雨雪称为酸性降水。世界上很多地区的雨雪酸度超过这一标准的 5～30 倍，个别地区的一次暴风雨甚至超过数百倍或数千倍。这就是物理-化学的迁移。

二氧化硫和硫酸雾被气流携带，危害到远离污染源的其他地方。例如瑞典南部上空大气中 77% 的硫来自西欧某些国家高烟囱排放的废气。这即是机械迁移。

二氧化硫可被植物吸收，转化为亚硫酸盐离子（$SO_3^{2-}$），然后又转变为硫酸盐离子（$SO_4^{2-}$），植物最终把它们的一部分陆续地转化为正常的代谢产物，如含硫氨基酸和蛋白质及其他含硫有机化合物中。这样，大气中的 $SO_2$ 就迁入到植物体中，实现了生物迁移。

酸雨降落到地面，进入陆生生态系。土壤的 pH 降低，土壤酸化，抑制硝化细菌和固氮细菌的活动，使有机物分解速度减慢，营养物质的循环速度降低，土壤肥力减弱，生物产量下降。食物链各营养级均受到影响，最终影响到人。

酸雨降落到淡水生态系统以后，湖水失去碳酸氢盐缓冲剂，pH 降到 5.0 以下时，河流和湖泊变成酸性，引起水生态系统的平衡失调，水生生物大量死亡。

从以上过程可以看到二氧化硫在生态系统中的迁移转化，从空气→水→土壤→微生物→植物→动物→人，从而使整个生态系统产生复杂的连锁反应。

2. 重金属污染物——汞在生态系统中的迁移转化

汞可以通过火山活动、土壤表面和水面的挥发、植物的脱气作用等过程进入大气，但它又可很快的沉降下来，使大气中汞的含量始终不高。汞在大气圈、土壤圈和水圈之间有着迅速的交换过程。

汞可作为天然的“污染物”广泛地存在于生物体中。其含量和总存在量较难估算，总的看来，生物圈的含汞量（丰度）低于岩石圈和土壤圈，而高于水圈和大气圈。据估计，汞在大气圈、水圈、土壤圈之间流动量的规模每年约有 10 万吨，主要是靠元素汞的挥发和沉降作用进行的。因此汞在环境中有着十分分散的分布状态，这降低了汞在环境中的毒性。

人类通过汞矿和含汞有色金属矿的开采和冶炼及矿物燃料的开采和使用等，加快了岩石圈释放汞的速度，造成了许多新的人为汞污染源。

20 世纪初，欧洲开始使用含有有机汞的农药，20 世纪 50～60 年代达到高潮。如各种喷洒剂、土壤消毒剂和种子消毒剂等有机汞大量向环境中排放。在用乙炔水合法生产乙醛时，用做催化剂的硫酸汞有一部分转化成甲基汞和乙基汞排入环境，一个大型的工厂每年排放的汞可达数十吨，其中 5%是以剧毒的甲基汞形态排放的。

通过各种生产环节排放到大气中的汞，经过凝结和扩散，以机械迁移方式进入土壤。通过土壤中微生物的转化和植物的吸收，进入食物链。排入水体中的汞，尤其是甲基汞，易于被水生生物吸收和吸附，并在水生生物食物链中逐渐浓缩，致使这种水域的鱼、贝类含汞量高出本底值数千倍，最后这种剧毒的甲基汞迁移至人体，造成了世界著名的公害病——水俣病。

综上所述，人类活动可释放大量的汞，它们加入到自然界的汞的循环中进行迁移。它们首先进入大气圈和水圈，然后受固有规律的支配，在生态系统各要素间进行循环，并通过水生生物、植物、大气和水，与人体发生联系（见图 7-1）。

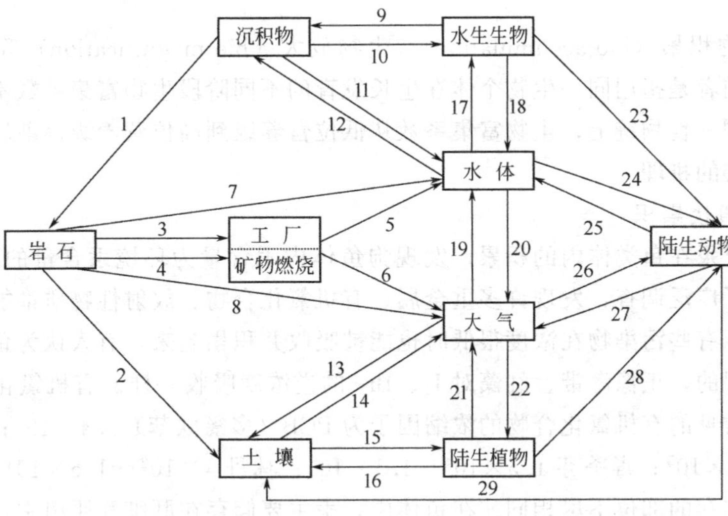


图 7-1　汞在生态系统各要素间的迁移循环

1—固结作用；2—风化作用；3—汞的开采冶炼；4—含汞矿物燃料和矿物开采；5—含汞废水排放；6—含汞废气排放；7—溶解和机械迁移；8—挥发和火山活动；9,16,18—分解和代谢作用；10,15—吸收；11—溶解；12,19—沉积作用；13—沉降作用；14,20—挥发；17—生物吸收和吸附；21　脱气作用；22,26—呼吸进入；23,28—食用吸收；24—饮用作用；25,27—代谢物排放；29—代谢物排放及分解作用

## 第二节　生物富集

人们最初在研究污染物对生物体的毒害作用时发现，许多有机和无机污染物在生物体内的浓度远远大于其在环境中的浓度，并且只要环境中的这种污染物继续存在，生物体内污染物的浓度就会随着生长发育期间的延长而增加。对于一个受污染的生态系统而言，处于不同营养级上的生物体内的污染物浓度，不仅高于环境中污染物的浓度，而且具有明显的随营养

级升高而增加的现象。污染物在食物链中的流动和积累，对人类健康和生活质量的提高构成了严重威胁，因此，研究污染物的生物积累现象及其机制，具有十分重要的意义。

**一、生物富集的概念**

生物个体或处于同一营养级的许多生物种群，从周围环境中吸收并积累某种元素或难分解的化合物，导致生物体内该物质的浓度超过环境中浓度的现象，叫做生物富集，又称生物浓缩（bio-concentration）。生物富集常用富集系数或浓缩系数（即生物体内污染物的浓度与其生存环境中该污染物浓度的比值）来表示。

生物富集的这类物质，可以是生长发育所必需的营养物质或元素，也可能是生长发育不需要的物质，还可能是对生物的生长发育有毒性作用的物质。值得强调的是，另有一些生物还具有能在体内富集某种元素或化合物的能力。如禾本科植物、木贼、棕榈、硅藻都有在体内富集 Si 的能力；十字花科、伞形科植物有富集 Ni 和 S 的能力；菊科植物富集 Li；桑科植物富集 F；石松富集 Al；豆科、景天科植物富集 Ca；褐藻、红藻富集 $I_2$ 和 $Br_2$；盐土植物富集 NaCl 和 $Na_2SO_4$ 等。污染生态学的主要研究内容之一就是上述环境中的元素或污染物在生物体内的积累现象及积累机制，为环境毒理及生物净化等的研究提供理论及实践上的依据。

还有人用生物积累（bio-accumulation）、生物放大（bio-magnification）等术语来描述生物富集现象。前者是指用同一生物个体在生长发育的不同阶段生物富集系数不断增加的现象；后者是指在同一食物链上，生物富集系数从低位营养级到高位营养级逐渐增大的现象。

**二、生物富集的机理**

1. 生物体的直接累积

瑞典最早研究汞在鱼类体内的积累，发现狗鱼体内汞含量为环境汞含量的 3000 倍。以后许多国家进行了广泛调查，发现许多重金属、有机氯化合物、放射性物质都能不同程度地在生物体内积累。有些污染物在浓度很低时也能被吸收并积累起来，有人认为鱼类对水中汞的积累是没有低限的，正像海带、红藻对 $I_2$、$Br_2$ 的逆浓度吸收一样。有机氯化合物的积累更为惊人。几种常见的有机氯化合物的浓缩因子为 PCB（多氯联苯）$3.4\times10^6$；DDT $3.3\times10^6$；狄氏剂 $1.35\times10^5$；毒杀芬 $1.5\times10^4\sim1.1\times10^5$；林丹 $4\times10^2\sim1.5\times10^3$。

这些污染物储存的部位不尽相同。在鱼体中，汞主要储存在肝脏和肌肉中，镉储存在肝中。小虾的壳中储存镉，随着虾的脱皮可去除体内的镉的 50%。铬储存在鱼的鳃盖骨、脾、肾、胃及鳔、胆囊之中。有机氯化合物主要储存在脂肪多的部位。

开始人们认为，污染物的吸收、积累途径主要是通过食物链而逐渐积累起来。而以后发现，除食物链途径外，鱼类可直接从水中吸收污染物，这后一途径甚至更加重要。有人研究发现，鱼体（鲦鱼）DDT 残留量 30%来自饵料，60%来自水，水和饵料都受污染时，残留量最多。

2. 通过食物链的逐级累积——生物放大

（1）汞在水生食物链的迁移积累

1934 年 Stock 等就已经发现虽然水体未受汞的污染，含量极低，但在鱼体中汞的含量也很高。自日本水俣湾因居民吃了受甲基汞污染的鱼而引起中毒事件以来，20 世纪 60 年代以后在北欧各国以及加拿大、美国等地也先后发现鱼贝类含汞量极高的现象。并且认为鱼体中汞的含量与鱼的种类、食性、年龄、体重有一定的相关性。许多受污染的水域中鱼肉汞的含量已超过 1mg/kg 的水平。在日本水俣湾鱼贝含量高达 36mg/kg，瑞典 Delanger 河，鱼类最高含汞量亦有 17～20mg/kg。在一些食物链的末端生物，汞的含量则更高。例如北美有一些成年的大海豹体中的汞为 10～172mg/kg。有些海豹肝脏汞的含量竟达 74～210mg/kg，而该地区这种海豹的主要食物白鱼体内的汞只有 0.2mg/kg。因此可以清楚地看出汞不仅是一种生物浓缩元素，而且亦是一种累积元素，随着时间的增长和食物链不断向更高阶段的推移，汞的累积量也越来越多，以至有些肉食性鱼类汞的浓度比其所生长的水环境中的浓度高 1 万倍以上。

(2) DDT 在食物链中的生物浓缩

DDT 是一种有机氯杀虫剂，通过食物链在动物脂肪内大量积累。1960 年 5 月 22 日至 6 月 2 日，在美国加利福尼亚东北部的图利湖和下克拉乌斯保护区，发生鱼食性鸟类大量异常死亡，10d 内有 307 只鸟集体死亡。经检验，小鹈鹕的脂肪体中 DDT 的浓缩竟达湖水中 DDT 含量的 77 万倍（见图 7-2）。

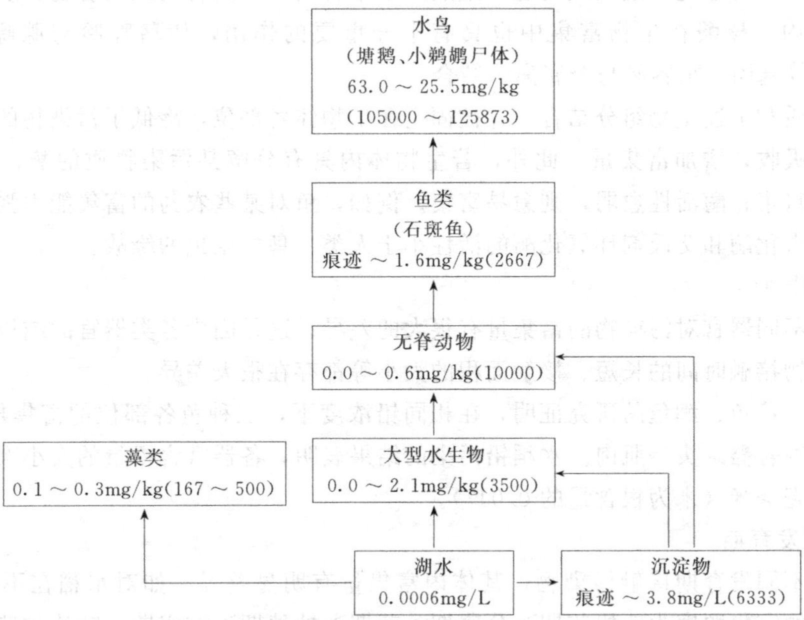


图 7-2　DDT 的富集图示
（痕迹表示 0.1mg/L 以下，括号内数据为浓缩系数）

又如草原上喷洒低浓度的 BHC（有机氯杀虫剂）杀虫，土壤中含量为 0.93mg/L，加上前一年的残留量 0.05mg/L，总计为 0.98mg/L。其量虽然微不足道，但被牧草吸收后，在茎叶中含量为 5.98mg/L，浓缩了 6 倍多。牛吃牧草，牛肉含 13.36mg/L，浓缩约 14 倍；牛奶中含有 9.82mg/L，浓缩 10 倍；而奶油中含有 65.1mg/L，浓缩高达 66 倍多。对食用奶油的人的奶进行分析，析出 BHC 171mg/L，浓缩了 170 多倍。

## 三、影响生物富集的因素

影响生物富集的因素很多，生物种的特征、污染物的性质、污染物的浓度和作用时间以及环境特点是主要的、决定性的因素。另外，生物体的个体大小、性别、周期性、食性及脂肪含量等对污染物的积累有明显的影响。如有人认为营养等级高的动物体内脂溶性污染物含量之所以比较高，是因为等级高的动物体内含有较多脂肪的缘故。

### (一) 生物学特征

1. 生物体内能与污染物结合的物质

生物富集主要决定于生物本身的特征，特别是生物体内存在的、能与污染物相结合物质的活性强弱和数量多寡。生物体内凡是能和污染物形成稳定结合物的物质，都能增加生物富集量。

糖类物质中的葡萄糖和果糖等，其分子结构中都有醛基，具有还原性。在还原性环境中，重金属离子易被还原，导致活性下降，并与糖类结合形成不溶性化合物。

蛋白质和氨基酸也具有与重金属及某些农药相结合的位点，如氨基酸含有羧基和氨基，它们都能与金属相结合形成金属螯合物。

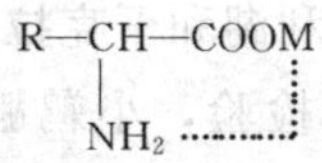

脂类含有极性酯键，这类酯键能和金属离子结合而形成配合物或螯合物，从而把重金属储存在脂肪内。核酸在生物富集中也具有十分重要的作用，如鸟嘌呤与腺嘌呤因含 N、OH、$NH_2$ 等基团，很容易与金属离子结合。

污染物质和上述生物组分结合，并被固定在生物体各部位，降低了污染物的活性，从而加速生物的吸收，增加富集量。此外，若生物体内具有分解某污染物质的酶，则酶活性愈强，愈不易富集；酶活性愈弱，则愈易富集。例如，鱼对某些农药的富集能力强是因为鱼体内环氧化物水化酶和艾氏剂环氧化酶的活性小于人类、鸟、昆虫的缘故。

2. 不同器官

生物的不同器官对污染物的富集量有很大的差异。这是因为各类器官的结构和功能都不同，与污染物接触时间的长短、接触面积的大小等都存在很大差异。

对鲢鱼、草鱼、鲤鱼的研究证明，在相同铅浓度下，三种鱼各部位的富集规律都一致，即鳃＞内脏＞骨骼＞头＞肌肉。水稻铅污染的结果表明，各器官含铅量的大小次序为：根＞叶＞茎＞谷壳＞米（米为根含量的 0.047）。

3. 不同发育期

生物在不同发育期接触污染物，其体内富集量有明显差异。如对水稻在不同发育期施铅，根对铅的富集顺序为：拔节期＞分蘖期＞苗期＞抽穗期＞结实期；叶片和茎对铅的富集量也以拔节期施铅最高。谷壳和糙米的富集量则不同，都是以结实期施铅富集量最高，其顺序为：结实期＞苗期＞拔节期＞抽穗期＞分蘖期。

在鱼类及哺乳动物体内，有机氯化合物含量存在着明显的季节波动，这与动物性别及繁殖活动有密切关系，如鳕鱼、鳗鱼、鲦鱼体内 DDT 含量，在产卵期迅速下降，产卵结束后又有增加，在海豹分娩和哺乳期间，体内有机氯化合物富集较少。波的尼亚海豹脂肪抽出物中 $\Sigma$DDT 含量见表 7-1。

**表 7-1　波的尼亚海豹脂肪抽出物中 $\Sigma$DDT 含量**

| 样品 | 数目 | $\Sigma$DDT/(mg/L) | 样品 | 数目 | $\Sigma$DDT/(mg/L) |
|---|---|---|---|---|---|
| 怀孕雌海豹 | 24 | 88±9.7 | 胎儿 | 24 | 62±4.3 |
| 未怀孕雌海豹 | 8 | 100±15 | 雄海豹 | 24 | 130±18 |

4. 不同生物种

不同生物种对污染物的累积情况存在差异。例如，加拿大杨树对土壤中的汞具有较强的富集能力，几种杨树富集汞的强弱顺序为加拿大杨＞晚花杨＞旱杨＞辽杨。有人对松花江鱼类汞污染做了现状研究，发现生活在同一江段的不同鱼类总汞的平均含量各有不同，表现为按含汞量由高到低：雷氏七鳃鳗＞鲶鱼（或花鳅、青鱼）；黄鱼＞鲤鱼（或银鲫）；犬首＞银鲴。肉食性鱼类对有机汞的富集能力（如甲基汞等）高于草食和杂食性鱼类。海洋生物对砷的富集系数比淡水鱼要高出 10～100 倍（淡水鱼的富集系数为 3～30）。

5. 超量累积的植物

有些植物能超量吸收和积累重金属，Brook 称其为超量积累植物。这类植物已发现了 360 多种，其中大多数为十字花科植物，以超量积累 Ni 的植物最多，约有 150 种。这类植物有三个主要特征：①体内某一元素浓度大于一定的临界值；②植物吸收的重金属大部分分布在地上部；③在重金属污染的土壤上，这类植物能良好的生长，一般不会发生重金属毒害现象。因而这类植物可以通过选择和培育，在生物净化、生态工程等污染治理的项目上加以应用。

（二）污染物的性质

污染物的性质主要包括污染物的价态、形态、结构形式、相对分子质量、溶解度或溶解性质、物理稳定性、化学稳定性、生物稳定性、在溶解中的扩散能力和在生物体中的迁移能力等。

1. 化学稳定性和高脂溶性是生物富集的重要条件

例如，DDT 具有很高的化学稳定性和生物稳定性，又属高脂溶性物质，其浓度可达 $1.0\times10^5$ mg/kg，比在水中的溶解度大 500 万倍。因此，这类污染物与生物接触时，能迅速被吸收，并储存在脂肪中，很难被分解，也不易排出体外。因此，以 DDT 为代表的有机氯农药极易通过食物链而大量累积，目前已被禁用。美国科学家对密执安湖的红点鲑鱼的体长、脂肪含量与∑DDT 的累积关系进行了研究，其结果十分明显，如表 7-2 所示。

**表 7-2　美国红点鲑鱼（密执安湖）与∑DDT 的关系**

| 体长/mm | 鱼数 | ∑DDT 全体湿重/(mg/L) | 脂肪量/% | ∑DDT 脂肪(脂肪重)/(mg/L) |
|---|---|---|---|---|
| 50 | 18 | 0.8 | 3.7 | 21.6 |
| 253～404 | 31 | 1.6 | 11.0 | 23.6 |
| 558～684 | 28 | 12.9 | 21.8 | 59.2 |

有机磷农药容易被光解及生物降解，酚类污染物及除草剂等水溶性较高，故上述污染物生物富集程度均极低。多氯联苯（PCB）具有很高的化学稳定性和热稳定性，且脂溶性高，因而极易为生物有机体富集。1964 年，日本发生的米糠油事件，就是因为在米糠油脱臭过程中，作为热载体的多氯联苯大量混入米糠油，人们食用后引起 PCB 及有关化合物的亚急性中毒。

2. 污染物的化学结构

污染物的化学结构往往决定了生物体的解毒能力。解毒能力愈强，则富集能力愈弱；反之则富集能力愈强。例如，PCB 中，可置换的氯的数目或位置不同，其代谢、解毒、富集的情况差别就很大。四氯以下的低氯化 PCB，几乎都能代谢为单酚，易分解、不易富集；七氯以上的高氯化 PCB 则几乎不能被代谢，能高度富集。

3. 污染物的渗透能力

污染物在生物体内穿透能力的强弱，决定了污染物在生物体的富集的部位不同。穿透力强的农药多富集于果肉、米粒；穿透力弱的种类则多停留在果皮、米糠中。如r-六六六在水中溶解度高，容易渗透并储存在白米（胚乳）中，富集达60%；PP-DDT在水中溶解度低，属脂溶性，渗透力弱，在苹果中多停留在果皮中（97%），在稻米中有70%积留在糠中，白米中仅30%。

4. 重金属的生物富集特性

重金属具有显著的不同于其他污染物的特点：①重金属在环境中不会被降解，只会发生形态和价态变化，因此，重金属可以在环境中长期存在；②许多重金属是生物生长发育所必需的环境元素，如铜、锌、铬等，这些重金属具有很强的生物富集效应；③环境中某些重金属可在微生物的作用下转化为毒性更强的重金属化合物，如汞的甲基化作用；④重金属在进入生物体内后，不易被排出，在食物链中的生物放大作用十分明显，能导致人体慢性中毒，影响人体健康（如Hg、Cd、Pb等）。

（三）污染物的浓度和作用时间

生物体内污染物的富集量与环境中污染物的浓度成正相关，但富集系数与环境中污染物的浓度没有明显的正相关性，相反有随污染物浓度增高而逐渐下降的趋势。如对高等水生植物的研究表明（如水葫芦、荇菜、狐尾藻等），水中镉浓度在1.0mg/L以下，植物能更有效地吸收镉，富集系数在水中镉浓度为0.005mg/L时达到最大值；镉浓度增至1.0mg/L后，植物的富集系数很快下降，这与镉的毒害作用等问题有关。

富集量不仅与污染物浓度有关，还与作用时间密切相关。污染物的浓度越高，作用时间越长，则生物体内污染物富集量也越多。根据这一规律，美国科学院（NAS）于1971年提出了剂量累积公式。

$$\Delta F = Kct$$

式中 $\Delta F$——生物体内污染物的富集量，μg/g；

$c$——环境中污染物的浓度，$\mu g/m^3$；

$t$——作用时间；

$K$——系数。

但值得强调的是，某些污染物在进入生物体后，在体内的不同器官中富集量高低的顺序，有可能随着时间的增长发生顺序上的变化。20世纪80年代，我国某省环境保护研究所对非洲鲫鱼进行了对汞的富集实验，污染物为$HgCl_2$，受试时间为29d，其富集能力大小为：肾＞鳃＞肝胰脏＞心脏＞脑＞肌肉＞骨骼。这个结论引起了学术界的争论，因此中国科学院卫生研究所再次做了实验，但污染物为$Hg(CH_3)_2$，时间为63d（9周），前4周与上述实验相同，但实验最终顺序发生了变化，对$Hg(CH_3)_2$的富集量的顺序由高至低为：肌肉＞鳃＞内脏。这说明了污染物随着时间的推移，逐渐由内脏向肌肉进行了迁移。这两次实验对我国学术界及环境保护部门震动很大，即对水生生物对污染物残留量的分析，不仅要考虑污染物的种类、浓度，还应考虑污染物在生物体内持续的时间，要做全面综合的分析，不要轻易地下结论。

（四）环境特点

环境要素通过影响生物的生长发育和污染物的性质来间接影响污染物的生物富集。

土壤环境对植物的富集作用有十分重要的影响。土壤水分过多，污染物以还原态为主，活性受到抑制，富集量减少；土壤水分过少，污染物的可结合态数量少，富集量亦因此减少。土壤的pH低，有利于污染物的活化，富集量增加。土壤中有机质和矿质元素的大量存在，会极大地降低植物富集重金属的数量。

此外，水体的温度、溶解氧的状况，对污染物的生态富集的影响也很大。水温升高，溶解氧下降，则污染物的生物富集量升高，见表7-3。

**表7-3 食蚊鱼实验**

| 温度/℃ | 尾数 | 体重/mg | 每尾吸收DDT量/μg | 36h耗氧量/mg | 每毫升氧相当DDT量/μg |
|---|---|---|---|---|---|
| 5 | 10 | 280±36 | 3.0±0.6 | 0.60 | 5.0 |
| 20 | 10 | 250±22 | 9.6±1.3 | 1.32 | 7.3 |

## 四、生物富集的生态效应

污染物的生物富集，能影响一部分生物的正常生理机能、繁殖习性、生物遗传、能量转换、摄食行为等，从而破坏生物资源，降低生物生产力，可引起一系列的生态问题。

1. 种类组成的变化

污染物可能消灭某些敏感的生物种类。如果这些种类是食物网中关键的环节，势必消除或降低较高营养级动物的饵料基础。据报道，不少地区水域中生物的组成情况出现急剧的变化。受污染的水域中高等植物种类减少，正常的浮游植物为污水类型的藻类所代替。而浮游植物及水生维管束植物是水生生态系中能量转化的起点，浮游生物又是许多鱼类的重要饵料。这些生物的残毒积累直接影响到鱼类，它们的盛衰严重影响水体生产力。

在陆地生态系统中，种类组成的变化表现为森林树种被灌木和草本所代替。如向森林喷洒农药，不仅消灭了害虫，也毒死了给树木传粉的昆虫及捕食害虫的蜘蛛和甲虫，同时也污染了土壤。而沾有毒药的枯枝落叶被林下土壤中的蚯蚓等土壤动物吞食后，毒药在其体内大量富集，如DDT在蚯蚓体内可浓缩5～7倍，抵抗力弱的蚯蚓会中毒死去。土壤中蚯蚓等土壤动物减少，肥力会下降，未死亡的蚯蚓被鸟捕食，毒药在鸟类体内浓缩富集，会引起中毒死亡。森林失去食虫鸟等天敌而导致害虫猖獗，使生态系统遭受严重破坏。

2. 个体数量的变化

有不少资料表明，有机氯化合物对鱼类、水鸟及哺乳动物的繁殖有严重影响。鳟鱼卵中DDT>0.4mg/L时，孵出的幼鱼死亡率为30%～90%。鳟鱼雌鱼体内DDT为1～2mg/L时，产出的卵含DDT达0.9mg/L以上，孵出幼鱼死亡率明显升高。0.02～0.05mg/L的*r*-六六六可使阔尾鳟鱼卵母细胞萎缩，抑制卵黄形成，抑制LH激素（黄体化激素）对排卵的诱导作用，卵中胚胎发育受阻。

巴伦支海和波的尼亚湾海豹繁殖能力极低，在繁殖年龄雌海豹怀孕率只有27%，正常情况下应该是80%～90%。体内PCB含量较高被认为是影响繁殖的主要原因。

美国大湖地区1967年以来水貂繁殖困难，经研究是因饲料中PCB残留所致。PCB对胚胎有毒，喂5mg/L以下PCB，繁殖全部停止。我国鄱阳湖水貂繁殖不好，发现雄貂有死精现象，估计与日本引进的农药有关。我国洞庭湖在20世纪60～70年代，曾在芦苇滩上发现不少野生水鸟（野鸭子等）产下的软壳蛋，全部不能孵化而腐烂，经分析，与当时湖区耕地施用大量的DDT及六六六等农药有关。

此外，由于污染物的生物浓缩与生物富集，可使生产者和消费者的种类组成和比例发生变化；使生态系统的养分大量损失，不稳定性大为增加；导致生态系统中的生产者、消费者和还原者之间与非生物环境的关系发生改变，以及物质循环与能量流动上的失调等。

# 第三节 大气污染及其生态治理

## 一、大气污染的概念

大气污染是指由人类活动或自然过程引起某些物质进入大气中，呈现出足够的浓度，达到了足够时间，并超出了自然生态系统的净化能力，足以对生物及人类的正常生存造成危害的状况。

大气污染的来源有自然和人为两种。由火山爆发、地震、森林火灾等自然灾害产生的烟尘、硫氢化物、氮氧化物等，叫自然污染源；由人类的生产、生活活动形成污染物的，叫人为污染源。大气污染主要来源于人类活动，特别是工业和交通运输，因此在工业区和城市中，空气污染特别严重。图 7-3 所示为大气污染的原因和污染物质。

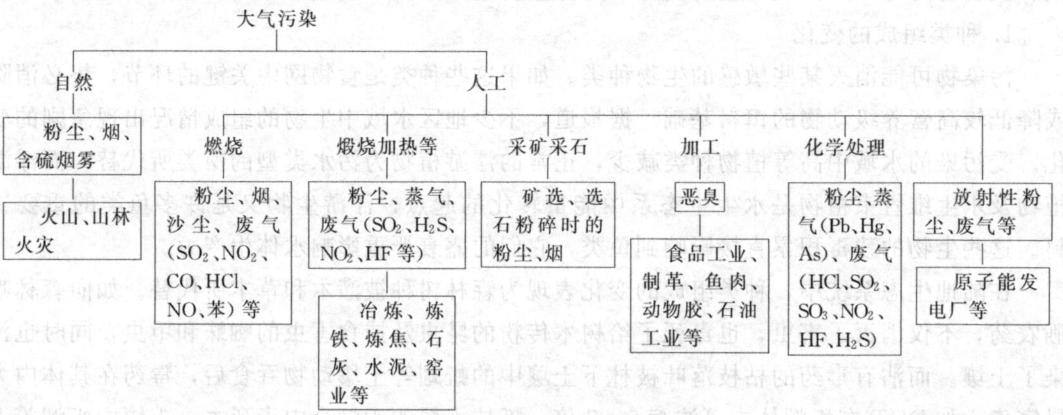


图 7-3 大气污染的原因和污染物质

一般来说，大气污染大体可分四类：局限性的局部地区污染；涉及某个地区的地区性污染；涉及更广泛地区的广域污染；必须从全球范围考虑的全球性污染。例如，受某火力发电厂烟囱的直接影响区属局部地区污染；工业地区或整个城市受到污染属地区性污染；超过行政区的广大地域的空气污染，属于广域污染；氢弹的高空爆炸，人类活动的 $CO_2$ 和粒状悬浮物以及形成酸雨的酸性气体等随大气环流的影响，则为全球性污染。

## 二、大气污染物

大气污染物系指由于人类活动或自然过程排入大气的，并对人或生物资源产生有害影响的物质。大气污染物的种类很多，按其存在状态可概括为两大类：存在于气溶胶状态的污染物（固态粒子或液态微滴）、气体状态污染物。

### （一）存在于气溶胶状态的污染物

在大气污染中，气溶胶系指以固体、液体污染物粒子为分散质，以大气为分散剂的分散系。

1. 按照污染物粒径大小分类

总悬浮颗粒物（TSP）是指漂浮在空气中的固态和液态颗粒物的总称，其直径范围为 0.1～100$\mu$m。

有些颗粒物因粒径大或颜色黑可以为肉眼所见，比如烟尘。有些则小到使用电子显微镜才可观察到。通常把直径在 10$\mu$m 以下的颗粒物称为 PM10。PM10 的浓度以每立方米空气中可吸入颗粒物的质量（mg）表示。

（1）飘尘 能在大气中长期漂浮的悬浮物质称为飘尘。其粒径主要是小于 10μm 的微粒。由于飘尘粒径小，能被人直接吸入呼吸道造成危害；又由于它能在大气中长期漂浮，易将污染物带到很远的地方，导致污染范围扩大；同时在大气中还可为化学反应提供反应载体。因此，飘尘是环境科学工作者所注目的研究对象之一。

PM2.5 是指大气中直径小于或等于 2.5μm 的颗粒物。它的直径还不到人的头发丝粗细的 1/20。虽然 PM2.5 只是地球大气成分中含量很少的组分，但它对空气质量和能见度等有重要的影响。与较粗的大气颗粒物相比，PM2.5 粒径小，富含大量的有毒、有害物质且在大气中的停留时间长、输送距离远，因而对人体健康和大气环境质量的影响更大。PM2.5 的重要来源是汽车尾气。

（2）降尘 用降尘罐采集到的大气颗粒物称为降尘。在总悬浮颗粒物中一般指直径大于 10μm 的粒子，由于其自身的重力作用会很快沉降下来，所以将这部分的微粒称为降尘。单位面积的降尘量可作为评价大气污染程度的指标之一。

2. 按照污染物来源和物理性质分类

（1）粉尘（dust） 指悬浮于气体介质中的小固体粒子，可以在重力作用下发生沉降。粉尘的粒径范围，在气体除尘技术中，一般规定为 1～200μm。

（2）烟（fume） 指由冶金过程中形成固体粒子的气溶胶，烟的粒径很小，一般为 0.01～1μm。

（3）飞灰（fly ash） 指燃料燃烧产生的烟气飞出的分散较细的灰分。

（4）黑烟（smoke） 是由燃料产生的能见气溶胶。

（5）雾（fog） 是气体中液滴悬浮物的总称。在工程中，雾一般泛指液体微滴悬浮体。

（二）气体状态污染物

气体状态污染物简称气态污染物，是以分子态存在的污染物，大部分为无机气体。常见的有五大类：以 $SO_2$ 为主的含硫化合物；以 NO 和 $NO_2$ 为主的含氮化合物；CO、$CO_2$、碳氢化合物以及卤素化合物等。目前已受人们的普遍重视的大气污染物，如表 7-4 所示。

**表 7-4 大气中主要污染物**

| 类 别 | 一次性污染物 | 二次性污染物 |
|---|---|---|
| 含硫化合物 | $SO_2$，$H_2S$ | $SO_3$，$H_2SO_4$，$SO_4^{2-}$ |
| 含氮化合物 | NO，$NH_3$ | $NO_2$，$HNO_3$，$NO_3^-$ |
| 碳的氧化物 | CO，$CO_2$ | 无 |
| 碳氢化合物 | $C_mH_n(m<1\sim5)$ | 醛酮、过氧乙酰硝酸酯 |
| 含卤素化合物 | HF，HCl | 无 |
| 颗粒物 | 金属元素、多环芳烃、二噁英 | $H_2SO_4$，$SO_4^{2-}$，$NO_3^-$ |

对于气态污染物，又可分为一次性污染物和二次性污染物。一次污染物是指直接从污染源排放到大气中的原始污染物质；二次污染物是指由一次污染物与大气中已有组成或几种一次污染物之间经过一系列化学或光化学反应而生成的与一次污染物性质不同的新污染物质。在大气污染中目前受到普遍重视的一次污染物主要有氮氧化物（$NO_x$）、硫氧化物（$SO_x$）、碳氧化物（CO、$CO_2$）以及碳氢化物等；受到普遍重视的二次污染物主要是硫酸烟雾和光化学烟雾。

(1) 硫氧化物　硫氧化物中主要是二氧化硫，它是目前大气污染物中数量较大、影响面较广的一种气态污染物。它主要来自化石燃料的燃烧过程，以及硫化物矿石的焙烧、冶炼等热过程。火力发电厂、有色金属冶炼厂、硫酸厂、炼油厂以及所有烧煤或油的工业锅炉、炉灶等都排放二氧化硫烟气。在排放的二氧化硫中，约96%来自燃烧过程。

(2) 氮氧化物　氮和氧的化合物有 $N_2O$、NO、$NO_2$、$N_2O_3$、$N_2O_4$ 和 $N_2O_5$，总起来称作氮氧化物（$NO_x$）。其中污染大气的主要是NO、$NO_2$，NO毒性不大，但进入大气后可被氧化成 $NO_2$，当大气中有 $O_3$ 等强氧化剂存在时，或在催化剂作用下，其氧化速度会更快；$NO_2$ 的毒性约为NO的5倍，当 $NO_2$ 参与大气中的光化学反应，形成光化学烟雾后，其毒性更强。人类活动产生的 $NO_x$，主要来自各种炉窑、机动车和柴油机的排气；其次是化工生产中的硝酸生产、硝化过程、氮肥生产、炸药生产及金属表面处理等过程。其中由燃料产生的 $NO_x$ 约占83%。

(3) 碳氧化物　CO和 $CO_2$ 是各种大气污染中发生量最大的一类污染物，它主要来自燃料燃烧和机动车排气。CO是一种窒息性气体，排入大气后，由于大气的扩散稀释作用和氧化作用，一般不会造成危害；但在城市冬季采暖季节或在交通繁忙的十字路口，当气象条件不利于排气扩散稀释时，CO的浓度有可能达到危害环境的水平。$CO_2$ 是无毒气体，但当其在大气中的浓度过高时，使氧气含量相对减少，对人便会产生不良影响。地球上 $CO_2$ 浓度的增加，能产生“温室效应”，使全球气温升高，生态系统和气候发生变化。

(4) 碳氢化物　碳氢化物主要来自燃料燃烧和机动车排气。其中的多环芳烃（PAH）类物质，如蒽、荧蒽、苯并芘、苯并蒽、苯并荧蒽等，大多具有致癌作用，特别是苯并[a]芘是致癌能力很强的物质，并作为大气受PAH污染的依据。碳氢化合物的危害还在于它参与大气中的光化学反应，生成危害性更大的光化学烟雾。

(5) 二噁英　二噁英是一种无色无味的脂溶性物质，它包括210种化合物，毒性很大，是氰化物的130倍、砒霜的900倍。国际癌症研究中心已将二噁英列为人类一级致癌物质。二噁英不是天然存在的，是由工业活动人为造成的。二噁英在工业化国家主要来自化学品杂质、城市垃圾焚烧、纸浆漂白及汽车尾气排放。

世界卫生组织已确定，二噁英不仅具有致癌性，而且具有生殖毒性、免疫毒性和内分泌毒性。二噁英最容易存在于生物的脂肪和乳汁中，因此，鱼、家畜、家禽及其蛋、乳、肉是最易被污染的食品，对经常食用这些食品的人群可能造成潜在危害。二噁英一旦被人体吸入就永远积聚在体内，无法排出。幼儿吸入，则会有可能妨碍智力发展。二噁英的结构复杂，要检测环境和食品中的二噁英含量实际上是非常困难的。

(6) 硫酸烟雾　硫酸烟雾是大气中的 $SO_2$ 等硫化物，在有水雾、含有重金属的飘尘或氮氧化物存在时，发生一系列化学或光化学反应而生成的硫酸雾或硫酸盐气溶胶。硫酸烟雾引起的刺激作用和生理反应等危害，要比 $SO_2$ 气体强得多。

硫酸烟雾污染多发生在冬季、气温较低、温度较高、阳光较弱的气象条件下，特别是在盆地、河谷、山谷区，逆温层的多发区最容易形成。如1952年12月在伦敦发生硫酸烟雾型污染是最典型的事例。当时伦敦上空受冷高压控制，高空中的云阻挡了阳光，地面温度迅速降低，相对湿度高达80%，上空又形成了逆温层，加之伦敦属河谷平原区，大量家庭的烟囱和工厂排放的烟不易稀释扩散，聚集在低层大气中，使烟气中的 $SO_2$ 与水雾凝聚成很浓的黄色烟雾，导致伦敦市区两个月内死亡了 12000 人左右。

（7）光化学烟雾　光化学烟雾是在阳光下，大气中的氮氧化物、碳氢化合物和氧化剂之间发生一系列光化学反应而形成的蓝色烟雾（有时带些紫色或黄褐色），其主要成分有二氧化氮、臭氧、过氧乙酰基硝酸酯（PAN）、酮类和醛类等。光化学烟雾的刺激性和危害性要比一次污染物强烈得多。如 1954 年，美国洛杉矶发生的光化学烟雾事件导致了全城 75%的居民患眼病。

## 三、大气污染对生物的影响

### （一）大气污染对植物的影响

#### 1. 污染气体对植物的伤害

污染气体对植物的伤害是指污染气体引起的植物形态、结构的变化或生理功能的紊乱和抑制。按照植物受害的症状表现，可分为可见伤害和不可见伤害。而可见伤害按污染气体的浓度的不同，又分为急性伤害与慢性伤害。按植物受害的形式可分为直接伤害和间接伤害。而按其受害的程度则又可划分为严重、中度、轻度等伤害等级。

植物受害后的可见症状，通常是在叶片上产生坏死斑。坏死斑因植物种类和污染气体种类不同而呈现不同的颜色和形状，如灰白、土黄、黄褐、红棕、黑色和点状、块状或条状等。

急性伤害的症状通常以植物叶片短期内出现坏死伤斑为特征；而慢性伤害症状则以叶片失绿为主要特征。从整个植株来看，在污染气体长期、慢性的积累伤害下，通常抗性差的植物表现为生长不良、植物矮化、枝叶簇生、节间缩短、叶片失绿、萎蔫皱缩、变形等。有的甚至造成植物器官的病态、畸形和落花落果等。

植物伤害的解剖学特征研究得较多的是植物叶片的组织结构。在光学显微镜下，常能看到叶片组织的原生质收缩变色，叶绿体变形褪色或呈模糊状团块。严重时甚至完全破坏解体。组织细胞变形，细胞质浓缩，产生质壁分离。细胞壁皱缩，细胞间隙增大。有的可见细胞内充积一些带色的沉淀物质。极重时整个组织结构模糊，形成空腔，细胞组织崩溃。

组织结构的破坏与伤害的可见症状有着紧密的联系，并呈现出相同的分布。大都为脉间组织的坏死。有的气体（如 HF）也伤害植物维管束组织。受害的严重程度常与组织内含物与污染气体的亲和性以及污染气体在叶肉组织中的通过途径有关。通常气孔周围的组织细胞受害较重，依次为海绵组织、栅栏组织，严重时伤及到上表皮。由于各种污染气体的作用特征不同，使组织受害的程度和表现特征亦有所异。

#### 2. 大气中污染物质的临界浓度和临界时间

大气中污染物质浓度很低时，对植物没有任何影响。当污染物质浓度超过了植物忍受、自净的限度时，植物就开始富集受害，在这个限度上，污染气体的浓度越大，植物受害越重，植物受害的最低浓度称之为“临界浓度”。此外，植物受害程度还与植物接触污染气体的时间有关，植物接触临界浓度以上的污染气体时，受害的最短时间称之为“临界时间”。在一般情况下，污染气体的浓度越高，植物受害的临界时间愈短；浓度越低，临界时间越长。如果浓度高，时间又长，则植物受害更严重。

各种气体的临界浓度和临界时间是不同的。如 HF 在十亿分之几克/升的浓度就使一些植物产生明显的受害症状，常用 μg/L 作为计量单位；$SO_2$ 临界浓度要高得多，常用 mg/L 作计量单位。几种植物对 HF 受害的临界浓度与临界时间见表 7-5 所示。

表 7-5 HF对植物污染的临界浓度与临界时间

| 临界浓度/(μg/L) | 接触时间 | 受害植物 | 临界浓度/(μg/L) | 接触时间 | 受害植物 |
|---|---|---|---|---|---|
| 1 | 10d | 唐菖蒲 | 100 | 10h | 番茄 |
| 10 | 20h | 唐菖蒲 | 1 | 100h | 某些针叶树 |
| 1 | 20～60d | 葡萄、桃、杏、李 | 10 | 15h | 某些叶叶树 |
| 5 | 7～9d | 葡萄、桃、杏、李 | 40 | 3h | 玉米 |
| 1 | 1a | 柑橘 | 50 | 3h | 桃 |
| 10 | 6d | 番茄 | 500 | 6～9h | 棉花 |

有人把有毒气体与植物接触的浓度和累计接触时间的乘积叫做暴露系数。Heggestad 等(1971) 总结不同敏感度的植物对二氧化硫的暴露系数而划分出敏感、抗性程度不同的类型(表 7-6)。

表 7-6 $SO_2$ 对不同敏感植物产生受害症状的阈值浓度　　mg/L

| 接触时间/h | 植物种类 | | |
|---|---|---|---|
| | 敏　感 | 中　等 | 抗　性 |
| 0.5 | 1.0～5.0 | 4.0～12 | ≥10 |
| 1.0 | 0.5～4.0 | 3.0～10 | ≥8 |
| 2.0 | 0.25～3.0 | 2.0～7.5 | ≥6 |
| 4.0 | 0.1～2.0 | 1.0～5 | ≥4 |
| 8.0 | 0.05～1.0 | 0.5～2.5 | ≥2 |

3. 污染气体对植物的生理和生长发育的影响

(1) 对光合作用的影响　植物在受到污染气体侵害后，通常在未出现可见症状以前，就表现出光合作用下降和光能利用率的减弱。试验证明，在水稻孕穗期以 $SO_2$ 熏气 10d 后，在外观无伤害症状的情况下，选取旗叶测其光合强度，发现其光合强度比对照下降了 33%(表 7-7)。植物光合作用的强弱与污染气体的浓度密切相关，随着浓度的增高，光合速度迅速下降。当浓度超过一定阈值时，植物仅进行呼吸作用，而光合作用完全停止。

表 7-7 $SO_2$（浓度 1.31mg/L）对水稻光合强度的影响（江苏植物研究所）

| 项　目 | | 光合强度(以 $CO_2$ 计)/[mg/(dm²·h)] |
|---|---|---|
| 熏气时 | 对照 | 22.10±5.4 |
| | 处理 | 14.80±5.93 |
| 恢复期 | 对照 | 8.67±2.49 |
| | 处理 | 6.41±2.63 |

(2) 对呼吸作用的影响　植物受污染气体伤害后，呼吸作用有较明显的提高（表 7-8），有的（如雪松）提高 1 倍以上。根据现场的调查测定报道，污染区比对照区植物的呼吸强度普遍要高 20%左右。

(3) 对蒸腾作用的影响　通常植物受污染气体伤害后，蒸腾强度普遍减弱。如刺槐、泡桐、悬铃木、毛白杨等表现非常明显（少数树种如复叶槭、旱柳等除外）。其蒸腾速度的改变与污染气体改变了气孔的开放机能有关（如气孔关闭或开度减小）。

表 7-8 不同树种氯气熏气后呼吸强度的变化

| 树种 | 熏气测定时间/h | 鲜叶吸 $O_2$ 量/[L/(g·h)] | | 熏气叶片与对照叶片的比/% | 树种 | 熏气测定时间/h | 鲜叶吸 $O_2$ 量/[L/(g·h)] | | 熏气叶片与对照叶片的比/% |
|---|---|---|---|---|---|---|---|---|---|
| | | 熏气叶片 | 对照叶片 | | | | 熏气叶片 | 对照叶片 | |
| 柏木 | 48 | 233.8 | 155.2 | 151 | 珊瑚树 | 24 | 56.9 | 138.3 | 41 |
| 雪松 | 48 | 283.7 | 141.8 | 200 | 大叶黄杨 | 24 | 452.2 | 280.4 | 161 |
| 女贞 | 48 | 335.9 | 280.3 | 120 | 侧柏 | 24 | 290.8 | 177.2 | 164 |
| 瓜子 | 48 | 130.9 | 91.6 | 143 | 铅笔柏 | 4 | 424.3 | 314.5 | 135 |
| 龙柏 | 48 | 90.8 | 84.5 | 107 | 中山柏(新叶) | 4 | 287.6 | 120.8 | 238 |
| 桧柏 | 24 | 508.8 | 235.9 | 216 | | | | | |

(4) 对某些生理指标的影响

① 对膜透性的影响。通常认为污染气体对植物的影响最先是在细胞膜上。膜一旦破坏，其透性就要发生变化，从而影响水分、离子的出入与平衡及生理代谢的正常进行。透性的增加引起细胞内电解质外渗，主要是钾离子大量渗出，从而升高了浸泡着细胞的溶液的电导率。所以往往可通过细胞浸泡液的电导率的测定，来间接地反映膜透性的变化（表 7-9）。

表 7-9 不同树种在 $SO_2$（50mg/L）处理 4h 后叶片透性的变化

| 植物名 | 伤害度 | 电导率/(μS/cm) | | 处理组与对照组电导率比值/% |
|---|---|---|---|---|
| | | 对照组 | 处理组 | |
| 蚊母 | ＋＋ | 61 | 350 | 573.8 |
| 海桐 | 0 | 59 | 170 | 288.1 |
| 珊瑚树 | ＋＋＋ | 59 | 520 | 881.4 |
| 香樟 | ＋ | 55 | 370 | 672.7 |
| 杜仲 | ＋＋ | 50 | 320 | 640.0 |

② 对叶绿素含量的影响。植物叶绿素浓度的减少通常与植物的可见伤害的严重程度成正相关。江苏植物研究所以金荞麦试验，经 $SO_2$（0.87mg/L±0.13mg/L）、HF（0.16mg/L±0.07mg/L）和二者之和复合熏气 16d 后，叶绿素受到显著破坏，其含量分别只为对照组的 65.5%、43.7%和 29%。

③ 对蛋白质的影响。据报道，$SO_2$ 和 $O_3$ 都能减少植物体内的蛋白质含量。以玉米为材料进行 $SO_2$ 熏气试验证明，在 $SO_2$ 的影响下，玉米体内总氮量和蛋白质氮量均有所下降，蛋白质氮量下降得更多。

(5) 对植物生长发育的影响 试验表明，植物受有害气体污染后，可影响其根、茎的伸长和横向生长。亦可导致落花落果或杀死雄蕊、雌蕊及抑制花粉管的发育及伸长等，影响受精传粉，花果产生畸形，导致产量下降。

污染气体作用于植物的不同生长发育阶段所造成的影响亦不相同。江苏植物研究所对水稻的试验表明，在水稻扬花期受到污染，减产最严重，如表 7-10 所示。

(二) 大气污染对动物及人体的影响

1. 大气污染对动物的危害

大气污染对动物的危害有直接和间接的两方面。在烟雾期间，动物吸入污染物，引起呼吸道感染，发生中毒，甚至死亡。如 1950 年 11 月墨西哥市郊波查·里加镇，发生 $H_2S$ 事

表 7-10　$SO_2$（20～35mg/L）在植物不同发育期对产量的影响

| 发育期 | 每盆产量/g | 减产量/% | 空秕率/% | 千粒质量/g |
|---|---|---|---|---|
| 对照组 | 126.3 | | 14.1 | 21.2 |
| 分蘖期 | 79.8 | 36.5 | 22 | 19.4 |
| 拔节孕穗期 | 53.4 | 58 | 29.3 | 17.9 |
| 扬花期 | 17.7 | 85.9 | 59.5 | 15.1 |
| 灌浆期 | 70.1 | 44.9 | 28 | 18.5 |
| 黄熟期 | 107.6 | 15.1 | 18.3 | 20.5 |

件，该地区一半家畜中毒死亡。1952 年英国伦敦烟雾事件，市内 350 多头牛，其中 66 头牛中毒死亡。

大气污染对动物最大最广泛的危害是通过间接途径出现的。污染物质下降到水中和土壤中，通过生物作用，毒物在牧草中累积，引起牧畜中毒。例如氟气污染牧草后，牛、羊吃了这种含氟的牧草，出现长牙症，因此不便食草，因饥饿而死亡。20 世纪 70 年代，我国浙江杭州地区某县养蚕专业户所养的蚕大量成批死亡，蚕死后均产生体液外渗最后只剩下一层外皮的怪现象，后经调查研究，原来是蚕吃了富集有大量氟化物的桑叶所致，当地新建的大型磷肥厂是产生氟气的主要污染源，而桑叶具有富集氟的特性。

美国蒙塔那州的阿那空大铜矿的冶炼厂排出含砷废气，引起了周围牧草的污染，周围 24km 内牛、羊、马等家畜中毒，仅中毒生病的羊达 3000 多只，死亡 600 只，后来分析，牧草中含砷达 400mg/L，死马死羊的肝脏中有大量的砷。

重金属元素能严重影响和破坏鱼类的呼吸器官，导致呼吸机能减弱。首先这些重金属能黏积在鳃的表面，造成鳃的上皮和黏液细胞的贫血和营养失调，从而影响对氧的呼吸和降低血液输送氧的能力；重金属还能降低血液中呼吸色素的浓度，使红细胞减少。

污染物对动物内脏的破坏作用极明显。如 Pb、Cd 能使肾、脾受损，还能使鱼脊椎弯曲。有机氯农药对鱼类、水鸟、哺乳动物的繁殖有严重影响，能使许多鸟类蛋壳变薄甚至变软。

2. 大气污染对人体的危害

(1) 呼吸道疾病　呼吸道疾病是个多发病，可由多种原因引起。一般认为，大气污染能使慢性鼻炎、慢性咽炎、肺气肿、支气管炎、哮喘、肺心病等发病率增高。国外研究资料表明，飘尘浓度大于 $0.15mg/m^3$，儿童支气管哮喘病增多，老弱者的死亡率也明显增高。另外，肺尘埃沉着病、硅沉着病主要是因空气中的粉尘污染所致，我国的矿山、采石场等处的工人患者较为普遍。

(2) 致癌作用　大气污染物质中含有致癌物质，如粉尘上附着有 3,4-苯并芘等，汽车废气中的氧化氮和碳氢化合物作用生成的硝基化合物，汽车尾气中的放射性钋，粉尘中的石棉、砷、镍、铬、铍等重金属及空气中的 $SO_2$、酚等均有不同程度的助癌作用。美国曾做过这样调查，呼吸器官癌症（如喉癌、肺癌、鼻咽癌等）与工厂和汽车密度成正相关。有人做试验，把洛杉矶光化学烟雾的浓缩物，涂在老鼠皮肤上导致了皮癌；把动物饲养在工业废气中，三分之一的动物得了肺癌。

(3) 对心血管系统的影响　大气中存在铅、四乙铅、汞、砷、磷和硫化氢、一氧化碳及苯类化合物等均对心血管系统有影响。在某些污染较严重的城市，特别是炼油工业城区，常出现白细胞下降和心律异常现象。例如英国伦敦烟雾事件中，患心脏病者为平时的 3 倍；在发生事件的一周内，因支气管炎死亡 704 人，为事件前一周的 9.3 倍；冠心病死亡 281 人，为前一周的 2.4 倍；心脏衰竭死亡 244 人，为前一周的 2.8 倍。

(4) 对消化系统的影响　在消化系统中，污染物对肝脏影响最大。大气中的污染物如磷、三硝基甲苯、四氯化碳、氯萘、丙烯、甲醛等均称为“向肝性”或者“亲肝性”毒物，能引起肝肿大，肝脏受损、肝区不适等，导致肝脏解毒功能丧失，使人头晕、乏力、记忆力衰退、睡眠障碍等现象，因肝脏受损的其他后遗症就更多了。

(5) 对神经系统的影响　在大气污染较重的城市，人们常反映头晕、头痛、失眠、乏力、食欲不好等，说明神经细胞对污染物质是极敏感的。例如四乙铅、有机汞、有机锡、磷化氢、CO、苯、二硫化碳、溴甲烷、环氧乙烷、三氯乙烯、甲醇、有机氯农药等，均为“亲神经性毒物”。

(6) 对骨骼系统的影响　氟化氢等氟化物中毒，常引起斑釉齿症、骨质硬化症、氟骨症（骨硬化、异位钙化、骨髓缩小、骨质增生）等。大气中的飘尘、粉尘若含镉较多，被人吸入，常引起骨疼病（或疼痛病），使人身材矮小，脊椎与胸腔变形、关节疼痛、骨质疏松等。

(7) 对泌尿系统的影响　许多污染物能在肾脏中累积，引起肾脏损害。如汞、四氯化碳、铅、二硝基酚、丙酮、氟化物、氰化物、三氯乙烯和钒等。例如，四氯化碳和氯化汞等引起坏死性肾炎；溶血性毒物如砷化氢能引起阻塞性肾炎，可使大量正铁血红素游离出来阻塞肾小管，造成急性少尿甚至闭尿。

## 四、大气污染的生态治理

植物本身是大气污染的受害者，但由于植物对污染物质具有吸收、转移、转变和富集的能力，因此，当大气中的污染物质对植物的影响尚未达到伤害阈值时，植物对其具有一定的净化能力，起到保护和改善环境的作用。

### （一）植物对大气污染的净化作用

#### 1. 能维持大气中氧与二氧化碳的平衡

一般情况下，大气中的 $CO_2$ 含量是恒定的，它为绿色植物提供了光合原料。即绿色植物是 $CO_2$ 的消耗者，也是 $O_2$ 的生产者。植物通过光合作用吸收 $CO_2$ 放出 $O_2$，又通过呼吸作用吸入 $O_2$ 放出 $CO_2$。但其光合作用吸收的 $CO_2$ 要比自身呼吸作用放出的 $CO_2$ 多 20 倍。因此，总的计算是消耗了空气中的 $CO_2$。据测定，一天 1g 干叶吸收 20mg 的 $CO_2$，则干叶为 10t/hm$^2$ 的森林一天从大气中可吸收 $CO_2$ 200kg。而 1hm$^2$ 阔叶林在生长季节一天可以消耗 1t $CO_2$。因此，世界上的森林及良好的草地是 $CO_2$ 的主要吸收者。表 7-11 为多种树木对 $CO_2$ 的吸收情况。

**表 7-11　树木对 $CO_2$ 的吸收量**

| 树种 | | 二氧化碳吸收量/(mg/g 干质量) | |
|---|---|---|---|
| | | 最大 | 平均 |
| 夏绿树 | 美人蕉 | 18.5 | 9.6 |
| | 山毛榉 | 12.4 | 7.5 |
| | 栎树 | 11.0 | 5.8 |
| 常绿树 | 油橄榄 | 4.5 | 3.7 |
| | 月桂 | 3.3 | 2.1 |
| | 常绿构 | 3.0 | 1.7 |
| 针叶树 | 黄杉 | 5.3 | 3.0 |
| | 赤松 | 4.1 | 2.3 |
| | 云杉 | 4.0 | 2.2 |

由于人类的活动，大量使用化石能源及对森林植被的破坏，使全球的 $CO_2$ 浓度有逐年上升的趋势，$CO_2$ 成为了造成“温室效应”的主要温室气体。因此，人类应尽量减少对化石能源的使用，下大力气恢复森林植被，以维持大气中 $O_2$ 和 $CO_2$ 的平衡。

2. 能降低大气中污染气体的浓度

(1) 吸收 $SO_2$　$SO_2$ 在污染气体中，数量多、分布广、危害大。当大气中 $SO_2$ 浓度达到 400mg/L 时，可使人迅速死亡。

植物在正常情况下，一般叶中含硫量在 0.1%～0.3%（干质量），但若处于 $SO_2$ 污染空气中时，由于吸收了 $SO_2$，使体内的含硫量高出正常值 5～10 倍。植物叶面积大，所以对 $SO_2$ 有较强的吸收能力。经江苏植物研究所测定，污染区绿化树木吸收 $SO_2$ 的能力，一般都比对照区植物含硫量高（见表 7-12 和图 7-4）。

**表 7-12　一些绿化树木叶中含硫量**

| 树　种 | 干叶片含硫量/% | 树　种 | 干叶片含硫量/% | 树　种 | 干叶片含硫量/% |
|---|---|---|---|---|---|
| 悬铃木 | 0.83 | 女贞 | 0.48 | 泡桐 | 0.34 |
| 梧桐 | 0.73 | 大叶黄杨 | 0.39 | 杨树 | 0.32 |

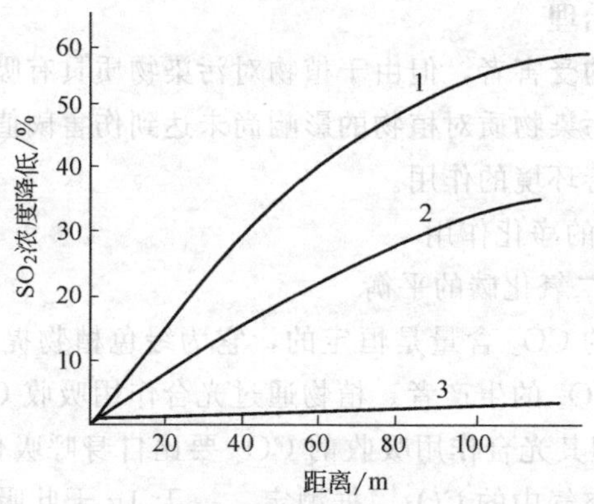


图 7-4　绿化树木吸收 $SO_2$ 的效应

1—$SO_2$ 笼罩的林地；2—平时林地；3—笼罩与不笼罩的无林地

据研究，$1hm^2$ 柳杉林每年可吸收 $SO_2$ 720kg。在乔木树种中，落叶树吸硫能力最强，常绿阔叶树次之，而针叶树较差。如落叶松在一年内吸收 $SO_2$ 的量相当于针叶松的 4 倍。

(2) 吸收 HF　植物对大气氟污染有明显的减毒作用。测定宽 80～100m 林带前后大气氟浓度的变化可明显地看到这一效应（表 7-13）。

**表 7-13　林带前后氟污染浓度比较**　$mg/m^3$

| 采样点 | 林带前 | 林带后 | 减毒量 | 减毒率 |
|---|---|---|---|---|
| 林带 | 0.0233 | 0.0077 | 0.0156 | 66.95% |
| 对照林① | 0.0190 | 0.0105 | 0.0085 | 44.74% |

① 对照林指非污染区的同类型林带。

正常植物叶片含氟量在 25mg/kg（干质量）以下，在氟污染区，由于植物吸收 HF 而使其氟含量高出几倍甚至几十倍。如菜豆、菠菜、万寿菊等在叶中含氟 200～500mg/kg 时均不受害。江苏植物研究所指出，在绿化树木中泡桐、梧桐、大叶黄杨、女贞等抗氟和吸氟能力都比较强；据中南林学院研究，湖南的野生构树（桑科）具有极强的吸氟和抗氟能力。常见的绿化植物吸氟情况如表 7-14 所示。

**表 7-14 常见的绿化植物吸氟量比较** mg/kg

| 植物种类 | 含氟量 | 对照植物含氟量 | 与对照植物的差值(吸氟量) | 受害症状 |
|---|---|---|---|---|
| 美人蕉 | 146.0 | 7.95 | 138.0 | 叶缘稍有枯焦 |
| 向日葵 | 112.0 | 3.71 | 108.3 | 叶缘稍有枯焦 |
| 泡桐 | 106.0 | 10.90 | 95.1 | 无症状 |
| 加拿大白杨 | 95.0 | 10.70 | 84.3 | 叶发黄 |
| 蓖麻 | 89.4 | 2.99 | 86.4 | 叶缘枯焦 |
| 大叶黄杨 | 55.1 | 6.25 | 48.4 | 无症状 |
| 女贞 | 53.8 | 5.56 | 48.2 | 无症状 |
| 榉树 | 45.7 | 12.60 | 33.1 | 无症状 |
| 梧桐 | 68.4 | 12.00 | 56.4 | 无症状 |
| 垂柳 | 37.8 | 16.70 | 21.1 | 无症状 |

表 7-14 中植物叶片的含氟量是在污染区采样植物叶片进行测定而得出的，或采集人工熏气后的植物叶片进行测定而得出的，对照植物的含氟量则为非污染区植物叶片含氟量的本底值。

植物吸收、积累污染物质的能力是很强的，有的植物能将氟化物富集 20 万倍，具有潜在的生态影响。因此，在具有氟污染的工厂、企业区域不宜栽种食用植物及粮食作物，而应多种植非食用的绿化树木及花草。

(3) 吸收氯气 植物对氯气也有一定的吸收和积累能力。在有氯气污染的地区生长的植物，叶中含氯量往往比非污染区的高出数十倍。江苏植物研究所对某电化厂氯污染区植物体内含氯量进行测定，得到离污染源不同距离的植物体内的含氯量指数的变化，如图 7-5 所示。

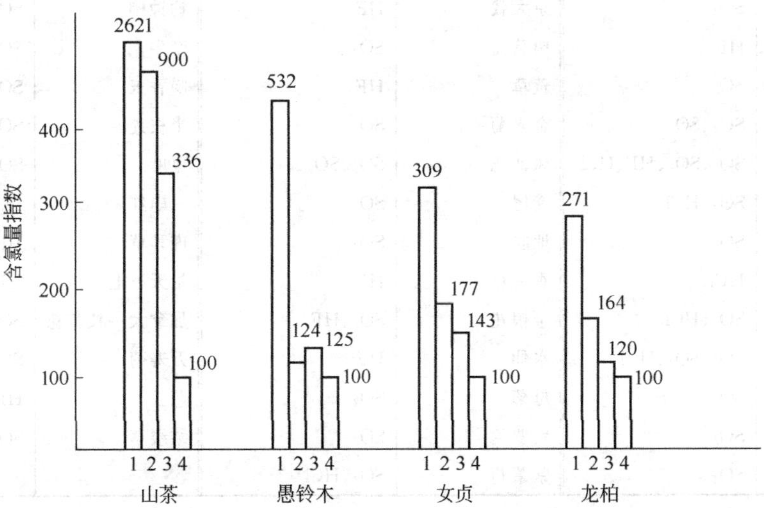


图 7-5 离污染源不同距离叶片含氯量指数的变化

1—车间（污染源周围 20m 内）；2—花坛（离污染源 50～70m）；3—招待所（离污染源 300m）；4—对照

此外，植物对氨、一氧化碳以及汞、铅、锌、镉等重金属气体也有一定的吸收能力。如每千克夹竹桃干叶能吸收汞（蒸气）96mg（对照植物内含汞量为零）；每千克桃树叶能吸铅 320.8mg 和镉 6.44mg。现将我国抗有害气体的主要树种和草本植物分别列于表 7-15 和表 7-16 中。

**表 7-15 我国中部西南地区抗有害气体树种（绿化树种）**

| 有害气体种类 | | 植物种类 |
|---|---|---|
| 二氧化硫（$SO_2$） | 抗性强 | 大叶黄杨、海桐、蚊母、棕榈、青冈栎、夹竹桃、瓜子黄杨、石栎、绵槠构树、无花果、凤尾兰、枸橘、枳橙、蟹橙、柑橘、金橘、大叶冬青、山茶、厚皮香、冬青、枸骨、胡颓子、樟叶槭、女贞、小叶女贞、丝棉木、广玉兰 |
| | 抗性较强 | 珊瑚树、梧桐、臭椿、朴树、桑树、玉兰、木槿、鹅掌楸、紫穗槐、刺槐、紫薇、麻栎、合欢、泡桐、樟树、梓树、楸树、紫藤板栗、石楠、石榴、柿、罗汉松、侧柏、槐树、白蜡、乌桕、桂花、栀子、龙柏、皂荚、枣 |
| 氯气（$Cl_2$） | 抗性强 | 大叶黄杨、青冈栎、龙柏、蚊母、棕榈、枸橘、枳橙、夹竹桃、瓜子黄杨、山茶、木槿、海桐、凤尾兰、构树、无花果、丝棉木、胡颓子、柑橘、枸骨、广玉兰 |
| | 抗性较强 | 珊瑚树、梧桐、臭椿、女贞、小叶女贞、泡桐、紫薇、麻栎、板栗、玉兰、紫薇、朴树、楸树、梓树、石榴、合欢、罗汉松、榆树、皂荚、刺槐、白蜡、栀子、槐树 |
| 氟化氢（HF） | 抗性强 | 大叶黄杨、蚊母、海桐、棕榈、构树、夹竹桃、枸橘、枳橙、广玉兰、青冈栎、无花果、柑橘、凤尾兰、瓜子黄杨、山茶、油茶、茶树、丝棉木 |
| | 抗性较强 | 珊瑚树、女贞、小叶女贞、紫薇、臭椿、皂荚、朴树、桑树、龙柏、樟树、榆树、梓树、玉兰、刺槐、石楠、泡桐、梧桐、垂柳、罗汉松、乌桕、石榴、白蜡 |
| 氯化氢（HCl） | | 瓜子黄杨、无花果、大叶黄杨、构树、凤尾兰 |
| 硫化氢（$H_2S$） | | 构树、桑树、无花果、瓜子黄杨、泡桐、海桐 |
| 二氧化氮（$NO_2$） | | 构树、桑树、无花果、泡桐、石榴 |
| 臭氧（$O_3$） | | 樟树 |

**表 7-16 对有害气体抗性强的草本植物**

| 植物名称 | 抗有害气体的种类 | 植物名称 | 抗有害气体的种类 | 植物名称 | 抗有害气体的种类 |
|---|---|---|---|---|---|
| 蜀葵 | $SO_2$、$SO_3$、HCl | 石竹 | $SO_2$、$SO_3$ | 七叶一枝花 | HF |
| 金鱼草 | $SO_2$、HF | 假俭草 | $SO_2$ | 天竺葵 | $Cl_2$ |
| 耧斗菜 | $SO_2$ | 京大戟 | HF | 钓钟柳 | $SO_2$ |
| 蜘蛛抱蛋 | HF | 唐菖蒲 | $SO_2$ | 牵牛 | $SO_2$ |
| 野牛草 | $SO_2$ | 萱草 | HF | 晚香玉 | $SO_2$ |
| 金盏菊 | $SO_2$、$SO_3$ | 金光菊 | $SO_2$ | 半枝莲 | $SO_2$ |
| 美人蕉 | $SO_2$、$SO_3$、HF、HCl | 凤仙花 | $SO_2$、$SO_3$ | 蓖麻 | $SO_2$、HF |
| 朝天椒 | $SO_2$、HCl | 鸢尾 | $SO_2$ | 一串红 | HCl |
| 羊胡子草 | $SO_2$ | 地肤 | $SO_2$ | 虎耳草 | HF |
| 鸡冠花 | HCl | 香豌豆 | HF | 景天三七 | HF |
| 仙人掌类 | $SO_2$、HCl | 金银花 | $SO_2$、HF | 加拿大一枝黄花 | $SO_2$ |
| 菊花 | $SO_2$、$SO_3$、HCl | 水仙 | HF | 万寿菊 | $SO_2$ |
| 大花金鸡菊 | $SO_2$ | 母菊 | $SO_2$ | 葱兰 | HF、HCl |
| 仙客来 | $SO_2$ | 紫罗兰 | $SO_2$ | 结缕草 | $SO_2$ |
| 狗牙根 | $SO_2$ | 紫茉莉 | $SO_2$、HCl | | |

从表 7-15、表 7-16 可以看出，有些植物对不同气体的抗性是一致的，例如对 $SO_2$ 抗性强的植物，对氯气、氟化氢、臭氧、氮氧化物等气体的抗性也比较强。但也有些植物对不同气体具有不同抗性，见表 7-17。

表 7-17　植物对不同气体的抗性差异

| 植物 | 二氧化硫 | 氟化氢 | 氯气 | 臭氧 | 二氧化氮 | 植物 | 二氧化硫 | 氟化氢 | 氯气 | 臭氧 | 二氧化氮 |
|---|---|---|---|---|---|---|---|---|---|---|---|
| 柑橘 | 强 | 中 | 强 | | | 葡萄 | 中 | 弱 | | 弱 | |
| 木槿 | 强 | | 强 | | 弱 | 梨 | 弱 | 强 | | | |
| 银槭 | 强 | 中 | | 弱 | | 紫花苜蓿 | 弱 | 强 | | 弱 | |
| 杏 | 中 | 弱 | | | | 唐菖蒲 | 强 | 弱 | | | |

基于这种情况，可以选择那些对污染气体抗性强的植物种类进一步监测分析，有针对性地筛选对某种污染气体既有抗性、富集能力又强的树林花草进行组合，使之形成绿色屏障、绿色网带等防污绿化区域，对污染气体起到更好的净化作用。

3. 吸滞灰尘

粉尘和煤尘是大气污染的重要指标之一，据统计，地球上每年降尘量达 $10^6$～$3.7\times10^6$t。许多工业城市每年每平方公里降尘量平均为 500t 左右，某些工业十分集中的城市甚至高达 1000t 以上。

植物，特别是树木，对灰尘、粉尘有明显的滞留、吸附和过滤作用，因其能降低风速，使空气中挟带的较大颗粒物沉降下来，以及可造成局地的温差而引起空气对流，使飘过林带的污染空气得到过滤和扩散。据测定，无树的城镇，日降尘量超过 850mg/m²，而有树木的地区，则低于 100mg/m²。

植物的降尘作用，主要是将灰尘吸附于植物体表面，随后经雨水或露水淋洗于地面，或因阻隔促使较大颗粒直接落于地面。有人测定计算，一年中每公顷树林滞尘量为：云杉 32t，栎树 36.4t，山毛榉 68t。此外榆树、朴树、木槿、女贞、重阳木、泡桐、刺槐、悬铃木等都有很强的滞尘能力。表 7-18 为一些树木叶片单位面积上的滞尘量。

表 7-18　一些树木叶片单位面积上的滞尘量（距离污染源 200～250m）　g/m²

| 树种 | 滞尘量 | 树种 | 滞尘量 | 树种 | 滞尘量 | 树种 | 滞尘量 |
|---|---|---|---|---|---|---|---|
| 榆树 | 12.27 | 重阳木 | 6.81 | 栎树 | 5.89 | 夹竹桃 | 5.28 |
| 朴树 | 9.37 | 女贞 | 6.63 | 臭椿 | 5.88 | 桑树 | 5.39 |
| 木槿 | 8.13 | 大叶黄杨 | 6.63 | 构树 | 5.87 | | |
| 广玉兰 | 7.10 | 刺槐 | 6.37 | 三角枫 | 5.52 | | |

绿地减尘作用与绿地的结构，离污染源的距离，以及风向风速等有密切的关系。一般成片林地的减尘率夏季最高可达 61.1%，冬季落叶期也可达 20%，一般平均可达21%～39%。

4. 减弱噪声

城市环境噪声广泛地影响着人们的各种活动，如影响睡眠和休息，妨碍交谈，干扰工作，损伤听力，甚至引起神经系统、心血管系统、消化系统等方面的疾病，它已成为较广的公害之一。

加强城市绿化，建造防声林带，对减弱噪声有一定的作用。据南京测定，树冠宽 12m 的行道悬铃木，可减噪 2～5dB（约减 1/4）；36m 宽的松柏、雪松林带，可减噪 10～15dB（1/2～3/4）。北京市园林科学研究所对城市绿地的减噪效率测定如表 7-19 所示。经日本人研究，公路两旁各留 15m 的林带，乔灌木搭配，可降低噪声一半。在城市公园中，成片树木可把噪声降低到 26～43dB，达到正常状态。

表 7-19　绿地的减噪效率（北京市园林科学研究所等）

| 测　点 | 绿地宽 | 绿 地 结 构 | 减噪量/dB |
|---|---|---|---|
| 北京市园林科学研究所东绿篱 | 3m | 单行(密植株距 0.5m) | 3.5 |
| 北京市园林科学研究所白皮松幼林 | 30m | 5.6m 高，郁闭度 0.7 | 3.5 |
| 北京市三里河路分车绿带 | 5m | 乔木、灌木绿篱，草坪混合 | 3.2～5.5 |
| 北京市园林科学研究所白皮松纯林 | 50m | 高 9.6m，郁闭度 0.6 乔灌木绿篱 | 4.5 |
|  | 25m | 草坪，郁闭度 0.8，林高 12m | 3～5.5 |

根据我国南京地区的试验测定，认为绿色植物减弱噪声的效果与防声林带的宽度、高度、位置、配置方式以及树木的种类有密切关系。一般采用的隔声树种如下。

乔木类：雪松、桧柏、龙柏、水杉、悬铃木、梧桐、垂柳、云杉、薄壳山核桃、柏木、臭椿、榕树、柳杉、栎树等。

小乔木及灌木类：珊瑚树、海桐、桂花、女贞等。

5. 吸滞放射性物质

绿化树木不但能阻隔放射性物质和辐射的传播，并有吸收、滞留和过滤的作用。如在中等风速时，大气中放射性物质 $^{131}I$ 的浓度为 $1mCi$❶$/cm^2$，1kg 的树叶在 1h 内可吸滞 1Ci 的 $^{131}I$（约 1g 镭的放射性），其中 1/3 进入叶组织，2/3 被吸附在叶表面。

放射性污染主要是一些放射性物质颗粒随风飘散，并悬浮于空中所引起。当人接受的剂量为 6000Gy 时，死亡率为 100%，剂量减少 1/3，死亡率减少一半；而当剂量减少 2/3，则死亡率为零。故认为，树木如能减少 30%～60%随风而过的放射性物质，对人体将起到有效的保护作用。据测试，树林沿风向前后，放射性物质颗粒之差可达 4 倍，说明植物具有有效的阻隔、过滤、吸收放射性物质的作用。

6. 减少空气中的含菌量

空气中散布着各种细菌，其中有不少是对人体有害的细菌。绿化树林可以减少各种细菌在空气中的数量。其原因，一是减少了空气中的灰尘而减少了细菌，再者，植物本身具有杀菌作用。

早已发现许多植物如洋葱、大蒜等能分泌一种杀菌素，其他如桦木、新疆圆柏、银白杨、柠檬、地榆根等均有杀死微生物的作用。

在城市绿化树种中具有较强杀菌力的种类有：黑胡桃、柠檬、悬铃木、桧柏属、橙、茉莉、柏木、白皮松、柳杉、雪松等，其他如臭椿、马尾松、杉木、侧柏、樟树、黄连木等也有一定的杀菌作用。不同类型的林地和草地的杀菌作用如表 7-20 所示。

表 7-20　不同类型的林地和草地的杀菌作用

| 类　型 | 每立方米空气含菌数/个 | 类　型 | 每立方米空气含菌数/个 |
|---|---|---|---|
| 松树林(黑松) | 589 | 喜树林 | 1297 |
| 草地(细叶结缕草) | 688 | 麻栎林 | 1667 |
| 柏树林(日本花柏) | 747 | 杂木林 | 1965 |
| 樟树林 | 1218 |  |  |

7. 调节气候，促进污染物扩散

植物能起调节温度和湿度的作用，特别是在人口密集的城市和工厂，这种调节作用有着

❶ 1Ci＝37GBq。

更重要的意义。在绿化好的局地，通常夏季温度可比绿化差的局地降低1～3℃，湿度也有所提高。当风大时，植物可使风速降低，避免灰尘扬起；而在静风时，由于造成局地的温湿差而促进空气对流，有利于污染空气的扩散，使闷热和污染的空气及时得到更换。

（二）防污染绿化植物配置的基本原则

防污染绿化植物的配置，是城市绿化的一项复杂的系统工程。绿化工程是城市建设及城市生态恢复的关键，而防污染绿化植物的配置又是改善城市生态环境的重点。因此，绿化工作的原则可以概括为四个方面：绿化、美化、净化、规划。

1. 绿化

这里提的绿化，主要是对城市绿化的总面积而言。联合国生物圈生态与环境保护组织规定，城市居民每人约需60$m^2$的绿地，住宅区绿地每人要保持28$m^2$。世界上许多国家都非常重视绿地的建设，例如，波兰华沙，30年前还是一座缺乏绿色植物的城市，现在市内有公园95座，18.9万亩[1]绿地，大街两侧都是草坪，城郊有100万亩森林和防护林带，人均绿地面积达90$m^2$；澳大利亚的堪培拉，现绿地已占该城面积的58.5%，人均绿地70.5$m^2$。其他如维也纳人均绿地70$m^2$、斯德哥尔摩68.3$m^2$、东柏林50$m^2$、平壤47$m^2$、华盛顿45.7$m^2$、莫斯科44$m^2$、巴黎24.7$m^2$、伦敦22.8$m^2$。但是，我国由于种种原因，城市绿地面积很少。据55个城市调查的平均值计，人均在3$m^2$以下的有41个城市，占总数的74.5%。为了减轻大气污染，保障人体健康，迅速规划和种植防污染绿化植物对我国城市来说，既是首要任务，又是当务之急。

计算和规划一个城市的绿化面积，不仅要考虑城市人口数量及人口密度，还要考虑城市工厂、企业及人们生活所用的生物能源总量及排放的$CO_2$总量来全面进行计算和规划。如果每个城市都能考虑到通过绿化而维持$O_2$和$CO_2$之间的动态平衡，即从全球范围来说，就不会出现$CO_2$浓度逐年上升而造成的“温室效应”之忧了。而且这样对其他污染气体的浓度也会起到大为降低的作用。

2. 美化

城市的绿地建设，不仅要考虑对污染气体的吸收及水土保持等方面，还要考虑到人为景观与自然景观的有机融合，在绿化的基础上应加强美化的工作。

在城市的绿化工作中，应遵循生态学的规律，体现出“自然美”。如仿照自然森林群落的垂直结构（成层性），在公路两旁进行垂直绿化（乔木、次乔木、灌木、次灌木、高草、低草等），既形成了绿色屏障，能吸污、滞尘、消噪，又能吸引以鸟类为主的各类动物，使之“鸟语花香”。在城市建筑物的大门、围墙、凉台、屋顶、外墙等处也可进行垂直绿化、空中绿化，种植如缠绕、攀缘植物，喜阳的低草植物等，既可以使建筑物增添生动瑰丽的自然景象，又能起到吸尘污、调节小气候，装饰美化的良好效果。

城市绿化，也可注入季相演替的因素，不仅做到四季常青，还可做到月月有花香，季季景观更新。城市绿地的水平结构还可应用景观生态学的原理进行设计与规划，根据不同区域的异质性，可设计堆块森林群落、林带、草坪、水面绿化带、城市公园、花坛、温室区等，使之景观相融，美在其中。

3. 净化

城市绿化工作，应加强防污染绿化植物的种植和配套。在有严重大气污染的工厂企业

[1] 1亩=666.67$m^2$。

区，多种植抗污染能力强净化能力强的树木花草，如大叶黄杨、海桐、构树、棕榈、广玉兰、女真、夹竹桃、冬青、龙柏、青同栎、蚊母、木槿、樟叶槭、泡桐、樟树、山茶、胡颓子、厚皮香等；在公路两旁种植净化汽车尾气、滞尘防噪的垂直林带，如雪松、赤松、侧柏、桧柏、珊瑚树、梧桐、槐树、木槿、樟树、悬铃木、瑞香、映山红、大理菊、紫茉莉、蜀葵、美人蕉、蓖麻、菊花等；在商业区的步行街、广场、开阔地则种植滞尘、防噪、吸热并具有观赏价值的树木花草，如黑松、湿地松、枫杨、水杉、杨梅、槿树、花桃、樱花、梅树、紫荆、侧柏、龙柏、罗汉松、桂花、紫薇、银杏、石榴、合欢、月季、玫瑰、贴梗海棠等。在城市生活区、文化教育区、科研区等地，除因地制宜种植上述类型的花木以外，还应种植一些对大气污染抗性弱起指示作用的敏感型植物。如雪松、葡萄、杏、唐菖蒲、水杉、鸡爪槭、赤松、榉树、大叶椴等，水池中可种植水绵、刚毛藻、井边蕨等，它们能对大气污染起到警示作用。

在城市中，应有计划地、因地制宜地规划一定面积的人工水面，如人工湖、池塘、小溪流等，它们能起到天然氧化塘（沟）净化污水、净化大气的作用，如在水面上种植吸污能力强的水葫芦、水浮莲、荷花、睡莲、浮萍、芦苇、水葱、灯心草、泽泻等飘浮植物及挺水植物，既能去除污染又能美化环境。

4. 规划

通过对城市的统一规划，将上面论述的绿化、美化、净化有机结合起来，塑造既有现代文明内涵，又具有园林风貌，且环境达标的花园城市。城市的生态规划与设计将在本书后面章节中详细介绍，这里仅就规划中，绿化工作应注意的几个问题做简要阐述。

① 常绿树与落叶树配合，使各个季节都能起到净化作用。

② 速生树与慢生树相结合，前者起到绿化效果，但寿命短，因此要考虑若干年后用慢生树种接替速生树种。

③ 骨干树种和其他树种相结合，以使城市绿化丰富多彩，景观宜人。

④ 乔、灌、草、藤相结合，立体绿化，以增加单位土地面积上的叶面积指数，提高净化效率；在有条件的地区，要建屋顶花园。

⑤ 尽量采用树型美观、没有病虫害和特殊气味的乡土植物。

绿化植物种类的配置因地制宜，但较成熟的经验也应参考。表 7-21 提供的是可参考采用绿化植物种类的配置比例。

**表 7-21　绿化植物种类配置的参考比例**

| 植物类别 | 比例/% | 常绿树种与落叶树种 | 比例/% |
|---|---|---|---|
| 乔木 | 60 | 常绿乔木 | 70～30 |
| | | 落叶乔木 | 30～70 |
| 灌木 | 20 | 常绿灌木 | 70～30 |
| | | 落叶灌木 | 30～70 |
| 草坪 | 15 | | |
| 花卉 | 5 | | |

## 五、温室效应、臭氧空洞及酸雨

### （一）温室效应

在人类社会出现以前，“自然”温室效应就已存在，它为地球上的生命活动提供了良好的生存条件。“自然”温室效应是指大气中的二氧化碳、水蒸气、$CH_4$、$N_2O$、$O_3$ 等，可以使太阳的短波辐射几乎无衰减的通过，但却可以吸收近地面的长波辐射，从而使大气增温的作用，故称之为“温室效应”。如果没有温室效应，现在地球上的平均温度将降低 40℃，即从现在的 15℃降至零下 25℃。对温室效应起作用的气体称“温室气体”。

但由于人类社会的不断发展，对化石燃料的燃烧、森林砍伐及工业生产等使温室气体排放量不断增加，破坏了地球上这种“自然”温室效应所形成的热平衡，引起气候的变暖被称之为“人为”温室效应。目前，通常所指的温室效应就是“人为”的温室效应。

1. 温室气体

主要的温室气体有 $CO_2$、水蒸气、$CH_4$、$N_2O$、$O_3$ 及人类活动的产物氟氯烃类等。

据科学家的预测，在未来的气候变化过程中，$CO_2$ 的贡献率最大。$CO_2$ 浓度在工业革命前为 280mg/kg，1990 年为 353mg/kg，1993 年 357mg/kg，2000 年 375mg/kg，2006 年达到 381mg/kg，预计 2030 年可达 450mg/kg。即目前正以每年 0.5%的速度递增。

$CH_4$ 的浓度已从工业革命前的 0.8mg/kg 增加到 1990 年的 1.72mg/kg，并以每年 0.9%的速度上升，预计到 2030 年可达 2.5mg/kg，有人认为这与全球性的水稻种植面积不断扩大有关（水稻田能产生 $CH_4$）。$N_2O$ 浓度已从工业革命前的 0.288mg/kg 上升到 1990 年的 0.310mg/kg，正以每年 0.25%的速度增加，到 2000 年已达到 0.375mg/kg。

氟氯烃类（CFCs）温室气体是人为产生而排放到大气中的，其中量大危害重的是 CFC-11 和 CFC-12。由于氟里昂等制冷剂的广泛生产与应用，1986 年大气中 CFCs 气体的浓度已达 $556\times10^{-12}$，预计 2030 年可达到 $2900\times10^{-12}$。CFCs 能长期在对流层中积累并会不断向同温层中扩散，在这里通过光解反应而破坏臭氧层。

在温室气体中，虽然 $CO_2$ 的影响和贡献是最大的，但从发展趋势看，其他的温室气体的作用也不可低估，而且它们的增温效果远比 $CO_2$ 强。$CH_4$ 的增温效应为 $CO_2$ 的 40 倍，$N_2O$ 是 $CO_2$ 的 100 倍，$O_3$ 是 $CO_2$ 的 1000 倍，氟氯烃类是 $CO_2$ 的 10000 倍。主要温室气体的贡献率见表 7-22。

**表 7-22 主要温室气体的贡献率**

| 气体 | 浓度/(μg/g) | 年增长/% | 生存期/a | 温室效应($CO_2$=1) | 现有贡献率/% | 主 要 来 源 |
|---|---|---|---|---|---|---|
| $CO_2$ | 355 | 0.4 | 50～200 | 1 | 55 | 煤、石油、天然气、森林破坏 |
| CFCs | 0.00085 | 2.2 | 50～105 | 3400～15000 | 24 | 发泡剂、制冷剂、清洗剂等 |
| $CH_4$ | 1.714 | 0.8 | 12～17 | 11 | 15 | 湿地、稻田、化石、牲畜、燃料 |
| $NO_x$ | 0.31 | 0.25 | 120 | 270 | 6 | 化石燃烧、化肥、汽车尾气 |

根据各种温室气体对地球变暖贡献率的分析，1980 年大气中除 $CO_2$ 外的温室气体若按“碳效应”计算，相当于 40mg/L 的温室加热，到 2030 年将相当于 140mg/L 的 $CO_2$，加上 $CO_2$ 本身可达到的 450mg/L 的温室加热，温室气体总效应相当于 590mg/L，与 1860 年的 275mg/L 相比增加了一倍多。因此，估计 2030 年全球范围将升温 1.5～4.5℃。

2. 温室效应的生态后果

内罗毕宣言指出：全球变暖将引起降水量与风型的变化，暴风雨频率与强度增大，生态系统受到的压力与物种消失速度将增加，淡水供应减少，海平面上升，因此已引起人们的极大关注。

(1) 增温　在过去 100 年内，全球平均升温 0.5℃。

根据 Hiroloshi Goto 计算，北半球不同地区气候变化情况见表 7-23。

表 7-23　北半球不同地区气候变化情况

| 纬 度 | 温度变化(全球平均值的倍数) | |
| --- | --- | --- |
| | 夏 季 | 冬 季 |
| 高纬度 | 0.5～0.7 | 2.0～2.4 |
| 中纬度 | 0.8～1.0 | 1.2～1.4 |
| 低纬度 | 0.7～0.9 | 0.7～0.9 |

根据世界气象组织（WMO）提供的资料：2001～2010 年期间气候变化加剧发展，这 10 年是全球所有大陆记录上最热的 10 年，而 2011 年是自 1850 年有记录以来的第 11 个最热年。据估算，2011 年全球平均气温比 1961～1990 年平均气温的 14℃高 0.40℃。

不过也有人认为，在温室效应的同时，存在有“阳伞效应”，如温度上升，水分蒸发加速，云层加厚，地面接受的太阳辐射减弱；在排放 $CO_2$ 的同时，排出大量的固体悬浮物，这些物质也能减弱太阳辐射。阳伞效应是温室效应的反馈机制，能自动调控地球的温度。另外，自然因素的变化：如太阳辐射、地球与太阳的相对位置、地球公转的轨道参数、地球的火山爆发等，都将对气温起到不同程度的影响。

(2) 海平面上升　由于气温升高，冰雪融化，海水膨胀，致使海平面上升。自 1976 年以来，人们观察到格陵兰岛（丹麦）北部大面积海域冰层厚度减少了 15%或更多，南极也发生了类似的变化。据近 100 年测定（Hikal，Kokaysi，1989），海平面已升高 10～20cm。据 UNEP 和 UKMO（1991）计算，$CO_2$ 浓度增加 1 倍，地面升温 1.5～4.5℃，海平面将上升 20～140cm。美国科学院预测今后 100 年间海平面将上升 70cm；D. A. Wirth（1989）预测，2075 年海平面可能上升 30～213cm。

海平面上升，将淹没大洋中的许多海岛，给约占全球人口 50%的沿海地区居民带来严重后果：城市及港口设施被淹没，排水系统失去作用，加快海岸线和滩涂的侵蚀，大量肥沃耕地将消失。

(3) 降水量的变化及对农业生产的影响　全球降水量变化不同地区差别较大。中高纬度地区降水量将增加（约增加 10%），热带、亚热带地区降水量变化不大（也有人认为将减少 10%），但由于大气环流特点，暴雨型降水增加，非降水期延长，自然灾害（洪涝、干旱）将加剧。

由于温室效应，今后位于南北回归线之间的沙漠将扩大（如非洲的撒哈拉、加拉哈拉沙漠、美国西南部的沙漠）。美国中西部到地中海、西澳大利亚等世界粮食主产区由于夏季降水量减少而严重减产（减产 15%～20%）。南亚山区、印度次大陆和东南亚某些地区作物产量也将大幅度降低。

有人认为，$CO_2$ 浓度增加 1 倍，$C_3$（如水稻、小麦、棉花、松、杉）植物的产量将提高 10%～50%，$C_4$ 植物（如玉米、甘蔗、高粱、小米）的产量将增加 0～10%。18 种主要有害杂草中有 14 种是 $C_4$ 植物，似乎 $C_3$ 植物可能获得更多的产量并免受杂草的危害。但又有人认为，4 种主要的 $C_4$ 植物则更易受杂草危害，产量将有所下降。

$CO_2$ 浓度增加，作物产量增加，但质量下降。作物叶片含碳量增加，而蛋白质含量下降。温度上升，病虫害发育周期缩短，繁殖速度加快；由于植物中蛋白质含量下降，害虫的摄食危害量加重，需投入更多的农药。由于温度升高，肥料分解加快，需要的化肥量大增。根据对上述因素的分析，温室效应对农业生产的影响是弊大大超过利，而且影响是大范围的，长远的。

(4) 对气候带和植被分区的影响　温度上升，热区面积将扩大，使热区北界可能向北推移 2°，其界线大体与北回归线一致，而垂直高度可能上升 150m 左右。热区面积扩大，虽有利于热带作物，但干旱将加剧。

全球温度升高，植被带将有很大变动：亚寒带森林可能由目前的 23%减少到 1%以下，泰加林几乎消失。当 $CO_2$ 浓度增加 1 倍时，森林生物量将由现在的 58.4%降到 47.4%，草地生物量将由现在的 17.7%增加到 28.9%。

全球升温，植物种将会向北（北半球）推移。根据地层埋藏的花粉分析，冰期后到现在两万年期间，移动最快的是赤杨、桤木，每年平均移动 2000m，移动较慢的有枫树、冷杉，每年约 40m。如果短期内 $CO_2$ 浓度增加 1 倍，温度上升得较快、较高，植物需每年移动数十公里才能适应，这远远超过了植物每年的迁移能力，结果森林生态系统将崩溃，后果将极严重。如加快濒危生物种的灭绝，物种消失将增加，气候干旱，加速土地沙漠化等。

另外，有研究者认为，全球气候变暖，使细菌病毒的繁殖能力增快，提高了基因突变率。从 20 世纪中期至今，不少危害牲畜、家禽及人类的病毒、细菌不断出现，如口蹄疫、疯牛病、禽流感以及危害人类的登革热、艾滋病、炭疽病、严重急性呼吸道综合征（SARS）等来势凶猛、蔓延甚快，对畜禽及人类造成了极大的威胁。当然，其中原因是多方面的，但全球气候变暖，加剧了细菌、病毒的危害性这一客观事实是难以否认的。

## 阅读材料 7-1

### 人类活动对气候的四种负效应

1. $CO_2$ 增多形成温室效应。全球气温升高，气候反常，冰川融化、冰山融化、海岛及沿海陆地淹没、濒危物种消亡增快。

2. 大城市热岛效应。大气污染使城市中心比郊区气温高，人们工作效率降低、夏季中暑人数增加，并导致火灾多发，加剧光化学烟雾危害。

3. 烟尘增多形成阳伞效应。悬浮在大气中的烟尘，削减了到达地面的太阳能，微尘作为凝聚核，促使水汽凝结，导致低云、雾多，类似遮阳伞，影响城市交通，大气污染加剧。

4. 海洋石油污染形成油膜效应。抑制海水蒸发，海洋潜热转移量减少，海洋调节作用降低，水生生物受害或死亡，污染区周围天气异常。

（二）酸雨

酸雨指 pH 小于 5.6（美国采用 pH 小于 5）的降水。这是因为当大气未受污染时，降水的酸碱度仅受大气中的 $CO_2$ 影响，因此把大气 $CO_2$ 与纯水反应平衡时的溶液酸度定为天然雨雪酸度的背景值，当温度为 0℃时，这种溶液的 pH 为 5.6，把 pH 小于 5.6 的雨雪或其他形式的降水（如雾、露、霜等）定义为酸雨。

1. 酸雨的类型

广义的酸雨（酸沉降）包括干沉降和湿沉降。干沉降包括各种酸性气体、酸性气溶胶和酸性颗粒物，其主要成为 $SO_2$、$SO_4^{2-}$、HF、HCl、HCOOH、$CH_3COOH$、$Cl^-$、$F^-$ 等。

湿沉降即通常所说的酸雨，包括酸性雨、酸性雾、酸性露、酸性雪和酸性霜等，主要成分有阳离子 $H^+$、$Ca^{2+}$、$NH_4^+$、$Na^+$、$K^+$、$Mg^{2+}$；阴离子 $SO_4^{2-}$、$NO_2^-$、$Cl^-$、$HCO_3^-$。因此酸雨不仅决定于酸量，更决定于对酸起中和作用的碱量。如美国伊利诺伊州的资料（表7-24）说明，雨水变酸不仅是酸量增加，碱量如 $Ca^{2+}$、$Mg^{2+}$ 含量的减少，也起到很大的作用。如果 1954 年 $Ca^{2+}$、$Mg^{2+}$ 的浓度与 1957 年相等，那么，1954 年酸雨的 pH 就不是 6.05 而是 4.17。

**表 7-24　美国伊利诺伊州的酸雨成分**

| 年份 | $SO_4^{2-}$ 含量/(mg/L) | $NO_3^-$ 含量/(mg/L) | $Ca^{2+}$、$Mg^{2+}$ 含量/(mg/L) | pH |
|---|---|---|---|---|
| 1954 年 | 60 | 20 | 82 | 6.05 |
| 1957 年 | 70 | 30 | 10 | 4.1 |

酸雨主要有两大类型，即硫酸型和硝酸型。我国酸雨主要是硫酸型的，也称之为煤烟型酸雨。而美国的酸雨则以硝酸型为主。我国酸雨中 $H_2SO_4$ 与 $HNO_3$ 之比达 10∶1 以上，而发达国家与地区一般为 3∶2 或 2∶1。

2. 酸雨的主要特点

酸雨的污染多属越界性传输污染。污染源经高烟囱排放及大气环流的影响，可以使酸性气体远距离输送，越界进入邻近区域（邻省、邻国甚至跨洲）。

我国酸雨的发生及分布的情况如下。

（1）频率高、酸度大　根据对 77 个城市的监测（1994 年），pH 低于 5.6 的占 48.1%，其中 81.6%的城市出现过酸雨。降水 pH 低于 4.5 的城市有长沙、遵义、杭州和宜宾。酸雨出现频率高于 90%的城市有长沙、景德镇和遵义。目前，北方一些城市也出现了酸雨，如图们、青岛、太原等地。

（2）分布有明显的区域性　主要集中在长江以南、青藏高原以东的华中、西南和华东地区，并且面积正在不断扩大。我国酸雨面积从 1985 年的 $175\times10^4 km^2$ 增加到 1995 年的 $380\times10^4 km^2$，大幅度向西、北推移，已越长江、跨黄河。1986 年 pH 低于 4.5 的重酸雨区仅重庆、贵阳等地区，1993 年则扩大到川、贵、湘、鄂、赣、桂、粤、闽、浙等地的大部分地区。

（3）北方地区大气颗粒物的缓冲作用　我国北方的土壤一般都偏碱，pH 为 7～8。由于空气中的颗粒物一半左右来自土壤，碱性土壤中氨的挥发量大于酸性土壤，这就使北方地区大气颗粒物缓冲能力和气态氨水平高。这是北方地区酸雨较少形成的主要原因。

3. 酸雨形成过程及影响因素

（1）成雨过程　$SO_2$、$NO_x$ 在云层雨滴形成过程中被吸收和转化，包括：①水蒸气冷凝在含硫酸盐、硝酸盐或氯离子等的凝聚核上；②形成云雾时，$SO_2$、$NO_x$ 和 $CO_2$ 等气体被水滴吸收；③气溶胶粒子和水滴在形成云雾的过程中互相碰撞而结合。

（2）冲刷过程　酸性污染物被雨水从大气中冲刷、消除，包括：①云单体形成期间凝聚核的消耗；②布朗运动使气溶胶粒子附着到云单体上；③云体对微量气体的吸收与吸附；④下降雨滴对气溶胶粒子 $SO_2$、$NO_x$ 的捕获。

（3）影响酸雨形成的因素

① 酸雨形成与酸性氧化物的浓度及转化条件有关。如大气中 $SO_2$ 浓度越高，降水中硫酸根浓度就越高，降水酸度就越强。

② 大气结构稳定度与酸雨形成有一定关系。酸雨多发生在大气层结构较稳定的连续性降水过程。如逆温层的出现，导致上层大气温度高于下层大气温度，大气层结构稳定，大气的对流极弱，大气对污染物的稀释、扩散能力也减弱。稳定层结构如同一个大盖子，它使处于其下的酸性物质滞留、堆积而浮在空中，或作凝结核形成酸云或降水冲刷至地面。

③ 大雾天能加重酸雨的形成。因酸雨形成的全部化学过程在雾中是完全可以进行的。雾的存在，使各种污染源排放的酸性物质能在雾中滞留积聚，使降水开始时的 pH 很低。

④ 酸雨形成与土壤地带性差异有关。南方土壤多属地带性红壤和黄壤，北方土壤多属碱性土。这些碱性土壤粒子被风吹扬到空中，对雨水中的酸起中和作用。

4. 酸雨的生态危害

(1) 对水生生态系统的影响　酸雨降到地面后，导致湖泊酸化，湖泊中生长的各种鱼虾等动物、水生植物及微生物等都会受到严重影响；生态系统的群落结构及生物物种、种群数量等都会产生不利的变化。

(2) 对陆地生态系统的影响　陆地上的植物经叶片气孔和根系吸收大量的酸性物质后，会引起植物机体新陈代谢的紊乱。树木的枝枯叶黄、农作物的枯萎死亡（或生长缓慢），在酸雨严重的地区屡见不鲜。这也是森林面积不断萎缩的重要原因之一。

(3) 对土壤的影响　酸雨进入土壤后，改变了土壤的酸碱性，对于原来呈碱性的土壤倒有一定的缓冲能力，对原本呈酸性的土壤，其酸性就更加增强，从而影响土壤结构成分的变化，影响微生物及土壤动物的种类及数量，使土壤肥力不断下降，植物生长受到影响。

(4) 对建筑物、公路、桥梁、古迹等的影响　酸雨对建筑物的危害明显表现在腐蚀金属构件和石膏构件。因为酸雨中的酸与金属作用生成金属盐和气体，酸与石膏作用生成别的盐类。我国华中、华南等地区的公路、桥梁极易腐蚀及破损与酸雨的危害有很大关系；我国著名的敦煌壁画及千年庙宇、古迹的损害与酸雨也有很大的关系。

(5) 对人类健康的危害　酸性气体被人吸入后，会严重危害呼吸道系统，造成一系列疾病。酸雨还污染饮用水源，并导致厌氧性的病菌大量繁殖。

(三) 臭氧空洞问题

1974 年两位加利福尼亚大学的科学家马里奥·奥利纳与 F. S. 罗兰假设，如果大量使用氟氯烃，可能会增加同温层中的氯离子。这些氯离子通过复杂的化学反应后，可减少同温层中的臭氧，使臭氧层变薄，形成“臭氧空洞”。这个假设现在已被证实。

1984 年起，1984～1986 年发现北极冬季前后出现直径 1000km 的臭氧空洞；最近 20 多年，在欧洲、北美、北非臭氧层中的臭氧减少了 3%，特别是南极春天臭氧层减少了 50%，并有逐年扩大之势；在我国，北京、昆明的臭氧层在近 10 年也分别减少了 5%和 3%。

1. 破坏臭氧层的物质

破坏臭氧层的物质很多，如氟里昂、$CH_4$、$N_2O$、$CCl_4$、$Br_2$、$Cl_2$ 等。其中氟氯烃类的破坏作用最大。氟氯烃类共有 20 多种，是卤族和碳化合物形成的一系列物质的总称，目前，全世界每年生产 110 万吨以上。

氟氯烃有极好的化学稳定性，能稳定地上升到平流层，经紫外线照射，缓慢地分解成氯、氟和碳。每个氯原子在失活前要消耗 10 万个臭氧。其反应过程为

$$Cl + O_3 \longrightarrow ClO + O_2$$

$$ClO + O \longrightarrow \frac{1}{2}Cl_2 + O_2$$

$$O_3 + O \longrightarrow 2O_2$$

Br也能破坏臭氧。自1972年以来，溴代甲烷（$CH_3Br$）的数量已增加4～5倍，因溴化氟烃（FC-1301和FC-1211）用做灭火器的数量与用做制冷剂的氟里昂一样，也在逐年增加。如果大气中氯和$N_2O$的浓度保持不变，当大气中Br的浓度增至0.10μg/kg，大气中臭氧的浓度将减少4%。

2. 臭氧层破坏的危害

臭氧每减少1%，到达地面的紫外线辐射增加3%，如果臭氧减少10%，则紫外线将增加20%（UNEP，1990），特别是UV-B、UV-C增加较多。UV-B波长280～320nm，可杀死生物，可以大部分被臭氧吸收；UV-C波长200～280nm，能杀死人与生物，可以全部被臭氧吸收。

（1）对人类健康的影响　臭氧下降1%，预计将使各种皮肤癌病例增加4%～6%。黑素瘤是皮肤癌中最致命的一种，每年有2.6万个美国人患此病，造成8000人死亡，致病率在7年中增加了83%，其他国家的致病率平均每年增加3%～7%。

紫外线的增加还会提高白内障的发病率，这种危害在发展中国家比发达国家更严重（医疗设施和资金的不足）。此外，紫外线也会对生物体的DNA有严重影响，特别是能破人体的免疫系统。降低人体对入侵生物的抵抗力，如肿瘤病毒的入侵等。

（2）对陆地生态系统的危害　通过对200多个品种和品种系列的植物的试验，人们了解到约2/3的植物对紫外线暴露程度的增加显示出敏感性。美国马里兰大学的艾伦·特拉姆拉发现，当模拟的臭氧损失25%，一种重要的大豆品种的产量就减少25%；他还发现，随着土壤中磷含量的增加，植物对UV-B的敏感性也增加，这说明施肥较多的农业区将受到更多的损害。

植物对紫外线的反应是不同的。一般来说，紫外线会缩小叶子的面积，从而减弱光合作用。多接受紫外线辐射还可能影响水的利用效率，种子质量也会受到影响。据研究，大豆对杂草、虫害、病害的敏感性会增加。

（3）对水生生态系统的影响　据人们的估计，水生态系统可能受到的威胁最大。浮游植物是漂浮在水面上进行光合作用的，由于紫外线辐射，它们首先受害。经研究，臭氧减少25%，浮游植物的生产率减少35%，而且生产量、蛋白质及叶绿素都减少。海洋浮游植物的大量被破坏将会提高大气$CO_2$的含量，加速大气变暖。

紫外线同样对浮游动物及鱼类造成危害。浮游植物的减少将导致浮游动物及鱼类的减少；紫外线的辐射也会对浮游动物及鱼类直接造成损伤。如臭氧损失10%造成的曝晒相当于向赤道靠近30°。

此外，还有人认为，高层臭氧层的破坏，将使靠近地面的臭氧在光化学反应中对生物的危害程度加大（如光化学烟雾的危害）。UV-B辐射量增加还会损害合成材料，缩短塑料、橡胶、纺织品等的使用寿命。其中塑料尤其容易受到损害。

## 第四节　水体污染及其生态治理

### 一、水体污染的概念

水体是指以相对稳定的陆地为边界的天然水域，包括河流、湖泊、沼泽、水库、地下水、冰川和海洋等。水体不仅包括水，还包括水体的悬浮物、溶解物质、底泥及水生生物等完整的生态系统，它是地表被水覆盖的自然综合体。水体污染是指污染物进入水体中的数量达到了破坏水体原有功能的程度。在环境污染的研究中，区分“水”与“水体”的概念十分重要。例如重金属污染物容易从水中转移到底泥中，水中重金属的含量一般都不高，若着眼于水，似乎未受到污染，但从水体看，则受到较严重的污染，使该水体成为长期的次生污染源。研究水体污染主要研究水污染，同时也研究底质（底泥）和水生生物体污染。因此，所谓水体污染是指排入水体的污染物使该物质在水体中的含量超过了水体的本底含量和水体的自净能力，从而破坏了水体的原有功能与用途。

我国水资源总量相对较丰富，地表径流总量有 $2.7\times10^8m^3$，占世界第六位，相当于陆地径流总量的 5%。但我国人均占水量非常少，人均占有地表水仅 $2639m^3$，居世界第 110 位，为世界人均径流量的 1/4。因此，我国城市缺水十分严重，全国统计有 434 个城市缺水，其中 50 个城市属水荒城市。我国有 8 亿多亩农田受干旱威胁，成灾面积约 1 亿亩，14 亿亩草场缺水。农村有 5000 多万人饮水困难，3000 多万头牲畜缺水。我国是世界 13 个贫水国家之一。

2010 年，全国地表水总体为中度污染，Ⅰ～Ⅲ类水质比例为 51.9%，劣Ⅴ类水质断面比例为 20.8%。西南诸河、海河、长江、黄河等水系共有 40 个断面出现铅、汞等重金属超标现象。七大水系中，除了海河水系为重度污染，其余六大水系都属于中、轻度污染。重点湖泊中，太湖、滇池、洞庭湖为重度污染；巢湖、洪泽湖湖体为中度污染；鄱阳湖湖体为轻度污染；丹江口水库水质良好。监测的 39 条国界河流中，入境河流水质为优，出境河流、界河为轻度污染，主要污染指标为高锰酸盐指数、石油类和五日生化需氧量。四大海区中，黄海和南海近岸海域海水水质良好，渤海近岸海域海水为中度污染，东海近岸海域海水为重度污染。

## 二、水体污染物

任何物质若以不恰当的数量、浓度、速率、排放方式进入水体，只要超出了水体的自净能力，均可以造成水体污染，成为水体污染物；另外，一些对生物或人体有毒、有害的物质，如 Hg、Cr、As、氰化物、剧毒农药等也属于水体污染物。因此，水体污染物包括的范围非常广泛。

水体污染物的种类繁多，按不同的方法、不同的标准，从角度可以将其分成不同的类型。从环境保护的角度，根据污染物的理化和生物学性质及污染特征，将其分为无机无毒物质、无机有毒物质、有机无毒物质、有机有毒物质等。以下介绍一些常见的污染物。

### （一）酸、碱、盐等无机无毒物质

排入水体的酸、碱及一般的无机盐均属于无机无毒物质。酸主要来自矿山排水和工业废水，如化肥、农药、酸法造纸等工业的废水；碱性废水主要来自碱法造纸、化学纤维制造、制碱、制革等工业；无机盐一般来自酸碱废水的作用。

上述物质污染水体后，一方面使水体的 pH 变化，破坏其缓冲作用，消灭或抑制水体微生物的生长，妨碍水体的自净，长此下去，水质逐渐酸化或碱化。同时增加水中无机盐的量和水的硬度，进而增加的水的渗透压，影响水生生物的生长，从而影响整个水体的生态。

### （二）重金属及非重金属无机有毒物

重金属是构成地壳的物质，在自然界分布非常广泛。而重金属污染物通常是指汞、镉、铅、铬等生物毒性显著的重金属及具有重金属特征的锌、铜、钴、镍、锡等。在重金属中以汞的毒性最大，镉次之，铅、铬等也有相当大的毒害作用，是污水排放中不许稀释排放的污染物质。重金属污染物最主要的特性是在水体中不能被微生物降解，而只能发生不同形态的转化，因而其只能分散和富集。形态转化和分散、富集，这些过程统称为重金属迁移。砷属于非重金属，但它的毒性及某些特征与重金属相似，非重金属的氰化物则是剧毒物质。这些物质主要来自工业相应的废水，排入天然水体后，微量就具有强烈的生物毒性，进入生物体后，可通过食物链危害人体健康。即通过生物富集与生物放大使污染的影响扩大和持久。当其达到一定浓度时可抑制水体的自净作用，高浓度的情况下，可杀死水中生物。

（三）有机污染物

1. 有机无毒物

有机无毒污染多属于碳水化合物、蛋白质、脂肪等自然生成的有机物。它们易于生物降解，向稳定的无机物转化。在有氧条件下，由好氧微生物作用进行转化，其进程较快，产物多为$CO_2$、$H_2O$等稳定物质；在无氧条件下，则在厌氧微生物作用下进行转化，这一进程较慢，产物主要为$CH_4$、$CO_2$等稳定化合物，同时也有硫化氢、氨、硫醇等气体及有机酸的产生。有机污染物的组成非常复杂，在实际应用中多以BOD、COD、TOC和TOD等指标间接表示其含量。

2. 有机有毒物

有机有毒污染物种类也很多，常见的有酚类化合物、有机农药、聚氯联苯、多环芳烃、合成燃料、表面活性剂等。它们大多属于人工合成的有机物，不易于被生物降解，且毒性大、富集性强、具有较强的致畸、致突变、致癌的作用。

(1) 酚类化合物　主要来自冶金、煤气、炼焦、石油化工、塑料等工业排放的废水，污染水体后，严重影响水生生物的生长、繁殖。

(2) 有机农药　传统的有机农药主要有有机氯农药（DDT、六六六、林丹等)、有机汞农药、有机磷农药（乐果、甲氨磷等）等，主要通过喷施、地表径流及农药工厂的废水进入水体。难以生物降解，半衰期很长，具有较高的脂溶性，往往通过食物链的生物放大作用对生物，特别是人类产生极大的危害。因此，有机氯农药、有机汞农药国际上已禁止生产和使用；有机磷农药属急性毒物污染但降解较快的类型（半衰期较短)，现在仍在选择性地生产和使用，但在国内曾造成多次食物中毒事件，应作进一步的研究加以解决。

(3) 聚氯联苯（PCB）剧毒，化学性质十分稳定。脂溶性大，易被生物及人体吸入，很难降解。在人体主要蓄积在脂肪组织和各种脏器内，不易排出，造成中毒。

(4) 多环芳烃（PAH）石油、煤、天然气、木材在不完全燃烧或高温下产生，是环境中重要的致癌物质之一，难以生物降解。

(5) 表面活性剂　是一类可以显著降低水的表面张力的物质。如洗涤剂、清洗剂、洗衣粉等。对水体的影响主要是它含有一定量的氮和磷，排入江河湖海易发生水体富营养化；在水面上形成一层泡沫，影响大气中氧向水中的溶解和水中气体与大气的交换，使水生生物生长、生存受影响；使水生动物感观功能减退，丧失其生存本能。

（四）其他污染物

1. 放射性物质

放射性污染物放出α、β、γ等射线损害人体组织，并可以蓄积在人体内部造成长期危害，促成贫血、白细胞增生、恶性肿瘤等各种放射性病症，严重者可危及生命。

2. 生物污染物质

主要是动物和人排泄的粪便，其中含有的细菌、病毒、寄生虫等能引起各种疾病。

3. 固体废物

如废旧电池的污染。据研究报道，一颗纽扣式的微型电池可以污染 60 万升的水，造成 Pb、Cd、Hg、Zn、Ni 等的严重超标，不能饮用。此外，农用的地膜、聚氯乙烯系列制成的一次性饭盒、包装袋及填充物等，投弃到水体中，也会造成景观上及水质上的危害。

4. 热污染

水体热污染指天然水体接受“热流出物”而使水温升高的现象。热污染可使水体温度升高，增加其化学反应速率，导致水中有毒物质的毒性作用加大，水温升高还会降低氧的溶解度，使水生生物的繁殖率受影响。此外，热污染还能加速水体的富营养化。

## 三、水体自净

受污染的水体由于物理、化学、生物等方面的作用，使污染物浓度逐渐降低，经过一段时间后恢复到受污染前的状态，这一过程称之为水体自净（self-purification of water body）。

水体自净包括沉淀、稀释、混合等物理过程，氧化还原、分解化合、吸附凝聚等化学和物理化学过程以及生物化学过程。各种过程同时发生、相互影响，并相互交织进行。一般来说，物理和生物化学过程在水体自净中占主要地位。物理自净作用是指污染物质在水体中扩散、稀释、挥发、沉淀等；生物自净作用是指微生物在溶解氧充分的情况下因好氧微生物作用，氧化分解为简单的、稳定的无机物，如二氧化碳、水、硝酸盐和磷酸盐等，使水体得到净化。在这个过程中，复氧和耗氧同时进行。溶解氧的变化状况反映了水中有机污染物净化的过程，因而可把溶解氧作为水体自净的标志。如在《地表水环境质量标准基本项目标准限值》中：Ⅰ类水域溶解氧为≥7.5mg/L，Ⅱ≥6mg/L，Ⅲ≥5mg/L，Ⅳ≥3mg/L，Ⅴ≥2 mg/L。若排入有机污染物过多，达到了超Ⅴ类水域，甚至可能在排放点下的某一段出现无氧状态，说明水体已经严重污染。在无氧情况下，水中有机物因厌氧微生物作用进行厌氧分解，产生硫化氢、甲烷、氨等，使水体腐化发臭，水质变坏。

水体自净能力除与水体本身因素有关外，还与有机污染物的数量和性质有关，一般生活污水和食品工业废水中的蛋白质、脂肪和糖类极易被分解，但多数有机污染物分解较慢，甚至难以分解，并且有毒性，造成水体污染。

## 四、水体富营养化及其防治

### （一）淡水生态系统的富营养化

由于过多的含植物营养物质（主要是 N、P）的废水进入天然水体（主要是静水生态系统如湖泊、水库、山塘、鱼塘等及水流较缓的河湾等区域）引起的二次污染现象，属于有机污染类型。由于营养物质的刺激，使浮游生物，特别是蓝藻、绿藻、硅藻等藻类大量繁殖，在水面形成稠密的藻被层（称水华或水花）；同时，大量死亡的藻类沉积在底部耗氧分解，使水中溶解氧下降，引起鱼类和其他水生生物因缺氧而死亡，死亡的鱼类和其他水生物经细菌的厌氧分解，产生 $H_2S$、$CH_4$、$NH_3$、有机酸、硝酸盐、亚硝酸盐等具有进一步毒害水生生物的第二次污染物。这样，由一开始的水生藻类的大量增殖到藻类、水生动植物、鱼类大量死亡乃至绝迹，此现象周期性交替出现，破坏水体的生态平衡，最终导致并加速湖泊、山塘等水域的衰亡及向沼泽、陆地方向演替的速度。

水体中的 N、P 营养物质来源有生活污水、农田排水及化肥、食品工业废水，以及地表径流、降水降尘的输入等。含 N、P 的有机废水进入水体后，破坏了原有正常的 N、P 比例，尤其是含有洗涤剂的生活污水，不但是磷的主要来源，还使水体产生大量的泡沫，使水质恶化。一般说来，湖泊、山塘等面积较大的水域一旦呈现重度富营养化时（水面具有稠密的水华、水生动植物绝迹），就难以治理了，因此，水域刚开始出现富营养化趋势时（N＞0.2mg/L，P＞0.01mg/L），就应采取措施中断输入水域的污染源（或营养源）。

（二）海洋水域的富营养化——赤潮

赤潮又名红潮，是由海水中某些浮游植物（主要是甲藻、蓝藻、硅藻中的某些种类）、某些动物或细菌在一定环境条件下，短时间内突发性增殖或聚集而引起的一种水体变色的生态异常现象，是一种危害性大而广泛的海洋污染现象。

实际上，赤潮是各种色潮的统称，不仅有赤色，而且还有白、黄、褐、绿色的赤潮，赤潮的颜色是由形成赤潮的藻类种类和数量决定的。

1. 赤潮产生的原因及危害方式

赤潮产生的原因是由于海水日益严重的污染，有机质成分增多而导致海水的富营养化，而富营养化的海水在适当的温度条件下（以春、夏季为主），很容易造成海藻类爆发性增殖而形成赤潮。其危害方式归纳为五种。

(1) 分泌或产生黏液　黏液附于鱼类等海洋动物的鳃上，妨碍其呼吸，导致窒息死亡。赤潮生物如夜光藻、凸角毛藻等，就属于这一类，对养殖鱼类危害较大。

(2) 分泌有害物质　有些赤潮藻类大量繁殖时，分泌出大量的 $NH_3$ （$NH_4^+$），使其他生物中毒。当它们死亡分解时，还会产生尸碱或硫化氢使水体变质，还可以诱发其他赤潮生物的大量繁殖乃至发生赤潮。

(3) 产生毒素　某些藻类能产生毒素直接毒死生物或随食物链转移引起人类中毒死亡，如多边膝沟藻（*Conyaulax polyedra*）。1986 年福建东山就发生一起因食用受赤潮毒素污染的贝类而造成 136 人中毒、1 人死亡的事件。

(4) 导致水体缺氧　大量赤潮藻类死亡后，在分解过程中不断消耗水体中的溶解氧，并产生大量硫化氢和甲烷等，引起鱼、虾、贝类因缺氧及中毒而死。大多数硅藻（如角毛藻等）引发的赤潮即属这种危害方式。

(5) 吸收阳光，遮蔽海面　赤潮生物一般密集于表层几十厘米以内，阳光难以透过表层，使水下其他生物因得不到充足阳光而影响生存和繁殖。在赤潮持续时间长，密度高时，往往造成底层海洋生物大量死亡。

2. 赤潮对海水养殖业的危害

1998 年 3 月下旬，在广东、香港、澳门沿海海域发生了汹涌的赤潮灾害。这次赤潮来势凶猛，持续时间长，波及面广，危害性大，为历史所罕见。海洋浅水网箱养殖业惨遭打击，成片鱼类、贝类缺氧而死，损失达数亿元，仅珠海市就造成直接经济损失 1800 万元之多。

自 20 世纪 90 年代以来，我国沿海赤潮时有发生，规模不断扩大，以上事件只是赤潮灾害的典型案例之一。

频发的赤潮现象，一次又一次敲响了海洋环境保护的警钟。虽然赤潮的成因至今尚未定论，但大多数学者认为水体富营养化是赤潮生成的物质基础。当大量含富营养物质的生活污水、工业废水（主要是食品、印染和造纸的有机废水）和农业废水入海，加之海区的其他理化因子（如温度、光照、海流和微量元素等）对藻类生长、繁殖有利，则赤潮形成的频率越高，危害越广。因此，不能再把海洋当成“天然垃圾箱”，而应采取措施进一步降低对海洋的污染，加大防患赤潮的研究力度。

（三）水体富营养化的防治对策

富营养化的防治是水污染处理中最为复杂和困难的问题。首先面临的是污染源的复杂性。导致水质富营养化的氮、磷营养物质，既有天然源，又有人为源；既具外源性，又具内源性。这就给控制污染源带来了困难。此外，营养物质的去除也是高难度的。至今还没有任何单一的生物学、化学和物理措施能够彻底去除废水的氮、磷营养物质。

本书仅就国内外常用的一些防治方法做简单介绍。

1. 控制外源性营养物质输入

加强管理及规划，健全较完整的排污渠道，尽量减少或截断外部输入的营养物质。如加强环境保护意识的宣传及管理，禁止生产及使用含磷的洗涤剂、洗衣粉等；准确调查污染源，将生活污水，工业废水引入统一的排污渠道，经污水处理厂处理，并严格控制，做到达标排放。对大型水域，如我国的太湖、洞庭湖、鄱阳湖、西湖等由于范围大、水量大，采用理化的工程治理难度太大，经济上也难以承受。因此，只能从上述方面进行努力。

2. 减少内源性营养物质负荷

对较小型的水域，如较小的天然湖、人工湖、山塘、鱼塘等，为防止累积在底泥中的营养物质不断地向水中释放，并控制水底内部磷富集，应视不同情况，采用不同的方式进行治理。

(1) 工程性措施　包括挖掘底泥沉积物、进行水体深层曝气、注水冲稀、换水以及在底泥表面敷设塑料等。

(2) 化学方法　如三段污泥法，就是生物脱氮的最经典的方法。该法是由去除BOD、硝化、脱氮三个独立工序组成，并使各自的污泥回流。这种方法功能稳定，但苛性钠和甲醇用量大，成本高，其化学反应式为

$$NH_4^+ + 3/2O_2 = NO_2^- + 2H^+ + H_2O$$

$$NO_2^- + 1/2O_2 = NO_3^-$$

$$NH_4^+ + 2O_2 = NO_3^- + 2H^+ + H_2O$$

$$6NO_3^- + 5CH_3OH = 5CO_2 + 3N_2 + 6OH^- + 7H_2O$$

(3) 凝聚沉降及活性污泥法去磷　凝聚沉降是使用比较便宜的铁、铝和钙盐，它们都能与磷酸盐生成不溶性沉淀物沉降下来。如美国华盛顿州西部的长湖是一个富营养化水体，用向湖中投加铝盐的办法来沉淀湖中的磷酸盐，在投加铝盐后的第四个夏天，湖水中磷浓度由原来的65$\mu$g/L降低到30$\mu$g/L。

活性污泥法去磷是利用微生物对磷的过量摄取，使磷进入活性污泥中。在排水处理系统中，如果在厌氧条件下，活性污泥中的磷容易以$PO_4^{3-}$的形态被排放，若使该污泥返回到好气条件下，可使被排放的磷和水体中的磷再次被污泥摄取。据报道，在循环脱氮工艺之前，设置厌氧槽，可使水中5～8mg/kg的磷减少到1mg/kg以下。

(4) 化学药剂杀藻法　对小型的水域投放一定量的杀藻剂（如$CuSO_4$等）杀死藻类。但被杀死的藻类腐烂后仍旧会释放出磷，因此，应将被杀死的藻体及时吸出或捞出，或者再投加适当的化学药品（如铝盐等）将藻类腐烂分解释放的磷酸盐沉降。

(5) 生物性措施　利用水生生物吸收利用氮、磷元素进行代谢活动可以去除水体中的氮、磷物质。

如水面种植水葫芦（凤眼莲）。它能大量吸收水中富营养的N、P等，且覆盖水面起遮

光作用，抑制藻类的生长和繁殖。据中科院上海植物生理研究所余叔文教授等的研究，水葫芦还能分泌一种化学物质将藻类杀死。但水葫芦是较为敏感的“外来种”，繁殖率极高，影响面很大，要及时、不断地捞取水葫芦，在降低水中有机物量及 BOD 含量的同时控制水葫芦繁殖。

沉水植物如眼子菜也能大量吸收水体中的氮和磷，它对水中氮和磷的去除率分别为 91%和 94%。同时，它还能增加水体中的溶解氧，对防治富营养化有重要作用。

此外，芦苇、菱草、叶香蒲、加拿大海罗地、多穗尾藻、丽藻、破铜钱等均有类似的作用。但值得指出的是，沉水植物不易打捞，尸体腐解过程耗氧，也能增加 BOD 和 COD；挺水及湿生植物要避免岸边种植而引起淤积泥沙造成填平的作用。

对于小型的鱼塘、小湖泊、水库等，可增加对水禽如鸭、鹅等的放养。一方面它们可吞食部分由藻体形成的悬浮物；另一方面它们的游动及捕食活动，使水体由静到动，可增加水中的溶解氧。

改变食物链，采用生物控制也能起到较好的作用。例如，德国曾成功地改善了一个人工湖泊的水质。其办法是在湖中每年投放食肉类鱼种如狗鱼、鲈鱼去吞食吃浮游动物的小鱼，几年后，这种小鱼明显减少，而浮游动物（如水蚤类）增加了，从而使作为食料的浮游植物大量减少，整个水体的透明度提高，细菌减少，氧气平衡的水深分布状况也改善了。

## 五、水体污染的生态治理

### （一）微型动物在废水净化中的作用

在污水生物处理中，有机物质的去除主要是细菌的作用，但微型生物，特别是原生动物在废水净化中也有一定的作用。

1. 直接利用废水中的有机物质

某些小型的动物性鞭毛虫、变形虫和一些小的纤毛虫，可以直接利用废水中的有机物质，如小口钟虫、梨形四膜虫等既能直接提高 $BOD_5$ 的去除率，又能吞食细菌。

2. 在絮凝过程中的作用

絮凝是活性污泥形成过程中的一个重要现象。它关系到活性污泥氧化有机物的能力及其沉降性能，因而直接影响到处理效果和出水水质。絮凝是细菌生长到一定阶段后就凝集起来，逐渐由小变大，形成花絮一样的絮状物。在絮状物的周围生活着许多微型动物。如果絮状物上生长的纤毛虫多，则处理后的出水就很清；如果出现一定数量纤毛虫和轮虫，则细菌的絮凝过程就可能加速。经研究，纤毛虫能分泌两种物质，一种为多糖碳水化合物，另一种是单糖结构的葡萄糖和阿拉伯糖。污水中的悬浮颗粒吸收这些物质，通过改变悬浮颗粒表面电荷，使其集结起来，形成絮状物。另外，纤毛虫还能分泌一种黏蛋白，能把絮状物再联结起来。所以有的人认为纤毛虫比细菌更多地担负着絮凝作用。

3. 对细菌的吞食作用

根据 Curds（1968）实验，纤毛虫对细菌的掠食能力是惊人的。例如，当活性污泥中没有纤毛虫时，出水非常浑浊，出水中的细菌数量平均每毫升 $(100\sim160)\times10^6$ 个；当接种了纤毛虫以后，出水非常清澈，出水中细菌数立即下降到每毫升 $(1\sim8)\times10^6$ 个。又如奇观独缩虫（*Carchesium spectabile*）在自然水体中 1h 能吃 3 万个细菌。可见纤毛虫类对水的澄清起了明显的作用，而且对出水水质的其他指标也有改善作用。1967～1969 年日本的桥本、须藤等用多种细菌研究了小口钟虫的食性，证明钟虫是以捕食细菌维持正常增殖的。表 7-25 所示为纤毛虫在废水净化中的作用。

表 7-25 纤毛虫在废水净化中的作用

| 项 目 | 未加纤毛虫 | 加入纤毛虫 |
| --- | --- | --- |
| 出水平均 BOD/(mg/L) | 54～70 | 7～24 |
| 过滤后 BOD/(mg/L) | 30～35 | 3～9 |
| 平均有机氮/(mg/L) | 31～50 | 14～25 |
| 悬浮固体(SS)/(mg/L) | 50～73 | 17～58 |
| 沉降 0.5h 后 SS 值/(mg/L) | 37～56 | 20～36 |
| 600μm 时的光密度 | 0.340～0.517 | 0.051～0.219 |

（二）植物对污水的净化作用

前面在防治水体富营养化的生物性措施中，曾提到水葫芦、菱草、水花生、眼子菜、叶香蒲、多穗尾藻、丽藻等湿生、挺水、沉水植物等对有机废水的净化作用。此处就不再重复。下面仅介绍水生植物对酚类、重金属、农药等污染物的净化作用。

1. 水生植物对酚的净化作用

据试验，灯芯草、水葱等都能净化污水中的单元酚（见表 7-26）。在 18～20℃条件下，水葱 50h 内可全部吸收 5L 水中 10mg/L 的单元酚。甚至单元酚浓度高达 600mg/L 时，都能被水葱吸收，而且水葱发育比在无酚水中好。

表 7-26 植物净化单元酚的能力

| 每 100g 植物 | 净化能力/(mg/L) | | |
| --- | --- | --- | --- |
| | 10h | 50h | 100h |
| 盐生灯芯草 | 108 | 132 | 204 |
| 灯芯草 | 94 | 164 | 230 |
| 水葱 | 65 | 118 | 202 |

水葱具有庞大的气腔和发达的根茎，生活能力比较强。植株表层的蜡质层较厚，干枯后可在水面漂浮，被水浪带到岸边，使其体内吸收、累积的酚不致重返水体和沉降于淤泥中，故对污水起到了良好的净化作用。此外，芦苇也有净化酚废水的能力，每 100g 鲜芦苇在 24h 内，能将 8mg 酚代谢分解为二氧化碳。根据中国环境科学院生态研究室的研究，水葫芦对酚的净化能力也很强。1hm$^2$ 水葫芦（按每千克植物株占水面$\frac{1}{20}$m$^2$ 计）一昼夜可净化含酚 20mg/L 的污水 500t。

2. 水生植物对重金属的净化作用

根据中国科学院植物研究所的研究，芦苇和蒲草等挺水植物，在临界浓度以下的含重金属砷、镉、汞的混合废水中，对重金属的抗性及累积性均很强；在临界浓度以上时，植物体表现不同程度的受害症状，但仍能发育及扬花结实，且累积作用更明显。选择芦苇在超临界浓度下（As、Cd、Hg 浓度均为 5mg/L）对砷、汞、镉的累积情况进行介绍，如表 7-27 所示。

从表 7-27 中可看出芦苇的根部及根茎相交处对重金属的累积量最大，为地上部分（茎、叶）的几倍到数十倍。根据研究，高等水生植物对含重金属废水的抗性为：湿生、挺水植物（酸模、叶蓼、球穗莎草、芦苇、蒲草等）>漂浮、浮叶植物（水花生、浮萍等）>沉水植物（眼子菜、轮藻、金鱼藻等）；但植物对重金属的累积量则相反，以沉水植物为最高。

表 7-27 污灌处理后土壤和芦苇植物中砷、汞、镉的含量

| 处理浓度/(mg/L) | 采样日期 | 土壤中含量/(mg/L) | | | | 植物中含量/(mg/L) | | | |
|---|---|---|---|---|---|---|---|---|---|
| | | 土层/cm | 砷 | 汞 | 镉 | 分析部位 | 砷 | 汞 | 镉 |
| 对照组 | 6月1日 | 0.20 | 2.80 | 0.314 | 0.11 | 茎叶 | 0.125 | 0.084 | 0.53 |
| | 7月4日 | 0.20 | 2.90 | 0.246 | 0.10 | 根 | 1.27 | 0.626 | 未检出 |
| | 8月30日 | 0.20 | 2.86 | 0.205 | 0.18 | 地上部分 | 0.125 | 0.568 | 未检出 |
| | | | | | | 根 | 2.33 | 7.68 | 11.19 |
| 污灌组 | 6月1日 | 0.20 | 7.00 | 9.97 | 13.52 | 茎叶 | 0.25 | 0.108 | 未检出 |
| | 7月4日 | 0.20 | 7.60 | 10.61 | 10.45 | 根 | 25.82 | 22.32 | 125.8 |
| | 8月30日 | 0.20 | 6.22 | 10.11 | 16.51 | 地上部分 | 0.50 | 3.30 | 2.50 |
| | | | | | | 根 | 12.12 | 52.00 | 35.20 |

通过上述试验，中国科学院植物研究所研究者认为：在漂浮植物中，水葫芦对重金属（As、Hg、Cd等）的抗性及净化能力均最强，吸收积累量是污水浓度的几十倍至几百倍，甚至千倍以上；挺水及湿生植物如蒲草、芦苇、三稜、藨草等对重金属均有较强的抗性和净化能力，是比较理想的净化污水植物；水花生、杏菜、浮萍、水鳖、轮藻、金鱼藻等漂浮及沉水植物类对含重金属污水也有不同程度的净化能力。

3. 水生植物对农药的净化作用

水生植物可通过根系或植物体表面将农药吸收浓缩，富集起来。现将某些水生植物对水中有机农药的吸收浓缩的有关资料列于表 7-28 中。由表 7-28 中数据可以看出，水生植物对农药的吸收浓缩，要比旱地植物高得多，其中以蓼属浓缩倍数为最高，可达 10 万倍。

表 7-28 水生植物对水中有机氯杀虫剂的浓缩情况

| 植 物 | 杀虫剂 | 水中含量/(mg/L) | 植物体内含量/(mg/L) | 浓缩倍数 |
|---|---|---|---|---|
| 水生植物 | 毒杀芬 | 0.41 | 0.21 | 512.0 |
| 水生植物 | DDT | 200.00 | 75.0 | 375.0 |
| 眼子菜科 | DDT、毒杀芬、甲氧 DDT | 0.45 | 1.0 | 2220.0 |
| 眼子菜科 | DDT、毒杀芬、甲氧 DDT | 0.35 | 1.1 | 3171.0 |
| 眼子菜科 | DDT、毒杀芬、甲氧 DDT | 0.23 | 0.8 | 3478.0 |
| 蓼属 | DDT、毒杀芬、甲氧 DDT | 0.30 | 30.3 | 100000.0 |
| 藻类苔类 | DDT | 0.33 | 0.01 | 33.0 |
| 藻类 | DDT | 5.8 | 0.002 | 0.34 |
| 藻类 | 氯丹 | 6.6 | 0.013 | 1.97 |
| 藻类 | 异狄氏剂 | 10.5 | 0.007 | 0.66 |
| 维管束植物 | DDT | 5.8 | 0.003 | 0.52 |
| 维管束植物 | 氯丹 | 6.6 | 0.003 | 0.45 |
| 维管束植物 | 异狄氏剂 | 10.5 | 0.003 | 0.57 |

（三）微生物对污水的净化作用

由于微生物具有繁殖迅速、个体小、比表面大等特点，它们较之其他生物更易适应变化

的环境。它们可能通过自然突变形成新的突变种，也可能通过形成诱导酶以适应新的环境条件，并具有新的酶系及新的代谢功能，从而可以降解或转化那些闯入环境中来的“陌生的”污染物及“人造化合物”了。因此，微生物对污染物的降解与转化具有巨大的潜力。根据有关报道，对污染物具有降解或净化的微生物属种数量如下。

| | | |
|---|---|---|
| 苯酚 | 30个属 | 66种 |
| 含卤素有机物 | 27个属 | 40种 |
| 合成含氮有机物 | 18个属 | 36种 |
| 合成表面活性剂 | 18个属 | 43种 |
| 石油烃类 | 70个属 | 200多种 |

现将其中有代表性的，并在实践中有所应用的列在表7-29中。

表7-29　水体污染及其降解微生物

| 化合物类群 | 代表化合物 | 能降解的微生物 |
|---|---|---|
| 酚类 | 酚 | 恶臭假单胞菌 |
| 卤代酚类 | 五氯酚 | 土壤细菌 |
| 芳香化合物(单环) | 二甲苯 | 恶臭假单胞菌 |
| 单环、卤代芳香化合物 | 苯甲酸氟 | 假单胞菌属 |
| 双环芳香化合物 | 联苯 | 土壤细菌 |
| 双环、卤代芳香化合物 | 多氯联苯 | 假单胞菌属 |
| 多环芳烃 | 苯并[a]芘 | 假单胞菌属 |
| 烷基芳烃 | 酞酸丁二酯 | 短杆菌属 |
| 氯代脂肪族物 | 三氯乙烷 | 海洋细菌 |
| 乙二醇醚类 | 乙二醇 | 水生细菌 |

此外，微生物对有机农药、重金属、除草剂等均有不同程度的降解作用。其降解途径主要有：氧化作用、还原作用、脱卤作用、脱烃作用、酰胺及酯的水解、缩合或共轭形式、甲基化作用等。因此，微生物在污水治理工程中，得到了广泛的应用。

1. 活性污泥法

活性污泥法又称曝气法，是利用含有大量需氧性微生物的活性污泥，在强力通气的条件下使污水净化的生物学方法。活性污泥是一种绒絮状小泥粒，它是以需氧菌为主体的微生物群，以及有机和无机性胶体、悬浮物等所组成的一种肉眼可见的细粒。絮体颗粒大小为0.02～0.2mm，表面积为20～100cm$^2$/mL，相对密度为1.002～1.006。当加以静置时，能立即凝聚成较大的绒粒而沉降，对pH有较强的缓冲能力。

活性污泥的生物相十分复杂，除大量细菌外，尚有霉菌、酵母菌、单细胞藻类、原生动物等微生物，还可见到后生动物如轮虫、线虫等。废水与活性污泥接触后，大分子有机物被细菌分解成小分子化合物，低分子有机物则可直接吸收。在微生物胞内酶的作用下，有机物一部分被同化形成微生物有机体，另一部分转化成简单的无机物（如$CO_2$、$H_2O$、$NH_3$、$SO_4^{2-}$、$PO_4^{3-}$等），并释放出能量。

曝气池中混合液进入沉淀池，活性污泥在此凝聚而沉降，其上清液即净化了的水被排出。沉降了的活性污泥一部分送返曝气池与污水混合，重复上述过程。沉淀池剩余污泥定时排出，再施以其他净化处理。

2. 生物膜法

生物膜法是指以生物膜为主体的生物处理法。生物膜中包括大量的细菌、真菌、原生动物、藻类和后生动物。生物膜是主要由菌胶团和丝状菌组成的一层黏膜状物，附于载体表面，一般厚1～3mm，经历一个形成、生长、成熟及老化剥落的过程。

生物膜的表面总是吸附着一层薄薄的污水，称之为“附着水层”。污水经过时，其中污染物质能转移到附着水层中去，被细菌等微生物分解，产生$CO_2$、$H_2O$、$NH_3$、无机盐等，排到空气中或随水流出。生物膜存在着食物链，即有机质→细菌、真菌→原生动物等，由于食物链的每一步，都有一部分有机物通过呼吸分解而产生$CO_2$，所以最终有机物质能被除去。

生物膜法应用到污水治理工程中常见的有：生物滤池、生物转盘、生物接触氧化、流化床生物膜、悬浮颗粒生物膜法等。一般对石油、印染、制革、造纸、食品、医药、化纤等行业的排放废水，具有较好的处理效果。但技术设施投入较大，能耗高，一般小厂难以承受。

3. 氧化塘法

氧化塘又称稳定塘，是以藻、菌为主的藻菌共生体系，对有机废水具有较好的净化功能。经济实惠，较易普及。

(1) 氧化塘的类型。根据氧化塘内溶解氧的来源和情况，可将氧化塘分为四种，即好氧氧化塘、厌氧氧化塘、兼性氧化塘和曝气氧化塘。

① 好氧氧化塘。主要靠藻类光合作用供氧，水深最大为40cm，日光可透过水层达到塘底，藻类活动非常旺盛，塘内完全维持好氧条件。塘内几乎无污泥，由于藻类在进行光合作用时能利用水中的氮和磷合成体内物质，因此，这种塘是去除水中氮、磷，防止富营养化的有效设施之一。这种塘承受的负荷低，只适于作二级、三级污水处理。

② 厌氧氧化塘。主要靠大气供氧，塘内底层沉淀物进行厌氧分解，仅很薄的一层表面水进行好氧分解，塘内很少有藻类。这种塘一般与好氧氧化塘串联使用。由于塘深度大(2～4m)，占地少，所需动力也少。但承受高负荷时易产生臭味（$H_2S$、$NH_3$ 等），对温度比较敏感。

③ 兼性氧化塘。主要靠藻类供氧，水面曝气供氧处于次要地位。沉淀的污泥由于缺氧而进行厌氧分解，是一种好氧和厌氧条件并存的塘（池深1～2m）。可采用多级兼性氧化塘进行污水处理，常用它作第二级处理。这种塘处理效率高，易管理，较为经济。

④ 曝气氧化塘。主要靠机械设备供氧，全部水层都保持好氧条件。能承受较高的负荷，处理时间短，占地少，但机械设备的费用大，耗能也较高。

(2) 氧化塘的发展趋势

① 厌氧、兼性、耗氧、曝气和水葫芦塘的技术结合使用。如美国EPA出版的《废水稳定塘设计手册》、WHO出版的《欧洲稳定塘设计手册》等，都规定了计算模式和系统设计参数。

② 研究、开发和利用一些新型氧化塘（如水解池-稳定塘）和水生植物塘（如水葫芦、芦苇、水葱、蒲草塘等)。可多级串联，进行二级或三级处理，也可作为最后净化塘，主要去除固体悬浮物。

例如，在长江以南地区，可利用氧化塘的水面种植多种水生植物，养殖鱼、虾、贝、螺、鸭、鹅等，建立复杂的人工水生生态系统（见图7-6所示模式），在实践中取得了良好的效果。

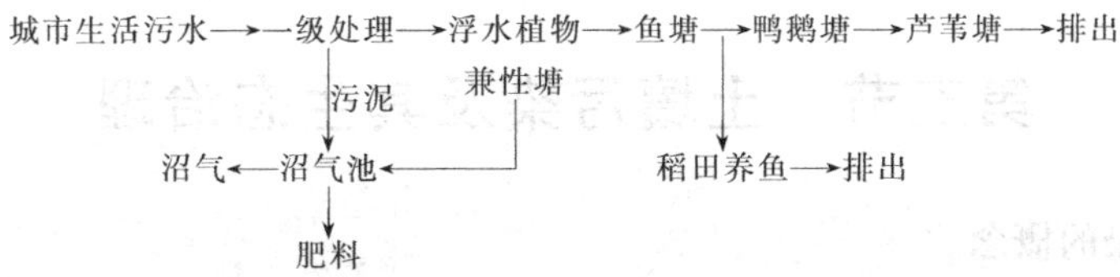


图 7-6　复杂的人工水生生态系统

高浓度有机废水的处理较困难，可采用多级氧化塘处理系统，如：高浓度有机废水→沉淀池→厌氧塘→兼性塘→好氧塘→排出。

③ 充分利用氧化塘污水处理和污水资源化的双重功能，并有机地结合起来，提高氧化塘的生态、经济和社会效益。

④ 氧化塘将由主要处理生活污水，发展为处理各种废水。例如，食品加工、造纸、纺织、印染等废水。我国在化肥、石油化工、屠宰、印染、化纤等工业废水处理方面，已开始研究及应用氧化塘技术。

4. 厌氧处理法

厌氧处理法是在缺氧条件下，利用厌氧性微生物（包括兼性微生物）分解污水中有机质的方法，也称厌氧消化或厌氧发酵法。其中最受重视的是沼气发酵（或称甲烷发酵），因为它既可消除环境污染，又可开发生物能源，因而应用最广。

长期以来，认为沼气发酵包括两个阶段，即产酸阶段和产甲烷阶段。产酸阶段主要是由占优势的兼性细菌及少数的严格厌氧菌将复杂的有机物质如纤维素、蛋白质、脂肪等分解成为 $H_2$、$CO_2$、简单有机酸与醇等。参与此阶段的主要微生物统称为产酸菌，是一些广泛存在于环境中的异养微生物如梭状芽孢杆菌、假单胞菌、产气杆菌、变形杆菌、埃希菌、链球菌等。产甲烷阶段主要是严格厌氧的甲烷细菌的作用，将第一阶段产生的有机酸、$H_2$、$CO_2$ 等转化为甲烷。产甲烷细菌包括甲烷杆菌属、甲烷八叠球菌属、甲烷球菌属和甲烷螺菌属。其主要化学过程为醋酸的分解和二氧化碳的还原。

$$CH_3COOH \longrightarrow CH_4 + CO_2$$

$$CO_2 + 4H_2 \longrightarrow CH_4 + 2H_2O$$

5. 人工湿地处理法

自然湿地生态系统具有净化水源的功能，有誉为自然界的“肾脏”。它能富集金属及有毒物质，排除或滞留水中营养物质，阻截悬浮物及细菌、病毒等，使水质得到改善。因此，模拟自然湿地的构成，建造人工湿地污水处理系统，是一种既经济又有实效的好方法。

其结构可阐述为：在一定长宽比及底面坡降的洼地中（或人工建造的洼地、水池），按一定的坡度一定规格的填料如砾石，在填料表层土壤中种植一些处理性能好，成活率高，生长周期长，美观有经济价值的植物如芦苇、蒲草、风车草、纸纱草、水葱等，构成一个湿地生态系统。根据需要，可因地制宜地建立串联式的湿地污水处理系统。其主要功能是降低 BOD 及 SS，使营养物减少，TDS 增加；也可以考虑对重金属及化学物质的净化，但要定期地进行处理，以防后患。

人工湿地处理系统具有较好的净化效果。丁延华（1992）介绍污水芦苇湿地系统处理工业废水和生活污水的处理效果可达到或超过二级处理水平，对 BOD、COD、SS、氮、大肠杆菌和痕量挥发性有机物都有明显的去除效果。而且耗能低，其电能的消耗仅为其他方法的 1/15～1/2，燃烧油的消耗为其他方法的 1/20～1/10。

# 第五节　土壤污染及其生态治理

## 一、土壤污染的概念

三废（废水、废气、废渣）污染物通过水体、大气或直接向土壤中排放转移，并积累到一定程度、超过土壤自净能力时，导致土壤生态功能降低，进而对土壤动植物产生直接或潜在的危害，就称为土壤污染。对于土壤来讲，它本身具有一定的自净能力，但这种自净能力不是无节制、无限度的，这取决于该土壤系统的容量大小。土壤容量是指土壤对污染物的最大承受能力或负荷量。当进入土壤系统的污染物质的量低于土壤容量时，土壤能通过物理、化学和生物的复杂作用，使污染物质逐渐转化、消失，即发挥正常的净化作用，不会导致污染；但如果污染物的量超过土壤容量时，则产生污染。土壤污染往往导致土壤动植物、土壤微生物体系受到抑制或损害，土壤的理化性质、土壤的结构会发生不利变化，土壤肥力因而下降，造成农作物减产或受污染，并通过食物链进一步危害动物（如畜、禽及其他野生动物）及人类。因此，土壤污染也可概括为：是在自然或人为因素影响下，土壤正常生态功能遭到破坏和干扰，具体表现为土壤的物理、化学及生物进程被破坏和土壤肥力下降，毒性增强最终导致生物的数量和质量下降。

曾在较长一段时期内，人们对土壤污染未引起足够的重视，这主要是对土壤污染的特点及危害性认识不足所致。概括起来，土壤污染有以下几个特点。

(1) 隐蔽性和潜伏性　土壤污染与大气、水体污染有所不同。大气、水体污染比较直观，严重时通过人的感观即能发现，而土壤污染往往并不直观，它是以食物链方式通过粮食、蔬菜、水果、肉食等最后进入人体而影响人体健康的。因此这是一个逐步累积的过程，具有隐蔽性和潜伏性。日本镉污染引起的骨疼病即是一个典型例证。

(2) 不可逆性和长期性　土壤一旦遭到污染后极难得到恢复，土壤重金属污染是一个不可逆过程，许多有机化学物质污染也需要相当长的降解时间。如沈阳抚顺污灌已发生的石油、酚类和镉污染，造成大面积土壤毒化，造成水稻矮化，稻米异味、粮食及畜禽类体内残毒量超标等。经过十多年的艰苦治理，如通过客土、深翻、清洗、选择不同作物品种等方法，至今才逐步恢复部分生产力。

(3) 后果严重　土壤污染通过食物链对动物和人体的危害，其后果是十分严重的。例如土壤氟污染，在包头钢铁厂周围受氟污染的牧草含氟量最高达 330mg/kg，羊患氟骨病发率在 95%以上，大牲畜发病率在 60%以上。再如有机氯农药（六六六、DDT 等），由于其降解缓慢，虽在 20 世纪 70 年代世界各国就已禁止生产和使用，但至今不少地区的土壤中仍有残毒存在。

## 二、土壤污染物

土壤污染物笼统地可分为无机污染物与有机污染物两大类。无机物中主要有重金属离子，非金属中的砷、氟，过量的氮、磷和硫等元素及其有毒化合物，放射性元素等；有机物中主要有酚、氰、农药、原油和部分矿物油。这些污染物通过不同的方式和途径进入土壤系统中。根据污染物的不同物理化学性质可将污染物质分为以下七种类型。

(1) 重金属　环境污染中所说的重金属主要是指镉、铅、锌、汞、铬和类金属砷等几种生物毒性显著的元素，以及锰、钼、镍、钴、铜、铝等常见的元素。这类元素一般具有变价化学性质，不同条件其价态不同，不同价态元素的迁移性能和生物毒性也不同。

(2) 农药残留 用于防治农作物病害、虫害和杂草的化学物质，调节植物生长的药剂以及提高这些药剂效力的辅助剂、增效剂等都统称为农药。它包括杀虫剂、杀菌剂、杀螨剂、杀线虫剂、杀软体动物剂、杀鼠剂、除草剂及植物生长调节剂等。其中化学性质稳定、降解慢、累积性强的农药是造成土壤污染的主要类型。

(3) 化学肥料 在施用化肥的过程中，施用不当或过量施用都会对土壤、植物和环境造成污染。有人将这种对环境的负面影响归纳为六个方面：施肥不当或过量施肥对自然水体富营养化和质量的影响；肥料中有或通过土壤中生成硝酸盐对地下水的污染；肥料N和土壤N的大气散失对生物圈的不良性影响；化肥对土壤结构、土壤肥力和性质可能产生的消极影响；施用化肥对土壤动物、微生物及其生物卫生状况的影响；施用化肥对农产品质量的影响。

(4) 有机矿物油 有机矿物油污染主要指石油、多环芳烃化合物及各种烷烃、芳烃的混合物对土壤的污染，如各种萘、菲、蒽、芘、苯并[$a$]芘、苯并[$g,h,I$]蒽等有机类化合物。

(5) 放射性物质 放射性污染分为天然和人为污染两种类型。天然放射性是外来宇宙射线和地球本身存在的天然放射性元素。后者主要以$^{238}U$(铀系)、$^{232}Th$(钍系)、$^{235}U$(锕系)为母体衰变成的若干元素及$^{40}K$等，具体地说有U、Th、Ra、Rn、$^{14}C$、$^{40}K$、$^{37}Rb$等。人为放射性污染到目前为止主要是核爆炸及核电站突发事故等引起的。核裂变产物有$^{90}Sr$、$^{137}Cs$、$^{131}I$、$^{103}Ru$、$^{106}Ru$、$^{95}Zr$、$^{141}Ce$、$^{239}Pu$等元素，其中$^{90}Sr$、$^{137}Cs$、$^{239}Pu$，因其半衰期较长，对人体的危害也最大。

(6) 致病微生物 在土壤中，因污染而具有引起动物及人体疾病的细菌和病毒；引起人体及牲畜肠道疾病的寄生虫以及一些动物排出的传染性病原体如钩端螺旋体、结核杆菌、伤寒杆菌、阿米巴原虫、痢疾杆菌、沙门菌、炭疽杆菌、破伤风梭状芽孢杆菌、肉毒梭状芽孢杆菌及部分霉菌等，还有各种肠道寄生虫卵等。

(7) 酸性大气及固体沉降物 酸性沉降物一般指pH$<$5.6的酸雨。酸雨中不仅含有大量$H^+$，而且还含有高浓度具有酸化作用的$SO_4^{2-}$、$NO_3^-$等阴离子。酸雨中通常还含有多种金属阳离子、重金属（金属雨），以及痕量元素和各种有机污染物。此外，我国西北地带的泥雨往往也对土壤造成危害，增加土壤的污染成分。

## 三、土壤污染的主要途径和类型

对环境污染应具有整体的、动态的观念。即大气污染、水体污染及人类的活动均能造成土壤的污染；土壤污染又能引起大气、水体的污染，并通过食物链造成对人类的危害。

土壤污染的主要途径可概括为几个方面：未经净化处理的或处理未达标的工业废水及生活污水的污灌水；气溶胶及各种形式的降水；农业生产资料的投放（如农药、化肥、杀虫剂、除草剂、有机肥等）；含重金属元素的物质的投弃及迁移、转化等。

根据土壤污染的主要途径，可将土壤污染分为如下几种类型。

(1) 水体污染型 工业及城市污水进行农田污水灌溉时，超过了土壤自净能力所造成的土壤污染，即为水体污染型。我国某些地区曾进行大面积的污灌，如东北三省、西安、上海、北京等地。20世纪80年代以来，污灌面积在我国有增无减。污灌虽能为农业生产带来一定的眼前收益，但如控制不当，管理不力，将发生严重的土壤污染，影响农产品的产量和质量，进而影响人体健康。

(2) 大气污染型 世界各国的工业生产及汽车尾气每年排放大量的有害气体和粉尘。这些有害气体和粉尘进入土壤后，会改变土壤的物理化学性质，使土壤受到污染。如二氧化碳、重金属以及核爆炸的尘埃、原子能工业的废物等，影响大，而持续时间长。

(3) 生物污染型　利用未经消毒灭菌的生活污水、医院污水、粪便进行灌溉时，可使土壤受到有害微生物及病菌的污染，成为某些病原菌的栖息基地，进而影响人体健康。

(4) 工业固体废物污染型　我国工业固体废物产生量每年均在6亿吨以上，综合利用率不超过45%，约50%被储存起来，每年有2000多万吨被排放到自然环境而主要是土壤中，这是引起土壤固体废物污染的主要原因。各类金属矿场开采的尾矿废物、重金属冶炼厂的矿渣等更易使周围的土壤受到污染；另外近年出现的“白色污染”(废塑料包装袋、快餐盒、废农膜等) 也越来越严重，既破坏了土壤结构，又造成了土壤污染。

(5) 农业生产污染型　在农业生产中，农药、化肥等的大量投放，是造成土壤污染的重要原因及途径。

## 四、土壤污染的生态危害

本书曾在生物富集的生态效应、大气污染的生态危害等部分对重金属、有机氯化合物、农药等的危害性做了较详细的介绍。因此，在土壤污染部分，将重点介绍其生态危害。

1. 不合理施用化肥对土壤污染的生态危害

长期施用化肥，对土壤理化性质影响很大。如长期施用氮肥可使土壤发生酸化，有效磷和交换性盐基 (Ca、Mg、Na) 的含量降低；长期施用钾肥，$Ca^{2+}$ 逐渐减少，使土壤板结；长期施用硝酸态氮肥，使 $NO_3^-$ 在土壤中积累过量，还原成亚硝酸盐后，对牲畜及土壤动物均有危害；长期施用磷肥，可使土壤中氟含量逐渐升高，对人畜危害很大，还有可能使土壤中天然放射性金属铀、钍、镭等污染出现 (磷矿石中有可能含上述放射性污染源) 等。

2. 放射性元素对土壤的生态危害

放射性污染是土壤污染的一个重要类型。其污染程度决定于放射性物质的放射性、半衰期及其被消除的可能。大气层的放射性污染物直接沉降于土壤表层和植物地上部分，一部分随降水渗入土壤，一部分经根系吸收进入植物体。$^{90}Sr$ 和 $^{137}Cs$ 对土壤的污染起重要作用，因其具有极长的半衰期。

3. 矿物油及多环芳烃类化合物对土壤系统的生态危害

矿物油是各种烷烃、芳烃的混合物。多环芳烃类化合物是石油、煤等化石燃料燃烧过程及能源转化过程的副产物。它们进入土壤后，能改变土壤的碳氮及碳磷比，从而改变土壤微生物的组成和种类。大量矿物油进入土壤将影响土壤的通透性，促进厌氧微生物的生长繁殖，抑制需氧微生物的生长及活性。多环芳烃类化合物对土壤微生物体系中的酶活性有很大的抑制作用，其抑制程度为脲酶＞蛋白酶＞碱性磷酸酶，因此，对微生物的分解作用有不利影响。

多环芳烃类化合物极易通过土壤食物链进入人体。据研究，多环芳烃类化合物中很大一部分是致癌物质及致突变物质，目前可致癌的400多种化学物质中，有200多种是多环芳烃及其衍生物。

4. 土壤农药污染的生态危害

农药一旦进入土壤生态系统，残留是不可避免的，但残留并不等于有残毒，只有当土壤中的农药残留量累积到一定程度，与土壤的自净效应产生脱节、失调，危及农业环境生物，包括农药的靶生物与非靶环境生物的安全，间接危害人畜健康，才称其具有残留积累毒害。残留积累毒害主要表现在两方面：残留农药的转移产生的危害；残留农药对靶生物的直接毒害。

(1) 残留农药转移的主要途径 残留农药的转移主要与食物链有关，据美国报道，生物体内残留农药的转移主要有下面三条线路。

第一条 土壤→陆生植物→食草动物。

第二条 土壤→土壤无脊椎动物→脊椎动物→食肉动物。

第三条 土壤→水系（浮游生物）→鱼和水生生物→食鱼动物。

一般来说，水溶性农药降解较快，迁移流动性强，对水体中异养型生物造成污染危害。而脂溶性或内吸传导型农药，易被土壤吸附，移动性差，而被作物根系吸收或经茎叶传输蓄积在当季作物体内，甚至构成对后季作物二次药害和再污染，通过食物链对高位营养级的生物造成慢性危害。

(2) 残留农药对生物的直接毒害 农药残存在土壤中，对土壤中的微生物、原生动物以及节肢动物、环节动物、软体动物等均产生不同程度的影响。E. Flemming（1994）等研究发现：三种杀虫剂——乐果、抗蚜威和丁苯吗啉对土壤原生动物自然种群有较大的消极影响。王振中（1996）研究有机磷农药废水灌溉对土壤动物群落的影响时发现，土壤动物种类和数量随着农药影响程度的加深而减少，有一些种类甚至完全消失。尤为重要的是，农药对人类健康的危害是最令人担忧的。

**五、土壤污染的生态治理**

（一）控制土壤受重金属污染的生态对策

前面已指出，土壤一旦遭重金属污染，是难以治理的。因此必须严格控制进入土壤的重金属，在防治措施上，应采取以防为主，综合治理的方针。根据国内外的研究及探讨，防治土壤重金属污染，可以采用下列一些方法。

(1) 作物改种法 即在重金属污染的土地上，经过改换作物类型或品种仍可维持农业生产。如改种对某重金属抗性强、富集能力极弱的作物或品种；改种粮食作物为经济作物（非食品类）等。

(2) 抑制吸收法 采用合理的农业措施，如在田土中施用一定量的石灰、磷酸盐、硅酸盐等，对重金属产生拮抗作用、掩盖及抑制作用，或与重金属形成不溶态化学物质等。也可以施用腐殖酸类肥料，起到螯合、固定重金属的作用。

(3) 土壤改造法 即在污染不太重的土壤上，采用深耕的办法使上下层混合，降低耕层中重金属的含量；也可以用深耕倒换上层的办法，使上层土掩入下层；或者采用移入客土法，用客土更换表土、上垫土，污染土深埋换客土等方法。

(4) 生物改良法 即种植某些对重金属具有很强富集能力的植物，通过植物的吸收作用，可以降低土壤中的某些重金属的含量。如黄颌蛇草能富集镉，加拿大杨树能富集汞，苦草能富集铜，十字花科的某些植物能富集镍，芦苇、蒲草能富集砷、汞、镉等。在条件允许的地方，受污田土范围不大且较集中的区域，可与土壤浸泡法相结合，用水淹没，然后种植大量的具有富集能力的湿生、挺水植物。但用这种方法，要将富集了重金属的植物进行善后处理，以免形成新的污染源。

(5) 土壤改良剂法 土壤中加入适当的胶黏剂、改良剂能在一定程度上消除重金属。如在一定 pH 条件下，重金属能被铁锰氧化物所固定；钢渣能固定镉、镍、锌等离子态重金属，具有吸附和共沉淀作用；沸石能降低土壤中重金属的生物可利用性等。

（二）农药污染防治的生态对策

我国是一个农业大国，因此，施用农药而造成的农药污染是屡见不鲜。为了保护人体健康及生物资源的正常繁衍，保障我国在加入WTO以后其农产品，特别是粮食等食用产品面向世界的出口需要，治理农药污染已成了当务之急。

1. 开发降解快、无残毒的新农药

(1) 开发“放心农药” 如果能研究出杀虫性强，但降解迅速（含光化学降解、化学降解、微生物降解等），且降解产物无残留毒性，其施用后作物中的残留量达到“绿色食品”的标准，则可大量生产和推广这类“放心农药”。

其实，这类农药，国外曾有所研究。如日本在20世纪70年代，曾研究出一种氨基酸-脂肪酸农药（*N*-月桂酰-L-缬氨酸），可控制有害昆虫变态激素，使之不能传种接代，就地消亡，此农药光化学降解快，且降解产物经微生物分解后，是很好的有机肥料。可是由于对象较窄、成本较高，难以大面积推广。

(2) 从野生植物中“克隆”杀虫剂 自古以来，我国民间常用一些野生植物的浸制液，喷洒或熏蒸杀死田间的有害昆虫，起到事半功倍的作用。由于这类“杀虫剂”来源于植物体，是纯粹的自然成分，这与DDT、BHC等有机农药有着本质区别，后者是人工研究、人工合成的化合物，为非自然成分，难以降解，因而为生态系统带来了隐患。如果能从野生植物中“克隆”出这类天然的“杀虫剂”，施用后则容易自然降解，残留毒性自然会很低，极有可能实现“放心农药”的要求。

2. 保护天敌及其生态环境

众所周知，有害昆虫的天敌如肉食性甲虫、草蜻蛉、寄生蜂、蜘蛛类、蛙类、鸟类等能有效地抑制有害昆虫。天敌的种类多，数量多，有害昆虫的数量自然就少。人类就有可能少施甚至不施农药而确保农产品的正常产量及质量。因此，保护天敌，增加天敌的数量，是一种一劳永逸，避免农药污染的好办法。

怎样才能保护天敌，并增加使其数量呢？除用法律手段禁止捕捉及猎杀天敌外，更重要的是保护和规划好天敌赖以生存、繁衍的生态环境。可从以下三方面采取保护措施。

① 除保护现有的森林植被如天然林、天然草原、天然灌木丛、天然沼泽以外，还应保护天然的溪流、河谷、山谷、湖泊、漫滩、涝源、湿地等，这些自然场所，往往是天敌的栖息及繁衍之地。因此在城市化（含小城镇）发展的过程中，要保护及规划好这些自然生态环境。

② 在条件允许的情况下，应扩大自然保护区的范围，增加天敌的生存空间。在保护区禁止使用农药、除莠剂等。研究证明，农药在杀死有害昆虫的同时，也伤害了大量的天敌如蜘蛛、甲虫、寄生蜂、青蛙等。除莠剂虽然对人、畜及野生动物影响较小，但能引起植物种群变化，如大量使用2,4-D除莠剂，在海滩上的红树林将会大量死亡；在森林中则可加速竹林的侵入；在农田的四周自然草丛会消失。因此，群落结构的变化，就有可能导致天敌的种类及数量的减少。此外，对除莠剂2,4,5-T的使用则更应慎重，有研究者认为，其分解过程，有可能产生毒性极强的二噁英，对人、畜及各类天敌均有较大的危害。

③ 在建立和扩大自然保护区的基础上，还应建立相应的土壤保护区。沿自然界限建立土壤保护区可加速天然植被的正向演替，增加天敌的栖息、繁衍之地。从保护生态系统的全局来看，也应加大力度保护好土地资源特别是土壤资源。

3. 调整食物链的结构，改单一种植为轮作或多作物的分块间植

在自然界中，有害昆虫有的是单食性的，有的是广食性的。如三化螟仅仅危害水稻，而二化螟则能危害以禾本科为主的多类农作物。因此，可以视不同种类昆虫的食性，调整食物

链的结构，控制有害昆虫的数量增长。

（1）改单一种植为轮作，中断有害昆虫的食物链 以水稻为例说明。我国是水稻的主要产区，大多数水田世世代代都是种植水稻，因此，造成了水稻病虫害的世代危害。其实，地处亚热带的湿生作物种类极多，如果变单向种植为轮作，就有可能抑制水稻病虫害的繁衍，降低病虫害的数量及危害。如将早稻-晚稻改为水稻-茭白、水稻-慈菇、水稻-湖藕、水稻-泽泻等。可视其害虫的种类及数量，采取分期分批式的轮作，或嵌镶式的轮作；其水稻种植的间歇年份，可因时因地适当调整。

（2）改单一种植为多种种植，形成镶嵌式结构 大面积地种植同一植物，往往会导致有害昆虫爆发式的增长，如三化螟、稻苞虫、浮尘子、稻飞虱、稻瘟病等曾多次出现对水稻爆发式的危害。因此可根据市场的需求，将单一的水稻田规划成多种作物的分块间植区，将水稻镶嵌在多种作物的网络结构之中，这样可使各类害虫禁锢在局部的范围内，不会形成大面积爆发式的危害。

（3）精选引诱植物，转移害虫寄主 对于广食性的害虫来说，可通过反复实验，挑选那些价值最低，害虫又最喜欢食用的植物为引诱植物，栽种到高价值的主要作物周围，引诱有害昆虫，既起到“丢卒保车”的作用，也起到了减少农药污染的作用。

4. 掌握害虫习性，加强生态治虫

根据各类有害昆虫的生态习性，可以强化某种生态因子的作用，达到集中治理的目的。如三化螟的成虫有强烈的趋光性，可以在三化螟的成虫期（产卵期之前）在田间广设诱蛾灯，进行集中灭杀，可达到“断子绝孙”的效果。某些有害昆虫，其雌性激素对雄性个体有强烈的引诱作用，可以通过研究，人工施放其雌性激素，在田间进行引诱，然后集中灭杀之。

5. 培育具有天然免疫力的作物新品种

以水稻为例。在我国，水稻的种植多为三系或二系系列的杂交水稻，主要优点是高产，但也带来了大面积的、单一种植的弊端。目前，已有不少研究者在研究高产的基础上，转入到高产-高质的研究。如果考虑到减少农药污染，使稻米成为真正的“绿色食品”，那么应加强抗病虫害品种的基因研究，其目标应为高产-高质-高抗，培育具有天然免疫力的新品种。

6. 做好病虫害的预测预报，制定生态对策

加强病虫害的预测预报工作是十分重要的战略措施。要做好这一个工作，必须要多途径地开展研究。如有害昆虫的种群增长周期与种群数量波动的规律；种群增长与气候变化的关系；种群增长与生态环境变化的关系；种群增长与人为活动的关系；病虫害的耐药性与基因突变的关系等。只有通过深入研究，找出规律，才能较准确地预测病虫害的危机，及时地报警，才能因地制宜制定生态对策，防患于未然。

基于以上所述，我国的农药污染的防治工作应迅速进入综合防治的新阶段，其重点是制定多途径、多方位的生态对策。由于昆虫在自然界中占有广泛的“生态位”，从漫长的进化历程来看，昆虫具有繁多的种类及数量与它们具有强有力的自我调控能力有关。因此，对病虫害制定的生态对策，是要不断补充、调整和完善的，是一个不断发展的、多方位的动态过程。

## 六、案例——矿区土地污染的生态治理

矿产资源的开发利用，既为经济发展提供了重要的原材料和能源，对经济发展起到了巨

大的推动作用，同时也对生态环境产生重大影响。一些矿区不合理的开采方式，使生态环境遭到严重破坏，由此而产生的空气污染、水体污染、土壤污染和土地荒漠化等一系列问题，已严重威胁着人类的生存。土地复垦和生态修复是解决矿山环境保护和综合治理的最有效途径。

1. 矿区生态环境调查

(1) 矿区基本情况 主要包括矿区自然地理、水文气象、社会经济、森林植被、生态破坏等概况。

(2) 矿区森林资源状况 主要包括数量、质量、分布等。

(3) 矿区生态破坏与治理状况 主要包括破坏类型（包括地质灾害），影响范围与面积，经济损失，治理模式、范围、面积、成本、效果等。

2. 矿区污染土壤的治理

矿山生态恢复的重要环节之一是土壤治理，它包括矿山周围地区土壤质量的改善、覆盖在土壤上的尾矿及废弃矿石堆性能的改良。

(1) 物理性修复 土壤物理性修复与恢复的关键是覆盖、培育与维持表土，改善土壤结构，建立植被覆盖，有效控制土壤侵蚀。粉碎压实、剥离、分级、排放等技术被用于改进矿区退化土地的物理特性，实际操作还包括梯田种植、排流水道稳定塘设置、覆盖物或有机肥施用等。植物残体余物（如稻草或大麦草）可作为覆盖物将土表层与极端气候变化隔开，增加土壤的持水量和减少地表径流对土壤造成的侵蚀。还有一种客土、排土法。由于重金属污染大多集中于地表数厘米或较浅层。挖去污染层，用无污染客土覆盖于原污染层位置可以解决重金属污染问题。此法需耗费大量劳动力，并需有丰富的客土资源。

(2) 化学性修复 土壤作为植物生长的介质，其理化性质和营养状况是生态恢复与重建成功与否的关键。在土壤中施加石灰可提高土壤 pH 值，施加碱性磷酸盐可降低镉、汞等金属元素的溶解度。有机废弃物如污水污泥、垃圾或熟堆肥可作为土壤添加剂，并在某种程度上充当一种缓慢释放的营养源，同时可通过螯合有毒金属而降低其毒性。有机肥对多种污染物在土壤中的固定有明显影响。

(3) 耐受型自然植物的选择 选择强富集型植物类型，如桦树和柳树的一些品种可以耐受铅和锌；柳树和白杨能从土壤中去除一定量的重金属；一些草本如禾本科和木本豆科植物均一定程度地对土壤的污染有耐受性，特别是豆科植物不仅对重金属有耐受性，并且还能对植物提供氮源，是改良尾矿性质很好的植物选择。从不同地区寻找、筛选、繁殖耐受型植物物种，用以恢复不同的植被类型，但选择的物种必须适合当地的气候条件，以乡土物种为宜。

(4) 微生物与植物协同作战 豆科植物与根瘤菌形成固氮根瘤，并将氮气转化成有机氮，促进氮的循环和积累。还可利用接种菌根来改善土壤的性状，利用土壤生物松动板结的土壤来改良土壤的基本性状。

3. 植被恢复及生物多样性保护

根据气候、土壤和植物的生物学特性及林木的经济价值来确定种苗的选择，本着适地适树的原则结合复垦模式配置要求，选择柳杉、刺槐、女贞等物种进行造林绿化、森林抚育及保护、荒漠化治理、生物多样性保护等。树种的选择是植被恢复中最为关键的一环，它应该遵循下列原则：①生长快、适应性强、抗逆性好；②优先选择固氮树种；③尽量选择当地优良的乡土树种和先锋树种，也可以引进外来速生树种；④选择树种时不仅要考虑经济价值高，更主要的是树种的多功能效益。

## 阅读材料 7-2

### 世界八大公害事件

（1）比利时马斯河谷事件。1930年12月，比利时马斯河谷工业区，排放的工业有害废气和粉尘对人体造成严重侵害，一周内近60人死亡，市民中心脏病、肺病患者的死亡率增高，家畜死亡率也大大增高。

（2）美国洛杉矶烟雾事件。20世纪40年代美国洛杉矶的大量汽车尾气在紫外线照射下产生的光化学烟雾，造成许多人眼睛红肿、咽炎、呼吸道疾病恶化乃至思维紊乱，肺水肿。

（3）美国多诺拉事件。1984年10月，美国宾夕法尼亚州多诺拉镇，二氧化硫等与大气粉尘结合，使大气产生严重污染，造成5911人暴病。

（4）英国伦敦烟雾事件。1952年12月5日至8日，英国伦敦由于冬季燃煤引起的煤烟性烟雾，导致4d时间4000多人死亡，两个月后又有8000多人死亡。

（5）日本水俣病事件。1953～1968年，日本熊本县水俣湾，由于人们食用了含汞污水污染的海湾中富集了汞和甲基汞的鱼虾和贝类等，造成近万人的中枢神经疾病，其中甲基汞中毒患者283人中有60余人死亡。

（6）日本四日市废气事件。1961年，日本四日市由于石油冶炼和工业燃油产生的废气，严重污染大气，引起居民呼吸道疾病骤增，尤其是哮喘病的发病率大大提高。

（7）日本的爱知糠油事件。1963年3月，在日本的爱知县一带，由于对生产米糠油管理不善，造成多氯联苯污染物混入米糠油，人们食用了这种被污染的油之后，酿成13000多人中毒，数十万只鸡死亡的严重污染事件。

（8）日本富山的骨痛病事件。1955～1977年，生活在日本富山的人们，因为饮用了含镉的河水和食用了含镉的大米，以及其他含镉食物引起骨痛病，就诊患者258人，不治死亡者达207人。

## 阅读材料 7-3

### 臭氧污染

高空的臭氧层能够吸收99%以上的太阳紫外线，为地球上的生物提供了天然的保护屏障，而低空的臭氧是污染气体。

臭氧是由氧气、氮氧化物（$NO_x$）及挥发性有机化合物（VOC）在阳光作用下发生光化学反应形成的。作为强氧化剂，臭氧几乎能与任何生物组织发生反应。城市臭氧的一个来源，是汽车排放的氮氧化物，其在阳光辐射及适合的气象条件下可以生成臭氧。臭氧的强氧化性对于生物组织的破坏作用是很明显的，植物的叶片会因此受到损伤；人会有眼睛发红、咽喉疼痛、呼吸憋闷、头昏、头痛的症状。

据2012年3月颁布的《环境空气质量标准》（GB 3095—2012），居住区臭氧8h均值超160$\mu g/m^3$时，便属于空气污染。

## 本章小结

1. 污染物的定义：进入环境后使环境的正常组成发生直接或间接有害于生物生长、发育和繁殖的变化的物质。

2. 进入生态系统的污染物如果浓度超过临界浓度，将直接危害或杀死某种生物；若浓度较低且不容易分解，则将通过食物链对处于高位营养级的生物造成危害。污染物的浓度随营养级的升高而升高称为“生物放大”。

3. 大气污染的生态治理主要依靠绿色植物。防污绿化植物配置的原则是：绿化、美化、净化与规划。

4. 大气污染的全球性三大环境问题为：温室效应、酸雨、臭氧空洞。

5. 水体污染是指排入水体的污染物使该物质在水体中的含量超过了水体的本底含量和水体的自净能力，从而破坏了水体的原有功能与用途。

6. 水体富营养化是指大量含氮、磷等的有机废水进入水体，使藻类过量繁殖、水体缺氧、水生生物大量死亡而引起的第二次污染现象。

7. 水体污染的生态治理可通过水中微型动物、水生植物及微生物体系进行。其中氧化塘系统是经济、实惠、较易普及的治理方法。

8. 土壤污染中，重金属及农药的污染最难以治理，必须采取一系列的生态对策方能消除和降低污染。

## 复习思考题

**一、判断题**

1. 在自然情况下，天然水的水质也常有一定的变化，这种变化属于水体污染。（　）

2. 人为污染是当前水体污染的主要污染源。（　）

3. 污水处理，实质上是采用各种手段和技术，将污水中的污染物质分离出来，或将其转化为无害的物质，使污水得到净化。（　）

4. 与活性污泥相比，生物膜法的处理负荷更高。（　）

5. 污水物理处理法去除的对象是悬浮物或漂浮物。（　）

6. 当空气相对湿度较大时，大气中 $SO_2$ 在颗粒物粉尘作用下，会形成硫酸型光化学烟雾。（　）

7. 土壤污染最大的特点是隐蔽性。（　）

**二、选择题**

1. 水被污染程度，可由溶解氧（DO）、生化需氧量（BOD）、（　　）（COD）、总需氧量（TOD）和总有机碳（TOC）等多项指标综合表示。

A. 化学需氧量　B. 浊度　C. 矿化度　D. 酸碱度

2. 汽油车排放尾气的主要成分是（　　）。

A. CO、HC、$NO_x$　B. CO、HC、$PM_{10}$　C. HC、$NO_x$、Pb　D. CO、Pb、$PM_{10}$

3. 下列哪种情况属于大气污染面源（　　）。

A. 马路上运行的车辆污染　B. 一个孤立的烟囱污染　C. 工业区的污染　D. 城市的污染

4. 污染源中，按照污染源存在的形式可分为（　　）

A. 固定源和移动源　B. 点源和面源　C. 连续源和间歇源　D. 线源和瞬间源

5. 悬浮在空气中的空气动力学当量直径≤10$\mu m$ 的颗粒物，称为（　）

A. 总悬浮颗粒物　B. 可吸入颗粒物　C. 悬浮状态污染物　D. 烟尘

**三、问答题**

举例说明大气污染、水体污染与土壤污染的相互联系。

**四、分析题**

调查某湖泊的水质污染状况，在注入湖泊的四个主要水源的入口处采集水样，镜检水中动物、植物的种类和数量，结果如下：1号水源水样中有单一种类的纤毛虫，如草履虫，且数量极多；2号水源水样中单细胞藻类种类较多，且数量也极大；3号水源水样中未见任何动物、植物，且发出刺鼻的气味；4号水源水样中浮游动物、植物均有发现，但数量不多。

根据以上结果分析，如何鉴定该河流的污染情况。

# 第八章 生态监测

【学习目标】

生态监测是运用可比的方法，在时间和空间上对特定区域范围内生态系统或生态系统组合体的类型、结构和功能及其组合要素等进行系统地测定和观察的过程；监测的结果则用于评价和预测人类活动对生态系统的影响，为合理利用资源、改善生态环境和自然保护提供决策依据。通过本章的学习，要掌握以下内容。

1. 生态监测的概念和特点。
2. 大气污染生态监测的方法。
3. 几种主要污染气体危害植物的症状特点，如 $SO_2$、HF、光化学烟雾、$C_2H_4$ 等。
4. 大气污染伤害与其他因素伤害的鉴别方法。
5. 水体污染生态监测的方法。

## 第一节 生态监测概述

### 一、生态监测的概念

生态监测（ecological monitoring）是环境监测中一个全新的概念。在环境科学中，环境监测是研究和测定环境质量的学科，它是环境科学研究的基础和必要手段。随着人们对环境及其规律认识的不断深化，环境问题不再局限于排放污染物引起的健康问题，而且包括自然环境的保护、生态平衡和可持续发展的资源问题。因此，环境监测正从一般意义上的环境污染因子监测开始向生态环境监测过渡和拓宽。除了常见的各类污染因子外，由于人为因素影响，灾害性天气增加，森林植被锐减，水土流失严重，土壤沙漠化加剧，洪水泛滥，沙尘暴、泥石流频发，酸沉降等，使我国本已十分脆弱的生态环境更加恶化。这促使人们重新审查环境问题的复杂性，用新的思路和方法了解和解决环境问题。人们开始认识到，为了保护生态环境，必须对环境生态的演化趋势、特点及存在的问题建立一套行之有效的动态监测与控制体系，这就是生态监测。生态监测是环境监测发展的必然趋势。

目前生态监测的定义还不很一致。美国环保局 Hirsch 把生态监测解释为对自然生态系统的变化及其原因的监测，内容主要是人类活动对自然生态结构和功能的影响及改变。国内有学者提出“生态监测就是运用可比的方法，在时间和空间上对特定区域范围内生态系统或生态系统组合体的类型、结构和功能及其组合要素等进行系统地测定和观察的过程；监测的结果则用于评价和预测人类活动对生态系统的影响，为合理利用资源、改善生态环境和自然保护提供决策依据”，这一定义似乎从方法原理、目的、手段、意义等方面做了较全面的阐述。

生态监测包括生物监测，生物监测是应用生物学方法对环境质量的跟踪性检测，它是通过生物的分布状况，生长、发育繁殖状况，生理生化指标以及生态系统的变化，来研究环境污染的情况以及污染物的毒性。从这一基本点出发，对生物监测可做如下定义：利用获得的生物个体、种群或群落的状况和变化及其对环境污染或变化所产生的反应，阐明环境污染状况，从生物学角度为环境质量的监测和评价提供依据的监测。

## 二、生态监测的特点

生态监测是20世纪初发展起来的，其标志是德国植物学家柯尔克维茨（Kolkwitz）和微生物学家马松（Marsson）于1908年和1909年提出的污水生物系统，它为运用指示生物评价污染水体自净状况奠定了基础。其后，克列门茨把植物作为高效的测定仪器。20世纪50年代以后，经许多学者的深入研究，到70年代后使生态监测成为活跃的研究领域，并在理论和监测方法上更加丰富，在环境监测中已占据特殊地位。生态监测与理化监测相比有它自己的特点，主要表现在生物监测上，有以下几方面。

### 1. 反映的是综合影响

环境问题是非常复杂的，某一生态效应的出现往往是几种因素综合作用的结果。例如，在受污染的水体中往往有各种各样的因子，污染物的成分也是多种多样，理化监测只能测定出环境中污染物的种类和含量，但不能确切说明它们对生态系统的影响。因为各种污染物之间可能存在着相互作用，如协同作用、拮抗作用，生物是接受综合影响，而不是个别因子的作用。生态监测能反映环境中各因子，多成分综合作用的结果，能阐明整个环境的情况。例如在污染水体中利用网箱养鱼进行的野外生态监测，鱼类样本的各项生物指标状况就是水体中各种污染物及其之间复杂关系综合作用的结果和反映。如鱼的生长速度变缓慢，既与某些污染物对鱼类的直接影响有关，同时也与有些污染物对生物饵料影响所起到的间接作用有关。

### 2. 反映既往状况

环境中污染物的浓度并不是恒定的，这主要是由于工业污染物和生活垃圾的排放量不稳定所造成的。而且，环境中污染物的浓度也会随时间或其他环境条件的变化而发生改变。理化监测的方法可快速而精确地测得某空间内许多环境因素的瞬间变化值，但不能反映环境的这种变化对长期生活在这一空间中的生命系统的印象，以及污染物对生物体造成毒害的长期效应。环境污染是连续的、变化的，不仅一年四季有变化，一天之中也有变化。而生活在该环境内的生物，由于长期生活在该环境条件下，环境的变化，都汇集在其体内，它能把采样前几年，甚至几十年的情况都反映出来。例如，利用树木的年轮可以监测出一个地区几年或几十年前的污染情况。因此，有人把监测大气污染的植物称为“不下岗的监测哨”，因为它们真实地记录着围绕危害的全过程和植物承受的累计量。事实证明，植物这种连续监测的结果远比非连续性的理化仪器监测的结果更准确。如利用仪器监测某地的$SO_2$，其结果是四次痕量、四次未检出、仅一次为0.06mg。但分析生长在该地的紫花苜蓿叶片，其含硫量却比对照区高出0.87mg/g。自然界中生态过程的变化十分缓慢，而且生态系统具有自我调控功能，短期监测往往不能说明问题，长期监测可能导致一些重要的和意想不到的发现。

### 3. 反映累积状况

生物生活在环境中，可以通过各种方式从环境中吸收所需要的各种营养元素。例如，植物主要通过根和气孔吸收，动物主要通过取食和呼吸吸收。除一些生命所必需的元素外，如果环境中存在污染物质，生物也能吸收，并在体内累积，使其体内污染物的浓度比环境中的高很多倍，甚至有些在环境中含量很低，用化学方法都无法测出的微量物质在生物体内可大量存在。以上过程，用常规的物理、化学方法监测分析大气或水体是得不出结果的，只有通过生物监测，通过对食物链上的各营养级进行分析，才能对大气、水体等进行全面的评价。生物的富集能力，可以用来监测环境，也可用来处理废物，保护环境。

4. 有特异灵敏性

有些生物对污染物的反应非常敏感，某些情况下，甚至用精密仪器都不能测出的某些微量污染物对生物确有严重的危害，通过生态监测就可以清楚地反映出来。例如，唐菖蒲对HF非常敏感，在HF浓度为$0.01\times10^{-6}$时，20h就会使唐菖蒲出现受害症状。据记载，有的敏感植物能监测到十亿分之一浓度的氟化物污染，而现在许多仪器也未达到这样的灵敏度水平。另外，对于宏观系统的变化，生态监测更能真实和全面地反应外干扰的生态效应所引起的环境变化。但是，生态监测的精确性比理化监测差，不能像仪器那样能精确地监测出环境中某些污染物的含量，它通常反映的只是各监测点的相对污染或变化水平。

5. 会受外界因子和生物状况的干扰

生态系统本身是一个庞大的复杂的动态系统，生态监测中要区分自然因素（如洪水、干旱和水灾）和人为干扰（污染物质的排放、资源的开发利用等），但这两种因素的作用有时很难区分，加之人类对生态过程（ecological process）的认识是逐步积累和深入的，这就使得生态监测不可能是一项简单的工作。

生态监测的复杂性表现在三个方面：第一，外界各种因子容易影响生态监测结果，如$SO_2$对植物的危害受气象条件影响很大，而利用斑豆监测$O_3$，其致伤率与光照强度密切相关等；第二，生态监测在时间和空间上存在巨大变异性，通常要区分人类的干扰作用和自然变异以及自然干扰作用十分困难；第三，生物生长发育、生理代谢状况等都会干扰生态监测的结果。

此外，生态监测站点的选取往往相隔较远，监测网的分散性很大。同时由于生态过程的缓慢性，生态监测的时间跨度也很大，所以通常采取周期性的间断监测。由此也可见生物手段监测的局限性。

## 三、生态监测的分类

国内对生态监测类型的划分有许多种，常见的是从不同生态系统的角度出发，分为城市生态监测、农村生态监测、森林生态监测、草原生态监测及荒漠生态监测等。这类划分突出了生态监测对象的不同价值，旨在通过生态监测获得关于各生态系统生态价值的现状资料，受干扰（特别指人类活动的干扰）程度，承受影响的能力，发展趋势等。根据生态监测的两个基本空间尺度，生态监测可分为两大类。

### （一）宏观生态监测

宏观生态监测是指对区域范围内各类生态系统的组合方式、镶嵌特征、动态变化和空间分布格局等及其在人类活动影响下的变化采用遥感技术、生态图技术，区域生态调查和生态统计手段进行监测的方法。宏观生态监测以原有的自然本底图和专业数据为基础，所得的信息多以图件的方式输出，建立地理信息系统（GIS）。研究对象的地域等级至少应在区域生态范围之内，最大可扩展到全球。监测内容是区域范围内具有特殊意义的生态系统的分布及面积等的动态变化，如热带雨林生态系统、沙漠化生态系统、湿地生态系统等。

### （二）微观生态监测

微观生态监测是指对一个或几个生态系统内各生态因子进行的物理、化学和生物的监测。微观生态监测以大量的生态监测站为工作基础，以物理、化学或生物学的方法对生态系统各个组分提取属性信息。研究对象的地域等级最大可包括由几个生态系统组成的景观生态区，最小也应代表单一的生态类型。

根据监测的具体内容，微观生态监测又可分为干扰性生态监测、污染性生态监测和治理性生态监测。

(1) 干扰性生态监测　是指对人类特定生产活动所造成的生态干扰的监测。例如，砍伐森林所造成的森林生态系统的结构和功能、水文过程和物质迁移规律的改变；草场过度放牧引起的草场退化，生产力降低；湿地开发引起的生态型的改变；生活污染物的排放对水生生态系统造成的影响等。

(2) 污染性生态监测　是指对农药、有毒化学物质以及重金属等污染物在生态系统的食物链中迁移转化及富集的监测。这与生物监测的内容一致。

(3) 治理性生态监测　是对受破坏的生态系统经人类治理生态恢复过程的监测。例如，对侵蚀劣地的治理与植物修复过程的监测；对沙漠化土地治理过程的监测等。

宏观生态监测必须以微观生态监测为基础，微观生态监测又必须以宏观生态监测为主导，二者相互独立，又相辅相成，一个完整的生态监测应是宏观和微观监测所共同形成的生态监测网。

## 第二节　大气污染的生态监测

大气是生物赖以生存的条件，当大气受到污染时，某些植物的形态结构、生理功能会发生变化，可以根据植物的这些变化来监测大气污染。

植物监测虽然不像仪器监测那样，能够精确地测出各种污染物的浓度及其瞬间变化。但由于它具有许多仪器所不及的优点，便于开展群众性的监测预报，仍然受到国内外的重视。即使在科学技术非常先进的国家，植物监测的应用也非常广泛。

1. 植物能直接反映大气污染，而且能综合地反映大气污染对生态系统的影响

大气污染物质对生态系统产生的各种影响是不能用理化方法直接进行测定的。例如，几种污染物质同时存在于环境中时，会产生一些相互作用，如协同作用或拮抗作用，使它们对生物的毒性作用增强或减弱，这是用仪器无法测出的。又如有些物质能通过植物吸收富集而进入食物链，进而危害生态系统，也是不能用仪器测出的。因此只有通过对生物（包括植物）的观察和分析，才能较正确地综合评价大气环境质量。

2. 能早期发现大气污染

许多植物对大气污染物质的反应往往比动物和人敏感得多。例如人在二氧化硫的浓度达到 $1\sim5mL/m^3$ 时可闻到气味，$10\sim20mL/m^3$ 时才受刺激引起咳嗽流泪。而一些敏感的植物如紫花苜蓿，在二氧化硫浓度超过 $3\times10^{-7}$时，短期内便会出现受害症状。唐菖蒲在 $10\times10^{-9}$的氟化氢中接触 20h 便会出现受害症状。又如烟草和美洲五叶针对光化学烟雾很敏感，在只有用精密仪器才能检测出来的低浓度情况下，就表现出受害症状。矮牵牛对大气中的乙醛很敏感，在浓度超过 $2\times10^{-7}$时，2h 就会出现可见症状。香石竹、番茄等对乙烯很敏感，在 $(5\sim10)\times10^{-9}$的浓度中暴露几小时，花萼即发生异常现象。根据这些敏感植物的受害情况，可以及早发现大气污染。

3. 能检测出不同的污染物种类，找出污染源

植物接受不同的大气污染影响后，在叶片上会出现不同的受害症状。例如植物受二氧化硫污染后，常在叶片的叶脉间出现漂白或褪色的斑点；受氟化物污染后，常在叶片的顶端或边缘出现伤斑；臭氧造成的症状是叶表面产生点状伤斑；受过氧乙酰基硝酸酯（PAN）急性危害后，叶背出现玻璃状或古铜色伤斑；乙烯会造成植物器官脱落及偏上生长等。根据植物出现的症状特点，可以初步判断污染物质的种类，找出污染源。

4. 能监测长时间的慢性影响

除了连续性自动检测仪器外，一般仪器和理化方法只能测出瞬时或短期的污染状况。而植物长期生长在污染地区，能日夜为人们监测污染，随时反映污染状况，相当于“不下岗的监测哨”。假若一个地区发生了有害气体的急性危害，事后可以从遗留下来的植物受害情况判断急性危害的大致浓度。同时植物具有积累污染物质的能力，根据植物体内污染物的含量，可以反映一定时期内的污染状况，并且结果比较稳定可靠。

5. 能反映一个地区的污染历史

根据树木的年轮，能估计几年甚至几十年前的污染情况。如美国有人根据 43 株美洲五针松和 50 株鹅掌楸的年轮宽度，监测出一个兵工厂附近 30 年来的污染情况，并推测出该厂 30 年内的产量变化，与实际情况惊人的相近。又如美国宾夕法尼亚州立大学采用中子活化法分析树木年轮中的重金属元素含量变化，监测出几十年前该地区的重金属污染情况。这是理化监测不可能直接做到的。所以植物监测可以反映一个地区的污染历史。

6. 植物种类多、来源广、成本低

植物分布广，各地都能找到一些敏感植物，可以就地取材，比起昂贵的监测仪器来，植物监测要便宜很多。

7. 方法简便、容易掌握

植物监测有时依靠直接观察污染症状即能判断污染情况，群众容易掌握。有时依靠采集植物样品分析污染物含量，也比同时同地采集大量空气样品进行分析方便得多。

8. 植物监测可以结合绿化、美化和净化环境来进行

除以上优点外，植物监测也有它的不足之处：①在自然条件下很难获得准确可靠的定量数据。不像仪器监测能精确地测出各种污染物的浓度及其瞬时变化。②在污染严重时，植物本身也会死亡，失去连续监测的能力。③同一植物在不同生长期敏感性不同，不能一年四季都进行监测。如唐菖蒲在 4 叶期最为敏感，开花以后，叶片逐渐老化，敏感性显著降低。④植物个体之间有一定差异，容易产生误差。

但是，植物监测可以反映环境污染的总体水平，因而在环境质量评价上是一个不可缺少的环节，它作为仪器监测的一个助手，有助于全面了解污染情况，同时也可以发现污染物所产生的生态潜在危险，为长期评价环境提供依据，这是仪器监测所不能做到的。本节介绍几种常用的植物监测方法。

### 一、植物污染症状监测法

100 年前人们就发现，在一些工厂周围的植物叶片上出现特殊的伤害症状，经研究与工厂烟囱冒出的二氧化硫等烟气有密切关系。1942 年，在美国的洛杉矶盆地，烟草叶片上普遍出现了一种过去曾未见过的“病症”，致使烟草种植业受到严重的打击，后来经过多年的研究，才知道祸根是大气中的光化学烟雾，“病症”正是烟草受到污染的症状。因此，在环境保护工作中，对大气污染伤害植物症状的观察与诊断，是监测大气污染状况的一种有效方法。不同污染物危害植物所表现的症状特点不同，污染症状监测法就是根据植物叶片上出现

的受害症状，来反映大气污染状况的。

1. 监测二氧化硫（$SO_2$）

硫是植物必需的元素。空气中少量的 $SO_2$，经过叶片吸收后可进入植物的硫代谢，在土壤缺硫的条件下，对植物生长是有利的。如果 $SO_2$ 浓度超过极限值，就会引起伤害。$SO_2$ 的伤害阈值因植物种类和环境条件而异。

植物受二氧化硫伤害后出现的初始典型症状为：微微失去膨压，失去原有光泽，出现呈暗绿色的水渍状斑点，叶面微微有水渗出并起皱。这几种症状可以单独出现，也可能同时出现。随着时间推移，症状继续发展，成为比较明显的失绿斑，呈灰绿色，然后逐渐失水干枯，直至出现显著的坏死斑。坏死斑颜色有深（黄褐色、红棕色、深褐色、黑色）有浅（灰白色、象牙色、灰黄色、淡灰色），但以浅色为主。具体颜色因植物种类而异。例如合欢、无患子、积壳等伤斑多呈象牙白或黄白色；马尾松、棕榈、银杏、刺槐、桑树、海桐等多呈土黄色、浅蓝色或浅黄绿色；侧柏、水杉、杉木、榆树、悬铃木、梧桐、臭椿等多呈土黄色、黄色或深黄色；雪松、垂柳、加拿大白杨、杜仲、板栗、丁香等多呈黄褐色、黄棕色、红褐色或红棕色；泡桐、枫杨、女贞、冬青、广玉兰、桂花等多呈深褐色、黑褐色或紫褐色。同时叶龄大小、受害程度以及温度、日光等环境因子对伤斑色泽也会产生一定影响。叶脉一般不受伤害，仍然保持绿色。阔叶植物中典型急性中毒症状是叶脉间有不规则的坏死斑，伤害严重时，点斑发展成为条状、块斑，坏死组织和健康组织之间有一失绿过渡带。单子叶植物在平行叶脉之间出现斑点状或条状的坏死区。针叶植物受二氧化硫伤害首先从针叶尖端开始，逐渐向下发展，呈红棕色或褐色。受害严重的叶子会萎蔫下垂卷缩，最后因失水干枯而脱落。这些症状可以作为二氧化硫污染的证据。

同一株植物中，嫩叶最容易受害，老叶次之，未展开的幼叶（叶苞）最不易受害，这也是 $SO_2$ 危害的一个特点。在植物中，赤松等少数植物对 $SO_2$ 表现最敏感，在浓度为 $2\times10^{-7}$时，100h 以上可出现受害症状。$SO_2$ 还能影响植物花粉及种子的发芽率。例如，浓度为 500mL/m$^3$ 时，$SO_2$ 能阻碍花粉萌发和花粉管的伸长，从而影响授粉。在 $SO_2$ 污染区收集的女贞种子与对照区的种子相比，其籽粒要小，饱满度差，播种后发芽率要低得多。

2. 监测氟化物

大气氟污染物主要为氟化氢（HF）。HF 来源于炼铝厂、炼钢厂、玻璃厂、水泥厂、磷肥厂、陶瓷厂、砖瓦厂和一切生产过程中使用冰晶石、含氟磷矿石或萤石的工业企业的排放。HF 的排放量远比 $SO_2$ 小，影响范围也小些，一般只在污染源周围地区。但它对植物的毒性很强。空气含 $10^{-9}$ 级浓度的 HF 时，接触几周可使敏感植物（如唐菖蒲、葡萄、杏、李）受害。氟是积累性毒物，植物叶子能不断地吸收空气中极微量的氟，吸收的 $F^-$ 随蒸腾流转移到叶尖和叶缘，积累至一定浓度后就会使组织坏死。这种积累性伤害是氟污染的一个特征。叶子含氟量高到 40～50mg/kg 时，多数植物虽不致出现受害症状，但牛、羊等牲畜吃了这些被污染的叶子，就会中毒，如引起关节肿大，蹄甲变长，骨质变松，造成卧栏不起，以至于死亡。蚕吃了含氟量大于 30mg/kg 的桑叶后，不食，不眠，不作茧，大量死亡。

植物受氟危害的典型症状是叶尖和叶缘坏死，伤区和非伤区之间常有一红色或深褐色界线。氟污染容易危害正在伸展中的幼嫩叶子，因而出现枝梢顶端枯死现象。此外，氟伤害还常伴有失绿和过早落叶现象，使生长受抑制，对结实过程也有不良影响。试验证明：氟化物对花粉萌发和花粉管伸长有抑制作用。氟污染使成熟前的桃、杏等果实在沿缝合线处的果肉过早成熟软化，降低果实质量。

在针叶树中，氟化氢导致组织坏死，首先从当年针叶的叶尖开始，然后逐渐向针叶基部蔓延。被伤害的部分逐渐由绿色变为黄色，再变为赤褐色。严重枯焦的针叶则发生脱落。新长出的幼叶对氟化氢敏感，而比较老的叶片则不易被伤害。

氟在组织内能和金属离子如钙离子、镁离子、铜离子、铁离子、锌离子或铝离子等结合，所以金属离子可能对氟起解毒作用，但因这些对植物代谢有重要作用的阳离子被氟结合，容易引起这些元素的缺乏症，如缺钙症等。

氢氟酸是一种强酸，因此对植物产生酸型烧灼状伤害。$F^-$ 是烯醇化酶的强烈抑制剂，使糖酵解受到抑制，此时 6-磷酸葡萄糖（G-6-P）脱氢酶被活化，使戊糖途径畅通，这可能有适应意义。试验表明，唐菖蒲等敏感品种的呼吸主要是依赖糖酵解途径，而抗性品种则较多地依赖戊糖途径。$F^-$ 还能够抑制同纤维素合成有关的葡萄糖磷酸变位酶的活性，因而阻碍燕麦胚芽鞘的伸长。

由于氟化氢使植物受害的原因主要是积累性中毒，因此接触时间极为重要。即使大气中氟化氢浓度不高，只要接触时间长，植物体中氟化氢积累到一定数量，仍会造成危害。因而及时监测显得尤其重要。

3. 监测光化学烟雾

光化学烟雾主要是指氮氧化物和碳氢化合物（HC）在大气环境中受强烈的太阳紫外线照射后产生一种浅蓝色烟雾。在这种复杂的光化学反应过程中，主要生成光化学氧化剂（主要是 $O_3$）及其他多种复杂的化合物，统称光化学烟雾。

氧化剂以 $O_3$ 为主，占总氧化剂的 85%～90%，其次为过氧乙酰基硝酸酯（PAN），此外还有一些醛类、$NO_2$ 等。当这些氧化剂的混合物浓度达到 0.03～0.04$\mu L/m^3$ 时，形成光化学烟雾。光化学烟雾是一种大气污染物，也能造成对植物的危害。

(1) 臭氧（$O_3$）的监测　臭氧是一种气态的次生大气污染物，是氮氧化物在阳光照射下发生复杂反应的产物。它具有很强的生物毒性。

植物与其周围环境进行正常的气体交换时，$O_3$ 就经气孔进入植物叶片内，诱发一系列的污染伤害症状，许多叶片会呈现大片浅赤褐色或古铜色，并导致叶片褪绿、衰老和脱落。这些症状的特征取决于植物的类型和品种、污染物的浓度、暴露的时间等多方面的因素。

植物受臭氧急性伤害后出现的初始典型症状为：叶片上散布细密点状斑，几乎是均匀地分布在整个叶片上，并且其形状、大小也比较规则一致，颜色呈银灰色或褐色，这种斑点随着叶龄的增长逐渐脱色，变成黄褐色或白色。这些斑点还会连成一片，变成大片的块斑(blotch)，致使叶片褪绿或脱落。点斑通常是急性伤害的一个标志。

针叶树对 $O_3$ 的反应有所不同，先是针叶的尖部变红，然后变为褐色，进而褪为灰色，针叶上会出现一些孤立的黄斑或斑迹（mottling）。各种植物受臭氧污染后的症状见表 8-1。

臭氧具有强氧化能力，可使葡萄糖氧化，所以含糖多的植物对它的抵抗能力较差。它能与氨基酸、蛋白质中的硫氢基（—SH）作用，形成二硫键（S—S），所以凡是有硫氢基的酶，$O_3$ 进入后都可使其丧失酶的活性，影响生命活动的正常进行。臭氧作用于生物膜上，使膜上不饱和脂肪酸氧化成过氧脂肪酸，破坏膜的结构，使膜的选择性丧失，导致细胞离子平衡失调。臭氧还可破坏植物的光合作用，使正常光合作用的电子传递受阻。由于臭氧具有较强的伤害性，对其敏感的植物种类在 0.5～1.2$\mu L/m^3$ 的臭氧中暴露 2～4h 即受害。臭氧对植物的生长发育有明显的不利影响，如使柑橘落叶，果实变少变小，生长不良等。

表 8-1　各种植物受臭氧污染后的症状

| 植物种类 | 症状类型 | | | 植物种类 | 症状类型 | | |
|---|---|---|---|---|---|---|---|
| | 坏死 | 斑点 | 小斑点 | | 坏死 | 斑点 | 小斑点 |
| 番茄 | ＋＋ | | | 含羞草 | ＋＋ | | |
| 斑豆 | ＋ | ＋ | | 葡萄 | | ＋＋ | |
| 菠菜 | ＋＋ | | | 美人蕉 | ＋＋ | | |
| 马铃薯 | ＋＋ | | | 梨 | | ＋＋ | |
| 柳蓼 | | | ＋＋ | 甜菜 | ＋ | | ＋＋ |
| 烟草 | | | ＋＋ | 草莓 | | ＋＋ | |
| 锦紫苏 | ＋ | ＋ | | 薄荷 | | ＋ | |
| 菊 | ＋ | ＋ | | 天竺葵 | ＋＋ | | |
| 苜蓿 | ＋＋ | | | 唐菖蒲 | | | |
| 花生 | ＋ | | ＋ | 胡椒 | | | |
| 土耳其烟草 | ＋ | | ＋ | 蚕豆 | | | |
| 甘薯 | ＋ | | ＋ | | | | |

注：＋＋表示经常出现的症状；＋表示有时出现的症状。

(2) 过氧酰基硝酸酯类（PANs）的监测　包括过氧乙酰基硝酸酯（PAN）、过氧丙酰基硝酸酯（PPN）、过氧丁基硝酸酯（PBN）、过氧异丁基硝酸酯（PisoBN），其中含量最高、毒性最强的为 PAN。它是一种次生污染物，是烃在阳光照射下发生复杂反应的产物。

PAN 诱发的早期症状是在叶背面出现水渍状或亮斑。随着伤害的加剧，气孔附近的海绵叶肉细胞崩溃并为气窝（air pocket）取代。结果使受害叶片的叶背面呈银灰色，两三天后变为褐色。PAN 诱发的一个最重要的受害症状是出现“伤带”（banding）。这些症状出现于最幼嫩的对 PAN 敏感的叶片的叶尖上（与 $O_3$ 伤害成熟叶的情形恰恰相反）。随着叶片组织的逐渐生长和成熟，受害的部分就表现为许多伤带。

植物受 PAN 伤害的一个特点是：植物如果接触 PAN 前处在黑暗中则抗性强；如果接受光照 2～3h 后再接触，就变得敏感。研究表明，这与植物的叶绿体中一种具有双硫链的蛋白质有关，这种蛋白质在光照下进行光还原，因而巯基增加。含巯基的酶易受 PAN 氧化而失去活性。

(3) 氮氧化物（$NO_x$）的监测　大气中共有七种氮氧化物，其中以 $NO_2$ 对绿色植物的危害最大。$NO_2$ 危害植物的症状特点是叶脉之间和近叶缘处的组织显示不规则的白色或棕色的解体损伤。

$NO_2$ 在大气中通常存在的浓度对植物是不会产生危害的，但浓度很高时则会发生急性危害。如用 3～5mL/m$^3$ 的 $NO_2$ 熏气 4～8h，便能使一般植物受害，用 25mL/m$^3$ 熏气 8h 或 50mL/m$^3$ 4h，能使柑橘落叶 45％。

(4) 乙烯的监测　乙烯是植物内部产生的激素之一，在植物生长发育中起极重要的调控作用。如果大气受乙烯污染，就会干扰植物正常的调控机构，引起异常反应。

引起植物产生反应的乙烯阈值浓度为 10～100$\mu$L/m$^3$，饱和浓度为 1～10$\mu$L/m$^3$。乙烯对植物危害不像其他污染物那样会造成叶组织的破坏，它的作用是多方面的，其中一个特殊的效应是“偏上生长”，就是使叶柄上下两边的生长速度不等，从而使叶片下垂。乙烯的另一个作用是引起叶片、花蕾、花和果实的脱落，因而影响某些农作物产量和花卉的观赏效果。如棉花、芝麻、油菜、茄子、辣椒等作物极易受乙烯影响而落花落蕾，大叶黄杨、苦楝、女贞、刺槐、油橄榄、柑橘等遇到乙烯则易落叶。

有一些植物因接触乙烯而产生不正常的生长反应，如茎变粗，节间变短，顶端优势消失，侧枝丛生等；还有一些植物会产生一些特殊现象，如棉花花蕾萼片张开，黄瓜卷须弯曲等。

乙烯使某些植物如石竹、紫花苜蓿、夹竹桃等正在开放的花朵发生闭花现象（又称“睡眠”效应），使洋玉兰的花瓣和花萼脱水枯萎，使菊花、一串红、三色槿的花期缩短，使石榴、凤仙花、紫茉莉等不能开花，使向日葵、蓖麻、小麦等结实不良，空秕率增加，使西瓜、桃子等产生畸形果和开裂果，坐果率降低。

促使叶片和果实失绿也是乙烯的常见效应，这同脱落和提早成熟有关，是衰老加速的象征。失绿是由于乙烯使植物的叶绿素酶活力提高和叶绿素的分解加速所造成的。

(5) 氨（$NH_3$）的监测　工业生产中的偶然事故、管道断裂或者运输中发生意外，都可能将 $NH_3$ 释放到大气中。泄露地点附近的植物就可能因此而遭受严重的急性伤害。但只有在浓度很高时 $NH_3$ 才伤害植物。

$NH_3$ 对植物的伤害，大多为脉间点状或块状伤斑。中龄叶片似乎对 $NH_3$ 最为敏感，整个叶片会因受 $NH_3$ 的伤害而变成暗绿色，然后变成褐色或黑色。伤斑与正常组织之间界限明显。另外，症状一般出现较早，稳定得快。叶片的 pH 可能会上升，这大概是叶片颜色发生变化的原因。低浓度的 $NH_3$，可能使叶片的背面变成釉状，或者呈银白色。这些症状可能与过氧乙酰硝酸酯引起的症状相混淆。人们还注意到，$NH_3$ 可能使苹果皮孔周围变成紫色，进而成为黑色。

(6) 氯气（$Cl_2$）的监测　氯气是一种广泛应用的氧化剂，通常用卡车或火车运输。因此，偶然的泄漏就可能在发生泄漏的地区造成严重的急性伤害。

$Cl_2$ 对许多植物的伤害大多为脉间点状或块状伤斑，与正常组织之间界限模糊，或有过渡带。有些植物的症状出现在叶缘附近，先是出现深绿色至黑色斑点，继而转变成白色或褐色。严重危害时造成全叶失绿漂白，甚至脱落。针叶树种也会出现叶尖枯斑或斑迹。

氯气受害的植物若中毒后没有死亡，经恢复仍然比正常植物生长差得多。据调查，一个冶炼厂附近的苹果树因经常受氯气危害，植株矮小，茎杆细，年年结实很少。

## 二、指示植物监测法

环境中有污染气体存在时，一些敏感植物很快就会有反应，植物的这种反应就是环境被污染的“信号”，人们可以利用这种“信号”来分析鉴别环境污染状况。所以，把能够反映环境中的污染信息的植物称为指示植物。

### （一）几种主要污染气体常用的指示植物

#### 1. 监测 $SO_2$ 的指示植物

监测二氧化硫的植物有一年生早熟禾、芥菜、堇菜、百日草（*Zinnia eleguns*）、欧洲蕨（*Idiom pter*）、苹果树（*Malus*）、颤杨（*Populus tremuloides*）、美国白蜡树（*Fraxinus americana*）、欧洲白桦（*Betula pendula*）、紫花苜蓿（*Medicago sativa*）、大麦（*Hordeum vnlgare*）、荞麦（*Fagopyrum esculentnm*）、南瓜、美洲五针松（*Pinus strobus*）、加拿大短叶松（*Pinus banksiana*）、挪威云杉（*Picea abies*），以及苔藓和地衣等。

#### 2. 监测 HF 的指示植物

对 HF 特别敏感的植物是唐菖蒲，因此常用它作生物监测器。此外，金荞麦、梅、葡萄、玉簪、玉米、烟草、苹果、郁金香、金钱草、山桃、榆叶梅、紫荆、杏、落叶杜鹃、梓树、北美黄杉、美洲云杉、美国黄松、小苍兰、欧洲赤松、挪威云杉等都能作为监测 HF 的指示生物。

3. 监测 $O_3$ 的指示植物

$O_3$ 的监测植物及其典型症状见表 8-2。

**表 8-2 $O_3$ 的监测植物及其典型症状**

| 监测植物 | 典型症状 | 监测植物 | 典型症状 | 监测植物 | 典型症状 |
|---|---|---|---|---|---|
| 美国白蜡 | 白色刻斑、紫铜色 | 牵牛花 | 褐色斑点、褪绿 | 菠菜 | 灰白色斑点 |
| 菜豆 | 古铜色、褪绿 | 洋葱 | 白色斑点、尖部漂白 | 烟草 | 浅灰色斑点 |
| 黄瓜 | 白色刻斑 | 松树 | 烧尖、针叶呈杂色斑 | 西瓜 | 灰色金属状斑点 |
| 葡萄 | 赤褐色至黑色刻斑 | 马铃薯 | 灰色金属状斑点 | | |

4. 监测过氧乙酰基硝酸酯（PAN）的指示植物

PAN 的监测植物有矮牵牛、瑞士甜菜、菜豆、繁缕、番茄、长叶莴苣、芹菜、燕麦、芥菜、大丽花以及一年生早熟禾等。

5. 监测 $C_2H_4$ 的指示生物

乙烯的指示植物以洋玉兰最为有名。其他有芝麻、番茄、香石竹、棉花、兰花、麝香、石竹、茄子、辣椒、向日葵、蓖麻、四季海棠、含羞草、银边翠、玫瑰、香豌豆、黄瓜、万寿菊、大叶黄杨、瓜子黄杨、楝树、刺槐、臭椿、合欢、玉兰、皂荚树等。

6. 监测 $NH_3$ 的指示植物

监测 $NH_3$ 的指示植物有向日葵、悬铃木、枫杨、女贞、紫藤、杨树、虎杖、杜仲、珊瑚树、薄壳核桃、木芙蓉、楝树、棉花、芥菜、刺槐等。

7. 监测 $Cl_2$ 的指示植物

监测 $Cl_2$ 的指示植物芝麻、荞麦、向日葵、萝卜、大马蓼、藜、万寿菊、大白菜、菠菜、韭菜、葱、番茄、菜豆、冬瓜、繁缕、大麦、曼陀罗、百日草、蔷薇、郁金香、海棠、桃树、雪松、池柏、水杉、薄壳核桃、木棉、樟子松、紫椴、赤杨、复叶槭、落叶松、火炬松、油松、枫杨等。

8. 监测 $NO_2$ 的指示植物

监测 $NO_2$ 的指示植物有悬铃木、向日葵、番茄、秋海棠、烟草等。

（二）利用指示植物监测大气污染的方法

1. 在工厂周围栽培各种敏感性不同的植物

在栽种时可结合工厂绿化进行，达到既可美化环境，又可监测环境污染的目的。如雪松，一旦春季针叶发黄，枯焦，则其环境中很可能有 HF 或 $SO_2$。

2. 植物群落监测法

在一定地段的自然环境条件下，由一定的植物种类结合在一起，成为一个有规律的组合，每一个这样的组合单位叫做一个植物群落。环境条件的变化会直接地影响植物群落的变化。

在大气污染的情况下，植物群落中各种植物由于它们对污染物质敏感性的差异，其反应有着明显的不同。因此，分析植物群落中各种植物的反应（主要是受害症状和程度），可以估测该地区的大气污染程度。

江苏省植物所对某化工厂附近的植物群落进行了调查，观察记载了群落中各种植物的受害情况，其结果如表8-3所示。

**表8-3 某化工厂附近35～50m范围内植物受害情况**

| 植物名称 | 受害情况 |
|---|---|
| 悬铃木、加拿大白杨、桧柏、丝瓜 | 80%或全部叶片受害甚至脱落，叶片有明显大片伤斑，部分植物已枯死 |
| 向日葵、葱、玉米、菊花、牵牛花 | 80%左右叶面积受害，叶脉间有点带状伤斑 |
| 月季、蔷薇、枸杞、香椿、乌桕 | 80%左右叶面积受害，叶脉间有轻度点带状伤斑 |
| 葡萄、金银花、构树、马齿苋 | 10%左右叶面积受害，叶片有轻度点状伤斑 |
| 广玉兰、大叶黄杨、栀子花、腊梅 | 肉眼观察无明显症状 |

根据植物叶片出现的症状特点（伤斑分布在叶脉间），表明该厂附近的大气已被$SO_2$所污染，从各种植物的受害程度，特别是一些对$SO_2$抗性强的植物如构树、马齿苋等的受害情况来看，可以判断该地区曾发生过明显的急性危害。有关资料表明，当$SO_2$浓度达3～10mL/m$^3$时，能在短时间内使各种植物产生不同程度的急性伤害。因此，可以估测该厂周围大气中的$SO_2$浓度可能曾达到这样的范围。

该所还调查了某铁合金厂附近的120m范围内植物群落的受害情况，如表8-4所示。

**表8-4 某铁合金厂附近植物的受害情况**

| 植物名称 | 受害情况 |
|---|---|
| 悬铃木、玉竹 | 严重(受害叶面积75%) |
| 百合、山药、大蒜、玉米、韭菜 | 较重(害叶面积50%～75%) |
| 吉祥草、沿阶草、虎杖、蚕豆、万年青、莴苣、栀子花 | 中度(受害面积25%～50%) |
| 虎耳草、枸杞、七叶一枝花、菊花、狭叶十大功劳、金银花、芹菜 | 轻度(受害面积25%) |
| 景天三七、京大戟、四季豆(苗) | 未见明显受害症状 |

从植物叶片受害症状（大多是叶片边缘出现伤斑）来看，是属氟化物污染类型，表明该厂有较多的含氟废气散发出来。根据各种植物的受害程度来判断，大气中氟化物的浓度是较高的。经大气取样测定，这一地区大气中氟化物浓度达到0.01～0.15$\mu$L/m$^3$，大大超过了国家允许标准。

许多资料报道，地衣是研究空气污染对绿色植物影响的好工具，特别是由于地衣的共生性更增加了它对环境胁迫因素的敏感性，在即使对绿色植物损害不明显的轻微污染，也常常对地衣的种类、生长情况等产生明显影响。

总之，无论禾本植物、草本植物以至于苔藓、地衣和真菌，都能用来对大气中的气体及颗粒污染物进行指示和监测，但当今亟需解决的问题如下。

① 需要发现更多更好的植物作为植物监测器。

② 建立植物监测器供应中心，以鉴别、评价、保存、繁殖并提供监测各种污染物的植物监测器。

③ 植物监测器和空气质量标准的共同使用。使生物监测的数据广泛地用于大气的环境质量标准上。

3. 利用指示植物定点监测报警

选择敏感性强的植物作为指示植物，在没有污染的地方预先进行培育（一般用盆栽），生长一定时期后，将其移放到需要监测的地区，安放在不同地点，定期观察记载它们的受害症状和受害程度，以此来估测该地区的空气污染状况。现以唐菖蒲对氟化物的监测为例，介绍指示植物定点监测的方法。

4月初，先在非污染区将唐菖蒲的球茎栽种在直径20cm、高16cm的花盆内，等长出3～4片叶以后，把它们连盆移到工厂，放置在污染源的主风向下风侧不同距离（5m、50m、300m、500m、1150m、1360m）的监测点上，进行监测，定期观察记录受害症状，并统计受害叶面积的百分数（目测法）。几天之后，唐菖蒲便出现典型的氟化氢危害症状，叶片的尖端和边缘产生淡棕黄色片状伤斑，受害部分与正常叶组织之间有一明显的界限。1周后，除最远的监测点外，所有的唐菖蒲都出现了不同程度的受害症状。2周后测定它们的受害情况，结果见表8-5。

**表 8-5　不同监测点上唐菖蒲受害情况**

| 距离/m | 受害叶面积/% | 伤斑长度/cm | 距离/m | 受害叶面积/% | 伤斑长度/cm |
|---|---|---|---|---|---|
| 5 | 53.9 | 22.8 | 500① | 6.8 | 6.0 |
| 50 | 28.6 | 15.9 | 1150 | 6.5 | 5.3 |
| 350 | 16.6 | 13.5 | 1350② | 0.3 | 0.3 |

① 放置点树木较多。

② 第1周放在室内监测，未出现受害症状，第2周移至室外。

从唐菖蒲受害的症状表明，该厂周围的大气已被氟化物所污染，其污染范围至少达1150m（在1350m处也有轻度污染）。植物的受害程度与距污染源远近有着密切关系，随距离的增大，受害减轻，距污染源5m的唐菖蒲受害面积百分数为1150m处的8.3倍。根据植物受害程度与大气中氟化物含量有着一定的相关性来估测，距污染源5m处的大气含氟量应为1150m处8倍左右，这种估测结果与当时该厂大气取样分析的结果基本一致。

美国曾用早熟禾、矮牵牛监测洛杉矶市的光化学烟雾污染程度。先将植物栽于控制条件下，然后同时运送到各监测点，暴露24h后送回清洁区，观察症状发展，最后统计植物的受害面积以判定各地的大气污染程度。

近年来，美国发现烟草对氧化剂污染物质十分敏感，认为它是一种很好的指示植物。特别是选育出来的Bel $W_3$ 品种特别敏感，已被欧美各国广泛用来监测光化学烟雾污染。

4. 利用简易植物监测装置监测空气污染

监测前将监测植物的种子放在发芽床上，在没有空气污染的地方进行发芽。发芽床由搪瓷盘（或其他容器）、薄木板和滤纸（或纱布）组成。在薄木板上铺一层比木板略大些的滤纸。把种子排列在上面，然后将木板放入事先已盛有干净水的搪瓷盘中。木板浮于水面，滤纸吸收盘中的水分，使发芽床保持湿润便可进行发芽。等长出两片子叶开始露出真叶时，将它们移栽到塑料钵中组成简易植物监测装置。

简易植物监测装置由两个直径15cm、高16cm的塑料钵和监测植物的幼苗组成（见图8-1）。塑料钵A内装干净的细砂，供栽培监测植物用。钵B中盛放KnOP培养液［其组成为，$Ca(NO_3)_2 \cdot 4H_2O$ 0.8g，$MgSO_4 \cdot H_2O$ 0.2g，$KH_2PO_4$ 0.2g，$KNO_3$ 0.2g，$FeCl_3$ 微量，$H_2O$ 1000mL］。钵A的底部有4个圆孔，每孔装一根吸水绳（棉纱绳或纱布均可），它的一端放入砂内，另一端浸入钵B中吸收水分和养料，使其

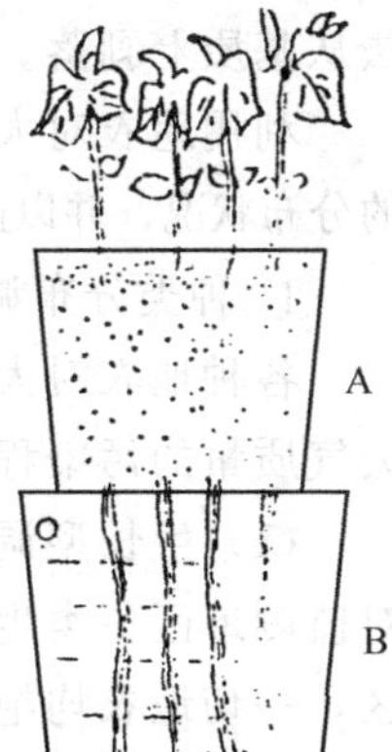

图 8-1　简易植物监测装置示意（钵B左上方圆圈表示排水孔）

不断地进入砂中，以保证监测植物正常生长。

把发芽床上大小一致、生长健壮的幼苗，分别栽种在塑料钵 A 中。每钵栽 4～5 株，栽后把它叠在钵 B 上放在阴处恢复几天再放在露地。待长出 2～3 片真叶后便可送到监测点进行监测。钵 B 中放 2000mL 的 KnOP 培养液可保持 10～15d 不会干燥。为减少监测装置水分的蒸发，延长培养时间，可在砂面上盖一薄层蛭石粉。

监测时，将简易监测计同时移放在各监测点，并在非污染区设对照点。监测结束后移回到非污染区，立即剪取监测植物的地上部分，洗净烘干，测定其干质量。

监测植物生长量的变化与空气污染（大多情况下是复合污染）的程度有着密切的关系。不同的污染度其减少的量是不同的。因此，根据生长量的变化可以判断空气的污染程度。以对照点监测植物的生长量作为标准，把各监测点植物的生长量与它进行比较，得出影响指数（$I_A$），影响指数越大，空气污染越重。影响指数的计算方法为

$$I_A=\frac{W_c}{W_m}$$

式中　$W_c$——对照点植物监测结束时平均每株干质量减去监测开始时的平均每株干质量；

$W_m$——监测点植物监测结束时的平均每株干质量减去监测开始时的平均每株干质量。

### 三、地衣、苔藓监测法

早在 20 世纪 50 年代，人们就开始利用地衣和苔藓对大气污染进行监测，因为这两类植物对 $SO_2$ 和 HF 等反应很敏感。$SO_2$ 年平均浓度在 0.015～0.105mL/m$^3$ 时，就可以使地衣绝迹。苔藓仅次于地衣、当大气中 $SO_2$ 浓度超过 0.017mL/m$^3$ 时，大多数苔藓植物便不能生存。因此 1968 年在荷兰召开的大气污染对动植物影响讨论会上，推荐地衣和苔藓为大气污染指示生物。目前有许多国家用地衣和苔藓对城市或以城市为中心的更大区域进行监测和评价，并绘制出大气污染分级图。

地衣的形态，按生长型可分为三类，即叶状、壳状和枝状，还有一些种类为过渡类型。典型的叶状地衣外形呈叶状，内部构造分上皮层、藻胞层、髓层和下皮层。以假根或脐固着于基质上，与基质结合不牢固，易于剥落。典型的壳状地衣外形呈壳状，内部构造无皮层或只有上皮层，有藻胞层和髓层，以髓层的菌丝直接固着于基质，与基质的结合十分牢固，无法从基质上剥落。枝状地衣的外形呈枝状，内部构造呈辐射状，有外皮层、藻胞层和髓。

利用地衣对大气污染进行监测和评价，通常采用两种方法：一是调查地衣的生长型或种类的分布状况，并以此为依据进行评价；二是采用人工移植的方法，通过敏感种进行监测和评价。

1. 种类分布调查

各种地衣对大气污染的抗性不同，根据敏感种类和抗性相对较强的种类的分布状况，对大气质量的污染程度做出评价。

（1）生长型调查　地衣对大气污染的耐受能力是壳状地衣＞叶状地衣＞枝状地衣。通过对监测地区各类生长型地衣分布状况的调查，可把大气的污染程度分为四级：①最严重污染区，一切地衣均绝迹；②严重污染区，只有壳状地衣；③轻度污染区，具壳状地衣和叶状地衣，无枝状地衣；④清洁区，枝状地衣与其他地衣生长均良好。

（2）种属分布调查　在对监测地区地衣的种属分布，数量和生长状态进行调查的基础上，进行综合分析，以敏感种类是否消失或分布的数量，以及较敏感种类的生长发育状态等为依据，进行评价。由于各地地衣的种属分布不一，进行评价时应结合当地属种具体分析，进行判断。

(3) 含量分析 在调查地区选择抗性较强、吸污能力也较强的种类，分析原植体内污染物质的含量，根据含量的多少，做出相应评价。

(4) 用盖度和频率进行评价 地衣的盖度以地衣覆盖树皮的面积表示，又由于地衣在树干上多形成上下的带状群落，所以，也可以面积比，即地衣生长的宽度与树于周长之比表示，一般可分为五个梯度或三个梯度。地衣分布的频率以出现地衣的乔木的棵数占总调查棵数的百分比表示，也以五个梯度（20%为度）表示为宜。调查时应分别记录各种和全部地衣的盖度和频度，最后进行归纳分析，提出评价。

2. 人工移植法

把较为敏感的地衣或苔藓移植到监测地区，进行定点监测。比较简单的移植方法，是把地衣连同树皮一起切下，固定在监测地区的同种树干上。为更具科学性，也可制作地衣、苔藓监测器，把地衣或苔藓同时置于通入清洁空气和污染空气的两个小室，经过一段时间，进行观测。

评价方法：一是根据受害面积或受害长度的百分率，一般以受害面积的百分率为0时定为清洁，0～25%为相对清洁，25%～50%为轻度污染，50%～75%为中度污染，75%～100%为严重污染；二是分析原植体污染物的含量，根据污染物含量的多少，结合具体情况制定相应标准，进行评价。

## 四、树木年轮监测法

树木的生长与环境条件关系密切，如果某一年环境条件很好，空气很清洁，那么树木的生长就一定很旺盛，所形成的年轮相对来说就比较宽；相反，如果某一年大气污染很重，对树木的生长必然会产生影响，那么这一年所形成的年轮就会窄些。因此，可以根据树木年轮的宽度来反映大气污染程度。例如，中国科学院植物研究所蒋高明利用油松年轮揭示了承德市1760年至1990年大气$SO_2$污染过程，结果认为：油松年轮内的硫自44.4$\mu g/g$上升到420.7$\mu g/g$（20世纪90年代），从而揭示出大气中的$SO_2$浓度从0.1$\mu g/m^3$上升到20世纪90年代的大于30$\mu g/m^3$，增加了近300倍。这一过程与承德市的城市化，尤其是工业化过程密切相关。

利用树木年轮监测可以取得连续的历史性的定量资料，能够反映一个地区的污染历史，还可以弥补现在各环境监测站观测资料年代较短的不足。所以，树木年轮分析法是研究环境质量变化和发展趋势的一种科学方法。

## 五、植物污染物含量监测法

生活于污染环境中的植物、动物、微生物都能够不同程度地吸收积累一些污染物。通过分析这些生物体内的污染物成分，可以监测环境污染物的种类、水平等。

植物是一种污染物收集器，植物体内污染物及其代谢产物的含量在一定程度上可以反映空气中某种污染物的含量。为此需要建立良好的剂量-反应曲线。

利用高等植物叶片内污染物及其代谢产物含量监测大气污染，主要是通过分析植物叶片中积累的污染物含量的多少来评价大气的质量。如可以用叶片中的含硫量和含氟量来分析评价空气中二氧化硫和氟化物的污染程度。

在测定植物样品含污量时，首先按照要求布点采样，然后分别测定各采样点某污染物的含量，根据监测点与对照点（清洁点）含污量的比较，求出污染指数，再按指数大小进行污染程度划分，来评价环境质量，这种方法称为污染指数法，目前应用较多。污染指数法又可分为单项指数法和综合指数法。

1. 单项指数法

是用一种污染物的含污量指数来监测和评价大气污染，计算公式为

$$IPC=\frac{C_m}{C_c}$$

式中 $IPC$——含污量指数；

$C_m$——监测点植物叶片（或组织）某污染物实测含量；

$C_c$——对照点同种植物叶片（或组织）某污染物实测含量。

英国根据含污量指数把空气污染分成四个等级。

1 级清洁 $IPC<1.20$

2 级轻度污染 $IPC$ 为 1.21～2.00

3 级中度污染 $IPC$ 为 2.01～3.00

4 级严重污染 $IPC>3.00$

2. 综合指数法

如果污染物不止一种，就要用综合污染指数，其公式为

$$ICP=\sum_{i=1}^{n}W_i\times IPC_i$$

式中 $ICP$——综合污染指数；

$W_i$——第 $i$ 种污染物的权重值；

$IPC_i$——第 $i$ 种污染物的含污量指数；

$n$——污染物的种数。

实际监测时，先要求出每种污染物的含污量指数，再根据事先确定的各污染物的权重值，计算综合污染指数 $ICP$ 值，然后将 $ICP$ 值进行污染程度分级（其分级标准可与 $IPC$ 相同）。国内目前应用综合污染指数评价环境质量时，所测定的污染物一般 4～5 种，多的达十几种。

## 阅读材料 8-1

### 美国洛杉矶光化学烟雾事件

洛杉矶位于美国西南海岸，西面临海，三面环山，是个阳光明媚、气候温暖、风景宜人的地方。早期金矿、石油和运河的开发，加之得天独厚的地理位置，使它很快成为了一个商业、旅游业都很发达的港口城市。洛杉矶市很快就变得空前繁荣，著名的电影业中心好莱坞和美国第一个“迪斯尼乐园”都建在了这里。城市的繁荣又使洛杉矶人口剧增。白天，纵横交错的城市高速公路上拥挤着数百万辆汽车，整个城市仿佛一个庞大的蚁穴。

然而好景不长，从 20 世纪 40 年代初开始，人们就发现这座城市一改以往的温柔，变得“疯狂”起来。每年从夏季至早秋，只要是晴朗的日子，城市上空就会出现一种弥漫天空的浅蓝色烟雾，使整座城市上空变得浑浊不清。这种烟雾使人眼睛发红、咽喉疼痛、呼吸憋闷、头昏、头痛。1943 年以后，烟雾更加肆虐，以致远离城市 100km 以外的海拔 2000m 高山上的大片松林也因此枯死，柑橘减产。仅 1950～1951 年，美国因大气污染造成的损失就达 15 亿美元。1955 年，因呼吸衰竭死亡的 65 岁以上的老人达 400 多人；1970 年，约有 75% 以上的市民患上了红眼

病。这就是最早出现的新型大气污染事件——光化学烟雾污染事件。

光化学烟雾是由于汽车尾气和工业废气排放造成的，一般发生在湿度低、气温在24～32℃的夏季晴天的中午或午后。汽车尾气中的烯烃类碳氢化合物和二氧化氮（$NO_2$）被排放到大气中后，在强烈的阳光紫外线照射下，会吸收太阳光所具有的能量。这些物质的分子在吸收了太阳光的能量后，会变得不稳定起来，原有的化学链遭到破坏，形成新的物质。这种化学反应被称为光化学反应，其产物为含剧毒的光化学烟雾。

20世纪40年代洛杉矶就拥有250万辆汽车，每天大约消耗1100t汽油，排出1000多吨碳氢化合物、300多吨氮氧化合物（$NO_x$）、700多吨一氧化碳。另外，还有炼油厂、供油站等其他石油燃烧排放，这些化合物被排放到阳光明媚的洛杉矶上空，不啻制造了一个毒烟雾工厂。

光化学烟雾可以说是工业发达、汽车拥挤的大城市的一个隐患。20世纪50年代以来，世界上很多城市都不断发生过光化学烟雾事件。光化学烟雾的形成机理十分复杂，其主要污染物来自汽车尾气。因此，目前人们在改善城市交通结构、改进汽车燃料、安装汽车排气系统催化装置等方面做着积极的努力，以防患于未然。

## *六、植物急性污染事件的识别与鉴定

### （一）急性污染事件发生的原因

#### 1. 工厂发生严重的跑冒滴漏事故

工厂的跑冒滴漏现象一般难以避免，通常也很少对周围生态环境有严重的影响（少数污染严重的工厂例外）。但若发生严重的事故性的跑冒滴漏，就会逸散出大量的有害气体，随风飘移，向下风方向扩散，浓度往往是平时的几倍乃至数十倍，从而造成下风向树木或农作物、蔬菜等植物急性受害。这种情况占污染事件的多数，许多工厂的污染事件均是由于这个原因而引起。

#### 2. 工厂生产不正常造成非正常排放

当工厂发生人为的或非人为的因素（如停电、跳闸等）而使工厂正常的生产秩序受到干扰或被打乱时，往往会有大量的有害气体排放出来，造成工厂附近大面积的农作物受害。

#### 3. 工厂试车、检修或排空尾气

有的工厂或车间投产试车时，由于种种原因，容易排放出高浓度的有害气体，污染大面积的农作物或绿化树木。如1988年5月，南京某家工厂因试车造成数千亩小麦、蔬菜和一些绿化树木受$SO_2$危害，损失严重。工厂在检修或排空尾气时，也往往使附近空气中的有害气体浓度突然增高而发生危害。

#### 4. 某些原料或燃料含污量过高

煤、石油等燃料中含硫成分因产地和品质不同有较大的差异，某些矿石原料（如铁矿石、磷矿石等）含硫量或含氟量也有明显的差别。一些工厂在使用低硫或低氟原料或燃料时，平安无事，一旦改用高硫或高氟原料或燃料，由于污染物的排放量增加，浓度升高，就有可能造成污染危害。

#### 5. 某些气象因素的影响

空气相对湿度增加，气温升高，都能加剧有害气体对植物的危害。因此，阴湿、闷热的高温天气，特别是出现逆温等天气现象时，工厂排放的有害气体不易扩散稀释，容易在近地面空气中积聚，使浓度上升，有可能对植物造成伤害。据广州市测定，每当近地面逆温强度

大于每百米 1.0℃时，市区 $SO_2$ 平均浓度就超标。

6. 敏感的植物种类

当污染气体的浓度不太高时，只有那些敏感的植物种类受害，而其他植物却影响不大甚至没有受害表现。绿化树木中，雪松、松树等是敏感植物，一旦受到污染，最容易受害，伤害的程度也较严重。农作物中，芝麻对 $SO_2$ 敏感，水稻对氟污染敏感，而棉花、山芋等抗性相对较强。因此，同一地点的不同植物，受害情况有时差异较大，有的严重，有的较轻，有的甚至无症状表现。

7. 植物处在受害敏感期

同一种植物，在不同的生长季节或生长期，对有害气体的反应常常有较大的差异。在受害敏感期内，植物对有害气体比较敏感，一旦受到侵袭，容易受害。农作物在扬花期受到气体侵袭，对结实和产量的影响最大。果树在花期受害，则结实不良，落花落果，果实变小，品质变劣。树木在新叶旺盛生长期对污染物比较敏感。一般来说，一年中 5～8 月是植物最容易受害的时期，也是急性污染事件的多发季节。到秋冬以后，植物生长缓慢或停止生产，或者落叶休眠，抗性大大增强。因此，秋冬及早春季节急性污染事件就很少发生。

（二）植物急性伤害的症状特点

有害气体对植物的急性危害主要表现在叶片上，因为气体首先从叶片上的气孔进入叶内，形成有害的化合物，杀死叶肉细胞，破坏和分解叶绿素，于是叶片上便出现了形状各异的坏死斑，甚至整片叶子发黄、枯焦或脱落。植物的茎干除了幼嫩部分外，一般不易受害。花和果实除花萼部分外，也不易出现伤斑，但高浓度的有害气体能够使花瓣褪色或枯焦。尚未展开的幼小叶片和抵抗能力强的老叶不易受害。芽因外面有包被，也不易受害。最易受害的叶片是刚刚长成的新叶。

植物受到高浓度的气体危害后，严重的几小时内叶片会有水渍状或失绿褪色斑出现，伤斑的颜色和受害范围会随着时间的推移而发生变化。如果受害不严重，叶片当天可能没有任何反应，但第二天一般会有比较明显的症状出现。不论受害程度如何，通常症状充分显现（包括伤斑的面积、分布、颜色等）要在受害后 48～72h 才能稳定下来。以后随着时间的延续，伤斑的症状特点又会有变化，症状逐渐减弱，这主要是由于叶片不断生长和对受害的恢复补偿作用。因此，当人们在田间看到植物典型的急性伤害表现时，实际发生污染的时间至少已有 2～3d 以上。

（三）植物急性伤害的鉴定与仲裁

植物受到急性污染危害后，受到危害的一方（如农村、绿化单位等）与造成危害的一方（如工厂）应及时向有关环保等部门报告。环保部门接到污染事件的报告后，一般采用听取双方的陈述、双方当事人现场调查、协商研究等方式来处理污染纠纷。如果双方协商意见取得一致，事情就能较快得到解决。若任何一方对事件的性质（即是否污染造成的危害）有不同的意见，或双方在有关问题上分歧较大，在这种情况下，环保部门通常邀请有关专家先进行污染鉴定，然后根据鉴定意见进行仲裁，处理污染纠纷。

1. 基本情况了解

接到污染事件的报告后，一般应向环保部门或当事人双方进行基本情况的了解，以便对污染纠纷有一个大体的认识，便于下一步的工作。要了解的主要内容有：危害发生的时间和地点，受害的经过和可能的原因，主要受害植物的种类和受害程度，受害的面积与范围，当地污染历史，近期的天气状况，双方当事人对这一事件的主要看法等。

2. 现场调查

在了解一些基本情况后，首先要尽快进行现场调查，这是污染鉴定最重要的一环。现场调查有关部门领导、双方当事人代表应一起联合参加。调查一般包括以下内容。

(1) 污染源情况　如果是空气污染造成了植物急性伤害，污染源距现场一般不会太远(高架源例外)。了解污染物的种类、排放量大小、有无事故发生或严重的跑冒滴漏、工厂生产是否正常、原料及燃料使用情况等。如果附近工厂较多，污染源复杂，还要进一步了解各污染源的影响并找出主导因素。

(2) 受害的植物种类　哪些植物受害严重，哪些较轻。并了解当地敏感植物及抗性植物的受害表现。

(3) 植物的受害症状　是否与各主要污染物（如 $SO_2$、HF、$Cl_2$、乙烯等）的危害症状或特点相似。但在复合污染情况下，症状特点不典型，不易区分。

(4) 受害植物分布规律　有时气体危害的症状和病虫害、冻害、旱害、药害、营养元素缺乏、自然老化等原因引起的症状相似，可以用以下方法加以区别。

① 有明显的方向性。在有害气体排放的下风向，植物受害，而上风向不受害；受害植物往往自污染源向下风向呈扇状或条状分布；迎风面或面向污染源的一面，叶片受害比相反方向要重。如果受害植物分布呈现这些特点，则一般为气体危害造成。

② 植物受害程度与距污染源的远近有密切的关系，一般靠近污染源，受害重。但若高架污染源，则稍远的地方受害重，邻近地区反而较轻。在有组织排放的情况下，植物受害范围通常在10～20倍污染源高度范围内。

③ 同一地区往往多种植物同时受害：高浓度的有害气体往往一次短时间的排放就能使数种甚至数十种植物同时受害。病虫一般只危害某种或几种植物；冻害多发生在不抗寒的植物种上；农药药害只发生在喷洒过农药的作物上；营养元素缺乏及自然老化也会因植物种类不同而表现各异。

④ 障碍物的影响：在高大建筑物、山丘、土岗、树丛、高埂等障碍物后面，植物受害明显较轻，因它们阻挡了气体的扩散，使植物接触有害气体时间短、次数少。

⑤ 受害部位：气体危害受害最重的部位一般是植物生理功能（如光合作用等）最强的功能叶片，幼叶及老叶通常受害较轻。

(5) 植物生长情况　观察并了解主要植物的生长势、生长量、开花结实情况、是否缺肥或缺乏营养元素以及管理水平等，了解作物生长是否正常。

(6) 化肥、农药使用情况　近期内化肥、农药的使用情况，包括种类、产地、配比剂量、喷洒或施用方法等，重点了解是否发生使用不当现象。

(7) 受害面积统计　如果污染危害比较严重，涉及赔款问题，在现场调查时，有关人员应与双方当事人一起，按受害严重程度分类统计受害面积，以便日后赔款时参考。

(8) 损失估价　损失估价是赔款的重要依据。面积较小或损失不大的污染事件，如果双方对事件的性质认识一致，可以当场进行估价与协商。若事件的性质不能认定，或污染严重、损失很大的污染事件，损失估价往往事后要反复多次才能达成协议，但在现场调查时，要注意尽可能搜集或量测有关损失估价的资料或数据。

3. 实验室分析

通常经过现场调查就能确定是否由于污染造成的危害。但如果认定的证据不足，或者当事人双方或一方认为需要进一步鉴定，则在现场调查的同时，应按采样要求在现场采集植物样品，由专家或专业人员带回实验室，分析样品污染物含量，以确定是否受到了污染。含污量分析是目前应用最广的一种鉴定技术。有时为了探讨植物受害原因，还要在实验室做组织解剖学或病虫害鉴定。通过实验室分析与鉴定，一般的污染事件都能得到及时的性质认定。

4. 综合诊断

有时实验室鉴定仍不能说明植物受害的原因，这时需采用一些特殊的措施进行综合诊断。常用的措施如下。

(1) 类比调查　在污染区和非污染区对同种植物进行类比调查。如20世纪70年代南京某工厂附近的大白菜叶片出现枯斑，农民认为是工厂 $SO_2$ 污染引起。经化验分析，叶片含硫量并不高，现场调查也未发现 $SO_2$ 危害特征，排除了 $SO_2$ 危害的可能性。后来在非污染地区调查，发现所有的大白菜都有类似的叶片症状，经有关专家分析认定，是由于近期寒流南下冻害造成。

(2) 资料分析　国内外学者对 $SO_2$、HF、$Cl_2$、乙烯等多种污染物都进行过大量的试验研究或调查，也对众多的绿化树木、农作物、蔬菜等植物做过许多熏气试验，这些资料对研究植物的急性伤害特点、症状表现、污染对植物生长及产量损失的影响，以及污染鉴定等，都提供了宝贵的参考资料或科学依据。

(3) 熏气试验　对某些重大污染事件或某些重要症状特征有时需要进一步用实验方法论证的，可用人工熏气试验的方法进行研究，取得科学的鉴定依据。

5. 鉴定报告

鉴定报告可以在现场调查结束、事件性质已认定的情况下拟写，也可以在实验室分析鉴定后或综合诊断后拟写。鉴定报告一般包括以下内容：事件发生的时间与地点，现场调查情况，样品含污量分析数据及其他有关材料，事件性质的认定及其依据等。如有可能或必要，报告上还可以指出治理或减轻污染的方法与途径。若不是污染引起的危害，除了说明理由外，最好还能指明受害的原因。

6. 仲裁

环保及有关部门接到专家们的鉴定报告后，即可通知或召集当事人双方，做出肯定或否定污染危害的仲裁决定。

在实践工作中，运用上述方法和程序，可以较好地处理一般的污染事件。如果污染源情况复杂，或者植物受害原因一时难以查明，则需进行反复多次的调查与分析，或请有关专家会诊，以便得出合乎实际的结论。

## 第三节　水污染的生态监测

### 一、水污染的生物群落监测与生物学评价

河流、湖泊等水域是由水生生物和水域环境共同组成复杂的水生生态系统。污染物进入水体后必然引起生物种类组成和数量的变化，打破原有平衡，建立新的平衡关系。水体污染程度不同，生物种类和数量也不同。有些生物只能在特定的环境中生活，当环境发生变化后，这些生物很敏感，其数量就会发生变化，把这些生物称为指示生物。例如水体中的细菌、原生动物、浮游生物、水生昆虫、环节动物、软体动物等都需要一定的生存条件，因此，可以根据水中生存的水生生物种类来判断水体的污染程度。根据水体中生物种类和数量评价水质状况，这就是水污染生物群落监测方法的基本原理。

污染物进入水体后，对水质、生物种类和数量，以及生物群落的演替等的影响均有一定的规律性。在正常情况下，河流、湖泊等水体中都存在着不同种类和数量的生物，一般生物

的种类比较多，但每种生物的数量相对稳定。当河流受到污染后，水生生态系统的生物种类组成和数量会相应地发生变化，在污染最严重的河段，生物几乎绝迹；随河流污染程度的降低，最耐污的生物，如杂菌、污水丝状菌首先繁殖起来，此后，耐污染的藻类、原生动物以及寡毛类、摇蚊幼虫相继形成数量高峰；当水体自净到一定程度，耐污染种类形成优势的现象逐渐消失，各种生物开始生长；当各种清水性生物出现后，则说明水质已恢复正常状态。

（一）水体污染的指示生物法

指示生物是指对环境中的某些物质（包括污染物、$O_2$、$CO_2$ 等特殊物质）能够产生反应信息的生物，也就是对水体污染变化反应敏感的生物。可以用这种生物来监测和评价水体污染状况。

利用指示生物对环境污染状况进行监测与评价，近几十年进展非常迅速。20 世纪 70 年代后我国指示生物监测领域也十分活跃，已发现可用于监测的生物个体或种群、门类，数量越来越多。

自然水域中生存着大量的水生生物群落，如细菌、浮游生物、着生生物、底栖动物和鱼类等。它们与水环境有着复杂的相互关系，不同种类的水生生物对水体污染的适应能力不同，有的种类只适于在清洁水中生活，称为清水生物或寡污生物。而有些水生生物则适于生活在污水中，称为污水生物。不同污染程度的水体中生存着不同的污水生物。因此，水生生物的存在可作为水体污染程度的指标，反映水质的污染程度。

浮游生物、着生生物、底栖动物、水生维管束植物等都可作为水污染的指示生物，常用的指示生物如下。

① 水体严重污染的指示生物有颤蚓类、毛蠓、细长摇蚊幼虫、腐败波豆虫、小口钟虫、绿色裸藻、小颤藻等。这些指示生物能在溶解氧低的条件下生活，其中颤蚓类是有机污染十分严重水体中的优势种。所以有人提出用颤蚓的数量作为水体污染程度的指标。

颤蚓类 $<100$ 条/$m^2$　　未污染
颤蚓类 100～999 条/$m^2$　　轻度污染
颤蚓类 1000～5000 条/$m^2$　　中度污染
颤蚓类 $>5000$ 条/$m^2$　　严重污染

② 水体中等污染的指示生物，主要有居栉水虱、瓶螺、被甲栅藻、四角盘星藻、环绿藻、脆弱刚毛藻、蜂巢席藻等。这些种类对低溶解氧有较好的耐受能力。

③ 清洁水体指示生物有蚊石蚕、扁蜉、蜻蜓、田螺、簇生竹枝藻等，这些生物只能在溶解氧很高，未受污染水体中大量繁殖。

（二）群落和生态系统层次的生态监测法

1. 污水生物系统监测法

污水生物系统的理论是由德国植物学家柯尔克维茨（Kolkwitz）和微生物学家马松（Marsson）于 1908 年和 1909 年提出的。他们在调查河流时，从排污口到下游河段，由于河流本身自净作用的结果，水质污染程度会出现逐渐下降直至恢复正常的现象。这种污染程度的下降反映在相应的理化指标和生物种类组成及数量上。如果从不同河段采集水生生物，就能发现不同的河段会出现不同的水生生物。因此，他们把受有机污染的河流从排污口至下游划分成一系列在污染程度上逐渐下降的连续带，即多污带、中污带（又分为 α-中污带和 β-中污带）和寡污带，这一系列的带称为污水生物系统。有了这种污水系统，就可以根据在河流的某一河段所发现的生物区系来鉴别这一河段属于哪一带，从而也就可以了解有机污染程度。污水生物系统各带的理化特征和生物学特征见表 8-6。

表 8-6 污水生物系统的生物学、化学特征

| 项目 | 多污带 | α-中污带 | β-中污带 | 寡污带 |
|---|---|---|---|---|
| 化学过程 | 还原作用明显开始 | 水及底泥中出现氧化作用 | 到处进行氧化作用 | 因氧化使矿化作用完成 |
| 溶解氧 | 全无 | 少量 | 较多 | 很高 |
| 生化需氧量 | 很高 | 高 | 较低 | 低 |
| 硫化氢的形成 | 有强烈硫化氢气味 | 无硫化氢气味 | 无 | 无 |
| 水中有机物 | 有大量高分子有机物 | 因高分子有机物分解产生胺酸 | 有很多脂肪酸胺化合物 | 有机物完全分解为无机物 |
| 底泥 | 有黑色硫化铁存在，常呈黑色 | 硫化铁已氧化成氢氧化铁，不呈黑色 | — | 大部分已被氧化 |
| 水中细菌 | 大量存在，＞100 万个/mL | 很多，＞10 万个/mL | 数量减少，＜10 万个/mL | 少，＜100 个/mL |
| 栖息生物的生态学特征 | 所有动物无例外地皆为细菌摄食者，均能耐 pH 强烈变化，耐低溶氧的嫌氧性生物，对硫化氢、氨等毒物有强烈抗性 | 以摄食细菌的动物占优势，其他有肉食性动物，对 pH 和溶解氧有高度适应性，对氨有一定耐性，对硫化氢有弱的耐性 | 对溶解氧及 pH 变化耐性差，对腐败毒物无长时间耐性 | 对溶解氧及 pH 的变化耐性很差，特别缺乏对腐败性毒物如硫化氧等的耐性 |
| 植物 | 无硅藻、绿藻、接合藻以及高等植物出现 | 藻类少量发生，有蓝藻、绿藻、接合藻类及硅藻出现 | 硅藻、绿藻、接合藻的多种种类出现，此带为鼓藻类主要分布区 | 水中藻类少，但着生藻类多 |
| 动物 | 微型动物为主，原生动物占优势 | 微型动物，占大多数 | 多种多样 | 多种多样 |
| 原生动物 | 有变形虫、纤毛虫，但无太阳虫、双鞭毛虫及吸管虫 | 逐渐出现太阳虫、吸管虫，但无双鞭毛虫出现 | 太阳虫和吸管虫中耐污性弱的种类出现，双鞭毛虫也出现 | 仅有少数鞭毛虫和纤毛虫 |
| 后生动物 | 仅有少数轮虫、蠕形动物、昆虫幼虫出现，淡水海绵、藓苔动物、小型甲壳类、贝类、鱼类不能生存 | 贝类、甲壳类、昆虫有出现，但无淡水海绵及苔藓动物；鱼类中鲤、鲫等可栖息 | 淡水海绵、苔藓动物、贝类、小型甲壳类、两栖动物、鱼类均有出现 | 除各种动物外，昆虫幼虫种类极多 |

(1) 多污带　多污带是严重污染的水体，是耐污污水生物生存的地带。污染物使水呈暗灰色，极浑浊，水中所含大量的有机物质在分解过程中产生大量的硫化氢、二氧化碳及甲烷。其化学作用为还原性，DO 小，水底沉积大量的悬浮物质。水中还可能存在有毒成分，水的 pH 也可能不正常，这种不良环境决定了可生存的生物种类是有限的，而且均是消费性生物（即在生活中需要制造好了的有机物质）。底部淤泥中生活着寡毛目蠕虫。

多污带的指示生物主要是水细菌、颤蚓类、摇蚊幼虫及某些藻类。常见的指示生物如图 8-2 所示。

水细菌的种类很多，其中硫黄细菌的存在表示水中含有大量的硫化氢。它是可以分解蛋白质放出硫化氢的细菌。严重污染的水体，水细菌数量多，有时每毫升可达几亿之数。

颤蚓类在溶解氧极低的条件下仍能正常生活，成为受有机物污染十分严重水体的优势种，有时可能铺满水底，达到每平方米几十万条之多。颤蚓类数量越多，表示水体污染越严

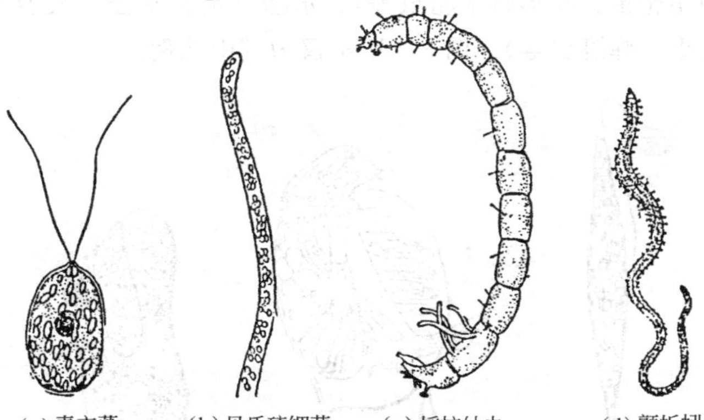

(a)素衣藻 (b)贝氏硫细菌 (c)摇蚊幼虫 (d)颤蚯蚓

图 8-2 多污带污水生物图例

重。我国常见的颤蚓类有霍甫水丝蚓、中华拟颤蚓和苏氏尾鳃蚓。

摇蚊幼虫不仅耐有机物污染，而且某些摇蚊幼虫耐重金属污染，有的对电镀废水包括六价铬、氰和铜离子的耐受量较高。

(2) α-中污带 α-中污带水体的特点与多污带水体近似，水为灰色，BOD 值仍相当高。但是，除了还原作用之外，还有氧化作用。有机物的分解形成氨和氨基酸。DO 仍然较低，为半厌氧条件，并有硫化氢存在。有时水面上能见到浮泥。生活在这一带的生物种数虽然不多，但比严重污染的水体多了一些。主要生活的污水生物还是水细菌（1mL 水中有几十万个）。此外也出现吞食细菌的纤毛虫类和轮虫类，以及蓝藻和绿色鞭毛藻。水底污泥已部分矿质化，滋生了大量需氧较低的生物。

α-中污带常见的指示生物有大颤藻、小颤藻、椎尾水轮虫、天蓝喇叭虫、栉虾、臂毛水轮虫等多种藻类和轮虫类，如图 8-3 所示。

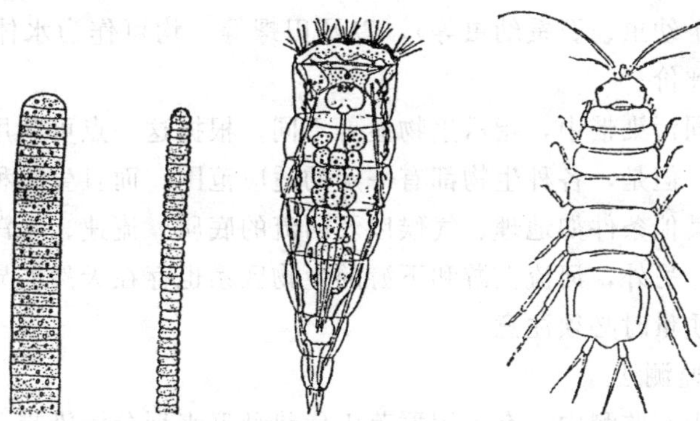

(a) 大颤藻 (b) 小颤藻 (c) 椎尾水轮虫 (d) 栉虾

图 8-3 α-中污带污水生物图例

(3) β-中污带 β-中污带水体的特点是氧化作用比还原作用占优势，绿色植物大量出现。水中含氧量增高，氮的化合物呈铵盐、亚硝酸盐或硝酸盐。相反有机物及二氧化碳和硫化氢等含量减少。水生生物种类多种多样，主要是各种藻类、轮虫类、切甲类甲壳动物和昆虫。β-中污带水体不利于水细菌的生存，因此细菌的数量显著减少至每毫升水仅存几万个。已有泥鳅、鲤鱼等鱼类出现。

β-中污带水体指示生物有多种藻类（如水花束丝藻、梭裸藻、短荆盘星藻类等）、轮虫

（如腔轮虫、双荆同尾轮虫、卵形鞍甲轮虫等）、水溞（蚤状水溞、大型水溞等）、原生动物（绿草履虫、鼻节毛虫、弹跳虫等）。图 8-4 所示仅为其中几例。

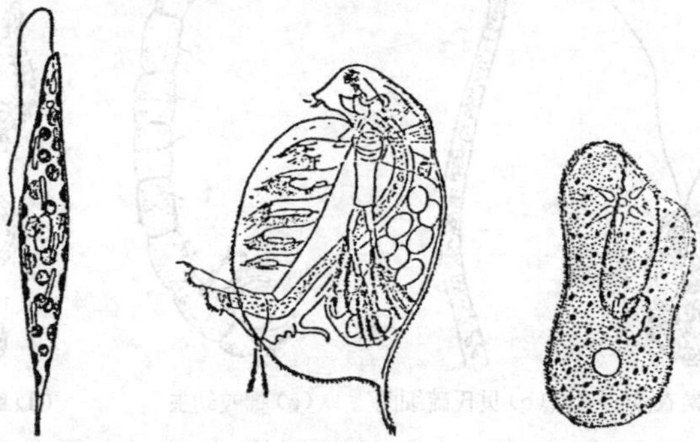

（a）梭裸藻　（b）大型水溞　（c）绿草履虫

图 8-4　β-中污带水生物图例

水溞是一种枝角类甲壳动物，俗称鱼虫。是鱼类，特别是鱼苗的主要食料，溞的食物是有机物碎屑、细菌、浮游植物和原生动物，对很多毒物，特别是金属化合物比较敏感。繁殖快，不仅是水体污染较为理想的指示生物，而且其生活周期短，来源广，易于培养。因此，也是生物测试中较好的试验材料。溞的毒性实验结果和鱼类毒性实验结果一致，可作为工业废水排放管理的科学依据。

（4）寡污带　寡污带自净作用已经完成，为清洁水体。溶解氧丰富，二氧化碳含量极少。硫化氢几乎不存在，水的 pH 适于生物生存。污泥沉淀已矿质化。蛋白质达到矿质化最后阶段，形成了硝酸盐。水中有机物浓度很低。

寡污带的生物种类极为丰富，而且均是需氧性生物。水中细菌量已极少，浮游植物大量存在，生长的动物有甲壳类、苔藓虫、水螅等，并有大量显花植物和多种鱼类、水生昆虫幼虫（如蜻蜓幼虫、浮游幼虫、石蚕幼虫等），以及田螺等。均可作为水体的指示生物，对水体污染程度进行综合评价。

由此可见，在不同污染带中，指示生物显著不同，根据这一点可利用指示生物对水体污染程度进行综合评价。但是，各种生物都有一定的适应范围，而且生物种类和数量的分布并不单纯决定于污染，其他条件如地理、气候以及河流的底质、流速、水深等对生物的生存和分布也有重要的影响。另外，河流上游和下游的生物区系也存在天然差异。因此，利用指示生物监测和评价水体质量时必须注意。

2. 群落优势种群监测法

在河流和湖泊的生态监测中，有人用群落中优势种群来划分污染带。例如，福杰丁格斯德（Fjerdingstad，1964）根据污染水体中优势种群的不同，把污染的河流分为九个污水带，其中各带的优势藻类分别如下。

（1）粪生带　无藻类优势群落。

（2）甲型多污带　裸藻群落，优势种为绿色裸藻（*Euglena viridis*）。

（3）乙型多污带　裸藻群落，优势种为绿色裸藻（*Euglena viridis*）和静裸藻（*E. deses*）。

（4）丙型多污带　绿色颤藻（*Oscillatoria chorina*）群落。

（5）甲型中污带　环丝藻（*Ulothrix zonata*）群落或底生颤藻（*Oscillatoria benthonicum*）等群落。

（6）乙型中污带 脆弱刚毛藻（*Cladophora fracta*）或席藻（*Phormidium*）等群落。

（7）丙型中污带 红藻群落，优势种为串珠藻（*Batrachopermum monilifoeme*）；或绿藻群落，优势种为团刚毛藻（*Cladophora glomerata*）或环丝藻（*Ulothrix zonata*）。

（8）寡污带 绿藻群落，优势种为簇生竹枝藻（*Draparnaldia glomerata*）；或环状扇形藻（*Mdridion circulare*）群落；或红藻群落。

（9）清水带 绿藻群落，优势种为羽状竹枝藻（*Draparnaldia plumusa*）；或红藻群落，优势种为胭脂藻（*Hildenbrandia riyularis*）等。

3. PFU 法

PFU 法是由美国弗吉尼亚工程学院及州立大学环境研究中心的 Cairns 等人于 1966 年创立的，他们利用泡沫塑料块（polyurethane foam unit，PFU）作为人工基质，采集水体中的微型生物，并以微型生物在 PFU 上的群集速度对水体进行监测和评价的方法。

在自然情况下，微型生物在水体中的石块、木块、淤泥表面和水生维管束植物等自然基质上，处于群集状态。当某一自然基质或人工基质在水体中开始出现时，一些微型生物即会在这种基质上进行群集，在不断群集的同时，也会有已经群集在基质上的种类离开基质，因此，在基质上的种类，就有一个群集和消失的问题，当群集速度曲线和消失速度曲线交叉时，基质上的种数达到平衡，这时，基质上的群落将保持一定的稳定性，对周围环境也具有一定的自主性。Macartbur-Wilson 把这些基质比喻为“岛”。Cairns 等（1969）提出用 PFU 法采集微型生物群落，是把悬挂在水中的 PFU 作为一个“岛”，微型生物在该“岛”上的群集速度随着种数上升而下降，最后达到平衡，达到平衡的时间取决于环境条件。

利用微型生物在 PFU 上的群集速度，对水质进行评价，与其他评价方法相比，具有以下较为明显的优点：①由于 PFU 泡径小，100～150μm，大型浮游生物不易入侵，可以采集到以微型生物占绝对优势的群落；②容易群集，体积小便于携带和置放；③它所群集的微型生物代表了食物链上的几个营养级，可以模拟天然群落，并且是在最高级——群落级水平上做出对环境压迫的反应；④野外工作证明周围水体中大多数的微型生物种类最后均可群集在 PFU 上；⑤可用许多块 PFU 进行同步实验，重复性强；⑥在同一块 PFU 上，无论是室内、室外随机采样所得，可测定群落结构与功能的各种参数；⑦用 PFU 采集水体中的微型生物作种源，可在室内做各种毒物的生物测试，预报水体的污染程度。

4. 生物指数法

在污水生物系统的基础上，应用数学公式把生物调查资料计算成生物指数，用来反映生物种群和群落结构的变化，以评价环境质量。从而简化了污水生物系统，而且所得结果有了定量概念，便于比较和应用。常用的生物指数有以下几种。

（1）贝克（Beck）指数 Beck 指数是由美国的 Beck 于 1955 年提出的，他把调查发现的大型底栖无脊椎动物分为 A、B 两大类。A 为敏感种类，在污染状况下从未发现；B 为耐污种类，在污染状态下才有的动物。然后按下式计算生物指数。

$$BI=2n_A+n_B$$

式中 $BI$——生物指数；

$n_A$——不耐污的种类数；

$n_B$——耐污的种类数。

应用此法时，各调查点的环境因素如水深、流速、底质等要求一致，采集面积一定。

该指数值越大，水体越清洁，水质越好。反之，生物指数值越小，则水体污染越重。一

般 $BI$ 值的范围为 0～40，重污染区为 0，中等污染区为 1～10，清洁水域为 10～40。

日本学者津田松苗从 20 世纪 60 年代起多次对贝克生物指数做了修改，他提出不限定采集面积，由 4～5 人在一个点上采集 30min，尽量把河段各种大型底栖动物采集完全，然后对所得生物样品进行鉴定、分类，并采用与上述相同的方法计算，此法在日本应用已达十几年之久。指数与水质关系为：

| 生物指数 | 水质状况 |
|---|---|
| ＞30 | 清洁河段 |
| 29～15 | 较清洁河段 |
| 14～6 | 较不清洁河段 |
| 5～0 | 极不清洁河段 |

采集动物样品时应注意：①应避开淤泥河床，选择砾石底河段，在水深 0.5m 处采样；②水表面流速在 100～150cm/s 为宜；③每次采集面积应一定；④采样前应预先进行河系调查。

(2) 硅藻生物指数　渡道仁治（1961）根据硅藻对水体污染耐性的不同，提出了硅藻生物指数。

硅藻生物指数是根据河流中不耐污的硅藻种类数（$A$）、对有机污染无所谓的种类数（$B$）、仅在污染区独有的种类数（$C$），计算生物指数（$I$），以评价污染程度。计算公式为

$$I=\frac{2A+B-2C}{A+B-C}\times 100$$

$I\leqslant 0$ 为重污染；$I$ 值 0～100 为中度污染；$I$ 值 100～150 为轻度污染；$I>150$ 为基本无污染。

(3) Goodnight 生物指数　Goodnight 和 Whitley（1961）发现颤蚓类在有机污染的水体中，其个体的数量随污染程度的加重而增加，所以，提出了用颤蚓数量占全部底栖动物数量的百分比来指示污染状况。

$$生物指数=\frac{颤蚓类动物个体数}{底栖动物总个体数}\times 100\%$$

如果生物指数大于 80%，说明水体受到严重污染；如果生物指数小于 60%，可以大体上认为水质情况良好；如果生物指数介于 60%和 80%之间，说明水体受到中等污染。

(4) 生物比重指数　金（King）和贝尔（Bell）1964 年提出用水生昆虫和寡毛类湿质量的比值来评价水质，这种方法可用于评价有机污染和某些有毒废水的污染。其计算公式为

$$生物比重指数=\frac{昆虫湿质量}{寡毛类湿质量}$$

此指数值越小，表示污染越严重；反之则水质越清洁，指数的变动范围为 0～612（经验值）。

5. 生物多样性指数

群落中种的多样性可以反映群落的结构特征，种的多样性包括两方面的内容，一是群落中种类数的增减，另一是群落中每种类个体数的数量分布。多样性指数是应用数理统计的方法，求得表示生物群落的种数和个体数的数值，用以评价环境质量。在正常情况下，群落的结构相对稳定，水体受到污染后，群落中敏感的种类减少，而耐污种类的个体数则大大增加，导致群落结构发生变化，污染程度不同，群落结构的变化也不同。所以，可以用多样性指数来反映水体污染状况，下面介绍几种常用的多样性指数公式。

(1) 马加利夫 (Margalef) 多样性指数

$$d=\frac{S-1}{\ln N}$$

式中 $S$——种类;

$N$——总个体数。

$d$ 值越大表示水质越清洁。$d<3$ 为严重污染，$3<d<4$ 为中度污染，$4<d<5$ 为轻度污染，$d>5$ 为清洁。

(2) 香农-威勒 (Shannon-Wiener) 多样性指数

$$H=-\sum_{i=1}^{S}(n_i/N)\log_2(n_i/N)$$

式中 $n_i$——样品中第 $i$ 种生物的个体数;

$N$——样品中生物总个体数;

$S$——样品中生物的种类数。

$H$ 为 0 时，说明没有生物，为严重污染；$H$ 为 0～1 时，说明水体受到重污染；$H$ 为 1～2 时为中等污染；$H$ 为 2～3 时为轻污染；$H$ 大于 3 时说明水体比较清洁。

**二、污水生物处理系统的生物监测与评价**

在污水中生长着各种各样的污水生物，各种生物需要的最适环境条件不同，当生物处于有利条件时，其生长繁殖非常活跃，当处于不利条件时，则出现活力衰退。这些都可以通过镜检来识别。大量的研究和观察表明，环境因子的变化会使指示生物的种类组成、数量、代谢活力等发生相应的变化，因此，可以利用污水生物种类组成和数量的变化来指示污水处理效果。

1. 丝状细菌的优势生长

当曝气池进水负荷过高，DO 长期较低，或进水负荷过低时，往往会发现丝状衣鞘细菌（主要为球衣菌）增多，丝状体伸长，并可发现局部丝状体细胞缺失，形成空鞘，假分支增多，通过一般的微生物染色方法，便可发现在球衣菌的细胞中积累了大量的聚酯颗粒，即聚-$\beta$-羟基丁酸 (PHB)。这时要引起严重注意，否则可能导致丝状细菌引起污泥膨胀。

在含有大量还原性硫化物的废水中，有时能见到密集的丝状体从活性污泥凝絮体中向外伸展，形成“刺毛球”状的絮粒，这可能是发硫细菌的增殖所造成的。如果这样的絮粒大量出现，也会引起污泥膨胀。有时在污泥中还能见到丝状体直径较粗的贝氏硫细菌，在絮粒中自由匐行，这种丝状硫细菌的大量出现，也可能成为污泥膨胀的重要原因之一。

2. 轮虫的出现

轮虫属后生动物，在污水处理系统中常在运行正常、水质较好、有机物含量较低时出现，所以轮虫少量出现，往往是水质净化程度较高的标志。但当进水有机物含量极低、污泥老化解絮、污泥碎屑较多时，会刺激轮虫大量繁殖，数量可多达每毫升近万个，这是污泥老化的标志，会造成污泥量急剧下降，处理效果减退。

3. 固着性纤毛虫的出现

钟虫、独缩虫、累枝虫、聚缩虫和盖纤虫都是常见的固着性纤毛虫，它们靠柄分泌黏液固着于污泥絮状体上，以吞噬游离细菌为主，它们的出现标志着污泥絮状体结构较好，游离细菌较少。钟虫的数量保持恒定而活跃，是水质处理良好的标志。累枝虫、独缩虫、聚缩虫和盖纤虫往往也是污水处理效果好的指示生物。

4. 游泳型纤毛虫的大量繁殖

游泳型纤毛虫的大量繁殖，往往是污泥发生变化的标志。它们一般在活性污泥培养中期或处理效果较差时出现。为改善污泥结构而投加营养时，也能见到游泳型纤毛虫的迅速增加，1～2d 后，随着污泥絮状体结构的改善而数量大大减少时，出水水质也相应好转。当发生污泥中毒，或负荷增加，或营养缺乏等情况时，游泳型纤毛虫也会大量增加。

此外，当变形虫、游离细菌、鞭毛虫等大量出现时，也是水质净化效果极差、出水有机物含量高的标志。

总之，一般来说，当固着性纤毛虫（如小口钟虫、八钟虫、领钟虫、独缩虫等）多时，往往指示处理效果良好，出水 $BOD_5$ 和浑浊度低。这些固着性纤毛虫都固着在絮状体上，其中还夹杂着一些爬行的纤毛虫类，如楯纤虫、游仆虫、尖毛虫等，这说明优质的活性污泥已成熟。与此同时也往往出现有少量的红眼旋轮虫和转轮虫，其中小口钟虫无论在生活污水或工业污水处理中，当处理效果很好时，它都是优势种。当游泳型纤毛虫成为优势种时，往往指示处理效果不好，浑浊度上升。特别是当这些游泳型纤毛虫突然增加时，表示污水处理效果将要下降。

## 本章小结

1. 生态监测就是运用可比的方法，在时间和空间上对特定区域范围内生态系统或生态系统组合体的类型、结构和功能及其组合要素等进行系统地测定和观察的过程；监测的结果则用于评价和预测人类活动对生态系统的影响，为合理利用资源、改善生态环境和自然保护提供决策依据。

2. 生物监测是利用获得的生物个体、种群或群落的状况和变化及其对环境污染或变化所产生的反应，阐明环境污染状况，从生物学角度为环境质量的监测和评价提供依据的监测。

3. 生态监测的特点：反映的是综合影响；反映既往状况；反映累积状况；特异的灵敏性；会受外界因子和生物状况的干扰。

4. 生态监测的类型有宏观生态监测和微观生态监测，微观生态监测又包括干扰性生态监测、污染性生态监测和治理性生态监测。

5. 大气污染的生态监测的方法有污染症状监测法、指示植物监测法和植物污染物含量监测法。

6. $SO_2$ 危害植物的症状特点是在叶脉之间形成点状、块状或不规则状伤斑，伤斑与正常组织之间有一失绿过渡带，伤斑的颜色有深（从黄褐色、红棕色、深褐色、黑色）有浅（灰白色、象牙色、灰黄色、淡灰色），但以浅色为主。具体颜色因植物种类而异。

7. 植物受氟危害的典型症状是叶尖和叶缘坏死，伤区和非伤区之间常有一红色或深褐色界线。氟污染容易危害正在伸展中的幼嫩叶子，因而出现枝梢顶端枯死现象。

8. 光化学烟雾主要是指氮氧化物和碳氢化合物在大气环境中受强烈的太阳紫外线照射后发生光化学反应而产生的一种浅蓝色烟雾。其主要成分为 $O_3$、

PAN、$NO_x$。

9. $Cl_2$ 对许多植物的伤害大多为脉间点状或块状伤斑，与正常组织之间界限模糊，或有过渡带。有些植物的症状出现在叶缘附近，先是出现深绿色至黑色斑点，继而转变成白色或褐色。严重危害时造成全叶失绿漂白，甚至脱落。针叶树种也会出现叶尖枯斑或斑迹。

10. 利用指示植物监测大气污染的方法有在监测区周围栽培各种敏感性不同的植物；利用植物群落监测法；利用指示植物定点监测报警；利用简易植物监测装置监测等。

11. 大气污染伤害受害植物分布规律为有明显的方向性，受害植物往往自污染源向下风向呈扇状或条状分布；植物受害程度与距污染源的远近有密切的关系，一般靠近污染源，受害重。但若高架污染源，则稍远的地方受害重，邻近地区反而较轻；在高大建筑物、山丘、土岗、树丛、高埂等障碍物后面的植物受害明显较轻；同一地区往往多种植物同时受害；受害最重的部位一般是植物生理功能（如光合作用等）最强的功能叶片，幼叶及老叶通常受害较轻。

12. 指示生物指对环境中的某些物质（包括污染物、$O_2$、$CO_2$ 等）能够产生各种反应信息的生物。

13. 受有机污染的河流从排污口至下游划分成一系列在污染程度上逐渐下降的连续带，即多污带、中污带（又分为α-中污带和β-中污带）和寡污带，这一系列的带称为污水生物系统。各污染带具有不同的理化特征和生物特征，因此，就可以根据在河流的某一河段所发现的生物区系来鉴别这一河段属于哪一带，从而也就可以了解有机污染程度。

14. PFU 法是利用泡沫塑料块作为人工基质，采集水体中的微型生物，并以微型生物在 PFU 上的群集速度对水体进行监测和评价的方法。

15. 生物指数法是在污水生物系统的基础上，应用数学公式把生物调查资料计算成生物指数，用来反映生物种群和群落结构的变化，以评价环境质量。常用的生物指数有贝克（Beck）指数、硅藻生物指数、Goodnight 生物指数、生物比重指数等。

16. 生物多样性指数是应用数理统计的方法，求得表示生物群落的种数和个体数的数值，以评价环境质量。常用的多样性指数有马加利夫（Margalef）多样性指数、香农-威勒（Shannon-Wiener）多样性指数等。

17. 丝状硫细菌的大量出现，可能引起污泥膨胀。

18. 钟虫的数量保持恒定而活跃，是水质处理良好的标志。累枝虫、独缩虫、聚缩虫和盖纤虫往往也是污水处理效果好的指示生物。

19. 游泳型纤毛虫的大量繁殖，往往是污泥发生变化的标志。当变形虫、游离细菌、鞭毛虫等大量出现时，也是水质净化效果极差、出水有机物含量高的标志。

## 复习思考题

**一、名词解释**

生态监测　指示生物　污水生物系统　生物指数　多样性指数

二、单选题

1. 测定出含污量指数 IPC 为 2.2，则污染程度可判断为（　　）。

A. 清洁　B. 轻度污染　C. 中度污染　D. 严重污染

2. S-R 计数框的深度为（　　）mm。

A. 1　B. 0.5　C. 0.25　D. 0.1

3. 十字藻属于（　　）。

A. 绿藻门　B. 裸藻门　C. 蓝细菌门　D. 原生动物门

4. 测定某水体的贝克生物指数为 8，说明该水体属于哪一种污染层次（　　）。

A. 重污染区　B. 中等污染区　C. 轻污染区　D. 清洁水域

5. 测定某水体的香农-威勒（Shannon-Wiener）多样性指数为 1.6，说明该水体属于哪一种污染层次。（　　）

A. 重污染区　B. 中等污染区　C. 轻污染区　D. 清洁水域

三、多选题

1. 以下属于生态监测特征的有（　　）。

A. 综合性　B. 灵敏性　C. 累积性　D. 复杂性

2. 微观生态监测包括（　　）。

A. 干扰性生态监测　B. 治理性生态监测

C. 恢复性生态监测　D. 污染性生态监测

3. 以下属于 $SO_2$ 的指示植物有（　　）。

A. 地衣　B. 唐菖蒲　C. 苔藓　D. 紫花苜蓿

4. 以下属于 HF 的指示植物有（　　）。

A. 金荞麦　B. 唐菖蒲　C. 郁金香　D. 玉米

5. 以下哪些生物属于固着性纤毛虫。（　　）

A. 钟虫　B. 独缩虫　C. 聚缩虫　D. 累枝虫

四、填空题

1. 光化学烟雾的主要成分为________和________。

2. $SO_2$ 的症状主要出现在________，而 HF 的症状主要出现在________。

3. 树木年轮监测法常用的监测指标有________和________。

4. 累枝虫、独缩虫、聚缩虫等固着性纤毛虫的出现往往是污水处理效果________的标志。

5. ________纤毛虫的大量繁殖往往是污泥发生变化的标志。

6. 当变形虫、游离细菌、鞭毛虫等大量出现时，是出水有机质含量________的标志。

7. ________细菌的大量出现，可能引起污泥膨胀。

8. 钟虫的数量保持恒定而活跃，是水质处理________的标志。

五、简答题

1. 生态监测有哪些特点？

2. 污水生物系统的原理是什么？

3. 污水生物系统各污染带有哪些特征？

4. 如何区别大气污染伤害和其他因素的影响？

5. 如何利用地衣、苔藓监测大气污染？

6. 试述 $SO_2$、HF、光化学烟雾、$Cl_2$、$NH_3$ 为害植物的症状特点。

六、计算题

假如某次采样，采到螺两种，分别为 2 个和 4 个，蚌一种 2 个，水蚯蚓 1800 条，摇蚊幼虫 500 条，蛭类一种 2 条，试用 Coodnight 指数、Shannon-Wiener 多样性指数以及 Margalef 多样性指数对该水体进行综合评价。

# 第九章　生态工程、生态规划及生态文明

**【学习目标】**

生态工程是应用生态系统中物种共生与物质循环再生原理，结构与功能协调原则，结合系统工程的最优化方法，设计的分层多级利用物质的生产工艺系统。生态工程的目标是在促进自然界良性循环的前提下，充分发挥资源的生产潜力，防止环境污染，达到经济效益与生态效应同步发展。生态规划是指在区域规划、城市规划的过程中，着重贯彻生态学的科学原理，强调生态要素的综合平衡，探讨改善系统结构与功能的生态建设对策，促进人与环境关系持续协调发展的一种规划方法。生态文明是人类改造生态环境、实现生态良性发展的成果的总和；它是人们在对工业文明的反思中提出的一种新的文明形式，是工业文明发展到高级阶段的产物；它以尊重和维护生态环境为主旨，以可持续发展为根据，以未来人类的继续发展为着眼点，强调自然界是人类生存与发展的基础，人与自然环境共处共融等。通过本章的学习，要了解以下内容。

1. 生态工程的的基本原理及设计步骤。
2. 生态规划的原则和程序。
3. 生态规划的主要生态目标。
4. 生态文明的概念及建设的主要内容。

## 第一节　生 态 工 程

### 一、生态工程的概念

1. 工程

尽管工程在众多领域都在应用着，但是尚未有准确的定义，至少与科学定义相比是这样。但是任何一个工程均包括设计、建设和运行三阶段，虽然不同的步骤有着不同的专业参与，但设计本身始终存在着反馈，如图 9-1（a）。对于一个新的工程领域来说，只有通过反复的实践修正才能逐渐完善起来。可以说设计是工程的核心。

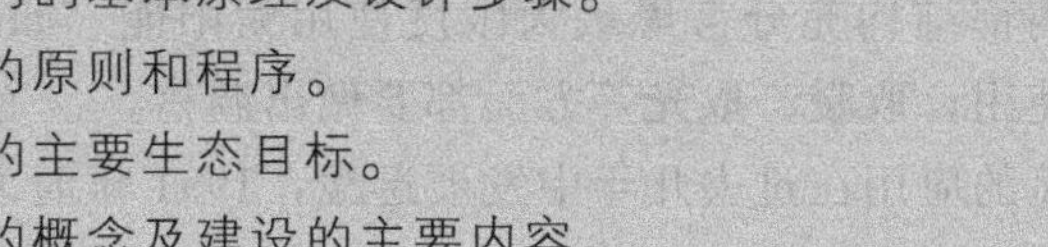


图 9-1　设计在工程中的作用

一个设计在全面实施前需要采用已有的一系列指标进行检验，包括不同设计规模的检验，以建立对替代技术方案的信心，这通常用到一组工具或者方法，如图 9-1（b）所示。

2. 生态工程

生态工程是一门正在形成中的学科，为应用生态学的分支学科之一。对于生态工程的研究迄今已有 40 多年的历史。

1962 年美国 Howard T. Odum 首先使用了生态工程（ecological engineering）一词。他将其定义为："人类运用少量辅助能而对那种以自然能为主的系统进行的环境控制"。1971 年他又指出"人类对自然的管理即生态工程"，"设计和实施经济与自然的工艺技术称之为生态工程"。1988 年、1989 年美国 W. J. Mitsch 提出生态工程的概念是"为人类社会和其自然环境两方面利益而对人类社会和自然环境的设计"。

在我国，生态工程概念的提出是由已故的生态学家、生态工程建设先驱马世骏先生在 1979 年首先倡导的，并在 1984 年提出了完整的、令人信服的生态工程定义："生态工程是应用生态系统中物种共生与物质循环再生原理，结构与功能协调原则，结合系统工程的最优化方法，设计的分层多级利用物质的生产工艺系统。"并提出了生态工程的目标："是在促进自然界良性循环的前提下，充分发挥资源的生产潜力，防止环境污染，达到经济效益与生态效应同步发展。"它可以是纵向的层次结构，也可以发展成为几个纵向工艺链索横向联系而成的网状工程系统。

**二、生态工程基本原理**

生态工程应把客户的需求及其与生态环境统一起来进行考虑，既满足客户的生产、生活等需要，又与周围环境相吻合。

1. 太阳能充分利用原理

指从工程的空间到内部结构充分考虑最大限度使用太阳能。如工程的布局，植被的选择，太阳能建筑材料的使用，取暖、取光等方面都要做出调整。

例如太阳能日光温室的应用在过去几年中发展迅猛，1991 年时北方五省只有 5 万余亩，2004 年全国节能日光温室即达到 750 万亩，而且仍在扩展。其原理即利用薄膜吸收太阳能，并用于夜间的热量需求，从而保证植株的提前生长与上市，有相当好的经济效益。

近年又在增加太阳能转换上做了大量工作，如多层膜应用、有色膜应用、反光幕悬挂等。

农业工程及建筑中也强调自然采光作用，建筑中理想的玻璃即透光性好、热性能好的玻璃，或称为低辐射率玻璃，其日光的发生效率至少可以达到荧光灯的 3 倍，即国外近些年发明的"超级窗户"。另外近几年推广的暖舍养畜也是一种方式。

利用太阳能或天然能或生物质能将是未来节能社会的一个方式，各种节能灯、节能材料等被发明出来，一旦技术成熟，即可全面应用。与此同时的一些节能型建筑也在兴起，生态建筑即其中的一个新兴事物，如浙江省建康生态建筑研究所设计的生态住宅，英国也有生态住房建成。

2. 水资源循环利用原理

农业生态工程设计中要求强调水的节约、高效利用，以降低对这种稀缺资源的耗竭。

如在工业上主要是改革用水工艺，提高循环用水率，我国目前工业用水的平均重复利用率仅有 20%，若提高到 40%，每天即可节水 1300 万吨，相应地节省供水工程投资 26 亿元，节水量和经济效益都相当可观。因此世界上许多工业发达国家都把提高工业重复用水率作为解决水资源短缺的一个重要手段。

同样地我国农业用水的效率也很低，渠道水利用系数仅有 0.46，大部分的水被浪费掉了。因此通过改进灌溉方式有着巨大的潜力，目前应用较多的有地下管灌系统、地面喷灌、滴灌系统。如20世纪60年代在以色列发展起来的滴灌系统，可将水直接送到紧靠植物根部的地方，以使蒸发和渗漏水量减到最小。

除此之外农业上还广泛应用污水灌溉及循环利用，以提高水的利用率，潜力也很大。如全国现有城市污水约$360\times10^8m^3/a$，若80%用于污灌，则有$288\times10^8m^3$污水，每亩定额$260m^3$，可灌溉2.2亿亩。

如菲律宾大马尼拉生态农场则通过良好设计与管理，使污水得到了循环利用。即把养殖场粪便及部分污水引入沼气池，进行发酵，排出的沼液进一步与其余污水进入氧化塘，然后用于农田灌溉，以及养殖水生动物和水生植物，从而实现了水质的无害化及废物的循环利用。

3. 无污染工艺原理

无污染工艺又称无废工艺、清洁生产等，它是以管理和技术为手段，通过产品的开发设计、原料的使用、企业管理、工艺改进、物料循环综合利用等途径，实施工业生产包括生产产品消费的全过程控制，使污染物的产生、排放最少化的一种综合工艺过程，目的是使生产和消费过程的废物资源化、最少化、无害化。

4. 生物有效配置原理

即充分利用生态学原理，发挥生物在工程中的众多功能，以优化生产和生活环境。由于生态工程设计中对生物设计的特殊重要性，生物设计应是其核心。

这样如何充分发挥不同生物在生态系统及生态工程中的作用就成为生态工程成功与否的关键所在。

农田生态系统中最基本的是复种制度的应用，以及生物防治中天敌的引进、农田景观的优化等。城市生态系统中由于其严重人工依赖性，人们更需要生物的美化配置，也称园林配置，以有效地调节环境。

## 三、生态工程设计步骤

生态工程的目标就是充分实现生态系统自设计和经济系统人为设计的高度统一。生态工程设计的一般步骤如下。

① 系统边界确定。任何一项工程在设计前首先要做的就是对目标系统进行界定，特别是系统的边界。

② 生态系统分析。对选定的生态系统进行调查、分析，了解该生态系统的发展历史、结构及演化、功能及其变化。

③ 生态过程影响驱动因子及响应。对影响该生态系统的所有环境及生态因子进行分析，找出关键性的驱动因子，并对这些因子改变下的系统响应做出分析。

④ 系统工程目标设定及工程方案构建。确定工程的目标，初步构建实现该目标的不同工程方案，包括具体的工艺路线和工艺流程以及采取的工艺技术。

⑤ 生态工程方案的论证与修订。组织相关学科专家，对提出的不同工艺设计方案进行论证，并吸收政府、企业、民间的修改意见，进行统一修改，形成最终统一的工艺方案。

⑥ 生态工程方案实施。选定实施地点，按照确定工艺进行施工。

⑦ 工程运行记录及反馈。建立全面的工程跟踪记录，并对工程出现的问题进行完善和修正，验证工程的可行性。

⑧ 工程验收。

## 四、生态工程的类型及应用

通常生态工程涉及的主要领域见表 9-1，主要集中在自然生态系统植被恢复与生态建设、退化生态系统恢复与治理、生态农业、环境污染治理等方面。

**表 9-1 生态工程应用领域**

| 主要领域 | 生态工程特点 |
|---|---|
| 土壤生物工程 | 为保障土壤和控制流失，使用生长快的灌木树种 |
| 生物修复 | 应用复合微生物与营养以强化有害化学品的生物降解 |
| 植物修复 | 如超积累植物在重金属和其他污染物吸收中的应用 |
| 改良受扰土地 | 植物、动物与微生物群落定植，恢复生态价值 |
| 堆肥工程 | 通过机械及微生物系统分解有机固体废弃物，产生土壤改良剂及有机肥料 |
| 生态毒理 | 通过微宇宙系统评价有毒物的影响 |
| 食物生产 | 通过设施及品种，如温室、水产等集约化生产食物 |
| 湿地调节 | 人工湿地对受损湿地的调节与恢复 |
| 废水处理 | 湿地和其他水生系统在城镇、工业废水处理中的应用 |

注：引自 Patrick C. Kangas，2004。

### （一）农田作物生态工程

主要指我国传统意义上的农作物的轮作、间作与套种等措施及其应用，正是通过不同作物之间的组合，使农田生态系统生物多样性增加、结构复杂、抗逆能力增强，生产潜力得到更好的发挥。

这些生态工程措施在我国已有悠久的历史，是我国传统农业的精华部分，也是传统农业得以持续发展的重要保证。但是随着现代化农业的形成和发展，这些行之有效的技术和方法已逐渐被遗忘，而取代以单一化的种植方式。单一种植的结果是农田生态系统的生态环境恶化，自我调节能力差，病虫草害不断发生，化肥农药使用量越来越大，几乎跌入生态恶性循环的死胡同，已经引起了世界各国的关注。农田作物生态工程正是为了解决这个问题而提出并加以研究的。

【典型案例】苹果-平菇复合系统

1. 背景介绍

平菇（*Pleurotus ostreatus*）喜阴喜湿、忌强光，是一种抗逆性强、肉质肥厚、味道鲜美的“保健食品”，市场前景较好。但栽培平菇一般需要人工遮阳、喷水增湿。若采用专用菇（棚）房栽培平菇，一次性投资成本较高。果树因其相对较高的经济效益，在低山丘陵区发展较快。

由于太行山低山丘陵区人多地少，耕地资源十分紧张，如何充分、合理利用果树树冠遮阳所形成的特殊生态位，提高自然资源利用率，促进果树的稳产高产，是该丘陵区果农复合模式的重要方向。

实行林菇复合经营，具有共生互利、互为促进的优势，不仅为平菇提供合适的生长环境，降低生产成本，而且可以充分利用真菌这一异养生物在生育成长过程所释放的 $CO_2$ 和菌糠废料所提供的营养物质，促进林木生长。因此，开展平菇-苹果复合经营可以发挥生物群落群体优势，具有很好的生态学和经济学意义。

2. 实验设计

试验于 1999 年 4～9 月在间作果园进行。果园立地为水平梯田，梯田南北宽度 36m，东西长度 150m。土壤质地为轻壤-中壤，土层厚度为 80cm。苹果树栽植于 1991 年，品种为新红星。株行距为 3m×4m，东西行向。平均树高为 2.2m，南北冠幅 3.2m。在东西方向上，将果园分为两部分，分别用于间作平菇和清耕（作为对照）。

在果树行间，距两侧果树带各 1.0m，顺行方向布设一条宽 2.0m、长 10.0m 的菇床，四周筑成宽、高各 20.0cm 的土埂，行内菇床之间留 2.0m 长的通道，以便于日常的生产管理。每条菇床（$20m^2$）的配料：棉壳 200kg、石灰 3.5kg、磷肥 4kg、尿素 4kg、多菌灵 0.5kg，湿度在 70%左右。于 4 月 1 日分层下料播种，4 月 25 日开始采收头潮平菇，以后每隔 10～15d 采收 1 次，6 月末 7 月初基本结束，按当地常规方法进行出菇管理。清耕果园果树的生长管理与间作果园相同。

3. 结果与分析

(1) 生态效应

① 苹果-平菇复合系统小气候环境与平菇菌丝、子实体的生长　平菇菌丝生长发育的适宜温度和空气相对湿度分别为 20～30℃、60%～70%，子实体形成的适宜温度和湿度范围分别为 18～22℃、70%～90%。菌丝生长无需直射光，子实体形成需一定的散射光。本研究苹果园 4 月上旬郁闭度已达 60%，至 6 月份可达 85%左右，所形成林间阴湿及弱直射光照的生态环境，可为平菇的生长提供适宜的光、温、湿条件。表 9-2 表明，10cm 处土壤温度为 18.4～24.0℃、地面气温 19.6～25.7℃、相对湿度 55%～73%，只需对菇床进行适度的水分管理，就能满足菌丝、子实体生长所需的温度和湿度条件。另外，林间透光率只有 18%～41%，非常符合子实体生长所需的弱光照条件。

**表 9-2　苹果-平菇复合系统温度、相对湿度及透光率**（1999 年）

| 项目 \ 时段 | 4 月 1 日～4 月 15 日 | 4 月 16 日～4 月 30 日 | 5 月 1 日～5 月 15 日 | 5 月 16 日～5 月 31 日 | 6 月 1 日～6 月 15 日 | 6 月 16 日～6 月 30 日 | 总平均值 |
|---|---|---|---|---|---|---|---|
| 地面气温/℃ | 19.6 | 20.3 | 21.5 | 23.5 | 23.5 | 26.0 | 22.4 |
| 土壤温度/℃ | 18.4 | 19.0 | 20.5 | 22.1 | 22.3 | 24.0 | 21.1 |
| 空气湿度/% | 69 | 71 | 74 | 85 | 88 | 87 | 79 |
| 透光率/% | 41 | 32 | 27 | 20 | 18 | 17 | 25 |

② 对果园土壤养分的影响　表 9-3 看出，对比清耕果园，果园栽培平菇可使 0～50cm 土层土壤有机质含量提高 45.8%，速效氮含量及速效钾含量分别提高 31.0%、39.3%。可见苹果园栽培平菇具有明显的增加土壤养分的作用。

**表 9-3　苹果-平菇复合系统土壤养分的影响**

| 项　目 | 有机质含量/% | 速效氮含量/(μg/L) | 速效钾含量/(μg/L) |
|---|---|---|---|
| 复合系统(SY) | 1.21 | 69.8 | 99.7 |
| 清耕果园(CK) | 0.83 | 52.6 | 71.6 |
| $\frac{SY-CK}{CK}$/% | 45.8 | 31.0 | 39.3 |

(2) 产量、产值效益

① 平菇产量及产值效益　从表 9-4 可知，苹果-平菇复合系统，可多收平菇 4500.5kg/$hm^2$，按 2 元/kg 计价，可增产值 9001.0 元/$hm^2$，扣除成本 3000 元/$hm^2$，纯收入可增加 6001.0 元/$hm^2$。

② 苹果产量及产值效益　果园栽培平菇增加了土壤养分及其所产生的果树生理生态效

应，为苹果的增产奠定了良好的生态基础。本研究（表 9-4）表明：苹果-平菇复合系统中苹果产量、产值分别为 18272.732kg/hm²、14618.2 元/hm²，比清耕果园的 16992.741kg/hm²和 13594.2 元/hm²均高 7.5%。由于复合系统中苹果的生产管理成本与清耕果园的基本相等，所以，苹果-平菇复合系统可使苹果纯收入增加 7.5%，计 1024 元/hm²。

对苹果和平菇的净增收入进行合计可知，苹果-平菇复合系统可净增 7025.0 元/hm²的收入，对于占地 0.36hm² 的苹果园而言，可达 2529.0 元。可以认为：苹果-平菇复合系统具有可观的经济效益，是太行山低山丘陵区值得推广的生态模式。

**表 9-4　苹果-平菇复合系统产量和产值效益**（1999 年）

| 处理 | 平菇 | | 苹果 | |
|---|---|---|---|---|
| | 产量/(kg/hm²) | 产值/(元/hm²) | 产量/(kg/hm²) | 产值/(元/hm²) |
| 复合系统(SY) | 4500.5 | 9001.0 | 18272.732 | 14618.2 |
| 清耕果园(CK) | — | — | 16992.741 | 13594.2 |
| $\frac{SY-CK}{CK}$/% | 100 | 100 | 7.5 | 7.5 |

4. 结论

9 年生、3m×4m 株行距的苹果园生态环境，适合于平菇菌丝及子实体的生长发育。开展苹果-平菇复合系统具有明显增加果园土壤肥力的作用。此外苹果-平菇复合系统具有较好的经济效益。基于上述结论，可以认为在太行山低山丘陵区发展苹果-平菇复合系统具有可行性。

（二）养殖业生态工程

随着国民经济发展和城乡人民对肉、蛋、奶需求量的逐渐增加，畜禽养殖业已成为我国重要的支柱产业，尤其是规模化、集约化、专业化的畜禽养殖场占据相当大的比例。2000 年全国的统计表明：50 头以上规模猪场提供的生猪占生猪总量的 25%，500 只以上规模养殖场的蛋鸡占总量的 50%，2000 只以上规模养殖场的肉鸡占总量的 35%。

养殖业的发展必然带来畜禽粪尿的产生。根据测算，饲养 1 头猪、1 头牛、1 只鸡每年所产生的污染负荷（按 $BOD_5$ 计），其人口当量分别为 10～13 人、30～40 人、0.5～0.7 人。如 1 头猪按日排放粪尿 6kg 计，则年排泄量 2.5t；1 只鸡日排粪量为 0.1kg，则年排放量 36kg。一个百万只鸡的工厂化养鸡场，每天产粪约 100t，年产鸡粪 3.6 万吨。1998 年我国出栏的猪、牛、羊等牲畜排放的污染，人口当量约为 50 亿人，是全国人口生活污染负荷的 4 倍左右。

养殖粪尿若不进行处理和利用，一方面对环境造成一系列污染，我国畜禽粪便进入水体流失率高达 25%～30%。在部分地区，畜禽养殖业正逐渐成为当地水体最大的污染源。另一方面，造成资源浪费。目前，由畜禽粪便流失造成的全年总氮（TN）、磷（$P_2O_5$）、钾（$K_2O$）养分流失量分别为 11.9 万吨、6.9 万吨、12.5 万吨，占长江三角洲全年实际化肥施用量的 3.3%、12.2%、66.8%。

应用生态学、生态经济学与系统科学的基本原理，采用生态工程方法，以农业动物为中心，并将相应的植物、动物、微生物等生物种群匹配组合起来，形成合理有效开发、综合利用资源、保护生态环境，实现经济、生态和社会效益三统一的高效、稳定、持续发展的复合生产工艺系统。现介绍几种主要模式如下。

① 粮食喂鸡—鸡粪喂猪—粪入鱼塘—塘泥肥田。

② 秸秆喂牛—牛粪作蘑菇培养基—菇渣养蚯蚓—蚯蚓喂鸡—鸡粪喂猪—猪粪肥田。

③ 粮食喂鸡—鸡粪喂猪—猪粪养蛆—蛆喂鱼。

④ 粮食喂鸡—鸡粪喂猪—猪粪养殖蚯蚓—蚯蚓养鱼。

⑤ 粮食养鸡—鸡粪喂猪—猪粪制沼气—沼气肥养鱼。

【典型案例】零排放垫料健康养猪模式

零排放健康养猪技术是根据微生态学原理，采用益生菌拌料饲喂及生物发酵床垫料饲养相结合的养猪方式，构建生猪消化道及生长环境的良性微生态平衡，以发酵床为载体，快速消化分解粪尿等养殖排泄物，在促进生猪生长、提高生猪机体免疫力、大幅度减少生猪疾病的同时，实现猪舍（栏、圈）免冲洗、无异味，达到健康养殖与粪尿零排放的和谐统一。

1. 猪舍发酵床设计

通常采用发酵床养猪的圈舍与普通养猪圈舍差异不大，猪栏可以是单列式，也可以是双列式。除了通常必备的围栏、石槽、饮水装置、加湿装置、操作通道等外，还新增了垫料槽、垫料、垫料进出口、垫料渗液及通气口等（如图 9-2）。

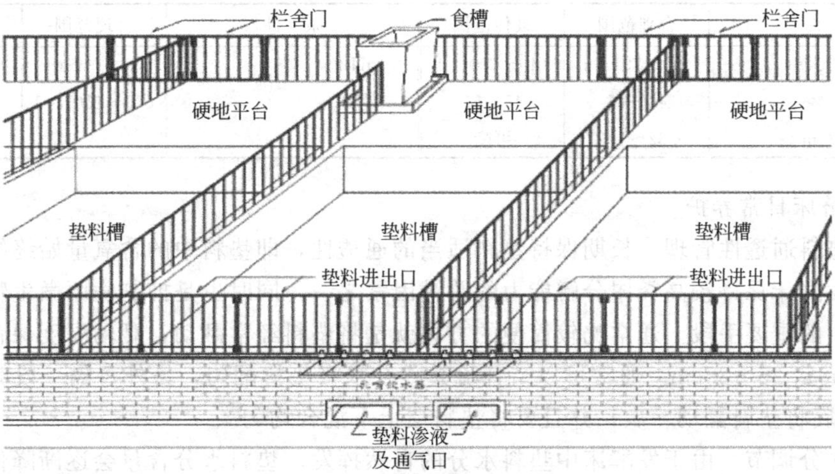


图 9-2 猪舍发酵床基本构成

（1）垫料槽 是将圈栏中超过 2/3 的面积建设（或改造）成低于硬地平台 50～80cm 的潜槽，即垫料槽用于存放养猪垫料。

（2）垫料 将木屑、秸秆粉、米糠、猪粪等有机物经发酵处理，达到无害化指标后填满垫料槽，作为养猪垫圈材料。一方面为生猪的生长提供一个舒适的环境，同时还借助微生物的作用吸收、消化分解粪尿等排泄物，所以形象地称为“发酵床”。

（3）垫料进出口 一般位于猪舍外侧，便于垫料的进出与清理。

（4）垫料渗液及通气口 位于垫料槽外侧底部，平时作为通气孔，当垫料水分调节不当导致水分过大，或圈舍发生跑冒滴漏等事故时，作为渗水通道。

2. 垫料制作

（1）主料 顾名思义就是制作垫料的主要原料，通常这类原料占到物料比例的 80%以上，由一种或几种原料构成，常用的主料有木屑、米糠、草炭、秸秆粉、蘑菇渣等。

（2）辅料 主要是用来调节物料水分、C/N、C/P、pH、通透性的一些原料，由一种或几种原料组成，通常这类原料占整个物料的比例不超过 20%。常用的辅料有猪粪、稻壳粉、麦麸、饼粕、生石灰、过磷酸钙、磷矿粉、红糖或糖蜜等。垫料制作应该根据当地的资源状况首先确定主料，然后根据主料的性质选取辅料。无论何种原料，其选用的一般原则如下。

① 原料来源广泛、供应稳定。

② 主料必须为高碳原料。

③ 主料水分不宜过高，应便于临时储存。

④ 不得选用已经腐烂霉变的原料。

⑤ 成本或价格低。

筛选采用的各种原材料，按照配方要求（表 9-5），通过预处理环节，达到合理的粒度、C/N、C/P、pH 值、水分后，按照好氧堆肥的要求，初步完成无害化、稳定化生化反应过程，有益微生物种群达到一定数量后，方可作为发酵床垫料。垫料制作过程可变因子多、过程控制复杂，同时受环境因素的影响较大，只有严格执行生产操作规程，才能保证垫料质量的稳定。

表 9-5　发酵床垫料配方要求

| 条　件 | 合理范围 | 最佳范围 | 条　件 | 合理范围 | 最佳范围 |
|---|---|---|---|---|---|
| 碳氮比(C/N) | (30～70)：1 | (40～60)：1 | pH 值 | 5.5～9.0 | 6.5～7.5 |
| 水分含量/% | 40～65 | 45～55 | C/P | (75～150)：1 | 75：1 |
| 颗粒直径/cm | 0.32～1.27 | 可变 | | | |

3. 发酵床日常养护

(1) 垫料通透性管理　长期保持垫料适当的通透性，即垫料中的含氧量始终维持在正常水平，是发酵床保持较高粪尿分解能力的关键因素之一，同时也是抑制病原微生物繁殖、减少疾病发生的重要手段。通常比较简便的方式就是将垫料经常翻动，翻动深度保育猪为15～20cm、育成猪 25～35cm。通常可以结合疏粪或补水将垫料翻匀，另外每隔一段时间（50～60d）要彻底将垫料翻动一次，并且要将垫料层上下混合均匀。

(2) 水分调节　由于发酵床中垫料水分的自然挥发，垫料水分含量会逐渐降低，但垫料水分降到一定水平后，微生物的繁殖就会受阻或者停止，定期或视垫料水分状况经常补充水分，是保持垫料微生物正常繁殖、维持垫料粪尿分解能力的另一关键因素。垫料合适的水分含量通常为 38%～45%，因季节或空气湿度的不同而略有差异。常规补水方式可以采用加湿喷雾补水，也可结合补菌时补水。

(3) 疏粪管理　由于生猪具有集中定点排泄粪尿的特性，所以发酵床上会出现粪尿分布不匀，粪尿集中的地方湿度大，消化分解速度慢，只有将粪尿布撒在垫料上（即疏粪管理），并与垫料混合均匀，才能保持发酵床水分的均匀一致，并能在较短的时间内将粪尿消化分解干净。通常保育猪可 2～3d 进行一次疏粪管理，中大猪应 1～2d 进行一次疏粪管理。

(4) 补菌　定期补充菌剂是维护发酵床正常微生态平衡、保持其粪尿持续分解能力的重要手段。补充菌剂最好做到每周一次，按垫料量的 0.03%～0.05%，补菌可结合水分调节和疏粪管理进行。

(5) 垫料补充与更新　发酵床在消化分解粪尿的同时，垫料也会逐步损耗，及时补充垫料是保持发酵床性能稳定的重要措施。通常垫料减少量达到 10%后就要及时补充，补充的新料要与发酵床上的垫料混合均匀，并调节好水分。

4. 饲养管理

(1) 饲养密度　各饲养阶段密度可参照下列标准：保育猪 0.3～0.7m²/头；育成猪

0.7～1.2m$^2$/头。

（2）垫料消毒　当一个饲养阶段结束转入下一饲养阶段（转栏），或者育成猪出栏后，垫料应做消毒处理，处理方式采用高温好氧堆肥模式，即在垫料表面撒上新鲜木屑或秸秆粉或米糠，喷上适量菌剂，混合均匀并调节水分至45%左右后归拢堆积起来，堆体温度上升到50℃以上保持24h以上便可重新使用。

（3）盛夏管理　盛夏季节，生猪在硬地平台上活动和休息的时间会增多，发酵床对猪舍室温的变化基本不产生影响。所以盛夏饲养管理还是立足于加强常规降温管理措施。

5. 主要作用及效果

（1）实现了生猪养殖粪尿零排放　圈舍免冲洗，粪尿被微生物分解或转化，所以无污水及粪尿排出，真正实现了生猪养殖粪尿的零排放。

（2）提高了生猪健康状况　一方面是由于发酵床为生猪的生长提供了较好的温度和湿度条件，同时粪尿被迅速分解，猪舍无臭少蝇；另一方面是添加的有益微生物改善了生猪消化道微生态条件，增强了机体免疫力，生猪抗病、抗逆及抗应激能力显著增强；再者是发酵床中有益微生物占主导地位，抑制了病原微生物的发生。

（3）促进了生猪生长发育　生长条件的改善，促进了生猪的生长发育，生猪生长快、出栏早，一般可提前出栏20～40d。

（4）提高了饲料的转化率和利用率　各种有益微生物在生猪消化道定殖后，会产生各种水解酶，加速了猪消化道对各种养分的吸收，通常饲料的转化率和利用率均可提高10%以上。

（5）改善了猪肉品质　生猪生长环境的改善和免疫力的提高，促进了生猪个体和群体健康状况的改善和提高，抗生素等药物基本不需使用，猪肉无药物残留。

（6）降低了养殖综合成本　采用发酵床养猪，通过“五节约”达到降低养殖成本的目的。“五节约”分别为节约用水、节约冬季取暖、节约用工、节约饲料、节约防疫成本。

（三）水体污染修复生态工程

水体为水生生物的繁衍生息提供了基本的场所，各种生物通过物质流和能量流相互联系并维持生命，形成了水生生态系统。水体污染修复生态工程指景观、湖泊、池塘等受损水体的污染修复生态工程，利用培育的植物或培育、接种的微生物的生命活动，对水中的污染物进行转移、转化及降解，从而使水体得到净化的工程及技术体系。该工程具有处理效果好、投资少、运行费用低、无二次污染等优点。所以，这种廉价的工程技术十分适用于我国大范围受损水体的修复。

【典型案例】北京市动物园水禽湖富营养化综合整治

北京市动物园水禽湖位于北京市动物园水系的中部，是珍稀水禽生存和繁衍的场所，湖中生活有1000多只水禽，主要是丹顶鹤、白鹤、赤颈鹤、大天鹅、灰鹤等珍稀品种。高密度的水禽养殖带来了水环境的污染问题，尤其在夏天，水质恶化，浮游藻类增多，透明度下降。恶化的水质不仅威胁着水禽的生存，同时还会污染与其相连的河道，影响城市景观和危及供水水质。2000年4月，在综合整治措施实施之前，水质监测结果为TN 0.85mg/L、TP 0.17mg/L、COD 19.7mg/L、叶绿素a为93.3μg/L，水体呈富营养化状态。

综合整治方案从2000年4月开始实施，至2000年10月结束。主要实施的措施如下。

1. 生物措施

主要是放养鱼类、种植水生植物、使用微生物技术三种措施。

放养的鱼类选择了中上层鱼类——鲢鱼、鳙鱼，底层鱼类——鲤鱼，主要是通过它们的摄食能力抑制浮游植物的生长。在5月下旬向水禽湖中二次投放鱼类，共计白鲢500条(259kg)，花鲢200条(113.5kg)，鲤鱼400条(170kg)。

水生植物选择了凤眼莲，于6月底投放了150kg的凤眼莲，由于在一天内被水禽全部吃光，于7月底在水禽湖下游的天鹅湖中放养2000kg凤眼莲，并于8月下旬每天向水禽湖中转移100kg左右，以代替水禽饲料供其食用。

微生物技术是利用光合细菌，以红色非硫细菌科中的红假单胞菌属为主，优势种为沼泽红假单胞菌。在4月26日开始每月一次全池泼洒，为了更好地改善池底环境，在第一次泼洒前进行拌沙沉池底施。

2. 工程措施

为了改善水禽湖的溶解氧状况，将机械增氧设施建成喷泉的形式，参数为：电机5000W，喷嘴60个，进水管直径30cm，流量$1000m^3/h$，射程10m，试验期间喷泉昼夜工作。

3. 管理措施

制定了必要的动物园管理规则，加强了对园内工作的监督、管理。如加强了对湖内及湖边栖息动物的饲养管理，尽量减少残饵和动物粪便进入水禽湖中，对湖面漂浮的腐叶枯枝及垃圾杂物及时进行了清除等。同时，加强了动物园环境保护宣传工作，减少水禽湖的旅游污染负荷。

4. 修复效果

试验前，水禽湖水质在四类水的标准范围内，5月份水质好于4月份，7月水质最差，随后水质逐渐好转，到9月底水质已接近三类水标准，10月份水质又开始下降。与1999年同期相比，2000年水禽湖水质好于1999年，一定程度上控制了水体富营养化的发展。另外，水禽湖中动物的健康状况也得到了好转，表现为繁殖率和成活率提高，发病率、死亡率下降。

(四) 综合生态工程

综合生态工程通常以生态学为原理，利用生态工艺及设计思路，实现物质再生循环与分层多级利用，保障生态、经济、社会三方面效益。其基本原理归纳起来就是食物链、生命周期、价值链原理的集中体现。

生态村是在生态学原理指导下，运用生态农业工程、遗传工程等现代科学技术，以一个自然村为对象而设计和实施的一种新型农业生态经济模式。这种模式应是农村生产、加工、运销在结构和功能上相互协调、补偿的模式，以增强农业抗御自然灾害的能力，实现发展农村经济与改善农业环境的双重目的。

【典型案例】北京留民营生态村

留民营村位于京郊东南大兴县内，耕地面积$130.47hm^2$。1982年，在北京大兴县留民营村建立生态农业试点，这是我国第一次对生态农业进行全面、系统、定量的研究与实践。

1. 前期基础及存在问题

(1) 生产结构单一，林业薄弱　1980年工农业总产值中，种植业占78%，畜牧业占6%，工副业占11.5%，林业只占0.3%。

(2) 生态系统结构简单　以种植业为主，一级生产者占主要地位，缺少利用一级生产副产品(秸秆等)的二级生产系统。秸秆还田率只有10%左右，大量的小麦秸秆全部烧掉，宝贵的碳、磷、氮损失。在生态农业建设以前，虽然有一定量肉牛的饲养量，建立了家用小沼气池，但产气量不高，大量沼渣、沼液流失，生物能利用率和废物循环利用率均很低。

2. 留民营村生态农业的建设

（1）调整生态结构　重点是改变村里原有的单一生产结构，提高畜牧业的比重，开展多种经营，实行农牧加工协调发展。

从1993年开始，在村北兴建了80亩（15亩＝1公顷，后同）绿色工业生产基地。先后投资1200万元兴建起4家高科技企业，建成7100$m^2$高标准厂房，还对原有的饮料厂进行技术改造，使小规模低水平变成大规模高水平。同时，加强了对10万只鸡场、29万只鸭场、5000头猪场进行现代化管理。在养殖业发展的基础上，还大力发展加工业。过去，养鸭场卖一只活鸭只赚1元钱左右。现在，在村里办起了年生产能力达15万只的真空包装烤鸭厂，不仅可以卖烤鸭，而且还可以卖鸭绒，卖一只鸭赚的钱由1元增加到6元。如今，全村的1200亩粮田实现了全过程机械化作业，粮食平均亩产达1020kg。上市的肉、蛋、蔬菜、果品等质量逐年提高，成了广大消费者喜爱的绿色食品。生态农业创造了巨大的经济、生态和社会效益。

（2）建立农业有机废料综合利用、循环利用体系　农业有机废料综合利用、循环利用体系在留民营村走过了两个阶段，一个阶段为单个家庭型模式的阶段，另一个阶段是系统总体型模式，即：实现单个农户建沼气池生态型农户，到农牧结合集中供气的生态村建设的转变，为有机废料的综合利用寻找出路，也为改善村容村貌、发展有机农业奠定基础和提供肥源。

单个家庭发展沼气模式是在留民营村原来的沼气池建设的基础上发展起来的，并进一步完善成为家庭综合利用型模式。沼气池建于屋前，与厕所及猪圈相通。猪圈为两层小房，上层养鸡或兔，下层养猪。沼气池上盖一塑料小棚，既有利于沼气保温，又可在棚内养花、种菜。鸡粪（兔粪）作为猪饲料的一部分，猪粪和厕所里的粪便流入沼气池，加上部分青草或秸秆产生沼气。沼气供给农民作为燃料，沼气渣、沼气水作为肥料。实现了单个农户的有机废物无害化和资源化处理。单个家庭型循环模式见图9-3。

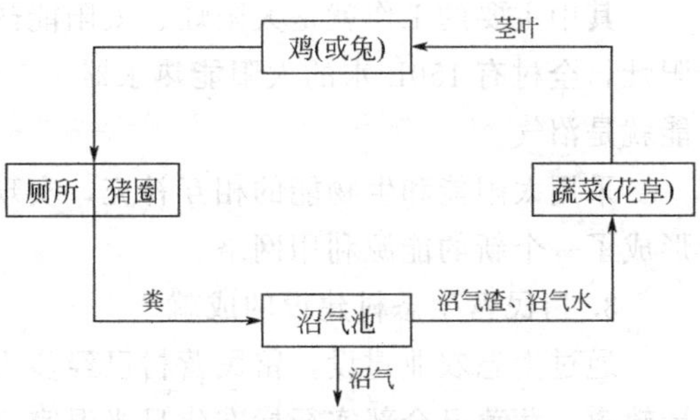

图 9-3　单个家庭型循环模式

另外，留民营村的各农户都建了地下沼气池、地面太阳灶和太阳能热水器，把沼气环节渗入种、养、加的生产结构中。经有关部门测定，施用沼气渣肥，无病无害，土壤有机质含量比过去增加了7%，农业仅节省化肥开支就达20多万元。

留民营村家庭型综合循环利用示意见图9-4。

为解决养殖业粪便多、加工企业产生的废弃物不好处理和农民家家搞沼气池麻烦等问题，1992年8月，该村又在专家指导下，投资80万元，新建了一个能消化5万只鸡粪的100$m^3$的大型高温沼气池，将种、养、加所留下的废弃物集中处理生产沼气，集中供气。一年四季发酵产气，可供全村农民和集体食堂烧水做饭。有了它，不仅节约了农民到外地换煤气的钱，还净化了环境，提高了生活质量。基本实现了单个农户建沼气池的生态型农户向农牧加结合集中处理废弃物产生沼气集中供气的生态村建设的转变。

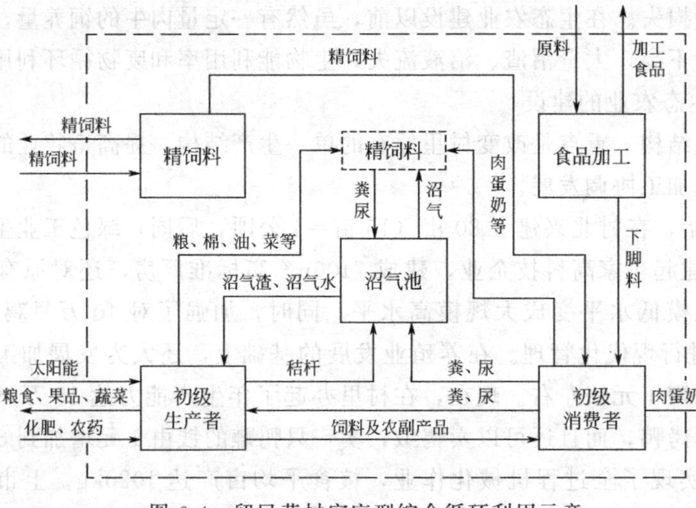


图 9-4　留民营村家庭型综合循环利用示意

这种农牧结合集中处理集中供气的方式是在全村农、林、牧、副、渔多种经营基础上的系统总体型模式。通过这种模式，将全村各行各业有机地串联起来，形成了一个相互促进的良性循环系统。在进行生态农业建设后，为充分利用作物秸秆，发展了饲养业，又先后建了饲料加工厂、面粉加工厂、食品加工厂及农机修配厂等，形成种、养、加多种经营的生产结构。

(3) 新能源建设　按照生态农业的观点，就是要尽可能地做到自给自足，包括能源在内。主要有两方面：一是努力提高太阳能利用率；二是提高生物能的利用率。

其中主要的工作就是太阳灶、太阳能热水器和太阳能采暖房的建设。现在每户有一个太阳灶，全村有150L水的太阳能热水器165个，太阳能采暖房38间。除此之外，主要的生物能就是沼气。

采用太阳能和生物能的相互补充，实现了能量在时空上的不同层次和不同形式的利用，形成了一个新的能源利用网络。

3. 留民营生态村建设的成就

通过生态农业建设，留民营村已经步入区域化种植、规模化经营、清洁化生产的良性发展轨道，蔬菜已全部实行标准化日光温室、大棚栽培，养殖业已经实现了工厂化生产。1998年，全村工农业总产值达到1.2亿元，人均收入5600元；集体固定资产上亿元。每亩耕地化肥平均使用量由125kg下降到不足30kg，蔬菜生产已做到基本不使用化肥。

留民营村于1987年被联合国环境规划署评为全球环境500佳之一，被命名为世界生态农业新村。留民营生态农业在国际上产生了很大影响，同样，该村的社会主义精神文明建设也在国内外出了名。多年来，这个村成为北京大兴对外开放的一个窗口，先后有120多个国家和地区的宾客来这里参观考察。

## 第二节　生态规划

### 一、生态规划的概念及意义

生态规划与城市规划和环境规划有着密切的联系，但又有一定的区别。城市规划重点强调规划区域内土地利用、空间配置和城市产业及基础设施的规划布局，即是物质空间、硬底景观的规划；环境规划则强调规划区内大气、水体、噪声及固体废物等环境质量的监测、评价和调控管理；而生态规划则强调运用生态系统整体优化的观点，对规划区内城乡生态系统的人工生态因子和自然生态因子的动态变化过程和相互作用都应给予重视，进而提出资源合理开发利用，环境保护和生态建设的规划对策。因此，生态规划是联系城市规划和环境规划的桥梁，是协调城乡建设、发展和环境保护的重要手段。

（一）生态规划的概念

有关生态规划的定义，不同学者有相似，又不尽相同的提法。如日本学者将生态规划定义为“生态学的土地利用规划”。我国学者冯向车（1988）认为城市生态规划是在国土整治、区域规划指导下，按城市总体规划要求，对生态要素的综合整治目标、程序、内容、方法、成果、实施对策全过程进行的人工生态综合体的规划。王如松（1993）则强调了生态规划应是城乡生态平衡、生态规则和生态建设三大组成部分之一。

根据城市人工复合生态系统的特点，多数学者认为，生态规划不应仅限于土地规划，它与区域规划、城市规划在内容方法上是重合的。因此，生态规划可定义为：“在区域规划、城市规划的过程中，着重贯彻生态学的科学原理，强调生态要素的综合平衡，探讨改善系统结构与功能的生态建设对策，促进人与环境关系持续协调发展的一种规划方法。”

（二）生态规划的意义

通过生态规划，在利用自然资源和能源过程中，以及在改造自然环境过程中，不至于破坏人和生物与自然环境的良性关系。使可更新资源和能源越用越多，越用越好；不可更新资源和能源能得到充分合理的利用；在工农业生产及人类社会活动中不会出现环境问题。

通过生态规划，能实现以人为本，追求区域及城市总体关系的和谐、各部门各层次之间的和谐，人与自然关系的和谐。通过生态规划，能以资源环境承载能力为前提，更好地协调自然资源与自然环境的性能与环境容量，以及自然生态过程与人类活动的关系。通过生态规划，能进一步促进系统开放，促进优势互补，形成区域及城市生态经济优势与社会子系统和自然子系统优势的互补。通过生态规划能进一步强调社会、经济与生态环境的改善与提高，系统自我调控能力与抗干扰能力的提高，全面改善区域及城市高效和谐可持续发展的能力。

## 二、生态规划的原则和程序

生态规划指根据生态经济学原理，结合国民经济发展计划，实现和保护生态平衡的长期计划。通过生态规划，合理而有效地利用各种自然资源，以满足不断增长的社会生产和消费需要；同时保证人类社会生存活动不受妨碍并有利于充分发挥自然界的功能，以保持和增强自然资源和自然环境的再生能力，实现人与生态环境的协调发展。

1. 生态规划的原则

（1）整体优化原则　生态规划坚持整体优化的原则，从系统分析的原理和方法出发，强调生态规划的目标与区域或城镇总体规划目标的一致性，追求社会、经济和生态环境的整体最佳效益，努力创造一个社会文明、经济高效、生态和谐、环境洁净的人工复合生态系统。

（2）趋适开拓原则　生态规划坚持趋适开拓原则，以环境容量、自然资源承载能力和生态适宜度为依据，积极创造新的生态工程，改善区域或城镇生态环境质量，寻求最佳的区域或城镇生态位，不断地开拓和占领空余生态位，以充分发挥生态系统的潜力，强化人为调控未来生态变化趋势的能力，促进生态建设。

（3）协调共生原则　城镇人工复合生态系统具有多元、多介质、多层次、生态位分化的特点，子系统之间和各生态要素之间相互影响、相互制约，不仅影响到区域或城镇大系统的稳定性，而且直接关系到系统的结构和整体功能的发挥。因此，在生态规划中必须遵循协调共生的原则。

(4) 区域分异原则　生态规划坚持区域分异的理论，在充分研究区域或城镇生态要素功能现状、问题及发展趋势的基础上，综合考虑国土规划、城镇总体规划的要求和城镇现状布局，搞好生态功能分区，以利于社会经济的发展和居民生活，利于环境容量的充分利用，实现社会、经济和环境效益的统一。

(5) 生态平衡原则　生态平衡的含义是指处于顶极稳定状态的生态系统，此时系统内的结构与功能相互适应与协调，能量的输入与输出之间达到相对平衡，系统的整体效益最佳。生态规划遵循生态平衡的理论，重视搞好水、土地资源、大气、人口容量、经济、园林绿地系统等生态要素的子规划；合理安排产业结构和布局、园林绿地系统的结构和布局，并注意与自然地形、河湖水系的协调性以及与城镇功能分区的关系，努力创造一个顶极稳定状态的人工复合生态系统，维护生态平衡。

(6) 高效和谐原则　生态规划的目的是要将人类聚居地建成一个高效和谐的社会-经济-自然复合生态系统，使其内部的物质代谢、能量流动和信息传递形成一个环环相扣的网络，物质和能量得到多层分级利用，废物循环再生，各部门、各行业之间形成发达的共生关系，系统的功能、机构充分协调，系统能量的损失最小，物质利用率和经济效益最高。

(7) 可持续发展原则　生态规划中要突出“既能满足当前的需要，又不危及下一代满足其发展需要能力”的思想，强调在发展过程中合理利用自然资源，并为后代维护、保留较好的资源条件，使人类社会得到公平的发展。

2. 生态规划的程序

生态规划的过程可以概括为以下八个步骤。

(1) 生态规划提纲的编制　对整个规划工作规划的组织和安排，编制各项工作计划。

(2) 生态调查与资料收集　这一步骤是生态规划的基础。资料收集包括历史、现状资料，卫星图片、航片资料，访问当地人获得的资料，实地调查资料等。然后进行初步的统计分析、因子相关分析以及现场核实与图件的清绘工作，然后建立资料数据库。

(3) 生态系统分析与评价　这是生态规划的一个主要内容，为生态规划提供决策依据。主要是分析生态系统结构、功能的状况，辨识生态位势，评价生态系统的健康度、可持续度等。提出自然社会经济发展的优势、劣势和制约因子。

(4) 生态环境区划和生态功能区划　这是对区域空间在结构功能上的划分，是生态空间规划、产业布局规划、土地利用规划等规划的基础。

(5) 规划设计与规划方案的建立　它是根据区域发展要求和生态规划的目标，以及研究区的生态环境、资源及社会条件在内的适宜度和承载力范围，选择最适于区域发展方案的措施。一般分为战略规划和专项规划。

(6) 规划方案的分析与决策　根据设计的规划方案，通过风险评价和损益分析等进行方案可行性分析，同时分析规划区域的执行能力和潜力。

(7) 规划调控体系　建立生态监控体系，从时间、空间、数量、结构、机制等方面检测事、人、物的变化，并及时反馈与决策；建立规划支持保障系统，包括科技支持、资金支持和管理支持系统，从而建立规划的调控体系。

(8) 规划方案的实施与执行　规划完成后，由下面部门分别论证实施，并由政府和市民进行管理、执行。

具体的生态规划程序见图 9-5。

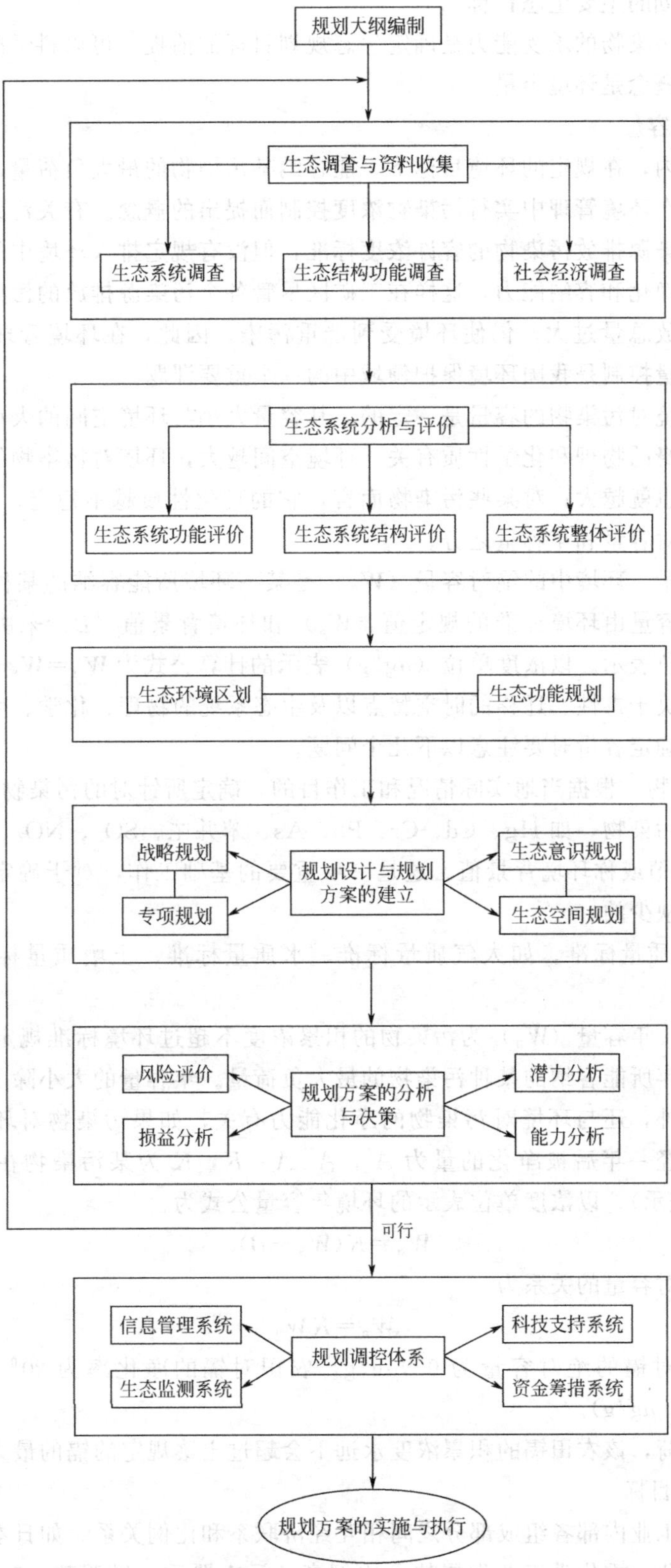
规划大纲编制
生态调查与资料收集
生态系统调查
生态结构功能调查
社会经济调查
生态系统分析与评价
生态系统功能评价
生态系统结构评价
生态系统整体评价
生态环境区划
生态功能规划
战略规划
专项规划
规划设计与规划方案的建立
生态意识规划
生态空间规划
风险评价
损益分析
规划方案的分析与决策
潜力分析
能力分析
可行
信息管理系统
生态监测系统
规划调控体系
科技支持系统
资金筹措系统
规划方案的实施与执行

图 9-5　生态规划程序

## 三、生态规划的主要生态目标

考察环境对污染物的承受能力是确定生态规划目标的前提。可以科学准确说明环境对污染物承受能力的概念是环境容量。

1. 确定环境容量

在一定范围内，在规定的环境目标下，能容纳某污染物的最大负荷量，称之环境容量。

环境容量是在环境管理中实行污染物浓度控制而提出的概念。有关污染物浓度控制的法规规定了各个污染源排放污染物的容许浓度标准，但没有规定排入环境中的污染物数量，也没有考虑到环境净化和容纳能力，这样在工矿区尽管各个污染源排放的污染物达到环境控制标准，但由于排放总量过大，仍使环境受到严重污染。因此，在环境管理上应实行总量控制，实行环境总量控制是我国环境保护领域中的一个重要课题。

一个特定环境对污染物的容量是一定的。其容量大小与环境空间的大小、各环境要素的特征、污染物本身的物理和化学性质有关。环境空间越大，环境对污染物的稀释净化能力就越大，环境容量也就越大；对某些污染物而言，它的理化性质越不稳定，环境的容量越大。环境容量又有绝对容量和年容量之分。

(1) 绝对容量　环境中的绝对容量（$W_q$）是某一环境所能容纳的某种污染物的最大负荷量。环境绝对容量由环境标准的规定值（$W_s$）和环境背景值（$B$）来决定，可分别以浓度单位和重量单位表示。以浓度单位（$\mu g/g$）表示的计算公式为 $W_q = W_s - B$。

绝对容量取决于毒性、迁移的时空特点以及生态系统的物理、化学、生物方面对污染物的净化能力。在确定容量时要注意以下几个问题。

① 确定污染物。根据当地实际情况和工作目的，确定所针对的污染物，在一般情况下，应考虑以下几种污染物，如 Hg、Cd、Cr、Pb、As、苯并芘、$SO_2$、$NO_2$、降尘等。

② 确定本底值或称环境背景值。这是一项重要的基础工作，对于确定环境容量，评价环境质量是不可缺少的。

③ 确定环境质量标准。如大气质量标准、水质量标准、土壤质量标准、生物质量标准等。

(2) 年容量　年容量（$W_a$）为污染物的积累浓度不超过环境标准规定的最大容许值情况下，某地区每年所能容纳的某种污染物的最大负荷量。年容量的大小除了与环境标准规定值和背景值有关外，还与环境对污染物的净化能力有关，如果污染物对环境的输入量为 $A$（单位负荷量），经一年后被净化的量为 $A'$，$A'/A = K$，$K$ 为某污染物在环境中的净化率（通常以百分数表示）。以浓度单位表示的环境年容量公式为

$$W_a = K(W_s - B)$$

年容量与绝对容量的关系为

$$W_a = KW_q$$

例如，农田对镉的绝对容量为 0.9$\mu g/g$，农田对镉的净化率为 20%，则其年容量为 0.9×20%＝0.18($\mu g/g$)。

按此污染负荷，该农田镉的积累浓度永远不会超过土壤规定的镉的最大容许值 1$\mu g/g$。

2. 工业结构目标

工业结构是工业内部各组成部分之间相互经济联系和比例关系。如日本在 20 世纪 60 年代以前，钢铁工业、重化学工业发展快、比例高、污染严重。经调整，70 年代后，积极发展电子工业、计算机工业等知识密集型工业，同时，在钢铁工业、重化学工业强调污染治理

的同时广泛使用计算机，实现生产自动化，大大减少了污染物的排放。

在我国的工业结构中，乡镇企业中小型企业的比重大，如大量的小造纸厂、小化工厂、小印染厂等，工艺落后，原材料消耗高，污染严重，许多电镀、金属热处理等厂也是如此。研究工业结构、企业规模与环境污染关系能避免环境的污染，因此，是生态规划的重要的生态目标及内容。

3. 能源结构目标

能源结构是指能源部门内部各组成之间的内在联系与比例关系。能源由煤、电（水电、火电、核电）、油、天然气（或煤气、沼气等）组成。我国目前是一个以煤作为主要能源利用的国家，对城市的环境质量影响很大。所以，调整能源结构，改变能源利用方式，也同样是生态规划的重要生态目标及内容。

4. 工业布局目标

工业布局是指工业生产的空间组织形式，即指工业固定资产综合生产能力的地域分布及与其他生产要素（人力资源、原材料、能源、市场科技、运输等）组合的情况。合理的工业布局有利于综合开发和利用自然资源、充分发挥区域环境自净能力，有利于经济合理地进行区域环境综合整治，促进经济与环境的协调发展。如工厂与城市的相对位置；与饮用水源的相对位置；排放的固体废物的处理方法及处理场所等，均对城市的环境质量造成极大影响。因此，工业布局要结合实际情况，合理布置。这是生态规划的重要基础及生态目标。

5. 生态园林目标

城市园林生态绿化，必须考虑到城市性质、规模、发展、自然条件和污染状况。城市绿地定额是反映城市绿化水平和城市环境的一个重要指标。仅从碳氧平衡角度来讲，城市最低定额指标是每人拥有 $10m^2$ 的森林面积。但由于燃烧及工业排放大量污染物，所以还必须从植物吸收有毒气体、滞尘、降噪等功能来考虑，提出一个适合实际的城市绿地需要量，才能反映真正环境质量的要求，因此，生态园林绿地建设是生态规划的极为重要的生态目标及内容。

6. 污水处理目标

应按照城市的规模、性质、人口密度及人口总量，计算出城市的工业污水排放量及生活污水排放量，建立布局合理，规模、数量与之相适应的污水处理厂对城市污水进行充分的净化与处理。这也是生态规划的重要生态目标之一。

## 四、生态规划的可行性研究

生态规划的对象是一个由自然生态要素和人工生态要素复合而成的人工复合生态系统，因子众多，复杂多变，故工作内容应根据研究对象的具体情况，突出重点、因地制宜、有针对性地根据不同类型拟定其内容及方法。主要包括以下方面。

### （一）生态要素的调查与评价

生态规划调查的主要目的是调查搜集规划区域的自然、社会、人口、经济与环境的资料数据，为充分了解规划区域的生态特征、生态过程、生态潜力与制约提供资料。搜集资料包括历史资料的搜集、实地调查、社会调查与遥感技术应用等。

1. 生态调查

生态调查中多采用网格法，即在筛选生态因子的基础上，按网格逐个进行生态状况的调查与登记。

（1）确定生态规划区范围　采用 1∶10000（较大区域采用 1∶50000）地形图为底图，依据一定原则将规划区域划分为若干个网格，网格一般为 1km×1km，有的也采用 0.5km×

0.5km（视具体情况而定），每个网格即为生态调查与评价的基本单元。

(2) 调查登记的主要内容　主要调查登记规划区内的气象条件、水资源、绿化、地形地貌、土壤类型、人口密度、经济密度、产业结构与布局、土地利用、建筑密度、能耗密度、水耗密度、环境污染状况等，并将对自然环境与社会环境特征的评价分析进行登记。最好是应用卫星磁带数据与航测照片完成登记工作，还可借助于专家咨询、民意测验等公众参与的方法来弥补数据的不足。

2. 生态评价

进行生态评价的主要目的，在于运用复合生态系统的观点及生态学、环境科学的理论与技术方法，对评价区域的资源与环境的性能、生态过程特征、生态环境敏感性与稳定性、土地质量及区位评价进行综合评价分析，以认识和了解评价区域环境资源的生态潜力和生产制约要素。

(1) 生态过程分析　在城市可持续发展的生态规划中，往往要对能流、物流、土地承载力及景观空间格局等与城市发展及环境密切相关的生态过程进行综合分析。从而，深入认识城市的“人工廊道”、“人工能流”、“人工物流”、“城乡镶嵌体”等同社会经济发展的关系。

(2) 生态潜力分析　生态潜力是指在单位面积土地上可能达到的初级生产水平。它是一个能综合反映区域光、温、水、土地资源配合效果的一个定量指标。根据这 4 种自然资源的稳定性和可调控性，资源生产可分为 4 个层次：光合生产潜力、光温生产潜力、气候生产潜力及土地承载力。通过分析与比较区域生产潜力与区域农林业土地产出状况，可以找出制约区域农林生产的主要环境要素，进一步为城市的发展规划提供科学依据。

(3) 生态敏感性分析　生态敏感性分析的目的就是分析与评价区域内各系统对人类活动的反应，分析内容通常包括水土流失评价，敏感集水区的确定，具有特殊价值的亚生态系统及人文景观，以及自然灾害的风险评价等。

(4) 土地质量与区位评价　土地质量及区位评价实际上是对城市复合生态系统的评价与分析的综合和归纳。土地质量，如在绿地规划中，与绿地密切相关的气候、地理、水分有效性、土壤养分、植物生态特性等作为评价指标；区位评价主要目的是为城市发展、产业经济布局与城镇建设提供基础，其指标有地形地貌条件，河流水系的分布，植被与土壤等，以及交通、人口、工农业产值、乡镇基础、土地利用等。评价指标与属性的综合方法有很多，如根据专业知识及专家经验，用加权法综合，最终形成区域土地质量与区位特征评价图。

(二) 生态适宜度分析

依据环境容量进行生态适宜度分析是生态规划的核心。对各主要因素及各种资源开发利用方式进行适宜性分析，以确定适宜性等级。定量地描述适宜性等级已成为生态规划发展的一个重要方向。量化了的生态适宜性称为生态适宜度。

1. 生态适宜度分析的方法

按要素分类，可将环境容量划分为大气环境容量、水环境容量、土壤环境容量和绿地环境容量等。生态适宜度是指在规划区内确定的土地利用方式对生态因素的影响程度，即生态因素对给定的土地利用方式的适宜状况和程度，是土地开发利用适宜程度的依据。研究环境容量和生态适宜度，可为生态规划中区域与城市污染物的总量排放控制、搞好生态功能分区提供科学依据。

生态规划工作者对适宜度分析有较多的研究，根据不同规划对象与规划目标，提出过不同的方法，归纳起来，可分为形态法、因素叠合法、线性组合法、逻辑组合法、生态位适宜模型五大类。

（1）形态法　根据实地调查或遥感资料，将规划区域划分成不同的同质小区；根据土地利用要求（资源利用的适宜性），定性描述每一小区的潜力与限制；每一小区对某特定土地利用的适宜性等级的分析；将不同土地利用的适宜性图叠合成区域综合性适宜性图。

（2）因素叠合法　又称 McHarg 适宜分析法。首先根据各相关因素的潜力与限制分别分析其适宜性等级，然后将各种因素的适宜性叠加，以得到综合适宜性图。由于在实际操作过程中，通常先绘成单因素的适宜性等级图，再叠加适宜性等级图，最后叠加到地图上，故也称地图叠加法。

（3）线性组合与非线性组合　可分四步进行。第一步分析不同方案或措施与资源环境的关系；第二步是根据自然因素的属性建立适宜性评价准则，并给每一因素依重要性给一权重值；第三步将不同属性的自然因素适宜性等级值与其因素的权重相乘，其值则表示该因素的适宜性值；第四步综合各因素的适宜性值的空间分布特征得到综合适宜性值。

（4）生态位适宜度模型　将区域的广义资源（包括自然环境、社会经济条件因素以及物质资源）构成一个多维的资源需求空间。可描述为“需求生态位”与“供给生态位”的匹配关系，反映了区域现状资源条件对发展的适宜性程度，其度量可以用生态位适宜度来估计。生态位适宜度指数的大小反映了区域现状资源条件对发展需求的生态位适宜程度，从而可以根据生态位适宜值的大小建立初步的区域发展方案与措施。

（5）逻辑规则组合法　规则组合法系指运用逻辑规则建立适宜性准则，再以准则为基础进行判别分析适宜性的方法。其主要工作流程包括：①确定规划方案及其有关的资源环境因素；②对资源环境因素进行分等级定级；③制定适宜性评价规则；④根据规则确定综合适宜性。由于规划对象与目标不同，其规则也有所不同。如 Westman 在评价坡地对住宅建设的适宜性时，以滑坡风险为主要衡量指标，在分析其适宜性时，主要关心影响滑坡风险的有关因素，即坡度、土壤排水性及土壤质地三个因素。根据三个因素的影响分成两个等级并建立评价规划（视其住宅建设对三个因素的要求），最后以评价规划为标准，评价三个因素不同组合的适宜性。此方法通常用于规划方案所涉及的因素不多，且方案对资源环境的需求明确。如因素及因素组合过多时，则难以确立适宜性分析。

2. 生态适宜度的评价标准及分级

（1）生态适宜度单因子评价标准　筛选生态适宜度评价因子的原则，一是所选择的生态因子对给定的利用方式有较显著的影响；二是所选择的生态因子在各网络的分布存在着较显著的差异性。

单因子生态适宜度的评价分级常分为三级，即适宜、基本适宜、不适宜；或五级，即很适宜、适宜、基本适宜、基本不适宜、不适宜；或六级，即很适宜、适宜、基本适宜、基本不适宜、不适宜、很不适宜。

（2）生态适宜度综合评价值的数学表达　计算生态适宜度综合评价值的数学表达的主要形式是代数和表达式。

$$B_{ij} = \sum_{s=1}^{n} B_{isj}$$

式中　$i$——网格编号（或地块编号）；

$j$——土地利用方式编号（或土地类型编号）；

$s$——影响土地利用方式（或用地类型）的生态因子编号；

$n$——影响土地利用方式（或用地类型）的生态因子总个数；

$B_{isj}$——土地利用方式为 $j$ 的第 $i$ 个网格的第 $s$ 个生态因子对该利用方式（或类型）的适宜度评价值（简称单因子 $s$ 的评价值）；

$B_{ij}$——第 $i$ 个网格，其利用方式是 $j$ 时的综合评价值。

(3) 生态适宜度综合评价标准　制定生态适宜度综合评价标准的依据有四条：①单因子生态适宜度评价标准；②生态规划区生态适宜度综合评价值；③该市经济、社会发展规划；④该市总体规划。

制定标准的方法很多，常用的简便方法举例如下。

假设某市经过专家咨询所筛选出来的对工业用地适宜度有影响作用的生态因子共 5 个，用 A、B、C、D、E 表示。其单因子生态适宜度分级标准如表 9-6 所示。

**表 9-6　单因子生态适宜度分级标准**

| 生态适宜度等级 | 单因子评价值 | | | | |
|---|---|---|---|---|---|
| | A | B | C | D | E |
| 很适宜 | 9 | 9 | 9 | 9 | 9 |
| 适宜 | 7 | 7 | 7 | 7 | 7 |
| 基本适宜 | 5 | 5 | 5 | 5 | 5 |
| 基本不适宜 | 3 | 3 | 3 | 3 | 3 |
| 不适宜 | 1 | 1 | 1 | 1 | 1 |

其权重分别是 A 为 0.50，B 为 0.20，C 为 0.15，D 为 0.10，E 为 0.05。由单因子评价值合成综合评价值时采用加权平均数模型，即

$$B_{ij}=\sum_{s=1}^{n}(W_sB_{isj})\Big/\sum_{s=1}^{n}W_s$$

式中　$W_s$——第 $s$ 个生态因子的权值，$\sum_{s=1}^{n}W_s=1.0$。

综合生态适宜度每一级都和一个评价值区间相对应，所以寻求各区间端点或上下界便成了判断综合生态适宜度分级标准的关键。生态适宜度分级界限如表 9-7 所示。

**表 9-7　生态适宜度分级界限**

| 状态描述 | A、B、C、D、E 均很适宜 | A、B、D、E 均很适宜 C 适宜 | A、B、C、D、E 均适宜 | A、B、C、D、E 均基本适宜 | A、B、C、D、E 均基本不适宜 | A、B、C、D、E 均不适宜 |
|---|---|---|---|---|---|---|
| 单因子评价值 | A=B=C=D=E=9 | A=B=D=E=9 C=7 | A=B=C=D=E=7 | A=B=C=D=E=5 | A=B=C=D=E=3 | A=B=C=D=E=1 |
| 综合评价值 | 9 | 8.7 | 7 | 5 | 3 | 1 |
| 界限 | 很适宜的上界 | 适宜的上界 | 基本适宜的上界 | 基本不适宜的上界 | 不适宜的上界 | 不适宜的下界 |

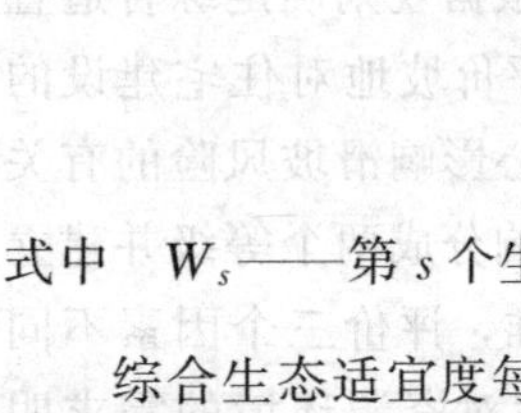


图 9-6　评价标准分级

其中界限的选择方法各地根据实际情况可以灵活掌握。以上分级结构如图 9-6 所示。

（三）评价指标体系的建立及规划目标的研究

在生态规划的研究中，建立评价指标体系及规划目标的工作具有重要的作用，其内容应包括社会、经济和环境三方面的内容。评价指标体系是描述和评价某种事物的可量度参数的集合，应充分体现其科学性、综合性、层次性、简洁完备性等原则。在参考和吸收各类传统分指标的权重中，重点考虑如下生态指标，即人口密度、土地利用强度、绿地覆盖

率、人均公共绿地、建筑密度、能耗强度与密度、污染负荷密度、交通量等。

确定生态规划的总目标、近远期目标和年度，应同区域和城市总体规划近远期目标和相应的年度一致，以利于同步、协调。

（四）生态功能区划与土地利用布局的研究

1. 生态功能区划

生态功能区划是进行生态规划的基础工作。根据区域或城市生态系统结构及功能特点，将其划分为不同类型的单元，研究其特点、结构、环境污染、环境负荷及承载力等问题，为各生态区提供管理对策。功能区划应综合考虑生态要素的现状、问题、发展趋势及生态适宜度，提出工业、农业、生活居住、对外交通、仓储、公建、园林绿化、游乐功能的综合划分以及大型生态工程布局的方案，充分发挥生态要素功能及城市分区功能的反馈调节作用，以能动地调控生态要素功能朝良性方向发展。

具体操作时，要将土地利用评价图、工业和居住用地适宜度等图叠加，经综合分析，再进行生态功能分区。功能分区应遵循下列原则。

① 必须有利于经济、社会的发展。

② 必须有利于居民生活。

③ 必须有利于生态环境建设。

在满足上述条件的基础上，功能分区力求实现三个效益的统一。

2. 土地利用布局

土地利用布局应考虑城市的性质、规模和城市产业构成，还应综合考虑用地大小、地形地貌、山脉、河流、气候、水文及工程地质等自然要素的制约。

城市用地构成一般可分为工业用地、生活居住用地、市政设施用地、道路交通用地、绿化用地等。在城市生态规划中，应综合研究城市用地状况与环境条件的相互关系，提出调整用地结构的建议和科学依据，促使土地利用布局趋于合理。

(1) 各类用地的选择 根据生态适宜度分析的结果，确定选择的标准，同时还应考虑国家有关政策、法规以及技术、经济的可行性。在恰当的标准指导下，结合生态适宜度、土地条件等评价结果，划定出各类用地的范围、位置和大小。

(2) 各类用地的开发次序 在充分考虑土地条件的前提下，按照生态适宜度的等级以及经济技术水平，确定用地开发次序的标准；根据拟定的标准，确定土地的开发次序。

**五、生态规划的子项**

（一）环境保护规划

环境保护规划是生态规划中的重要组成部分。应从整体出发进行研究，实行主要污染物排放总量控制，并建立数学模型对环境要素的发展趋势、影响程度进行预测，分析不同的发展时期环境污染对生态状况的影响，根据各功能区不同的环境目标，按功能区实行分区生态功能质量管理，逐步达到生态规划目标的要求。

主要内容包括：大气污染控制规划、水污染控制规划、声污染控制规划、固体废物污染控制规划等；在此基础上，根据主要污染物的最大允许排放量，计算各主要污染物的削减量，实行污染物排放总量控制，按系统分配削减量指标，对各功能区、各行业的综合防治方案进行综合、比较，应用最优化方法求出环境投资-效益的最佳分配，提出生态规划中总的污染综合防治方案。

1. 大气环境综合整治规划

大气环境综合整治规划的主要内容包括，在污染源及环境质量现状评价与发展趋势的基础上进行功能区划；确定规划目标，选择规划方法与相应的参数；规划方案的制定及其评价与决策。主要规划内容可分为三个层次，即环境现状及变化趋势的研究、模型与相应参数研究和规划方案的筛选与决策研究。大气环境规划主要指城市中量大、面广、危害严重的污染物，如 TSP、$SO_2$、$NO_x$、CO 等，各城市应根据自身特点，进行筛选。大气环境综合整治的方法包括：科学地利用自然净化能力，积极开展绿化工作，加强污染源集中控制和治理的措施等。

2. 水环境综合整治规划

在水环境污染现状与发展趋势分析的基础上划分控制单元，确定规划目标，设计规划方案，并对规划方案进行优化分析与决策。制定规划的方法及一般步骤包括：水污染现状分析，水污染控制单元的划分，水环境污染物控制路线分析，水环境污染源治理的技术经济分析，水污染防治的主要措施分析等。

3. 固体废物综合整治规划

规划，首先是要在对固体废物污染现状调查的基础上进行预测及评价，评价应与规划目标相对应；经比较并参照评价结果按各行业的具体情况确定各行业的分目标及具体污染源的削减量目标。然后确定不同的治理方案并进行环境经济效益的综合分析，根据经济承受能力确定最终规划方案。方案包括：确定固体废物污染的控制目标，制定重点行业、企业固体废物的治理规划，制定有毒有害固体废物的处理措施。

4. 声环境综合整治规划

在声环境质量和噪声污染现状与发展趋势分析的基础上，根据城市土地利用规划和声环境功能区划，突出声环境规划目标及实现目标所采取的综合整治措施。规划包括确定噪声污染整治对象，制定噪声污染整治措施等。

（二）人口适宜容量规划

人口是区域及城市生态系统的主体，对水资源、土地资源、能源、城市空间和环境造成很大压力。在区域及城市生态系统中，人类既是自然的人，又是社会的人；既是生态系统的消费者处在金字塔形营养级的顶端，其生命活动是生态系统中能流、物流、信息流的一部分，又是生态经济系统中的生产者；是生产力诸要素中最积极、最活跃的部分，参与生产经营、创造财富、商品交换、分配与消费。因此，人类的生态规划编制工作中，必须确定近远期的人口规模，提出人口密度的调整意见、提高人口素质的对策以及实施人口规划的对策。研究内容包括人口分布、规模、自然增长率、机械增长率、男女性比、人口密度、人口的组成、流动人口基本情况等。

（三）产业结构与布局调整规划

产业结构影响着区域与城市生态系统的结构和功能。产业结构是指城市产业系统内部各部门（各行业）之间的比例关系。目前，发达国家城市产业结构的比例多为 3∶2∶1（第三产业与第二产业、第一产业之比），我国经济发达地区城市的第三产业比重也正处于逐步上升时期，但一些老的重工业城市第二产业比重，尤其是重工业比重一直偏高，对环境的压力很大。城市的产业结构还有生产工艺合理设计和配置的问题，即在功能区（工业区）中要设计合理的“生态合理链”，推行清洁生产工艺，促进城市生态系统的良性循环。调整老城市产业布局，搞好新建城市产业的合理布局，是改善城市生态结构防治污染的重要措施。如国内某城市冬季盛行西北风，而夏季盛行东南风，该城市的工业区却布置在城市的西北部和东南部，造成工业污染常年向市区扩散。再如日本北海道某城市，市中心的平坦地带布局为居民区和商业区，在城市四周近郊的丘陵地带布置了工业区，城市规划工作者的本意是阻止工业污染向城市居住区扩散。但由于城市的热岛效应形成局部环流，导致四周丘陵地带的工业污染反而向市中心扩散。这两个例子充分说明了产业合理布局的重要性。

城市产业布局应综合考虑经济效益、社会效益与环境效益的协调统一，以城市总体规划与城市环境保护为指导。改善城市产业布局的方法归纳如下。

首先将城市规划区划分为若干网格即地块（每格 $1km^2$ 见方）并编号，逐格进行生态因素登记。然后对工业用地进行生态适宜度分析，求出不同网格的工业用地生态综合性适宜度，并绘图。应用同一划分的网格，将现有工业企业的分布绘图落在网格内。将两张图纸叠在一起，对现有工业布局进行分析评价，即可提出改善工业布局的方案。

工业用地生态适宜度分析步骤如下：

确定工业用地适宜度评价因子，如选择土地利用构成、扰民程度、风向位置、大气质量指数、水、土地资源等评价因子；确定各单因子评价标准，确定工业用地生态适宜度综合评价标准；根据调查登记资料对各网格进行单因子评价；在工业用地适宜度单因子评价基础上进行工业用地生态适宜度综合评价；提出工业用地适宜度评价结论；绘制工业用地适宜度分布图。

（四）园林绿地系统规划

有关资料指出，一个城市如果每人平均有 $10m^2$ 树木或 $25m^2$ 草坪，就能自动调节空气中的 $CO_2$ 和 $O_2$ 的比例平衡，使空气清新。有关研究还进一步指出，影响城市生态的地理、气象、污染和绿化四种因素的相对重要性比值为 34∶66∶25∶25，其中污染指数和绿化指数的重要性相当，但方向相反。因此，在城市生态规划中，应充分认识到城市绿化的重要性，将治污与绿化、美化、净化结合起来，根据城市的地形地貌、河湖水系、气候、环境特征等，合理组织绿地，形成一个点线面结合、绿地水面自然相融的城市园林绿地系统，才能收到更好的效果。

1. 绿地规划

绿地规划的步骤和内容如下。

① 确定绿地规划的原则。

② 选择和规划各项绿地，确定其位置、性质、范围和面积。

③ 根据该地区生产、生活水平及发展规模，研究绿地建设的发展速度与水平，拟定绿地各项定量指标。

④ 对过去的绿地进行调整，充实或改造，提出绿地分期建设及重要修建项目的实施计划，以及划出需要控制和保留的绿化用地。

⑤ 编制绿地系统的图纸及文件。

⑥ 提出重点绿地规划的示意图和规划方案，内容包括绿地的性质、位置、规模、周围环境、服务对象、游人量、布局形式、艺术风格、建设年限等。

2. 卫生防护林带

卫生防护林带主要分布于工业区与生活区之间、不同污染程度的工业企业之间、靠近生活居住区的公路、铁路两侧及机场周围等处。在卫生防护带内应尽量绿化，根据污染物的类型、性质、排放形式和当地气象特点等综合因素布置。

林带可降低气流的速度，使得空气中挟持着的较大颗粒粉尘沉降下来，并对有害气体起到阻隔、过滤、吸收、吸附、滞留等作用，使空气净化。林带与附近空气对流的形成，对有害气体的上升、稀释与扩散起到加速的作用，对较大的颗粒物的沉降也起到有利作用，较小颗粒物则会随上升气流抬升到上空飘去，不会降落到林带后面的地区。

以净化空气为目的的卫生防护林带，要选择一些对有毒气体具有较强的抗性和吸收净化能力，而且适合当地土壤、气候条件的树种。在卫生防护林带中，迎污染源一边的树种必须配植抗污染能力强的树种。以降噪声为目的林带以密度大为好，主要应增加下部的灌木。

3. 道路绿化

道路绿化在现代城市中占有十分重要的地位，除明显起到美化、净化、防污、降噪等作用外，还起到"廊道"的作用，联系城市中分散的绿地，使之成为一个统一整体。完整的道路绿化布局应是主干道、快车道、慢车道和人行道均用绿带分隔，这种布局不仅有利于交通安全，而且也利于改善环境质量。

在通过市区或经过市区边缘的高速机动车道与城市之间应配置由乔木、灌木和绿篱的绿化隔离带，其宽度最好在 40m 左右，这样在降噪以及在减轻尘埃和有毒气体污染方面能产生显著效果。

对市内道路，要尽可能种植树冠茂密的乔木，把车道两侧和人行道的上空荫蔽起来。人行道和车行道之间，如条件许可最好栽植绿篱，因为这样无论对于降噪或阻挡尘埃向路旁飞扬都有很好效果。人行道与路旁建筑物之间要尽可能用常绿的乔木、灌木和草皮等组成绿化带加以隔离。行车道上空不应被树冠全部覆盖，尤其是车道较窄的道路。

一般城市行道树主要从美化和遮阴效果考虑。在工业城市，还要考虑减轻污染，保护环境的问题。

4. 工厂区防污绿化

工厂区防污绿化　所选植物除适合当地气候、土壤条件外，还应具有抗有害气体的性能。以选择具有较强的抗大气污染能力，具有净化污染气体的能力，适应性强、再生能力强的品种最为适宜。

工厂防污绿化植物的配置，应从如何减少工厂生产对环境的污染和工厂对空气净化的要求两个方面出发，在厂区的不同地段，做到因地制宜。在有粉尘或毒气排放的车间与无污染物排放的地段之间进行多层配置，尽量增加叶面积指数。是在工厂土地面积不足的情况下可实行垂直配置，以形成绿色的屏障。如车间污染气体浓度大，需要迅速扩散、稀释，则车间附近种植的乔木不宜过密，最好多种植低矮灌木、绿篱、草坪，即使植物能净化空气又不使毒气滞留。工厂的生活区一般在主导风向的上侧，是厂区受污染最轻的地段。在绿化环境的同时，也应选择一些对污染气体十分敏感的植物（吸污弱、抗污弱或吸污强、抗污弱）进行种植，以起到警示作用。

5. 水面绿化

城市中，在水、气污染较重的工厂企业区，除对废气、废水进行必要治理，做到达标排放外，还应规划一定面积的人工水面。可以根据地形地貌特征，因地制宜地规划一定面积的人工湖、池塘、小溪等。可利用它们起到天然氧化塘（沟）的作用，在水中种植吸污能力强的水葫芦、水浮莲、荷花、睡莲、浮萍、芦苇、菱草、蒲草、水葱等飘浮植物及挺水植物，以进一步去除污染，改善水质，也起到美化环境的作用。特别在我国干旱地区的城市，更应实施规划人工水面及水面绿化带，因为在雨季，它们能蓄洪，起到"洪水资源化"的作用，以缓解旱季水资源的不足。

（五）资源利用与保护规划

生态规划应根据国土规划和区域规划的要求，依据区域与城市社会经济发展趋势和环境保护目标，制定对水资源、土地资源、生物资源、矿产资源等的合理开发利用与保护的规划。

1. 水资源保护规划

水资源保护规划包括：制定上游水源涵养林和水土流失防护林建设规划；禁止乱围垦，保护鱼类和其他水生生物的生存环境；积极研究和推广保护水源地水生态系统和防止水污染的新技术；兴建一批跨流域调水工程和调蓄能力较大的水利工程，恢复水生生态平衡；健全水土资源保护和管理体制，制定相应的政策法规。

2. 生物多样性保护与自然保护区建设规划

生物多样性保护与自然保护区建设规划中，最主要的是加强生物多样性保护的管理工作和开展生物多样性保护的监测和信息系统建设。

加强生物多样性保护的管理工作，包括建立和完善生物多样性保护的法律体系；制定生物多样性保护的战略和计划；制定生物多样性保护的规范和标准；积极推行和完善自然保护区的建立、建设规划，强化监督管理；加强对生物多样性的“基因库”——自然保护区的“核心区”的研究和保护工作，做到管理及研究的制度化、规范化和科学化。

开展生物多样性保护的监测和信息系统建设，包括建立和完善生物多样性保护的监测网络；建立生物多样性保护的国家信息系统，积极开展生物多样性的国际与区域合作。此外，开展多种形式的宣传和科普教育工作，培训素质高、精通业务的管理干部队伍，也十分重要。

（六）景观生态与城市景观规划

1. 景观及景观生态

景观是具有空间异质性的区域，它是由许多大小形状不一、相互作用的斑块按照一定的规律组成的。景观生态是研究景观单元的类型组成、空间格局及其与生态过程相互的作用。强调空间格局、生态过程与尺度之间的相互作用是景观生态研究的核心。斑块、廊道、基质和景观格局等是组成景观生态的基本要素。

2. 城市景观规划

城市景观规划是依据景观生态原理和方法，合理地规划景观空间结构，使斑块、基质、廊道等景观要素及其空间分布合理，使信息流、物质流与能量流畅通，使景观不仅符合生态学原理，而且具有一定的美学价值，还能适合人类居住。其目标是改善城市景观结构、完善城市景观功能、提高城市环境质量、促进城市景观的持续发展。具体可以概括为生态稳定性、通达性、舒适性、美观性。

（1）城市景观规划原则　城市景观规划的内容极为广泛，包括了景观设计、绿地规划、小区规划、土地发展规划、城市设计、区域景观规划、环境敏感区保护、生态规划和设计以及景观人文设计等内容。如何在为人类创造一个可持续发展的经济、社会，满足人类物质文化需求的城市的同时，最大限度地保护自然景观，实现人与自然的协调发展，是城市景观规划的核心课题之一。

从我国实际情况出发，城市景观生态规划应遵循以下原则。

① 整体化原则。在城市规划尤其是大城市规划中，仅仅考虑城市本身的高效协调是不够的，必须将城市景观与整个区域的景观相协调（如城市发展与乡村发展，某一城市与周边城市发展相协调）。充分利用 3S 技术和系统方法理论，实现景观整体上的协调发展。

② 尺度原则。从景观单元角度来看，城市的景观结构要素包括斑块、廊道、基质等。这些景观结构要素在城市景观规划中的尺度问题，具体表现为城市生态绿地的规模、城市边缘地区破碎化、连接性景观廊道的隔离性尺度等。对这些尺度敏感地区进行理论分析，就其合理的尺度规模进行界定，并提出相应的规划管理措施，对于在城市景观规划中充分发挥这些地区的尺度特性，实现各城市景观单元的相互协调将会大有裨益（王晓东，赵鹏军，王仰麟，2001）。

③ 注重环境容量与可持续发展原则。在进行规划时要充分考虑短期利益与长期利益的协调，立足当前，兼顾长远，实现城市的可持续发展。

④ 自然景观优先原则。基于景观生态学原理的景观规划设计，要求人类对自然的介入应约束在环境容量以内，不破坏生态系统的物流、能流的基本通道，创造既服务于人，又与自然环境相融洽的最佳场所。注重自然景观的保护，尤其是环境敏感区的保护；对不得不破坏的自然景观应加以补偿或修复；对水源地、名胜古迹、重要的城市森林绿地加以格外的保护。

⑤ 多样性与异质性原则。由于城市景观中自然生态系统少，应适当补充自然成分，协调城市景观结构；在补充自然成分中要注意物种的多样化，避免物种单调、结构简单的状况；廊道、嵌块体形式多样，大小嵌块体相结合，宽窄廊道相结合，集中与分散相结合。通过多样化的景观配置，提高景观异质性。

⑥ 结构与功能人本化原则。合理安排城市空间结构，合理规划工业区、商业区、居民区及绿化网点的布局，组织和谐一致的土地利用，取消功能混杂、相互干扰的布局，如工厂和住宅商业楼的混杂。使住宅离开交通干道，至少使建筑正面离开街道，以减少噪声干扰。居住小区应避免单调划一，努力提供方便舒适、多种多样和各具特色的生活场所。从而使居住环境、生活质量、城市文化相互促进。

⑦ 地域化原则。根据地域的不同，合理配置植物种类，充分发挥绿色植物美化环境、净化空气的功能；构建立体、多彩、多层次的城市绿地景观；在人工环境中努力显现自然氛围，增加景观的视觉多样性和自然度。

(2) 城市景观生态规划内容与方法　城市景观生态规划主要包括如下内容：收集和调查城市景观生态的基础资料；对城市进行景观生态分析与评价，即从景观生态学角度分析城市景观要素、结构、功能以及物流、能流情况。这是做好景观生态规划的基础性工作，是拟定城市景观生态规划的前提。城市景观生态规划工作程序如图 9-7 所示。具体地说，从规划的对象来看，城市景观生态规划主要包括三个方面：一是环境敏感区的保护规划，二是生态绿地空间规划，三是城市外貌与建筑景观规划。

## 六、生态规划案例

### (一) 尺度生态规划模式与案例（以温岭市坞根镇为例）

#### 1. 坞根镇基本情况

坞根镇地处浙江台州温岭市西南沿海，东西北三面环山，一面向海，属半山区。境内地形以低山、谷地、平原为主，西南分布有较大面积的滩涂；属中亚热带季风气候，受海洋性气候影响明显，四季分明，温湿适中，光照适宜，雨水充沛。由于受季风气候不稳定性的影响，寒潮、伏旱、台风等灾害性天气频繁。

坞根镇域总面积 3452$hm^2$，其中林业用地 1400$hm^2$，占土地总面积的 40.56%；耕地面积 755.9$hm^2$，占 21.90%；园地 417.7$hm^2$，占 12.10%；工业用地 50$hm^2$，占 1.45%。全

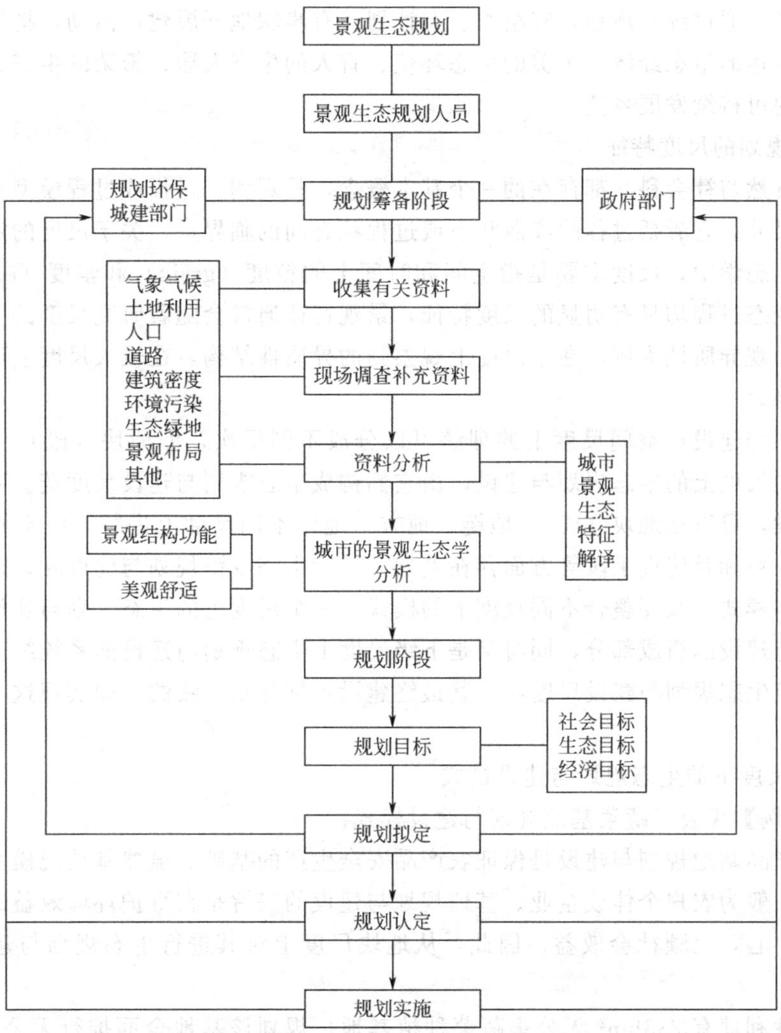


图 9-7　城市景观生态规划工作程序

镇人均耕地 0.03hm²/人。境内森林植被类型在分区上属亚热带常绿阔叶林区，全镇森林覆盖率 40.56%。

2003 年年底，坞根镇总人口 25213 人，其中农业人口 24617 人，占 97.64%。全镇实现工农业总产值 4.07 亿元，其中工业总产值 2.08 亿元，农业总产值 1.99 亿元；地方财政总收入为 139.3 万元，农民人均收入 4530 元。

但由于受特定自然条件和社会经济条件的限制，坞根镇的总体经济指标在温岭市居后，属于贫困乡镇之列，表现在产业基础比较薄弱、经济发展总体水平不高、城镇化水平较低、基础设施薄弱、社会保障制度等需进一步规范和完善。坞根镇域生态环境质量虽总体属于优良，但局部出现污染物排放量增加、资源开发利用不合理等环境污染和生态破坏行为，特别是农业面源污染和生活污染问题日益突出，对全镇生态系统造成很大压力。如何使坞根镇的社会经济和资源环境协调发展，是坞根镇生态规划与建设的关键。

坞根镇生态规划，就是以全面、协调、可持续的发展观为指导，运用生态学原理、系统工程方法和循环经济理论，以生态经济建设为中心，以人与自然和谐为主线，以保护和改善生态环境、实现资源的合理开发利用和经济社会协调发展为重点，以全面提高人民群众生活质量为出发点，通过统一规划，有组织、有计划、有步骤地开展建设活动，把坞根镇建设成为具有比较发达的生态经济、优美的生态环境、宜人的生态人居、繁荣的生态文化、人与自然和谐相处的可持续发展乡镇。

2. 生态规划的尺度特征

尺度是自然与社会科学都存在的一个基本概念，是观测、过程或过程模型在空间或时间方面的基准尺寸，它囊括过程的离散状态或过程状态间的临界点。关于尺度的定义有许多方式，在景观生态学中，尺度主要是指空间和时间上的粒度（grain）和幅度（extent）。任何景观现象和生态过程均具有明显的尺度特征，景观特征通常会随着研究尺度的变化而出现显著差异。以景观异质性为例，在小尺度上观察到的异质性结构，在较大尺度上可能会作为一种细节被忽略。

生态规划与建设从空间尺度上的理解可以分成不同层次，即地块（段）、地链、地方、地区四个不同尺度上的生态规划与建设，由它们构成生态规划与建设尺度链。对于生态乡镇的规划与建设，可以在地块（段）、地链、地方、地区不同尺度上进行，但不同尺度的生态规划与建设在目标及建设手段等方面存在差异。进行生态乡镇规划与建设时，既要考虑各个尺度上的具体模式，又要整合不同尺度下的模式。一个尺度上的生态规划与建设是上级尺度上生态规划与建设的组成部分，同时又是下级尺度上生态规划与建设的系统综合，而由此构成的某一乡镇生态规划与建设尺度链，其最终建设目标都是一致的，即实现这一区域的可持续发展。

3. 不同尺度下的生态规划与建设模式

【地块案例】无公害蔬菜基地规划与建设模式。

绿色农产品基地规划与建设是保证农产品安全生产的基础。虽然基地规模大小不等，但其经营主体一般为农户个体或企业。基地规划与建设的宗旨是在维护环境效益的前提下，以经济效益为中心，兼顾社会效益。因此，从地块尺度上对其进行生态规划与建设显得十分重要。

坞根镇胜利塘有 $233hm^2$ 无公害蔬菜种植基地，规划该基地全面推行无公害生产技术，围绕产前、产中、产后实现链式开发。主要措施：一是无公害蔬菜生产技术集成、优化和应用，包括优质、高抗蔬菜新品种应用与推广，无公害蔬菜生产环境调控技术，蔬菜病虫害综合防治技术，无公害蔬菜肥料施用技术，无公害蔬菜新型耕作制度应用等；二是无公害蔬菜产品转型增值技术应用，包括产品采后处理、产品包装、产品储运等技术；三是无公害蔬菜产业化开发，普遍推广“公司＋合作经济组织＋农户”等产业化经营模式，切实提高蔬菜产品市场竞争力和整体效益；四是开展无公害农产品生产基地和浙江绿色农产品品牌的“双认证”。

地块尺度的生态规划与建设范围和规模都较小，建设后的效果也较明显。如通过上述的无公害蔬菜基地规划与建设，首先是土地资源得到合理高效利用，有利于农业生态环境的保护，并提供优质、无污染、安全的绿色农产品，产生良好的经济效益；其次，有利于乡村地区就业创收、消除贫困，产生良好的社会效益；再者，绿色农产品较高而稳定的产量以及高于普通农产品的价格，使农业生产更具有采用新技术的能力，从而提高农业技术的到位率。另一方面，地块尺度的生态规划与建设更强调具体技术的应用，从原料产地环境条件的本底调查及检测、生产过程的严格监控，到产品的加工、包装，均要求采用先进的技术设备和具有良好的经营者素质。因此，要使土地得到高效合理和持续的利用，必须进行地块设计。

【地链案例】“菜—鱼—稻”立体农业规划与建设模式。

在胜利塘无公害蔬菜种植基地相邻处规划建设一个绿色淡水水产养殖基地、一个高产无公害水稻种植基地和一个高产无公害蔬菜种植基地。各基地分别为不同的农户个体承包经营，但都处于相近的本底环境条件，可以从地链尺度上对其进行立体农业生态规划与建设。

在水稻种植基地选用高产、优质、抗病的水稻良种，适时放养鸭子，利用鸭子吃稻虫、鸭粪给水稻提供营养，且能松土、除草、促进稻根发育，形成完整的生物链。鸭窝积粪养蚯蚓，或加工成饲料，喂鸭子或作为淡水水产养殖基地鱼的饵料；或加工成有机肥，作为蔬菜种植基地肥料。用水产养殖基地的鱼塘水灌溉稻田，鱼塘淤泥作为蔬菜种植基地的基肥。蔬菜种植基地蔬菜采后处理的剩余菜叶，加工成饲料，作为鱼鸭饲料。从而形成田养鸭、鸭吃虫、鸭窝积粪养蚯蚓、蚯蚓喂鱼鸭、鱼塘水入稻田、鱼塘淤泥进菜地、菜叶加工成鱼鸭饲料等的资源多级利用和循环立体农业结构。

地链尺度上的生态规划与建设，不仅要采取具体技术措施，更要注重具体技术间的适配组合，“菜—鱼—稻”立体农业建设模式很好地体现了这一尺度上土地利用方式的差别。技术仍然是很重要的因素，但是单一的技术是不够的，而是一整套技术的组合。如对于立体农业模式，要在有限的水资源、土地资源、生物资源和社会经济资源的基础上，按大农业的思路，充分利用时间的连续性和空间的多层性，通过优化组合无公害种植技术、绿色养殖技术、物质与能量多级利用技术等，实现多业配合、多业交叉、多层利用、多级开发、共同提高、协调发展。这一尺度上的生态规划与建设目标，也从地块尺度上主要侧重于某一效益，发展到环境效益、经济效益和社会效益之间的结合，各效益之间开始强调协调共赢。

【地方案例】“种—沼—养”生态农业规划与建设模式。

沼气工程是解决集聚地居民生活及农业生产过程中各类有机废弃物资源化的一种有效方法。规划在胜利塘附近的茅陶中心村建设一个沼气工程，连接胜利塘的无公害蔬菜种植基地、绿色淡水水产养殖基地和高产无公害水稻种植基地，以及本村有机生活垃圾收集系统，形成一个以沼气为纽带的“种—沼—养”三位一体的生态农业建设模式。在此模式中，各基地及沼气工程分别由不同的农户个体或企业承包经营，同时辐射影响到附近村民，需要从地方尺度上对其进行生态规划与建设。

在茅陶中心村规划建设地埋式沼气净化装置，接受蔬菜基地采后处理的剩余菜叶和水稻基地的秸秆，以及本村的有机生活垃圾的处理。产出的沼气用于养殖场和蔬菜大棚的供热，还可解决部分生活能源问题，减少薪柴使用。部分沼气渣养蚯蚓，蚯蚓喂鸭；部分沼气渣和沼气液作为蔬菜基地和水稻基地的有机肥料；部分沼气渣作为鱼塘的部分饲料。从而建立起以沼气工程为中心，与种植基地、水产养殖基地和周围农户互利合作联系的沼气开发体系，走上生态农业的可持续发展之路。

地方尺度上的生态规划与建设模式，其意义不仅在于摸索出“种—沼—养”相结合的生态农业模式，也是集中村委、企业、科研单位、农户各个主体的重要基地，这对于模式的试验和孕育、模式的样板和示范辐射作用的发挥，以及农业科技创新和管理体制创新，都具有很重要的意义。以生态农业为特征的生态规划与建设模式的应用，在持续提高种养业产量的同时，可增加农民收入，促进农村清洁能源利用率的提高；还可减少森林破坏，促进农业废弃物资源化利用，加强农业面源污染治理，有效改善农村生态环境和农村生活环境，因此具有显著的经济效益、社会效益和环境效益，而这就需要从地方尺度上进行通盘考虑。

【地区案例】"农—工—旅"生态经济规划与建设模式。

坞根镇是一个贫困半山区镇，其生态规划与建设以及扶贫开发还需要从地区尺度上进行。充分利用镇域较强的环境支撑力，以及具特色的经济优势和社会优势，通过优化组合，将其转化为经济效益和社会效益，加快脱贫致富的步伐，建立"农—工—旅"等各产业紧密结合的生态经济规划与建设模式。

首先，坚持大农业的思想，使大农业中的各个行业之间逐步形成物质循环利用和能量多级转化的立体网络结构。采用现代化科技，充分发挥农业生态系统"内循环"功能，实现农业生产要素间的最佳结合、物能流的高效转换及生物产品的多层充分利用。如无公害蔬菜生产技术、立体农业技术、生态农业技术等。

其次，建立起"企业＋合作社＋基地＋农户"的产业模式，将农业与工业有机联系起来，完善产业链。以特色农产品加工为突破口，生产安全、优质的绿色农产品；按照现代企业制度对现有企业进行改造，加大技术投入和创新，增强企业竞争力；大力实施清洁生产，强化企业环境管理，实现工业经济的科技化、规模化、绿色化；建立农工贸综合服务中心，以适应生态农业向公司加农户和订单农业方向发展的要求，为农工贸一体化创造适宜的软硬件环境。

再者，以坞根镇良好的生态环境为依托，以生态旅游理论为指导，以"生态教育观光休闲"为主题，建设七一塘渔业体验旅游区和蒋山生态农庄观光区，加快发展生态旅游，使坞根镇成为温岭市生态旅游圈的重要组成部分。在七一塘渔业体验旅游区开发滩涂捉鲜、垂钓、渔家乐等项目；在蒋山生态农庄观光区可开发农家乐、果林观光、休闲度假等项目。积极鼓励当地居民参与到生态旅游发展中来，建立生态旅游区与当地社区的联合共管机制，制定相应的规约，共同解决生态旅游发展过程中出现的问题。

地区尺度，无论在技术层面，还是管理层面，其综合和复杂程度都超过了较小尺度的生态规划与建设。模式的难点是范围广、起点高、投资大，因此需要一系列的配套措施，如政府部门政策支持、金融机构资金扶持、科研单位技术支持等。同时地区模式也较好地发挥了政府政策的导向作用、专家智慧在科技运用上的先进性、政府行政力量在组织方面的广泛性和统一性、企业运作的效率和效益性，以及社会参与在筹资方面的优越性，较好地实现资源的优化配置，实现各要素的优势互补，能使经济效益、社会效益和生态效益相互促进，实现三者的有机结合和综合效益最大，推动地区的脱贫致富和可持续发展，这也是地区生态规划与建设的目标。

一般而言，地块、地链尺度上的规划模式常作为生态建设的重点工程项目来具体实施，地方、地区尺度上的规划模式则是作为生态建设的重点领域来指导实施。

（二）城市景观规划案例（福州市景观生态初步规划案例）

1. 福州市景观生态基本特征

福州是福建省省会，是一座有着 2200 多年历史的文化名城。城市总体环境和城市景观情况如下。

① 福州市滨江临海，山川总的形势是"群山环抱，一江横陈"。其四周"左旗（山）、右鼓（山），前五虎（山）、后高盖（山）"。古城四周有仓前山、长安山、大梦山、烟台山等。古城内有"三山显（乌山、屏山、于山）、三山藏（罗山、闽山、冶山）、三山看不见（灵山、钟山、芝山）"之说。福州是一个盆地，地势北高南低。闽江流域横贯于盆地中央，42 条内河分布于区内，东部光明港地带和西部建新镇内是密集的河泽地段。福州市属于亚

热带海洋性季风性气候，夏季炎热多雨，冬季温暖少雨，雨热同期现象十分明显。

② 福州市以自然环境的优势为依托，经过历代人工建设，已形成了“左旗右鼓、三狮五虎、三山二塔一条江”的空间格局；城市发展的演绎，形成了以八一七路的历史传统轴线、古老的街巷、完整的坊里、保存完好的明清民居以及古朴传统街坊历史文化名城的风貌。

③ 悠久的历史文化留下了众多文物古迹，有碑刻、摩崖石刻、砖塔、石幢，有巨寺、精舍、祠庙、宝塔、古桥、遗迹、故宅等，记载了先人的光辉业绩和灿烂的文化。全市有国家级文物保护单位 2 个、省级 24 个、市级 109 个、区县级 144 个，保存文物特别丰富。福州文化独具特色，手工艺品国内知名；名肴佳点，脍炙人口；地方戏曲、民俗风情别有情趣；建筑造型、装饰纹样自成一格。

④ 福州 1984 年被列为全国第二批国家级历史文化名城和全国对外开放的 14 个沿海港口城市之一，1985 年列为全国经济体制改革综合试点城市，1990 年成为我国 35 个国内年生产总值“百亿元”的城市之一，1991 年进入首批“中国城市综合实力 50 强”和“投资环境 40 优”的城市行列。福州市是福建省的政治、经济、科技、交通、文教中心。福州城市性质在《1995—2010 年福州城市总体规划》中被定位为福建省省会、历史文化名城、现代化的经贸港口城市。

2. 福州市城市景观生态规划基本原则

(1) 生态原则　尊重自然、保护自然景观、注重环境容量、增加生物多样性，保护环境敏感区，环境管理与生态工程相结合；增强人文景观与自然景观的有机结合，增加景观多样性；建设景观多祥性；建设绿化空间体系，增加绿化空间及开敞空间。

(2) 社会原则　尊重地域文化与艺术，使人文景观的地方性与现代化结合；注重城市景观建设与促进城市经济发展结合；改善居住环境、提高生活质量与促进城市文化进步相结合。

(3) 美学原则　就是使城市形成连续和整体的景观系统；赋予城市性质特色；符合美学及行为模式，达到观赏与实用。

3. 福州市城市景观规划基本设想

从城市景观生态学来看，城市是人地关系相互作用形成的最高地域生态系统。城市景观是经济实体、社会实体和自然实体的统一。城市景观规划就要根据景观生态学原理和方法，合理地规划景观空间结构，使廊道、斑块及基质等景观要素的空间分布合理，使信息流、物质流和能量流畅通，使景观不仅符合生态学原理，而且具有一定的美学价值，并适于人类居住。福州市城市景观规划总的目标是改善景观结构，加强城市景观功能，提高城市环境质量，在不影响城市生态环境、不破坏历史文化遗产的基础上，设计具有时代特色的城市形象，展现大都市的风采。

(1) 自然景观与人文景观有机结合　城市的发展本质上可理解为人类在自然环境中创造活动的轨迹。自然环境与人类活动二者在城市构成中相辅相成。城市景观可分为自然景观与人文景观，通常认为自然景观是外界自然赋予人类发展活动的精华空间，而人文景观则是人类开发、创造文明历程的足迹。自然景观是城市一份不可多得的天然财富，是城市空间构成的基础条件。由于它的存在并因其自身的形状特征，构成了城市美丽景观的环境氛围。福州城区有不少自然景观，以“三山”为首的各大小名山与闽江及 42 条内河，是福州迷人风貌的重要组成部分。人文景观包括两个内容，一是可视性的具体物质景观，如城市与建筑相关的景观；二是不可视性的、抽象的意识形态景观，包括民俗风情、传统文化等。对于前者景观的要求，重在保护历史发展的有机连续性，也是保护传统风景区、古建筑的重要原因；而后者则继承和发扬民族文化、民俗与城市人文景观的特色。

由于自然景观和人文景观是密不可分的和谐整体，在景观规划上只有将二者综合，相互融入，才是完整的景观体系。一方面体现人类赖以生存的自然环境的神奇、伟大，同时充分展示人类创造活动的高超技艺以及与自然和谐一致的能力。因此福州城市景观规划设计，应充分考虑其特有“左旗右鼓、三狮五虎、三山二塔一条江”的自然景观空间格局与2200多年文化名城的历史韵味。

历史感与时代感有机结合城市风貌特色形成的基础是历史文化积累的程度。历史文化景观集中体现了城市发展过程，在一定区域中以建筑群体或单体建筑上折射的时代建筑特色和民俗风情，充分反映人在当时社会条件下的活动方式，体现一种民族文化，在景观形成中起了历史文化与现代文化的延续与承递作用。因此在福州城市景观规划设计中，应充分保持八一七路、三坊七巷、朱紫坊等福州传统建筑坊街整体格局，使之成为福州历史文化名城的内核；白塔、乌塔、华林寺、开元寺、西禅寺、涌泉寺、欧冶池、苔泉及相当部分的名人故居，是体现福州历史文化名城的重要组成部分；另外，福州特有传统民俗风情，也都应加以保护。只有这样，才能体现福州历史文化名城的文化底蕴。在保护好历史文化名城的同时，更应体现福州作为现代化经贸港口城市的现代气息。因此，在福州的五一路、五四路、东大路、台江区等地应结合福州盆地的自然环境特色，对建筑、街区加以改造，建设具有浓烈现代气息、反映福州改革开放成就和福州特色的现代建筑群、居住小区、主题会园等。对于曾经是“万帆云集”的传统商贸区的福州的内港——台江，应利用改革开放之机，重新定位，再塑辉煌。

(2) 城市廊道的合理配置　在城市景观中，廊道既是各种流的通道（人口流、物质流、能量流、资金流、信息流等都通过廊道穿梭于城市与外围腹地以及城市内各节点和斑块之间，维持整个城市的动作），又是造成景观破碎的原因和前提，同时它还是决定着城市景观轮廓的主要原因，可以认为，城市廊道的发展引导着整个城市景观格局的发展。城市廊道主要由以交通为目的的公路、街道网格组成，铁路、河渠等也属于城市廊道。

① 道路（灰轴）廊道。福州是闽江流域乃至福建全省甚至更大区域的物质集散中心，福州城市交通的便捷、舒畅程度直接影响福州城市信息流、物质流、能量流、人流等的方便与否。因此，应把福州的城市交通作为一个整体进行规划，形成以八一七路、五一路、六一路、二环路等为主体的四通八达的道路网络。城市道路同样直接反映城市的外貌形象，也是构成城市风貌特色的基础。福州的不同道路应当体现不同品味与不同主题。如八一七路为传统商业街，也是福州市发展历史的中轴线，规划就应让其保全文化连续性和历史特色为原则，体现其为“福州历史文化轴”的品味；五一路、五四路、湖东路、东大路、六一路为现代建筑风貌带，就应通过绿化系统、建筑小品、城市雕塑突出福州作为现代化省会城市的文化内涵与定位。步行环境的创造越来越为世界各国所重视，特别是城市景观优美地段的步行街，更易为市民青睐。因而，除台江步行街之外，福州在其他适宜地段还可建设更长、环境更好的步行街。

② 河川（蓝轴）廊道。水象征文明与灵性，水的存在使城市充满灵性与魅力。在福州中心城区内，有许多江河，在景观构成上，往往起着不可或缺的作用。应根据江河不同特点进行规划。如乌龙江是福州城市边缘的河流，起着连接外环境的作用，在城市景观构成中，

属于大环境外部景观，应规划沿江地段开辟大型公园、绿地，形成集休闲、娱乐、疗养为主体的滨水开发区，在绿地、建筑上着重体现自然、纯朴的风貌。对于闽江，其两岸是未来城市优美的蓝轴景观带，是城市总体形象的集中代表地段，又是城市各种艺术文化的综合载体，是最能代表福州形象的条状文化带，应充分利用各区域的特征，创造完美的闽江滨江大道；结合江滨景观，开辟街头绿地、公园（如江滨公园）、广场、综合雕像体系，创造优美的环境；注重建筑群体与环境的空间组合，开辟优美的天际轮廓线，重点塑造闽江沿岸的空间节点，形成流动起伏的蓝轴景观带。对于像晋安河、白马河、东西河等内河，应引水冲污，改变水质，形成内河通畅的河网；控制临河建筑的面宽和高度，避免高大建筑遮挡水面，影响视廊和破坏景观效果；开辟街头小公园、小绿地，增建建筑小品、休息和娱乐设施等，营造宁静、祥和的“小桥流水人家”的意境。

（3）绿地（绿轴）廊道　绿轴是指由楔入城市的自然山体和水体，经串联而成连续的绿化走向。将城市中的大小山体和水面（江河、水巷、湖泊、水库）用带状绿地“串联”起来，形成网络绿化（包括绿脉和蓝脉）。绿脉由道路绿化网组成，蓝脉由内河滨水绿化网组成。它们可以起到如下作用：有利于物种的迁移，促进生物多样性；有利于保持水土，清洁水巷和河流，以保护小环境；汛期可蓄水防涝，收集城市雨水，减少基础设施的投资。作为“楔形”绿化，有利于将自然风光引入城市，形成通风走廊，改善城市生态环境；隔离城市区块，减少污染和噪声，保护环境；增加城市开放空间，满足市民的亲自然要求；在城市防灾中，也可用于疏散和保护市民。福州城市的绿地网格根据福州的自然环境、城市布局，绿地结构特征为“一蕊、二环、三轴、四大公园”。一蕊：在台江区、仓山区闽江中段南北岸地段建成城市绿蕊。二环：二环路、三环路建成高强度绿化防护带。三轴：妙峰山至金鸡山连线的山体绿地组成的绿轴。四大公园为西湖公园（包括左海公园）、林辅公园、浦上公园、光明公园。

（4）城市天际轮廓线的创立　城市的天际轮廓线是其生活形态的物质反映，也是城市景观成为艺术作品可能性的重要因素。它的美学取决于物质与视知觉，但在事实中物质形态又起着主导作用。天际轮廓线是由多种变量组成，不仅建筑单体要有独特的个性，在整个画面上也要与整体景观和谐。天际轮廓线形成条件有两种形态：建筑群体与环境（包括自然环境、人工环境）。优美天际轮廓线的创立，宛如一幅层次分明、浓淡相宜的水墨画。

国外天际轮廓线形态一般有高耸多层建筑群的美国方式厦高层集中、与大面积水面积绿化相配合的新加坡方式，它们都可形成城市建筑精品荟萃区。福州城市天际轮廓线的形成也可借鉴这两种形态，即临闽江沿岸可参照新加坡式，如中州岛是福州水面景观岛之一，也是闽江上位置适中、亲水环境最好的优美绿洲，从中洲岛上远眺闽江两岸建筑群天际轮廓线，层次丰富、碧波荡漾、高层林立、青山环抱，通过协调建筑与环境关系，利用远山作为背景，形成若干视觉层次，每个层次高低错开，不重叠，不挤在一起，形成层次分明、浓淡相宜优美的画面；而五一路、五四路、东大路、湖东路应以美国式为主，如温泉公园就是观赏城市天际轮廓线的理想场所，其周边可通过建设一些体现城市现代风貌的标志性的高大建筑群，形成统帅作用，通过高大建筑群的合理搭配，可形成天际轮廓线韵律和起伏跌宕的音乐效果。

（5）城市广场的建设　城市广场是城市景观中最重要的斑块之一。城市广场是人流活动集中的开敞空间，广场突出反映城市基本素质与精神象征，广场是一个城市精神的反映和文化的载体。城市文化是城市的内涵，在城市的发展过程中，它对人们的动机、行为有着持久的影响。因此，高品位的城市广场，可成为城市传神的“眼睛”。福州城市广场现状主要的问题是：主题不够鲜明，周边建筑与环境比较差，缺乏逻辑性。如五一广场作为市中心广场，从城市设计的角度来看，它应体现一种历史积累的神韵，能够对福州 2200 年悠久建设史有所反映，走入其中会让人形成一定的历史联想，形成一种深厚文化积淀的精神风貌。于山是福州 2200 年来历史的实证物，其位置就在五一广场的北侧，但二者在空间上却没有足够的联系，山堂两侧建筑应建议拆除，使之直通于山，让历史与现代完美结合，使之艺术价值升华。对于其他如福州广场、王审知广场、林则徐广场等都应考虑文化品位、环境优美和现代化气息的有机结合。

综合起来可知，福州城市景观规划设计应在认真了解福州的自然、社会、经济、人文、历史等的基础上，结合城市景观生态学的原理，突出其作为历史文化名城和现代化省会城市的艺术风貌，并充分利用优越的地理位置、独特的自然环境和有利的自然备件，建设成为依江傍海的山水园林城市。

# 第三节 生态文明

在人类发展的进程中产生了不同的人类文明。从历史上看，人类文明的演变经历了由低级向高级、由简单向复杂的缓慢而曲折的进化过程。从纵向的文明发展水平看，人类文明先后经历了原始文明、农业文明和工业文明三个发展阶段。目前，人类文明正处于从工业文明向生态文明过渡的阶段。

## 一、生态文明的概念

生态文明是人类改造生态环境、实现生态良性发展的成果的总和；它是人们在对工业文明的反思中提出的一种新的文明形式，是工业文明发展到高级阶段的产物；它以尊重和维护生态环境为主旨，以可持续发展为根据，以未来人类的继续发展为着眼点，强调自然界是人类生存与发展的基础，人与自然环境共处共融等（图 9-8）。这种文明同农业文明、工业文明一样，都主张在改造自然的同时，发展生产力，不断提高人们的物质生活水平。但它们之间的明显不同就在于，生态文明摒弃对大自然的破坏与掠夺，更突出生态的重要性，强调人类与生存环境的共同进化。

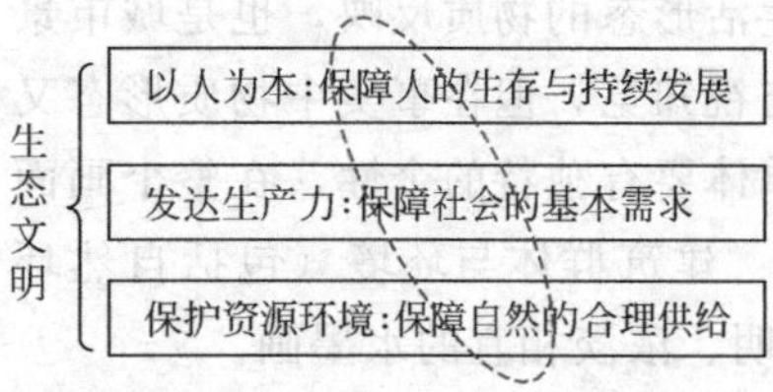


图 9-8 生态文明的内涵

## 二、生态文明的实践内涵

生态文明的核心是“人与自然协调发展”。建设生态文明，不同于传统意义上的污染控制和生态恢复，而是克服工业文明弊端，探索资源节约型、环境友好型发展道路的过程。在思想上，应正确认识环境保护与经济发展的关系；在政策上，应从国家发展战略层面解决环境问题；在措施上，应实行最严格的环境保护制度；在行动上，应动员全社会力量共同参与保护环境。

在政治制度方面，生态文明要进入政治结构、法律体系，成为社会的中心议题之一；在生产方式（经济建设）方面，生态文明建设要不断创新生态技术，改造传统的物质生产领域，形成高效、低碳的生态产业体系，如发展循环经济、生态农业和绿色产业等；在生态环境保护方面，生态文明建设要治理受污环境、优化生态功能，着力构建自然主导型还原体系；在社会生活方面，生态文明建设要构造自然和谐的人居环境，培育节约友好的生活方式和消费意识；在意识文化领域，生态文明建设要创造生态文化形式，包括环境教育、环境科技、环境伦理等。这几个方面相互影响，相辅相成，紧密联系。生态文明建设体系见图 9-9。

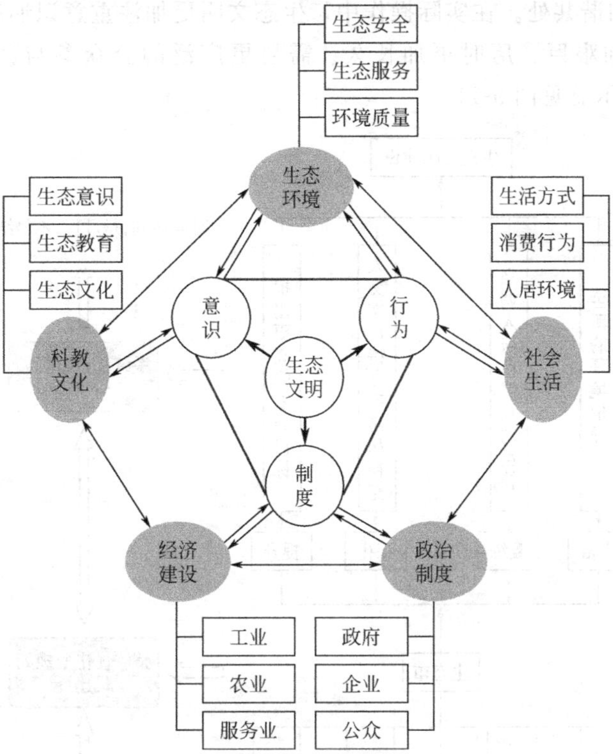

图 9-9 生态文明建设体系

## 三、生态文明建设内容

19 世纪末，英国人霍华德在其名著《明日的田园城市》中提出田园城市的思想，已包含了生态市的内涵。20 世纪 60～70 年代，联合国教科文组织的“人与生物圈”（MBA）计划提出从生态学角度研究城市居住区的项目。1984 年，前苏联科学家扬尼斯基第一次较完整地提出生态城的思想。他认为生态市是一种理想的城市模式，其主要特征是技术与自然充分融合，人的创造力和生产力得到最大限度发挥，居民的身心健康和环境质量得到最大限度保护，物质、能量、信息高度利用，生态良性循环。

生态城市是在生态系统承载能力范围内，运用生态经济学原理和系统工程方法去改变传统经济建设和城市发展的模式，改变传统的生产和消费方式、决策和管理方法，挖掘市域内一切可利用的资源潜力，耦合生态型产业（经济）、生态环境（自然）和生态文化（社会）三大子系统而成的一类城市（图 9-10）。

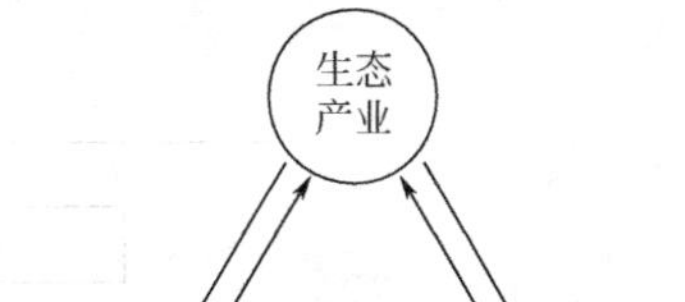

图 9-10 生态市建设体系示意图

生态市（区、县）建设是落实科学发展观、建设环境友好型社会、进行生态创建的重要载体。环境保护部（原国家环境保护总局）于 2003 年启动了生态市（区、县）创建工作，制定了《生态县、生态市、生态省建设指标》，在全国范围内开展生态市（区、县）创建工作。

生态文明建设是继生态市（区、县）建设的更深层次的创建工作，是生态市建设的优化和补充，更是城市优化建设的一个“过程”。二者建设都是过程，而非最终结果。相对于生态市建设而言，生态文明建设要站在人类历史发展的高度，高瞻远瞩，建设全新的环境伦理观、强调人与自然和谐共处。在实际操作中，生态文明更加注重意识形态和生态制度方面的建设，因此任务更加艰巨、历时更加长久、需要更广泛的公众参与。生态文明和生态市（区、县）建设关系示意见图 9-11。

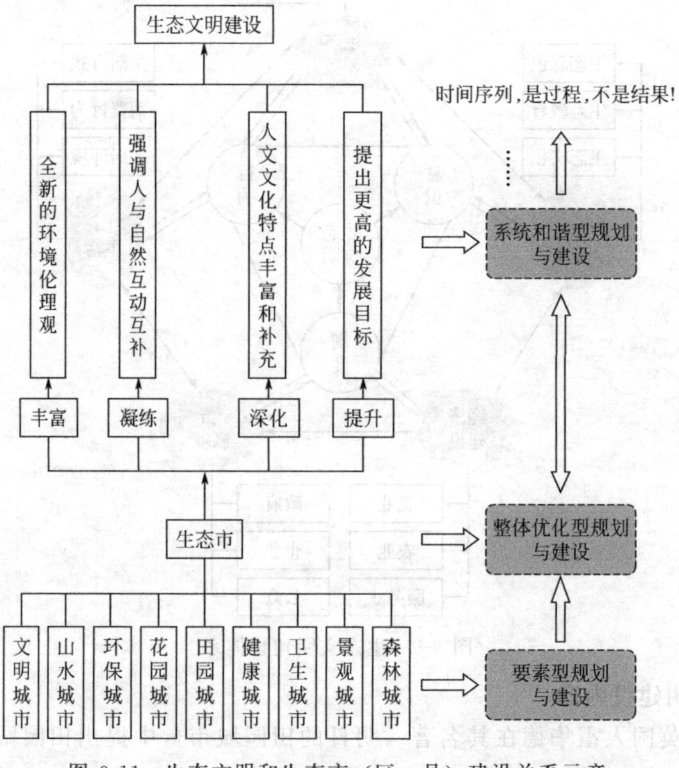


图 9-11 生态文明和生态市（区、县）建设关系示意

生态文明建设的核心和最终目的是“人与自然和谐发展”。人与自然和谐发展体现在一个国家、一个城市自然生态环境优美，人居生态环境和谐。为了实现人与自然和谐，生态文明建设包括生态意识文明建设、生态制度文明建设和生态行为文明建设，其中生态行为文明建设又分为生产行为文明建设和生活行为文明建设（图 9-12）。

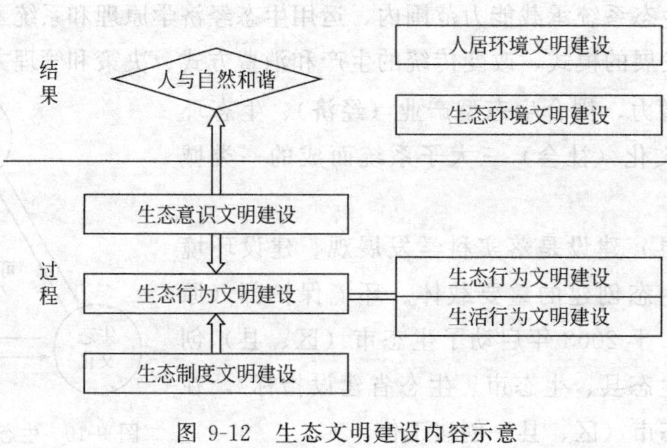


图 9-12 生态文明建设内容示意

## 阅读材料 9-1

### 生态县（含县级市）建设指标

1. 基本条件

(1) 制定了《生态县建设规划》，并通过县人大审议、颁布实施。国家有关环境保护法律、法规、制度及地方颁布的各项环保规定、制度得到有效的贯彻执行。

(2) 有独立的环保机构。环境保护工作纳入乡镇党委、政府领导班子实绩考核内容，并建立相应的考核机制。

(3) 完成上级政府下达的节能减排任务。三年内无较大环境事件，群众反映的各类环境问题得到有效解决。外来入侵物种对生态环境未造成明显影响。

(4) 生态环境质量评价指数在全省名列前茅。

(5) 全县80%的乡镇达到全国环境优美乡镇考核标准并获命名。

2. 建设指标

| 项目 | 序号 | 名　　称 | 单位 | 指　标 | 说明 |
|---|---|---|---|---|---|
| 经济发展 | 1 | 农民年人均纯收入<br>经济发达地区<br>县级市(区)<br>县<br>经济欠发达地区<br>县级市(区)<br>县 | 元/人 | <br><br>≥8000<br>≥6000<br><br>≥6000<br>≥4500 | 约束性指标 |
| | 2 | 单位 GDP 能耗 | t 标煤/万元 | ≤0.9 | 约束性指标 |
| | 3 | 单位工业增加值新鲜水耗<br>农业灌溉水有效利用系数 | $m^3$/万元 | ≤20<br>≥0.55 | 约束性指标 |
| | 4 | 主要农产品中有机、绿色及无公害产品种植面积的比重 | % | ≥60 | 参考性指标 |
| 生态环境保护 | 5 | 森林覆盖率<br>山区<br>丘陵区<br>平原地区<br>高寒区或草原区林草覆盖率 | % | <br>≥75<br>≥45<br>≥18<br>≥90 | 约束性指标 |
| | 6 | 受保护地区占国土面积比例<br>山区及丘陵区<br>平原地区 | % | <br>≥20<br>≥15 | 约束性指标 |
| | 7 | 空气环境质量 | — | 达到功能区标准 | 约束性指标 |
| | 8 | 水环境质量<br>近岸海域水环境质量 | — | 达到功能区标准，且省控以上断面过境河流水质不降低 | 约束性指标 |
| | 9 | 噪声环境质量 | — | 达到功能区标准 | 约束性指标 |

续表

| 项目 | 序号 | 名　　称 | 单位 | 指　标 | 说明 |
|---|---|---|---|---|---|
| 生态环境保护 | 10 | 主要污染物排放强度<br>化学需氧量(COD)<br>二氧化硫($SO_2$) | kg/万元(GDP) | ＜3.5<br>＜4.5<br>且不超过国家总量控制指标 | 约束性指标 |
| | 11 | 城镇污水集中处理率<br>工业用水重复率 | % | ≥80<br>≥80 | 约束性指标 |
| | 12 | 城镇生活垃圾无害化处理率<br>工业固体废物处置利用率 | % | ≥90<br>≥90<br>且无危险废物排放 | 约束性指标 |
| | 13 | 城镇人均公共绿地面积 | $m^2$ | ≥12 | 约束性指标 |
| | 14 | 农村生活用能中清洁能源所占比例 | % | ≥50 | 参考性指标 |
| | 15 | 秸秆综合利用率 | % | ≥95 | 参考性指标 |
| | 16 | 规模化畜禽养殖场粪便综合利用率 | % | ≥95 | 约束性指标 |
| | 17 | 化肥施用强度(折纯) | $kg/hm^2$ | ＜250 | 参考性指标 |
| | 18 | 集中式饮用水源水质达标率<br>村镇饮用水卫生合格率 | % | 100 | 约束性指标 |
| | 19 | 农村卫生厕所普及率 | % | ≥95 | 参考性指标 |
| | 20 | 环境保护投资占 GDP 的比重 | % | ≥3.5 | 约束性指标 |
| 社会进步 | 21 | 人口自然增长率 | ‰ | 符合国家或当地政策 | 约束性指标 |
| | 22 | 公众对环境的满意率 | % | ＞95 | 参考性指标 |

## 本章小结

1. 生态工程是应用生态系统中物种共生与物质循环再生原理，结构与功能协调原则，结合系统工程的最优化方法，设计的分层多级利用物质的生产工艺系统。

2. 生态工程的类型主要有：农业生态工程、节水和废水处理与利用生态工程、生物物质循环利用生态工程、小流域综合治理与开发生态工程、清洁及可再生能源系统开发利用生态工程、生态建筑及生态城镇建设工程及生态恢复生态工程等。

3. 生态规划可定义为：在区域规划、城市规划的过程中，着重贯彻生态学的科学原理，强调生态要素的综合平衡，探讨改善系统结构与功能的生态建设对策，促进人与环境关系持续协调发展的一种规划方法。

4. 生态规划的目的可概括为：舒适、优美、清洁、安全与高效。

5. 环境容量和生态适宜度分析是生态规划的核心，环境保护规划与城市园林绿地系统规划是生态规划的重要组成部分。

6. 生态文明是人类改造生态环境、实现生态良性发展的成果的总和；它是人们在对工业文明的反思中提出的一种新的文明形式，是工业文明发展到高级阶段的产物；它以尊重和维护生态环境为主旨，以可持续发展为根据，以未来人类的继续发展为着眼点，强调自然界是人类生存与发展的基础，人与自然环境共处共融等。

## 复习思考题

1. 什么是生态工程？生态工程有何作用？
2. 生态工程的理论依据主要有哪些？
3. 生态工程有哪些主要类型？简述各主要类型的生态工程的目的和作用。
4. 生态规划的定义、目的、意义和作用是什么？
5. 生态规划有哪些主要原则，主要生态规划的类型有哪些？
6. 环境保护规划的主要内容有哪些？
7. 阐述城市绿化的基本原则及主要绿化的方面。
8. 什么是生态文明？

# 第十章 生态学实验

环境生态学的基本理论已被广泛应用于环境科学的各门学科，环境生态学本身也日益成为定量科学，因此，从一开始就同时接触这门学科的基本理论和技术方法是非常必要的。

本章内容提供与生态系统的初级生产者——植物相关的生态学实验研究的基本技术方法，包括生态因子分析和生理、种群、群落等植物组织水平的测评等内容，以期通过实验，使学生掌握生态因子强度测定仪器设备的原理及使用方法，掌握植物生理状态的直接及间接指标的测评方法，能以严谨细致的作风进行植物生境的生态因子强度测定、植物的生理状态测评的工作，切实提高分析问题、解决问题的能力，建立起因子与生理相关变化的认识，学会着手研究植物生态学课题。

所选实验既有室内项目，也有室外项目，都可在单位实验单元时间内获得相应的结果。

## 实验一 光强度的测定

地球上的所有生物，均依靠来自太阳的辐射能维持生命。

到达生物圈的太阳辐射波长在 290nm 到 3000nm 之间，绿色植物能吸收的太阳辐射波长为 380nm 到 740nm，其中 380nm 到 720nm 波长的太阳辐射为可见光，其能量占全部辐射的 40%～45%。不同植物对太阳辐射的吸收、反射、透射能力不同，因而不同植物内、不同群落内的太阳辐射变化不同。

测定太阳辐射有两种方法。

第一种方法是测定太阳辐射的总能量，常用仪器为辐射仪、日射计，其工作原理是光热转换。

第二种方法是测定太阳辐射的可见光能量，常用仪器为照度计，其工作原理是光电转换。

由于可见光与植物的生理辐射大致吻合，所以常用各种照度计测定可见光以进行植物生理生态研究。

**一、目的及要求**

1. 了解测定光强度的几种方法，掌握照度计的工作原理及使用规程。

2. 测定不同树冠内、不同群落中的光强度，认识植物与光的变化的相关性。

**二、仪器工具**

照度计、钢卷尺、皮卷尺、记录纸。

**三、实验步骤**

1. 不同树冠内光的分布：在校园内选树冠大小相当但疏密不同的树木组对，同时测定组对树的树冠外、树冠表层（10cm）、树冠中间层（1/4“表心”距、1/2“表心”距、3/4“表心”距）、树冠深层（中心）的光强度，记入表 10-1-1。注意观察各层树叶的数量、颜色、厚薄、软硬。

**表 10-1-1　树冠内光强度测定记录**

观测日期、时段：
观测地点：
植物名称：
最大树冠幅（m）：
树高（m）：
观察者：

| 测定位置 | 光强度/cd | | | | | | 平均 | 相对值/% |
|---|---|---|---|---|---|---|---|---|
| | 1 | 2 | 3 | 4 | 5 | 6 | | |
| 树冠外(对照) | | | | | | | | |
| 树冠表层 | | | | | | | | |
| 树冠中间层 1 | | | | | | | | |
| 树冠中间层 2 | | | | | | | | |
| 树冠中间层 3 | | | | | | | | |
| 树冠中心 | | | | | | | | |

**表 10-1-2　群落内光强度测定记录**

观测日期、时段：
观测地点：
群落名称：
总盖度（$m^2$）：
群落高度（m）：
观察者：

| 测定位置 | 光强度/cd | | | | | | 平均 | 相对值/% |
|---|---|---|---|---|---|---|---|---|
| | 1 | 2 | 3 | 4 | 5 | 6 | | |
| 冠层外(对照) | | | | | | | | |
| 冠层表面 | | | | | | | | |
| 冠层深层 | | | | | | | | |
| 冠层下 | | | | | | | | |
| 茎杆层 | | | | | | | | |
| 地表层 | | | | | | | | |

2. 不同群落内光的分布：在校园内选禾草群落、杂草群落、人工林各一块样地成组，同时测定各样地的冠层外（直射）、冠层表面（反射）、冠层深层（直射、反射、散射）、冠层下（直射、反射、散射）、茎杆层（直射、反射、散射）、地表（直射、反射、散射）等不同高度上的光强度，记入表 10-1-2。

## 四、讨论

1. 作树冠内光分布示意图，讨论树叶状况与光强的对应关系及其成因。

2. 作样地内光分布示意图，绘制样地内光强-高度曲线，比较不同样地的光强曲线特点。

3. 如何动态研究树冠内光照、样地内光照（日、年进程）?

### 附 1.1　照度计的工作原理及使用操作规程

**一、照度计的工作原理**

照度计由光电变换器、放大器、显示器组成。

光电变换器中的单结型硅光电池受光产生的电流，经放大器放大后，推动显示器显示出光强大小。

光电变换器中的乳白玻璃余弦修正片消除入射光与采光面不垂直时的误差，而滤色玻璃使硅光电池的光谱响应曲线接近人的视觉敏感曲线。

**二、操作规程**

1. 放入电池，接入光电变换器。

2. 倍率开关置于“×100”，工作选择开关置于“调零”，旋转调零电位器使电表指针对准“0”，再将工作选择开关置于“测”，电表指示数字乘以 100，即为此时的光强值。

3. 如电表指示数字小于满刻度值的 1/10，则将倍率开关置于“×10”，工作选择开关置于“调零”，旋转调零电位器使电表指针对准“0”，再将工作选择开关置于“测”，电表指示数字乘以 10，即为此时的光强值。

4. 如电表指示数字小于满刻度值的 1/100，则将倍率开关置于“×1”，工作选择开关置于“调零”，旋转调零电位器使电表指针对准“0”，再将工作选择开关置于“测”，电表指示数字即为此时的光强值。

5. 测试结束后，将工作选择开关置于“关”，拆下光电变换器，取出电池。

6. 光电变换器采光面应与入射光垂直，电流计应水平放置。

7. 不得将光电池直接暴露在强光中。

8. 照度计应存放在温度低于 40℃的干燥环境中。

9. 将工作选择开关置于“电池”，若电表指针指在相应红线区外，则应立即更换电池。

## 实验二　温度、湿度的测定

环境的热条件是植物的重要生态因子，对陆生植物而言，热条件反映在气温与地温上。

水是植物的生存因子，气态水的多少也可反映环境中水的状况，湿度即是衡量气态水多少的指标。

**一、目的及要求**

1. 掌握测定温度的一般方法。

2. 掌握测定湿度的简单方法。

**二、仪器工具**

1. 水银温度表、通风干湿表（DHMZ 型）、最高温度计、最低温度计、曲管地温计、直管地温计、洛阳铲、小镐、钢卷尺。

2. 自记温湿度计。

3. 气象常用表。

**三、实验步骤**

1. 温度测定　在校园内或野外，选个体分布均匀的植物群落样地与邻近无植物空旷样地组对，同时测定两样地的气温、地表温度、地下温度，记入表 10-2-1。

表 10-2-1　温度观测记录

观测日期、时段：
观测地点：
环境/群落名称：
环境/群落一般特征：
观测者：

<table>
<tr><th colspan="2" rowspan="2">项　目</th><th colspan="6">观　测　次　数</th><th rowspan="2">平均</th></tr>
<tr><th></th><th></th><th></th><th></th><th></th><th></th></tr>
<tr><td rowspan="5">各高度气温/℃</td><td>$H_5$ 冠层外</td><td></td><td></td><td></td><td></td><td></td><td></td><td></td></tr>
<tr><td>$H_4$ 冠层表面</td><td></td><td></td><td></td><td></td><td></td><td></td><td></td></tr>
<tr><td>$H_3$ 冠层深层</td><td></td><td></td><td></td><td></td><td></td><td></td><td></td></tr>
<tr><td>$H_2$ 冠层下</td><td></td><td></td><td></td><td></td><td></td><td></td><td></td></tr>
<tr><td>$H_1$ 茎杆层</td><td></td><td></td><td></td><td></td><td></td><td></td><td></td></tr>
<tr><td rowspan="3">地表温度/℃</td><td>即时</td><td></td><td></td><td></td><td></td><td></td><td></td><td></td></tr>
<tr><td>最高</td><td></td><td></td><td></td><td></td><td></td><td></td><td></td></tr>
<tr><td>最低</td><td></td><td></td><td></td><td></td><td></td><td></td><td></td></tr>
<tr><td rowspan="7">各深度(厘米)地下温度/℃</td><td>$D_1$ 5</td><td></td><td></td><td></td><td></td><td></td><td></td><td></td></tr>
<tr><td>$D_2$ 10</td><td></td><td></td><td></td><td></td><td></td><td></td><td></td></tr>
<tr><td>$D_3$ 15</td><td></td><td></td><td></td><td></td><td></td><td></td><td></td></tr>
<tr><td>$D_4$ 20</td><td></td><td></td><td></td><td></td><td></td><td></td><td></td></tr>
<tr><td>$D_5$ 40</td><td></td><td></td><td></td><td></td><td></td><td></td><td></td></tr>
<tr><td>$D_6$ 80</td><td></td><td></td><td></td><td></td><td></td><td></td><td></td></tr>
<tr><td>$D_7$ 160</td><td></td><td></td><td></td><td></td><td></td><td></td><td></td></tr>
</table>

2. 湿度测定　在校园内或野外，选个体分布均匀的植物群落样地与邻近无植物空旷样地组对，同时测定两样地的气压、干球温度、湿球温度，记入表 10-2-2。据测定数据，从“气象常用表”查绝对湿度、相对湿度、饱和差，记入表 10-2-3。

表 10-2-2　湿度观测记录

观测日期、时段：
观测地点：
环境/群落名称：
环境/群落一般特征：
观测者：

<table>
<tr><th rowspan="2">项　目</th><th colspan="7">气压 $p$/kPa</th><th colspan="7">干球温度 $t$/℃</th><th colspan="7">湿球温度 $t$/℃</th></tr>
<tr><th>1</th><th>2</th><th>3</th><th>4</th><th>5</th><th>6</th><th>平均</th><th>1</th><th>2</th><th>3</th><th>4</th><th>5</th><th>6</th><th>平均</th><th>1</th><th>2</th><th>3</th><th>4</th><th>5</th><th>6</th><th>平均</th></tr>
<tr><td>$H_5$ 冠层外</td><td></td><td></td><td></td><td></td><td></td><td></td><td></td><td></td><td></td><td></td><td></td><td></td><td></td><td></td><td></td><td></td><td></td><td></td><td></td><td></td><td></td></tr>
<tr><td>$H_4$ 冠层表面</td><td></td><td></td><td></td><td></td><td></td><td></td><td></td><td></td><td></td><td></td><td></td><td></td><td></td><td></td><td></td><td></td><td></td><td></td><td></td><td></td><td></td></tr>
<tr><td>$H_3$ 冠层深层</td><td></td><td></td><td></td><td></td><td></td><td></td><td></td><td></td><td></td><td></td><td></td><td></td><td></td><td></td><td></td><td></td><td></td><td></td><td></td><td></td><td></td></tr>
<tr><td>$H_2$ 冠层下</td><td></td><td></td><td></td><td></td><td></td><td></td><td></td><td></td><td></td><td></td><td></td><td></td><td></td><td></td><td></td><td></td><td></td><td></td><td></td><td></td><td></td></tr>
<tr><td>$H_1$ 茎杆层</td><td></td><td></td><td></td><td></td><td></td><td></td><td></td><td></td><td></td><td></td><td></td><td></td><td></td><td></td><td></td><td></td><td></td><td></td><td></td><td></td><td></td></tr>
<tr><td>$H_0$ 地面</td><td></td><td></td><td></td><td></td><td></td><td></td><td></td><td></td><td></td><td></td><td></td><td></td><td></td><td></td><td></td><td></td><td></td><td></td><td></td><td></td><td></td></tr>
</table>

**表 10-2-3 湿度查算记录**

观测日期、时段：

观测地点：

环境/群落名称：

环境/群落一般特征：

观测者：

| 项目 | 绝对湿度 $e$ | | | | | | | 相对湿度 $r$ | | | | | | | 饱和差 $d$ | | | | | | |
|---|---|---|---|---|---|---|---|---|---|---|---|---|---|---|---|---|---|---|---|---|---|
| | 1 | 2 | 3 | 4 | 5 | 6 | 平均 | 1 | 2 | 3 | 4 | 5 | 6 | 平均 | 1 | 2 | 3 | 4 | 5 | 6 | 平均 |
| $H_5$ 冠层外 | | | | | | | | | | | | | | | | | | | | | |
| $H_4$ 冠层表面 | | | | | | | | | | | | | | | | | | | | | |
| $H_3$ 冠层深层 | | | | | | | | | | | | | | | | | | | | | |
| $H_2$ 冠层下 | | | | | | | | | | | | | | | | | | | | | |
| $H_1$ 茎杆层 | | | | | | | | | | | | | | | | | | | | | |
| $H_0$ 地面 | | | | | | | | | | | | | | | | | | | | | |

## 四、讨论

1. 描述样地的温度状况，绘制温度-高度变化曲线，比较两样地温度曲线差异，说明差异形成的原因。

2. 描述样地的湿度状况，绘制相对湿度-高度变化曲线，比较两样地相对湿度曲线差异，说明差异形成的原因。

3. 如何动态研究样地温度、相对湿度（日、年进程)？

## 附 2.1 通风干湿表

### 一、通风干湿表工作原理

通风干湿表的水银温度计球部装在双层金属套管内，可避免因太阳直接辐射产生的测量误差。

通风干湿表上端安装的以弹簧发条驱动的风扇，吹动空气沿通风导管下行，从下端进入双层金属套管，以 2m/s 的速度流过温度计球部，从上端离开双层金属套管，沿通气导管上行至风扇侧面排出，因此，其测量的是空气的温度。

### 二、通风干湿表的使用

通风干湿表应水平悬挂，以使所测温度为温度计球部所处高度的气温。如测量的空间尺度较大，通风干湿表垂直悬挂即可。

## 附 2.2 最高温度计、最低温度计

### 一、最高温度计

最高温度计是具有乳白玻璃插入式温标的水银温度计。其球部内底熔接一根玻璃针，玻璃针尖插入近球部的毛细管内，造成毛细管的狭窄通道。

温度计平置，当温度升高时，球部水银在膨胀压力作用下，经过狭窄通道进入毛细管，当温度下降时，毛细管内水银的内聚力不能克服狭窄通道的摩擦力，水银柱被阻留在毛细管中，柱的远球端即指示曾升达的最高温度。

### 二、最低温度计

最低温度计是一支酒精温度计。其毛细管内的酒精液柱中，放入一枚两端粗圆的蓝色玻璃游标。

倒置温度计，游标因重力降至酒精液柱端点，但被液柱端点表面薄膜阻挡而不越出液柱端点。

温度计平置，当温度降低时，液柱收缩，液柱端点表面薄膜推动玻璃游标向酒精球运动；当温度升高时，毛细管内液柱伸长，液柱端点表面薄膜离开游标。停留的游标的远球端指示曾达到的最低温度。

最高温度计和最低温度计用于测地表温度，使用时均需平置，其球部的一半埋入土中并紧贴土壤。随时直接从温度计杆上读取数据。最高温度计测地表白昼最高温度，最低温度计测地表夜间最低温度。

### 附 2.3　曲管地温计、直管地温计

#### 一、曲管地温计

曲管地温计是具有乳白玻璃插入式温标的水银温度计。曲管地温计在近球部弯曲成135°的角。温度计下部的毛细管与玻璃套管之间充满棉花或草灰，可以避免套管上部和下部的空气对流，即可消除地上环境对地温测量的影响。

一套曲管地温计包括 4 支不同长度的曲管温度计，供测定 5cm、10cm、15cm、20cm 深的土壤温度。

曲管温度计的使用：东浅西深间距 10cm 排列，温度计球部朝北。地上部分应支撑稳定。随时直接从温度计杆上读取数据。

#### 二、直管地温计

直管地温计由鞘筒、套管温度计两个部分组成。鞘筒为铁管，也可以是下端为铁管或铜管的硬胶管，鞘筒有筒帽。

套管温度计是装在特制铜套管中的水银温度计，温度计球部与铜套管间充满铜屑，铜套管用链子与鞘筒帽连接，套管温度计略短于鞘筒。一套直管温度计包括 4～8 支不同长度的直管温度计，供测定 20cm、40cm、60cm、80cm、120cm、160cm、240cm、320cm 深土壤的温度。

直管地温计的使用：西浅东深间距 50cm 排列，用洛阳铲打好准确深度的垂直孔洞，插入直管温度计，使鞘筒下端紧贴土壤。限 30s 内完成从鞘筒中抽出套管温度计读取数据的操作。

### 附 2.4　自记温湿度计

自记温湿度计有机械记纹鼓式和数字显示式两类。机械记纹鼓式可将环境气压和温度的连续变化记录在记纹纸上，从记纹纸的曲线上可查出相应时点的气压和温度。低档的数字显示式自记温湿度计只能实时显示气压和温度，高档的自记温湿度计还具有储存或打印环境气压和温度连续变化情况的功能。

## 实验三　植物气孔的比较观测

气孔是植物吸收 $CO_2$ 放出 $O_2$、蒸腾 $H_2O$ 的主要通道，对于保证光合作用的 $CO_2$ 供应、维持植物体的水分平衡及利用最优化，意义重大。不同植物的气孔特征不同，主要表现在气孔密度、响应环境因子变化时的开度。

### 一、目的及要求

1. 通过气孔密度观测，理解不同生活型、生态型是植物对环境光、热、水、气条件适应的结果。

2. 通过气孔开度观测，理解不同植物对环境光、热、水、气条件变化的适应过程。

### 二、仪器用具、药品

1. 显微镜、显微镜测微尺、镊子、载玻片、盖玻片、火胶棉、毛笔。

2. 滴瓶、乙二醇、异丁醇。

### 三、实验材料

1. 时令的旱生、中生、湿生植物。

旱生植物，如小叶锦鸡儿（*Caragana microphylla*）、羽茅（*Achnatherum sibiricum*）。

中生植物，如蚕豆（*Vicia faba*）、小麦（*Triticun aestivum*）。

湿生植物，如水稻（*Oryza sative*）。

2. 时令的阳生、耐阴、阴生植物。

## 四、实验步骤

（一）气孔密度测定

1. 每种植物选定 3 株，每株植物选定 3 片健康叶片，用毛笔将火棉胶涂在叶片的上、下表皮上。

2. 数分钟后，撕下火棉胶膜，在显微镜下观测气孔密度。每片叶观测 5 个视野，以 3 片叶的气孔密度平均值为该种植物的气孔密度报告值。

（二）气孔开度测定

1. 显微镜目测微尺直接测量气孔大小。

根据附 3.1 显微镜测微尺的使用，在显微镜下观测火棉胶显示的气孔大小，每片叶观测 5 个视野，以 3 片叶的气孔大小平均值为该种植物的气孔大小报告值。

2. 浸润液浸润反应间接测量气孔开度

(1) 按附 3.2 浸润液配比及浸润性配制不同黏度的混合浸润液备用。

(2) 同时在选定的植物叶片上，按从稀薄到黏稠的顺序滴盖浸润液，根据附 3.3 给出的植物叶片气孔开度，判断气孔的开度。

如果滴Ⅰ号、Ⅱ号、Ⅲ号浸润液的叶片布满暗绿色斑点，滴Ⅳ号浸润液的叶片无暗绿色斑点，则气孔开度定为 3。

如果滴Ⅰ号、Ⅱ号、Ⅲ号浸润液的叶片布满暗绿色斑点，滴Ⅳ号浸润液的叶片有少许暗绿色斑点或隐约可见暗绿色反应，则气孔开度定为 3.5。

## 五、讨论

1. 根据气孔密度，说明不同类型植物对环境的适应。

2. 根据气孔开度，说明不同类型植物对环境因子强度的响应。

3. 如何动态研究植物气孔开度？

### 附 3.1 显微镜测微尺的使用

显微镜测微尺用于测定物体大小、测算视野面积。

显微镜测微尺包括台测微尺、目测微尺。两测微尺上均有标准刻度。

1. 将目测微尺装入显微镜接目镜内。

2. 将台测微尺置于载物台上。

3. 在确定放大倍数的接目镜、接物镜组合时，根据目测微尺、台测微尺的重合刻度，计算目测微尺单位格代表的实际长度。如目测微尺的 100 个单位格与台测微尺的 10 个单位格（标准长度 0.1mm）重合，则目测微尺单位格代表的实际长度为 10÷100×0.01＝0.001(mm)。

4. 根据目测微尺单位格代表的实际长度，测定观测物体的大小。

5. 根据视野中台测微尺单位格数，测算视野面积。

### 附 3.2 浸润液配比及浸润性

| 编号 | Ⅰ | Ⅱ | Ⅲ | Ⅳ | Ⅴ | Ⅵ |
|---|---|---|---|---|---|---|
| 乙二醇/% | 10 | 20 | 30 | 40 | 50 | 60 |
| 异丁醇/% | 90 | 80 | 70 | 60 | 50 | 40 |
| 浸润性 | 最强←———— | | | | | ————最弱 |

**附 3.3 植物叶片气孔开度**

| | 浸润液编号 | | | | | | | |
|---|---|---|---|---|---|---|---|---|
| | Ⅰ | Ⅱ | Ⅲ | Ⅳ | Ⅴ | Ⅵ | | |
| | − | − | − | − | − | − | 0 | |
| | ± | | | | | | 0.5 | |
| | + | − | − | − | − | − | 1 | |
| | | ± | | | | | 1.5 | |
| | + | + | − | − | − | − | 2 | |
| | | | ± | | | | 2.5 | |
| 植物叶片浸润状况 | + | + | + | − | − | − | 3 | 植物叶片气孔开度 |
| | | | | ± | | | 3.5 | |
| | + | + | + | + | − | − | 4 | |
| | | | | | ± | | 4.5 | |
| | + | + | + | + | + | − | 5 | |
| | | | | | | ± | 5.5 | |
| | + | + | + | + | + | + | 6 | |

注："+"布满暗绿色斑点；"−"无暗绿色斑点；"±"有少许暗绿色斑点或隐约可见暗绿色反应。

# 实验四 植物在不同环境条件下的蒸腾

植物体内水分平衡受吸水、失水两个过程制约，吸水主要由根系完成，失水主要途径是植物叶片蒸腾，因此，蒸腾作用是植物水分状况的重要指标。

植物气孔对环境条件变化反应灵敏，从而有效调节植物蒸腾的作用。

## 一、目的及要求

1. 掌握蒸腾作用的简单测定方法。

2. 了解环境因子对植物蒸腾强度的影响。

## 二、仪器用具

1. 具防风罩的精密扭力天平、秒表、剪刀、弹簧夹。

2. 照度计、通风干湿表。

## 三、实验材料

1. 生长在开阔地日晒和遮挡荫蔽环境中的同种植物，如羊草（*Aneurolepidium chinense*）、蚕豆（*Vicia faba*）等。

2. 在日晒和荫蔽条件下的同种盆栽植物。

## 四、实验步骤

1. 同时在两个环境中选定的植物近前安置并调节好具罩扭力太平。

2. 同时剪下选定植物的待测叶片，迅速在切口涂抹少量凡士林后称重 $W_1$。

3. 立即将叶片用弹簧夹夹在植物原处，使其在原环境中蒸腾。

4. 满三分钟时，迅速取下叶片称重 $W_2$。

5. 计算蒸腾强度 $T_r=(W_1-W_2)/(W_1\times 3/60)$[mg/(g·h)]。

6. 按上述 2、3、4、5 步骤，在尽可能短的时间内，再选叶片测算两遍，计算三次重复的蒸腾强度平均值。

7. 在测算蒸腾强度的同时，测量环境的日照强度、大气温度、大气相对湿度。

8. 将全部测算数据记入表 10-4-1。

**表 10-4-1　环境条件与蒸腾作用**

植物名称：　　　　　　　　　　　　　　　　　　　　　　　　　　　　　日期：

| 环　境 | | 日　晒 | | | 荫　蔽 | | |
|---|---|---|---|---|---|---|---|
| 重复实验 | | 1 | 2 | 3 | 1 | 2 | 3 |
| 蒸腾作用 | 始重 $W_1$ | | | | | | |
| | 末重 $W_2$ | | | | | | |
| | 失水 $(W_1-W_2)$ | | | | | | |
| | 蒸腾强度 $T_r$ | | | | | | |
| | 蒸腾强度均值 | | | | | | |
| 光照强度/cd | 测定 | | | | | | |
| | 均值 | | | | | | |
| 空气温度/℃ | 测定 | | | | | | |
| | 均值 | | | | | | |
| 相对湿度/% | 测定 | | | | | | |
| | 均值 | | | | | | |
| 备　注 | | | | | | | |

## 五、讨论

1. 据测得的环境条件和植物蒸腾数据，讨论环境因子对植物蒸腾作用的影响。

2. 比较植物蒸腾作用对环境条件变化反应的灵敏度。

# 实验五　植物在不同环境条件下的叶温

植物叶片中所有的化学反应，都受叶片温度的影响，在 10℃以下，反应速率缓慢，在 20～30℃时，反应速率较快，在 40℃以上，反应趋于停止。

在自然条件下，植物叶片截获太阳辐射后，分别反射、透射、吸收部分能量，吸收的能量转化为化学能、热能。植物叶片蒸腾作用散失部分热能，并不断与周围环境进行对流等热能交换，从而表现为叶温的变化。

## 一、目的及要求

1. 掌握植物叶温的简单测定方法。

2. 了解环境因子变化对叶温的影响。

## 二、仪器设备

1. 热电偶测温仪、通风干湿表、烘箱。

2. 小温室（$1m^3$ 熏气箱）、玻璃水槽、泥瓦花盆或缸瓦花盆（$h30cm\times\phi30cm$）、碘钨灯（1000W）。

## 三、实验材料

盆栽蚕豆（*Vicia faba*）、向日葵（*Helianthus annuvs*）等。

## 四、实验步骤

（一）土壤水分与叶温

1. 选生长状况相似的同种盆栽植物两盆为一组，共三组，每组中，一盆在实验前若干天内不浇水，使其水分供应不足，且在实验开始时呈现轻微的萎蔫现象，另一盆一直正常浇水，在实验前一天傍晚浇足水，使其水分供应良好。

2. 将一组两盆植物分别置于小温室内，在其上各挂一盏碘钨灯进行光照。

3. 用热电偶测温仪测叶温。同时测气温、相对湿度。

4. 按上述 2、3 步骤，在尽可能短的时间内，对另两组植物测定，计算三次重复的叶温等的平均值。将全部测定结果记入表 10-5-1。

**表 10-5-1　土壤供水与叶温**

植物名称：　　　　　　　　　　　　　　　　　　　　　　　　　日期：

| 环　境 | | 供水良好 | | | 供水不良 | | |
|---|---|---|---|---|---|---|---|
| 重复实验 | | 1 | 2 | 3 | 1 | 2 | 3 |
| 叶温/℃ | 测定值 | | | | | | |
| | 均值 | | | | | | |
| 空气温度/℃ | 测定值 | | | | | | |
| | 均值 | | | | | | |
| 相对湿度/% | 测定值 | | | | | | |
| | 均值 | | | | | | |
| 备　注 | | | | | | | |

（二）光照与叶温

1. 选生长状况相似的同种盆栽植物两盆为一组，共三组，均正常浇水，在实验前一天傍晚浇足水，使其水分供应良好。

2. 将一组两盆植物分别置于小温室内，一个挂碘钨灯光照，另一个不挂碘钨灯。

3. 用热电偶测温仪测叶温。同时测气温、相对湿度。

4. 按上述 2、3 步骤，在尽可能短的时间内，对另两组植物测定，计算三次重复的叶温等的平均值。全部测定结果记入表 10-5-2。

**表 10-5-2　光照与叶温**

植物名称：　　　　　　　　　　　　　　　　　　　　　　　　　日期：

| 环　境 | | 强光照射 | | | 弱光照射 | | |
|---|---|---|---|---|---|---|---|
| 重复实验 | | 1 | 2 | 3 | 1 | 2 | 3 |
| 叶温/℃ | 测定值 | | | | | | |
| | 均值 | | | | | | |
| 空气温度/℃ | 测定值 | | | | | | |
| | 均值 | | | | | | |
| 相对湿度/% | 测定值 | | | | | | |
| | 均值 | | | | | | |
| 备　注 | | | | | | | |

## 五、讨论

1. 据测得环境条件和植物叶温数据，讨论环境因子对植物叶温的影响。

2. 讨论不同植物叶温差异的主要原因。

### 附 5.1 热电偶测温仪

**一、热电偶制作**

1. 取长度 30cm、直径 0.01～0.1mm 的康铜丝一根，同样规格的塑套铜丝两根，康铜丝的两端分别与一根塑套铜丝的一端并齐、扭紧、剪齐，再分别从两端用长度约 15cm 的塑料管将扭紧的康铜丝和塑套铜丝套住，两根塑套铜丝各有一端留在塑料管外成为抽头，两个抽头分别接到两脚插座的接线柱上。

2. 取长度 120cm 的两股铜导线，一端的两股线头分别接两脚插头的接线柱，另一端的两股线头一起接到低压直流电源的一个接线柱上。

3. 取一支铅笔，一端削尖，另一端环刻露出铅芯。

4. 取长度 50cm 的单股铜导线，一端接到露出的铅芯上，另一端接到低压直流电源的另一个接线柱上。

5. 开通低压直流电源开关，调节低压直流电源上的电位器，使低压直流电源给出 40～50V 的直流电压。

6. 手持铅笔，用笔尖轻轻碰触一个扭紧的康铜丝和塑套铜丝的端头，靠电火花将扭紧的康铜丝和塑套铜丝焊接在一起，按同样的操作方法焊接好另一个扭紧的康铜丝和塑套铜丝端头，即完成了热电偶制作。

**二、绘制热电偶的温度-电压标准曲线**

1. 将热电偶的两个抽头，分别接到数字电压表（或数字万用表，精度±0.01～±0.1mV）的两个输入端头。

2. 将热电偶的一端作为参比接点，放入小保温杯内的冰水混合物（0℃）中。

3. 将热电偶的另一端作为测试接点，放入水浴锅内，尽可能靠近水浴锅内的水银温度计球部。调节水浴从 0℃升温至 70℃，水温每升高 5℃，记录一次电压值（mV）。

4. 根据数据绘制温度-电压标准曲线。

**三、测温**

1. 将热电偶的两个抽头，分别接到数字电压表（或数字万用表）的两个输入端头。

2. 把热电偶的参比接点，放入小保温杯内的冰水混合物（0℃）中。

3. 用热电偶的测试接点测量环境和材料温度。根据数字电压表（或数字万用表）显示的测点电压值（mV），在温度-电压标准曲线上查出相应的温度值。

# 实验六　植物在不同环境条件下的膜透性

植物细胞膜对维持细胞的内环境和细胞的代谢起着重要的作用。正常情况下，细胞膜对物质有选择透过的能力。当植物受到高温、低温、干旱、盐渍、病原菌等作用后，细胞膜会有不同程度的损坏，膜透性增大，细胞内电解质外渗，致使细胞浸提液电导率增大；细胞内糖、蛋白质等外渗，致使细胞浸提液呈各种显色反应。

电导法是比较环境因子胁迫作用、鉴定植物抗逆性的精确而实用的方法。

## 一、目的及要求

1. 掌握电导仪的使用方法。

2. 学习分析逆境与植物生理变化的相关性。

## 二、仪器设备及用具、药品

1. DDS-12A 型数字式电导仪、722 分光光度计、精密扭力天平、培养箱、真空干燥器、抽气机、恒温水浴锅。

2. 剪刀、电炉、纱布、镊子、滤纸。

3. NaCl、蒽酮试剂。

**三、实验材料**

各种当季植物。

**四、实验步骤**

1. 选取同种待测植物一定部位上生长叶龄相近的叶子若干，剪下，纱布拭净，称取三份，各 2g。

2. 一份插入盛水的小烧杯，置于室温下，做对照处理。另两份做逆境处理：一份放入无水小烧杯，放在 40℃恒温箱内；一份放入无水小烧杯，放在 0～4℃冰箱内。

3. 1h 后，将植物叶片用蒸馏水冲洗两次，用洁净滤纸吸干，剪成约 $1cm^2$ 的小块，分别放入小烧杯中，用干净尼龙网压住，浸没在准确加入的 20mL 蒸馏水下。

4. 小烧杯放入真空干燥器，用抽气机抽气 8min；抽出细胞间隙中的空气后，再缓缓放入空气，将水压入细胞间。

5. 将抽过气的小烧杯取出，静置 20min 浸提，用玻棒轻轻搅动，待浸提液静止后，在 20～25℃恒温下，测定浸提液电导率，在事先制得的 NaCl 电导率标准曲线上查得电解质浓度。将结果记入表 10-6-1 内，比较分析。

**表 10-6-1 不同环境条件作用下的叶片组织浸提液的有关检测值**

| 处 理 | 电 导 率 | 吸 光 度 | 电解质浓度 | 糖 浓 度 |
|---|---|---|---|---|
| 0～4℃，干燥 | | | | |
| 室温 | | | | |
| 40℃，干燥 | | | | |

6. 吸取 1mL 浸提液加入试管中，加入蒽酮试剂 5mL，于沸水浴中加热 10min，冷却，测定吸光度，在事先制得的糖-蒽酮显色吸光度标准曲线上查得糖浓度。将结果记入表 10-6-1 内，比较分析。

NaCl 电导率标准曲线的制作：用纯 NaCl 配成 0、10mg/L、20mg/L、40mg/L、60mg/L、80mg/L、100mg/L 的系列溶液，在 20～25℃恒温下测定其电导率，得 NaCl 电导率标准曲线。

糖-蒽酮显色吸光度标准曲线的制作：用葡萄糖配成 0、25mg/L、50mg/L、75mg/L、100mg/L、120mg/L、150mg/L、200mg/L 的系列溶液，分别吸取 1mL 放入干燥洁净的试管中，加蒽酮试剂 5mL，于沸水浴 10min，冷却，600nm 测吸光度，得糖-蒽酮显色吸光度标准曲线。

**五、讨论**

1. 什么环境条件对植物的胁迫作用强一些？其致膜透性变化的机理是什么？

2. 为什么用 NaCl 和葡萄糖作为评价膜透性的物质？它们分别代表细胞质的什么成分？

3. 还可以用哪些指标评价膜透性，进而评价抗逆性？

## 实验七 植物群落数量特征抽样调查

为描述群落的内部结构和均匀程度及其动态变化规律，阐明群落与环境的联系，比较群落差异及进行群落分类，必须调查群落数量特征。

由于不可能对全部野外对象进行研究，故只能选取野外对象的一部分作为样本，从样本分析得到对总体的推断。

距离法在森林、灌丛、草地的抽样研究中经常使用。具体的操作方法有四种。

1. 邻近法：测定每种植物的随机个体到最近同种个体的距离。

2. 随机成对法：测定随机点两边每种植物两个相对个体的距离。

3. 最近个体法：测定随机点到每种植物最近个体的距离。

4. 中心点四分法：测定随机点到每个象限内的每种植物最近个体的距离。

四种方法中，使用最多的是随机成对法、中心点四分法。

本实验应用中心点四分法。

## 一、目的及要求

1. 掌握中心点四分法的操作过程。

2. 掌握相关群落数量特征值的计算。

## 二、用具

田字架（边长 1m）、钢卷尺（2m）、调查表、铅笔、橡皮、计算器。

## 三、实验步骤

1. 在特定群落区域内，随机确定 10 个样点。

2. 每两位学生一组，实施调查。

3. 将田字架的中心与任一随机样点重合，构成以随机样点为中心，以十字架四边为数轴的直角坐标系。

4. 每一象限内，找到每种植物最靠近中心点的个体，测定该个体到中心点距离、基面积（或覆盖面积）。

5. 重复 3、4 步骤，做完 10 个随机点上的测定。

6. 汇总全班测算数据，记入表 10-7-1。

7. 计算群落数量特征值，记入表 10-7-2。

**表 10-7-1　中心点四分法调查表**

| 种　名 | 有该种的随机点数 | 该种的个体数 | 该种的总覆盖面积 | 该种的总心株距离 | 该种的平均优势度 |
|---|---|---|---|---|---|
| | | | | | |
| | | | | | |
| | | | | | |
| | | | | | |
| | | | | | |
| | | | | | |
| | | | | | |
| | | | | | |
| | | | | | |

表 10-7-2　中心点四分法群落数量特征值计算表

| 种　名 | 密　度 | 相对密度 | 优 势 度 | 相对优势度 | 频　度 | 相对频度 | 重 要 值 |
|---|---|---|---|---|---|---|---|
| | | | | | | | |
| | | | | | | | |
| | | | | | | | |
| | | | | | | | |
| | | | | | | | |
| | | | | | | | |
| | | | | | | | |
| | | | | | | | |
| | | | | | | | |

## 四、讨论

现有两种群落，“所有种都随机分布的群落”和“某些种聚块分布的群落”哪种群落更适合用中心点四分法调查？为什么？

### 附 7.1　群落数量特征指标

**一、密度组**

1. 密度（$D$）：单位面积上特定种的株数。
2. 相对密度（$RD$）：特定种的株数/所有种的株数和×100。
3. 密度比（$DR$）：特定种的密度/最大密度种的密度。
4. 总平均密度=总面积/每一植物占地平均面积。即所有种植株到中心点距离平均值的平方的倒数。

**二、频度组**

1. 频度（$F$）：特定种植物出现的样方数占全部样方数的百分比。
2. 相对频度（$RF$）：特定种的频度/所有种的频度和×100。
3. 频度比（$FR$）：特定种的频度/最大频度种的频度。

**三、盖度组**

1. 盖度（$C$）：特定植物地上部分的投影面积。
2. 相对盖度（$RC$）：特定种的盖度/所有种的盖度和×100。
3. 盖度比（$CR$）：特定种的盖度/最大盖度种的盖度。

**四、优势度组**

1. 优势度（$DO$）：特定植物地上部分的底面积（或覆盖面积）。
2. 相对优势度（$RDO$）：特定种的优势度/所有种的优势度和×100。
3. 优势度比（$DOR$）：特定种的优势度/最大优势度种的优势度。
4. 平均优势度：特定植物地上部分的底面积（或覆盖面积）/该种个体数。

**五、高度组**

1. 高度（$H$）：特定种植物的自然高度。
2. 相对高度（$RH$）：特定种的高度/所有种的高度和×100。
3. 高度比（$HR$）：特定种的高度/最大高度种的高度。

**六、重要值**

$$重要值=RD+RF+RDO$$

**七、总优势比组**

1. 二因子：$SDR_2=(DR+CR)/2$ 等。

2. 三因子：$SDR_3=(DR+CR+HR)/3$ 等。

3. 四因子：$SDR_4=(DR+FR+CR+HR)/4$ 等。

# 实验八　群落种的多样性测定

为方便地比较群落的复杂性、稳定性，描述群落的演替方向、速度，评价环境质量，在调查群落中各物种单一直观的数量状况（群落数量特征）的基础上，应进一步描述群落中多物种的综合抽象的数量状况（群落结构特征）。在此思想的指导下，研究了一系列数学公式，据其计算结果的数值大小，描述群落结构特征。这些数学公式即为多样性指数。

多样性指数公式很多，形式各异。大部分多样性指数的计算数值与群落结构同向变化，即多样性指数越大，表示组成群落的生物种类越多，说明群落结构越复杂、越稳定。

**一、目的及要求**

1. 掌握几种多样性指数及其计算。

2. 认识多样性指数的生态学意义。

**二、用具**

$1m^2$ 样方框，铅笔、计算器。

**三、实验步骤**

1. 每两名学生一组，在选定的群落里，测定样方中的种数及每种个体数。样方随机放置，重复取样 10 次。

2. 按群落类型整理数据并分别计算各群落的 Simpson 和 Shannon-Wiener 指数，将测算结果记入表 10-8-1。

**表 10-8-1　　群落多样性记录计算表**

| 植物种名 | 样方号 | | | | | | | | | |
|---|---|---|---|---|---|---|---|---|---|---|
| | 1 | 2 | 3 | 4 | 5 | 6 | 7 | 8 | 9 | 10 |
| | | | | | | | | | | |
| | | | | | | | | | | |
| | | | | | | | | | | |
| | | | | | | | | | | |
| | | | | | | | | | | |
| | | | | | | | | | | |
| | | | | | | | | | | |
| | | | | | | | | | | |
| | | | | | | | | | | |
| | | | | | | | | | | |
| | | | | | | | | | | |
| | | | | | | | | | | |

续表

| 植物种名 | 样方号 | | | | | | | | | |
|---|---|---|---|---|---|---|---|---|---|---|
| | 1 | 2 | 3 | 4 | 5 | 6 | 7 | 8 | 9 | 10 |
| | | | | | | | | | | |
| | | | | | | | | | | |
| | | | | | | | | | | |
| | | | | | | | | | | |
| | | | | | | | | | | |
| | | | | | | | | | | |
| | | | | | | | | | | |
| | | | | | | | | | | |
| 种类合计 | | | | | | | | | | |
| 数量合计 | | | | | | | | | | |
| Simpson 指数 | | | | | | | | | | |
| Shannon-Wiener 指数 | | | | | | | | | | |

3. 分别绘制各群落的 Simpson 和 Shannon-Wiener 指数的平均控制图。

## 四、讨论

比较不同群落的同名多样性指数及其平均控制图，阐述其生态学意义。

### 附 8.1 Simpson 和 Shannon-Wiener 指数及其平均控制图

#### 一、Simpson 和 Shannon-Wiener 指数

1. Simpson 指数

$$d=\frac{N(N-1)}{\sum_{i=1}^{S} n_i(n_i-1)}$$

2. Shannon-Wiener 指数

$$H=-\sum_{i=1}^{S}\left(\frac{n_i}{N}\right)\log_2\left(\frac{n_i}{N}\right)$$

式中 $N$——所有种的个体总数；

$n_i$——第 $i$ 种的个体数；

$S$——样品中生物的种类数。

#### 二、Simpson 和 Shannon-Wiener 指数平均控制图

1. 计算 10 个样方的多样性指数 $X$，求其平均值 $\overline{X}$ 及标准差 $S$。

2. 用 $\overline{X}\pm 3(S/\sqrt{n})$、$\overline{X}$ 三条平行线和 10 个样方的多样性指数 $X$ 点值绘制出多样性指数平均控制图。

# *实验九 种内竞争

同种个体间相互关系即种内关系，研究种内关系的类型及其调控机理是种群生态学的重要任务之一。

种内竞争、种内互助是种内关系的两大基本类型，它们都是种群根据各种信息反馈而自我调节的过程。

植物的种内竞争关系表现为自疏作用。当播种密度达到某一数值后，如播种密度继续增加，存留下来的植株数量却并不增加，而是在某一数值附近波动，即自动稀疏了种群密度，称为“自疏”。

进一步研究显示，植株数量与生物量之间有稳定的关系，即由 Yoda、McNaughton、Haper、White 等人提出并验证的 power law。

$$W=CP^{-3/2}$$

以 power law 为基础，推引出以下关系

$$A\propto L^2 \qquad W\propto L^3 \qquad A\propto W^{2/3} \qquad A\propto 1/P$$

其中 $W$——植物生物量；

$P$——植株数量；

$C$——植物生长特性常数；

$A$——植物覆盖面积；

$L$——植物高度。

## 一、目的及要求

1. 学习盆栽实验研究方法。

2. 观察了解植物的自疏现象，总结自疏现象的一般规律。

## 二、设备材料

1. 玻璃水槽，泥瓦花盆或缸瓦花盆（$h$30cm×$\phi$30cm）若干，腐熟厩肥。

2. 种子（小麦、针茅、羊茅、羊草）。

3. 烘箱、天平、纸袋、剪刀、标签、毛巾等。

## 三、实验步骤

1. 本实验设计同时收获生长 5 周、10 周、15 周的植株各 5 盆，即需 15 个盆。为防止出苗不齐等情况造成样本不足，增加 40％的备用盆，即备 6 个盆，共需 21 个盆。

2. 将腐熟厩肥与土壤充分拌匀，装盆，土面稍低于盆口，备用。

3. 播种分三次进行，第一次在预计的收获日前 15 周，第二次在预计的收获日前 10 周，第三次在预计的收获日前 5 周，每次播 7 盆。

4. 在每次播种前三天，用喷壶给盆土浇透水，一般至播种当天，土壤的干湿即适合播种。每盆均匀播种小麦 250 粒。播种后，在每个盆上贴好注明播期和重复号的标签。

5. 已播种的每批次花盆放在一起，为减少边缘效应（edge effects）的影响，每周倒换一次花盆的位置。各花盆的摆放位置由拉丁方确定。

6. 定时用喷壶浇水，保证土壤湿润，以利于种子发芽、幼苗生长。出苗后，应及时记录出苗数、株高。

7. 至预计的实验结束日，分盆齐地面剪取植株，擦干净装袋，在袋上用铅笔标明盆号、生长时间、植株数量等，记入备选表 10-9-1。

8. 将植株样袋在 65℃ 的烘箱中烘 8～12h，计算每盆的单株植物平均干重，记入备选表 10-9-1。

9. 计算每盆的植株密度。

10. 计算每盆的（lg 单株植物平均干质量）/（lg 密度）。

## 四、讨论

1. 被自疏掉的是什么样的个体，留下的是什么样的个体？

表 10-9-1　植物种内竞争实验数据记录

实验植物：

| 处理 | 重复 | 生长时间/周 | 植株数量/株 | 纸袋质量＋植物干质量/g | 空纸袋质量/g | 植物干质量/g |
|---|---|---|---|---|---|---|
| Ⅰ | 1 | 15 | | | | |
| | 2 | 15 | | | | |
| | 3 | 15 | | | | |
| | 4 | 15 | | | | |
| | 5 | 15 | | | | |
| Ⅱ | 1 | 10 | | | | |
| | 2 | 10 | | | | |
| | 3 | 10 | | | | |
| | 4 | 10 | | | | |
| | 5 | 10 | | | | |
| Ⅲ | 1 | 5 | | | | |
| | 2 | 5 | | | | |
| | 3 | 5 | | | | |
| | 4 | 5 | | | | |
| | 5 | 5 | | | | |

2. 对平均干质量与密度比做回归计算，说明本次实验是否符合 power law。

3. 如用平皿来做小麦种子发芽的实验，在种子密度不同的皿之间，估计发芽速度、根长、株高、单株植物平均干重如何变化？在同一皿的外圈和内圈之间，估计发芽速度、根长、株高、单株植物平均干重如何变化？

4. 在野外条件下，能否进行自疏现象的调查研究？应选择什么样的对象？应采集哪些数据？

# *实验十　种间竞争

不同种间的相互关系即种间关系，研究种间关系的类型及其调控机理是群落生态学的重要任务之一。

种间竞争是种间关系的基本类型之一，它是指在资源（物质、能量、空间）不足时，种群间相互排斥的现象。

竞争的结果是：短期内，生境中的共存种类的个体生长、种群增长都受到抑制；长期后，竞争力强的种排挤掉竞争力弱的种。总而言之，在一个稳定的环境内，由于资源限制，具有相同的资源利用方式的不同种，不能永久共存，或言，完全的竞争者不能共存。此即竞争排斥原理（competitive exclusion principle），也称 Gauss 假说。

植物种群的竞争能力，决定于植物的叶子根系发达程度、个体的大小、生长速率、抗逆性等。

## 一、目的及要求

1. 掌握植物种间竞争的一种研究方法。

2. 验证并理解竞争排斥原理或Gauss假说。

## 二、设备材料

1. 玻璃水槽，泥瓦花盆或缸瓦花盆（$h$30cm×$\phi$30cm）若干，腐熟厩肥。

2. 种子：大麦、燕麦。

3. 烘箱、天平、纸袋、剪刀、标签、毛巾等。

## 三、实验步骤

1. 大麦与燕麦按6个数量比例混播，每个比例播3盆，实需18盆。为避免意外因素造成样本丢失，每个比例增加1盆备用，即备6盆，共需24盆。

2. 将腐熟厩肥与土壤充分拌匀，装盆，土面稍低于盆口，备用。

3. 在播种前三天，用喷壶给盆土浇透水，至播种当天，土壤的干湿即适合播种。每盆均匀播种200粒。播种后，在每个盆上贴好注明处理号、重复号的标签。

4. 每个处理的花盆放在一起，为减少边缘效应（edge effects）的影响，每周倒换一次花盆的位置。各花盆的摆放位置由拉丁方确定。

5. 定时用喷壶浇水，保证土壤湿润，以利于种子发芽、植株生长。出苗后，应及时记录出苗数、株高。

6. 成熟后，分盆分种收获、脱粒、计数，计算两种植物的输出比例，结果记入备选表10-10-1。种子装袋保存。

**表10-10-1 大麦与燕麦竞争实验记录**

| 播种 | | 收获 | | |
|---|---|---|---|---|
| 输入比例(A/B) | 重复 | A种子数量 | B种子数量 | 输出比例(A/B) |
| | 1 | | | |
| | 2 | | | |
| | 3 | | | |
| | 1 | | | |
| | 2 | | | |
| | 3 | | | |
| | 1 | | | |
| | 2 | | | |
| | 3 | | | |
| | 1 | | | |
| | 2 | | | |
| | 3 | | | |
| | 1 | | | |
| | 2 | | | |
| | 3 | | | |
| | 1 | | | |
| | 2 | | | |
| | 3 | | | |

7. 以输入比例为横轴、输出比例为纵轴建立坐标系，在坐标系中绘出理论的输入输出平衡线、实际的输出比例线，即得“输入-输出图”。

## 四、讨论

1. 输入-输出图可能有几种情形，分别阐述其生态意义。

2. 根据一个生长季节的输入-输出图结果，能否断言那个物种的竞争力强？

3. 除了输入-输出图，还有哪些指标可以反映种间竞争，这些指标是否平行？

4. 还有哪些方法可以用于种间竞争的研究？具体探讨其中一种。

# *实验十一　小水池的生物演替

群落的种类组成、各物种之间的空间关系，是群落生态学的研究内容之一，而种类组成、各物种之间的空间关系随时间的变化过程，即通俗所称的群落生物演替，是群落生态学的一个重要研究内容。

在有限时间和空间内，陆生群落生物演替缓慢，群落变化小，实验性观测意义不大。比较而言，水生群落生物演替迅速，群落变化大，更适合于群落生物演替的实验观测。

## 一、目的及要求

1. 掌握一种群落演替的实验观测方法。

2. 理解关于生物演替的一些基本问题。

## 二、设备材料

1. 显微镜，各种水生物图谱。

2. 250mm×500mm 标本瓶。

3. 鸡蛋、牛肉膏、水稻、小麦、蔬菜、水草等培养材料。

## 三、实验步骤

1. 每组取标本瓶 6 个，各装入 20L 过 40 目筛的池塘水，每瓶中各适量放入一种培养材料。

2. 将上述瓶置于阳光充足、通风良好、温度适宜的环境，培养水体生物。

3. 每两天观测一次，用专用滴管从每瓶瓶壁和瓶轴位置的上部、中部、底部取水样进行定性、定量观测，将观测到的生物种类、数量资料记入备选表 10-11-1 中。

**表 10-11-1　水池生物演替观测记录表**

日期：　　　　气温：　　　　层次：　　　　水温：

| 纲 | 科 | 属 | 种名 | 密度/(个/L) |
|---|---|---|---|---|
| | | | | |
| | | | | |
| | | | | |
| | | | | |

## 四、讨论

1. 各种生物在不同的培养环境中都出现吗？如果都出现，是以同样的顺序出现吗？以草履虫为例说明。

2. 演替过程中，哪一种培养环境中生物演替得最快？哪一种培养环境中生物演替得最慢？请解释为什么会这样。

3. 演替过程中，哪一种培养环境中的生物量最大？哪一种培养环境中的生物量最小？请解释为什么会这样。

4. 在实验结束观测时，以生物种数为衡量指标，各培养环境中的生物演替处于发展状态还是衰退状态？以生物量为衡量指标，情况又如何？

5. 如果时间足够长，群落会衰退吗？为什么会衰退？它的衰退会停止吗？衰退停止后会再发生生物演替吗？新旧演替的过程和结果会一致吗？

# 实验十二　水体初级生产力的测定

水体生产力是指水生植物（主要是浮游植物）进行光合作用的强度。水中浮游植物光合作用的强弱可通过叶绿素的含量以及光合作用产生氧气的量来反映。

## 方法一　叶绿素 a 的测定

水体中叶绿素的含量是指示浮游植物生物量的一个重要指标。特别是叶绿素 a 是研究水体富营化的一种有效方法。

### 一、测定原理

叶绿素 a 是有机物，不溶于水，但能溶于丙酮、乙醇等有机溶剂。首先要用机械方法使细胞破碎，把叶绿素 a 从细胞中提取出来。在测定过程中先用醋酸纤维滤膜抽滤水样，然后破碎细胞，用 90％丙酮提取叶绿素 a，再用分光光度计测叶绿素 a 的吸光度，最后利用公式计算叶绿素 a 的含量。

### 二、设备材料

采水器、抽滤器、真空泵、组织研磨器（研钵）、离心机、分光光度计等。

### 三、试剂

90％的丙酮，$MgCO_3$ 粉末，蒸馏水等。

### 四、测定方法和步骤

① 水样的采集与保存。可根据工作需要进程分层采样或混合采样。湖泊、水库采样 500mL，池塘 300mL，采样量视浮游植物多少而定，若浮游植物数量少，也可采集 1000mL 水样。带回实验室进行测定。

水样采集后应放在阴凉处，避免日光直射。最好立即进行测定，如需经过一段时间（4～8h）方可进行处理，则应将水样保存在低温（0～4℃）避光处。在每升水样中加入 1％碳酸镁悬浮液 1mL，以防止酸化引起色素溶解。水样在冰冻情况下（－20℃）最长可保存 30d。

② 浓缩水样。在抽滤器上装好醋酸纤维滤膜（0.5μm），倒入定量体积的水样进行抽滤。抽滤时负压不能过大（约为 50kPa）。水样抽完后，继续抽 1～2min，以减少滤膜上的水分。如需短期保存 1～2d 时，可放入普通冰箱冷冻；如需长期保存（30d），则应放入低温冰箱（－20℃）保存。

③ 取出载有浮游植物的滤膜，在冰箱内低温干燥 6～8h 后放入组织研磨器中，加入少量碳酸镁粉末及 2～3mL 90％的丙酮，充分研磨，提取叶绿素 a，用离心机（3000～4000r/min）离心 10min，将上清液倒入容量瓶中。

④ 再用 2～3mL 90％的丙酮继续研磨提取，离心 10min，并将上清液再转入容量瓶中，重复 1～2 次，用 90％的丙酮定容为 5mL 或 10mL，摇匀。

⑤ 取上清液，在分光光度计上，用 1cm 光程的比色皿，分别读取 750nm、663nm、645nm、630nm 波长的吸光度，并以 90％的丙酮做空白吸光度测定，对样品吸光度进行校正。

## 五、计算方法

叶绿素 a 的含量按如下公式计算：

$$叶绿素\ a=\frac{[11.64(D_{663}-D_{750})-2.16(D_{645}-D_{750})+0.10(D_{630}-D_{750})]\times V_1}{V\delta}(mg/m^3)$$

式中 $V$——水样体积，L；

$V_1$——定容体积，mL；

$D$——吸光度；

$\delta$——比色皿厚度，cm。

## 六、环境标准

用叶绿素 a 作为湖泊富营养化程度的一个评价标准，国外曾进行过深入的研究，但至今尚未得出一致公认的意见。我国从 20 世纪 80 年代开始，通过对武汉东湖、江苏太湖及南京玄武湖的研究提出了湖泊富营养化叶绿素 a 的评价标准，表 10-12-1 可供参考。

**表 10-12-1 湖泊富营养化叶绿素 a 的评价标准**

| 叶绿素 a 含量/($mg/m^3$) | 营养类型 | 叶绿素 a 含量/($mg/m^3$) | 营养类型 |
|---|---|---|---|
| <4 | 贫营养型 | 10～50 | 富营养型 |
| 4～10 | 中营养型 | >50 | 高度富营养型 |

## 七、讨论

1. 采集水样的量和什么有关？
2. 在提取过程中加碳酸镁粉末的目的是什么？

# 方法二 黑白瓶测氧法

水体中各种浮游植物都在光合作用过程中吸收二氧化碳，释放氧气，浮游植物的种类不同，其同化产物的量也就不同。因此可通过测定水中溶解氧量的变化，间接计算出有机物的生成量，来估算水体的生产力。

## 一、测定原理

黑白瓶测氧法是将几只注满水样的白瓶和黑瓶悬挂在采水深度处，曝光 24h，黑瓶中的浮游植物由于得不到光照只能进行呼吸作用，因此黑瓶中的溶解氧就会减少。而白瓶完全曝露在光下，瓶中的浮游植物可进行光合作用，因此白瓶中的溶解氧量一般会增加。所以，通过黑白瓶间溶解氧量的变化，就可估算出水体的生产力。

## 二、设备材料

1L 的采水器，250mL 碘量瓶，50mL 酸式滴定管，1mL、2mL、25mL、100mL 移液管，300mL 锥形瓶，250mL 具塞试剂瓶，10mL、100mL 量筒等。

## 三、试剂配制

1. 硫酸锰溶液

将 $MnSO_4\cdot4H_2O$ 480g 或 $MnSO_4\cdot2H_2O$ 400g 溶于蒸馏水中，过滤后稀释成 1000mL。此溶液不能变成黄色，如变成黄色表示有少量碘析出，即表示溶液中含有高价锰。

2. 碱性碘化钾溶液

溶解 500g 氢氧化钾于 300～400mL 蒸馏水中，冷至室温。另外溶解 150g 碘化钾于 200mL 蒸馏水中，慢慢加入已冷却的氢氧化钾溶液，摇匀后用蒸馏水稀释至 1000mL（强碱性溶液腐蚀性很大，使用时注意勿溅在皮肤或衣服上），储藏于塑料瓶中。

3. 浓硫酸

相对密度 1.84，强酸腐蚀性很大，使用时注意勿溅在皮肤或衣服上。

4. 1%淀粉指示液

称取 2g 可溶性淀粉，溶于少量蒸馏水中，用玻璃棒调成糊状，慢慢加入（边加边搅拌）刚煮沸的 200mL 蒸馏水中，冷却后加入 0.25g 水杨酸或 0.8g 氯化锌（$ZnCl_2$）作为防腐剂。此溶液遇碘应变为蓝色，如变成紫色表示已有部分变质，要重新配制。

5. （1+5）硫酸溶液

将浓硫酸（相对密度 1.84）33mL 慢慢倒入 167mL 蒸馏水中。

6. 硫代硫酸钠溶液 $c(Na_2S_2O_3)=0.025mol/L$

称取 6.2g 硫代硫酸钠（$Na_2S_2O_3\cdot 5H_2O$）溶于煮沸放冷的蒸馏水中，加入 0.2g 碳酸钠，用水稀释至 1000mL。储于棕色瓶中，使用前用重铬酸钾 $c(\frac{1}{6}K_2Cr_2O_7)=0.0250mol/L$ 标准溶液标定，标定方法如下：于 250mL 碘量瓶中，加入 100mL 蒸馏水和 1g 碘化钾，加入 10.00mL 0.0250mol/L 重铬酸钾标准溶液、5mL(1+5) 硫酸溶液，密塞，摇匀，于暗处静置 5min 后，用待标定的硫代硫酸钠溶液滴定至溶液呈淡黄色，加入 1mL 淀粉溶液，继续滴定至蓝色刚好褪去为止，记录用量。

$$c=10.00\times 0.00250/V$$

式中 $c$——硫代硫酸钠溶液浓度，mol/L；

$V$——硫代硫酸钠溶液消耗量，mL。

## 四、测定方法和步骤

1. 采水与挂瓶

采样前首先要用水下照度计测定光层的深度，按照表面照度 100%、50%、25%、10%、1%的深度分层分组挂瓶。如无水下照度计，可用透明度盘测定水体的透明度和水深，然后根据水的透明度和水的深度选定采水和挂瓶的深度间隔。可以从水面到水底每隔 1～2m 或几米处挂一组瓶。一般浅水湖泊（水深≤3m）可按 0.0m、0.5m、1m、2m、3m 分层。

每组有 3 个样品瓶，即白瓶、黑瓶、原始瓶。每组瓶要用同次采集的水样注满瓶，将采水器出水管插到样品瓶底部，每个瓶子注满水样后需先溢出 3 倍体积的水，以保证所有瓶中的溶解氧与采水瓶中的溶解氧完全一致。灌瓶完毕，将瓶盖轻轻盖好，立即对原始瓶进行氧的固定，其溶解氧为“原初氧”，将另两个瓶（即黑瓶与白瓶）悬挂在原采水深度处曝光 24h，采水层次与挂瓶层次要完全一致。

制作黑白瓶的玻璃瓶，最好是 300mL 具磨口塞的完全透明瓶或碘量瓶。每瓶用酸洗过后，用蒸馏水洗净，灌瓶前再用水样冲洗几次。

2. 溶解氧的固定与分析

曝光结束，立即取出黑瓶和白瓶，按下述步骤测定溶氧量。

（1）溶解氧的固定　用移液管插入溶解氧瓶的液面下，加入 1mL 硫酸锰溶液、2mL 碱性碘化钾溶液，盖好瓶盖，颠倒混合数次，静置。待棕色沉淀物降至半瓶时，再颠倒混合一次，待沉淀物降到瓶底。

（2）碘析出　轻轻打开瓶塞，立即用移液管插入液面下注入 2.0mL 硫酸，小心盖好瓶塞，颠倒混合摇匀，至沉淀物全部溶解为止，放置暗处 5min。

（3）滴定　取 100.0mL 上述溶液于 250mL 锥形瓶中，用硫代硫酸钠滴定至溶液呈淡黄色，加 1mL 淀粉溶液，继续滴定至蓝色刚好褪去为止，记录硫代硫酸钠用量。

(4) 计算

① 溶解氧的计算

$$溶解氧(mg/L)=c\times V\times 8\times 1000/100$$

式中 $c$——硫代硫酸钠溶液浓度，mol/L；

$V$——滴定时消耗硫代硫酸钠体积，mL；

8——氧（$\frac{1}{2}O$）的摩尔质量，g/mol。

② 各挂瓶水层日生产量（mg $O_2$/L）的计算

总生产量＝白瓶溶解氧－黑瓶溶解氧

净生产量＝白瓶溶解氧－原始瓶溶解氧

呼吸量＝原始瓶溶解氧－黑瓶溶解氧

③ 每平方米水柱日生产力的计算。所谓水柱日生产力是指 1$m^2$ 垂直水柱的生产量。可用算术平均值累计法计算。例如：假定某水体某日 0.0m、0.5m、1.0m、2.0m、3.0m、4.0m 处总生产量分别为 2mg/(L·d)、4mg/(L·d)、2mg/(L·d)、1.0mg/(L·d)、0.5mg/(L·d)、0.0mg/(L·d)，其水柱总生产力的计算见表 10-12-2。该水柱的生产量为 5.5g/($m^2$·d)。

**表 10-12-2 每平方米水柱日生产力计算例表**

| 水层/m | 1$m^2$ 水面下水层体积/(L/$m^2$) | 每层段每升平均日生产量/(mg/L) | 每平方米水面下各水层日生产量/[mg/($m^2$·d)] |
|---|---|---|---|
| 0.0～0.5 | 500 | $\frac{2+4}{2}=3$ | 3×500＝1500 |
| 0.5～1.0 | 500 | $\frac{4+2}{2}=3$ | 3×500＝1500 |
| 1.0～2.0 | 1000 | $\frac{2+1}{2}=1.5$ | 1.5×1000＝1500 |
| 2.0～3.0 | 1000 | $\frac{1+0.5}{2}=0.75$ | 0.75×1000＝750 |
| 3.0～4.0 | 1000 | $\frac{0.5+0}{2}=0.25$ | 0.25×1000＝250 |
| 0.0～4.0 m 水柱生产量 | | | 5500＝5.5g/($m^2$·d) |

## 五、质量保证与质量控制

① 测定宜在晴天进行，并采用上午挂瓶。

② 在有机质含量较高的湖泊、水库，可采用每 2～4h 挂瓶一次，连续测定的方法，以免由于溶解氧过低而使净生产力可能出现负值。

③ 如光合作用很强，形成氧过饱和，在瓶中产生大的气泡，应将瓶微微倾斜，将气泡置于瓶肩处，小心打开瓶塞加入固定液，然后盖上瓶盖充分摇动。为防止产生氧气泡，也可将培养时间缩短为 2～4h，但需在结果报告中注明。

④ 测定时应同时记录当天的水温、水深、透明度、光照强度，以及水草的分布生长情况。

⑤ 尽可能对水中主要营养盐，特别是无机磷和无机氮进行分析。

## 六、讨论

如果要测定某个水体的日生产总量，应该如何进行试验设计？

# 附　　录

## 附录1　国家重点保护野生植物名录——第一批

（国务院1999年8月4日批准）

| 译　　名 | 拉　丁　文　学　名 | 保护级别 | |
|---|---|---|---|
| | | Ⅰ级 | Ⅱ级 |
| | 蕨类植物 Pteridophytes | | |
| 观音座莲科 | Angiopteridaceae | | |
| 法斗观音座莲 | *Angiopteris sparsisora* | | Ⅱ |
| 二回原始观音座莲 | *Archangiopteris bipinnata* | | Ⅱ |
| 亨利原始观音座莲 | *Archangiopteris henryi* | | Ⅱ |
| 铁角蕨科 | Aspleniaceae | | |
| 对开蕨 | *Phyllitis japonica* | | Ⅱ |
| 蹄盖蕨科 | Athyriaceae | | |
| 光叶蕨 | *Cystoathyrium chinense* | Ⅰ | |
| 乌毛蕨科 | Blechnaceae | | |
| 苏铁蕨 | *Brainea insignis* | | Ⅱ |
| 天星蕨科 | Christenseniaceae | | |
| 天星蕨 | *Christensenia assamica* | | Ⅱ |
| 桫椤科（所有种） | *Cyatheaceae* spp. | | Ⅱ |
| 蚌壳蕨科（所有种） | *Dicksoniaceae* spp. | | Ⅱ |
| 鳞毛蕨科 | Dryopteridaceae | | |
| 单叶贯众 | *Cyrtomium hemionitis* | | Ⅱ |
| 玉龙蕨 | *Sorolepidium glaciale* | Ⅰ | |
| 七指蕨科 | Helminthostachyaceae | | |
| 七指蕨 | *Helminthostachys zeylanica* | | Ⅱ |
| 水韭科 | Isoetaceae | | |
| 水韭属（所有种）* | *Isoetes* spp. | Ⅰ | |
| 水蕨科 | Parkeriaceae | | |
| 水蕨属（所有种）* | *Ceratopteris* spp. | | Ⅱ |
| 鹿角蕨科 | Platyceriaceae | | |
| 鹿角蕨 | *Platycerium wallichii* | | Ⅱ |
| 水龙骨科 | Polypodiaceae | | |
| 扇蕨 | *Neocheiropteris palmatopedata* | | Ⅱ |

续表

| 译　名 | 拉 丁 文 学 名 | 保护级别 | |
|---|---|---|---|
| | | Ⅰ级 | Ⅱ级 |
| 蕨类植物 Pteridophytes | | | |
| 中国蕨科 | Sinopteridaceae | | |
| 中国蕨 | *Sinopteris grevilleoides* | | Ⅱ |
| 裸子植物 Gymnospermae | | | |
| 三尖杉科 | Cephalotaxaceae | | |
| 贡山三尖杉 | *Cephalotaxus lanceolata* | | Ⅱ |
| 蓖子三尖杉 | *Cephalotaxus oliveri* | | Ⅱ |
| 柏科 | Cupressaceae | | |
| 翠柏 | *Calocedrus macrolepis* | | Ⅱ |
| 红桧 | *Chamaecyparis formosensis* | | Ⅱ |
| 岷江柏木 | *Cupressus chengiana* | | Ⅱ |
| 巨柏 | *Cupressus gigantea* | Ⅰ | |
| 福建柏 | *Fokienia hodginsii* | | Ⅱ |
| 朝鲜崖柏 | *Thuja koraiensis* | | Ⅱ |
| 苏铁科 | Cycadaceae | | |
| 苏铁属(所有种) | *Cycas* spp. | Ⅰ | |
| 银杏科 | Ginkgoaceae | | |
| 银杏 | *Ginkgo biloba* | Ⅰ | |
| 松科 | Pinaceae | | |
| 百山祖冷杉 | *Abies beshanzuensis* | Ⅰ | |
| 秦岭冷杉 | *Abies chensiensis* | | Ⅱ |
| 梵净山冷杉 | *Abies fanjingshanensis* | Ⅰ | |
| 元宝山冷杉 | *Abies yuanbaoshanensis* | Ⅰ | |
| 资源冷杉(大院冷杉) | *Abies ziyuanensis* | Ⅰ | |
| 银杉 | *Cathaya argyrophylla* | Ⅰ | |
| 台湾油杉 | *Keteleeria davidiana* var. *formosana* | | Ⅱ |
| 海南油杉 | *Keteleeria hainanensis* | | Ⅱ |
| 柔毛油杉 | *Keteleeria pubescens* | | Ⅱ |
| 太白红杉 | *Larix chinensis* | | Ⅱ |
| 四川红杉 | *Larix mastersiana* | | Ⅱ |
| 油麦吊云杉 | *Picea brachytyla* var. *complanata* | | Ⅱ |
| 大果青扦 | *Picea neoveitchii* | | Ⅱ |
| 兴凯赤松 | *Pinus densiflora* var. *ussuriensis* | | Ⅱ |
| 大别山五针松 | *Pinus fenzeliana* var. *dabeshanensis* | | Ⅱ |
| 红松 | *Pinus koraiensis* | | Ⅱ |
| 华南五针松(广东松) | *Pinus kwangtungensis* | | Ⅱ |

续表

| 译　名 | 拉丁文学名 | 保护级别 | |
|---|---|---|---|
| | | Ⅰ级 | Ⅱ级 |
| 松科 | Pinaceae | | |
| 巧家五针松 | *Pinus squamata* | Ⅰ | |
| 长白松 | *Pinus sylvestris* var. *sylvestriformis* | Ⅰ | |
| 毛枝五针松 | *Pinus wangii* | | Ⅱ |
| 金钱松 | *Pseudolarix amabilis* | | Ⅱ |
| 黄杉属(所有种) | *Pseudotsuga* spp. | | Ⅱ |
| 红豆杉科 | Taxaceae | | |
| 台湾穗花杉 | *Amentotaxus formosana* | Ⅰ | |
| 云南穗花杉 | *Amentotaxus yunnanensis* | Ⅰ | |
| 白豆杉 | *Pseudotaxus chienii* | | Ⅱ |
| 红豆杉属(所有种) | *Taxus* spp. | Ⅰ | |
| 榧属(所有种) | *Torreya* spp. | | Ⅱ |
| 杉科 | Taxodiaceae | | |
| 水松 | *Glyptostrobus pensilis* | Ⅰ | |
| 水杉 | *Metasequoia glyptostroboides* | Ⅰ | |
| 台湾杉(秃杉) | *Taiwania cryptomerioides* | | Ⅱ |
| 被子植物 Angiospermae | | | |
| 芒苞草科 | Acanthochlamydaceae | | |
| 芒苞草 | *Acanthochlamys bracteata* | | Ⅱ |
| 槭树科 | Aceraceae | | |
| 梓叶槭 | *Acer catalpifolium* | | Ⅱ |
| 羊角槭 | *Acer yangjuechi* | | Ⅱ |
| 云南金钱槭 | *Dipteronia dyerana* | | Ⅱ |
| 泽泻科 | Alismataceae | | |
| 长喙毛茛泽泻* | *Ranalisma rostratum* | Ⅰ | |
| 浮叶慈菇* | *Sagittaria natans* | | Ⅱ |
| 夹竹桃科 | Apocynaceae | | |
| 富宁藤 | *Parepigynum funingense* | | Ⅱ |
| 蛇根木 | *Rauvolfia serpentina* | | Ⅱ |
| 萝藦科 | Asclepiadaceae | | |
| 驼峰藤 | *Merrillanthus hainanensis* | | Ⅱ |
| 桦木科 | Betulaceae | | |
| 盐桦 | *Betula halophila* | | Ⅱ |
| 金平桦 | *Betula jinpingensis* | | Ⅱ |
| 普陀鹅耳枥 | *Carpinus putoensis* | Ⅰ | |
| 天台鹅耳枥 | *Carpinus tientaiensis* | | Ⅱ |
| 天目铁木 | *Ostrya rehderiana* | Ⅰ | |

续表

| 译　名 | 拉丁文学名 | 保护级别 | |
|---|---|---|---|
| | | Ⅰ级 | Ⅱ级 |
| 伯乐树科 | Bretschneideraceae | | |
| 伯乐树(钟萼木) | *Bretschneidera sinensis* | Ⅰ | |
| 花蔺科 | Butomaceae | | |
| 拟花蔺* | *Butomopsis latifolia* | | Ⅱ |
| 忍冬科 | Caprifoliaceae | | |
| 七子花 | *Heptacodium miconioides* | | Ⅱ |
| 石竹科 | Caryophyllaceae | | |
| 金铁锁 | *Psammosilene tunicoides* | | Ⅱ |
| 卫矛科 | Celastraceae | | |
| 膝柄木 | *Bhesa sinensis* | Ⅰ | |
| 十齿花 | *Dipentodon sinicus* | | Ⅱ |
| 永瓣藤 | *Monimopetalum chinense* | | Ⅱ |
| 连香树科 | Cercidiphyllaceae | | |
| 连香树 | *Cercidiphyllum japonicum* | | Ⅱ |
| 使君子科 | Combretaceae | | |
| 萼翅藤 | *Calycopteris floribunda* | Ⅰ | |
| 千果榄仁 | *Terminalia myriocarpa* | | Ⅱ |
| 菊科 | Compositae | | |
| 画笔菊* | *Ajaniopsis penicilliformis* | | Ⅱ |
| 革苞菊* | *Tugarinovia mongolica* | Ⅰ | |
| 四数木科 | Datiscaceae | | |
| 四数木 | *Tetrameles nudiflora* | | Ⅱ |
| 龙脑香科 | Dipterocarpaceae | | |
| 东京龙脑香 | *Dipterocarpus retusus* | Ⅰ | |
| 狭叶坡垒 | *Hopea chinensis* | Ⅰ | |
| 无翼坡垒(铁凌) | *Hopea exalata* | | Ⅱ |
| 坡垒 | *Hopea hainanensis* | Ⅰ | |
| 多毛坡垒 | *Hopea mollissima* | Ⅰ | |
| 望天树 | *Parashorea chinensis* | Ⅰ | |
| 广西青梅 | *Vatica guangxiensis* | | Ⅱ |
| 青皮(青梅) | *Vatica mangachapoi* | | Ⅱ |
| 茅膏菜科 | Droseraceae | | |
| 貉藻* | *Aldrovanda vesiculosa* | Ⅰ | |
| 胡颓子科 | Elaeagnaceae | | |
| 翅果油树 | *Elaeagnus mollis* | | Ⅱ |

续表

| 译　　名 | 拉 丁 文 学 名 | 保护级别 | |
|---|---|---|---|
| | | Ⅰ级 | Ⅱ级 |
| 大戟科 | Euphorbiaceae | | |
| 东京桐 | *Deutzianthus tonkinensis* | | Ⅱ |
| 壳斗科 | Fagaceae | | |
| 华南锥 | *Castanopsis concinna* | | Ⅱ |
| 台湾水青冈 | *Fagus hayatae* | | Ⅱ |
| 三棱栎 | *Formanodendron doichangensis* | | Ⅱ |
| 瓣鳞花科 | Frankeniaceae | | |
| 瓣鳞花* | *Frankenia pulverulenta* | | Ⅱ |
| 龙胆科 | Gentianaceae | | |
| 辐花* | *Lomatogoniopsis alpina* | | Ⅱ |
| 苦苣苔科 | Gesneriaceae | | |
| 瑶山苣苔 | *Dayaoshania cotinifolia* | Ⅰ | |
| 单座苣苔 | *Metabriggsia ovalifolia* | Ⅰ | |
| 秦岭石蝴蝶 | *Petrocosmea qinlingensis* | | Ⅱ |
| 报春苣苔 | *Primulina tabacum* | Ⅰ | |
| 辐花苣苔 | *Thamnocharis esquirolii* | Ⅰ | |
| 禾本科 | Gramineae | | |
| 酸竹 | *Acidosasa chinensis* | | Ⅱ |
| 沙芦草* | *Agropyron mongolicum* | | Ⅱ |
| 异颖草* | *Anisachne gracilis* | | Ⅱ |
| 短芒披碱草* | *Elymus breviaristatus* | | Ⅱ |
| 无芒披碱草* | *Elymus submuticus* | | Ⅱ |
| 毛披碱草* | *Elymus villifer* | | Ⅱ |
| 内蒙古大麦* | *Hordeum innermongolicum* | | Ⅱ |
| 药用野生稻* | *Oryza officinalis* | | Ⅱ |
| 普通野生稻* | *Oryza rufipogon* | | Ⅱ |
| 四川狼尾草* | *Pennisetum sichuanense* | | Ⅱ |
| 华山新麦草* | *Psathyrostachys huashanica* | Ⅰ | |
| 三蕊草* | *Sinochasea trigyna* | | Ⅱ |
| 拟高粱* | *Sorghum propinquum* | | Ⅱ |
| 箭叶大油芒* | *Spodiopogon sagittifolius* | | Ⅱ |
| 中华结缕草* | *Zoysia sinica* | | Ⅱ |
| 小二仙草科 | Haloragidaceae | | |
| 乌苏里狐尾藻* | *Myriophyllum ussuriense* | | Ⅱ |
| 金缕梅科 | Hamamelidaceae | | |
| 山铜材 | *Chunia bucklandioides* | | Ⅱ |
| 长柄双花木 | *Disanthus cercidifolius* var. *longipes* | | Ⅱ |

续表

| 译　　名 | 拉 丁 文 学 名 | 保护级别 | |
|---|---|---|---|
| | | Ⅰ级 | Ⅱ级 |
| 金缕梅科 | Hamamelidaceae | | |
| 半枫荷 | *Semiliquidambar cathayensis* | | Ⅱ |
| 银缕梅 | *Shaniodendron subaequalum* | Ⅰ | |
| 四药门花 | *Tetrathyrium subcordatum* | | Ⅱ |
| 水鳖科 | Hydrocharitaceae | | |
| 水菜花* | *Ottelia cordata* | | Ⅱ |
| 唇形科 | Labiatae | | |
| 子宫草 | *Skapanthus oreophilus* | | Ⅱ |
| 樟科 | Lauraceae | | |
| 油丹 | *Alseodaphne hainanensis* | | Ⅱ |
| 樟树(香樟) | *Cinnamomum camphora* | | Ⅱ |
| 普陀樟 | *Cinnamomum japonicum* | | Ⅱ |
| 油樟 | *Cinnamomum longepaniculatum* | | Ⅱ |
| 卵叶桂 | *Cinnamomum rigidissimum* | | Ⅱ |
| 润楠 | *Machilus nanmu* | | Ⅱ |
| 舟山新木姜子 | *Neolitsea sericea* | | Ⅱ |
| 闽楠 | *Phoebe bournei* | | Ⅱ |
| 浙江楠 | *Phoebe chekiangensis* | | Ⅱ |
| 楠木 | *Phoebe zhennan* | | Ⅱ |
| 豆科 | Leguminosae | | |
| 线苞两型豆* | *Amphicarpaea linearis* | | Ⅱ |
| 黑黄檀(版纳黑檀) | *Dalbergia fusca* | | Ⅱ |
| 降香(降香檀) | *Dalbergia odorifera* | | Ⅱ |
| 格木 | *Erythrophleum fordii* | | Ⅱ |
| 山豆根(胡豆莲) | *Euchresta japonica* | | Ⅱ |
| 绒毛皂荚 | *Gleditsia japonica* var. *velutina* | | Ⅱ |
| 野大豆* | *Glycine soja* | | Ⅱ |
| 烟豆* | *Glycine tabacina* | | Ⅱ |
| 短绒野大豆* | *Glycine tomentella* | | Ⅱ |
| 花榈木(花梨木) | *Ormosia henryi* | | Ⅱ |
| 红豆树 | *Ormosia hosiei* | | Ⅱ |
| 缘毛红豆 | *Ormosia howii* | | Ⅱ |
| 紫檀(青龙木) | *Pterocarpus indicus* | | Ⅱ |
| 油楠(蚌壳树) | *Sindora glabra* | | Ⅱ |
| 任豆(任木) | *Zenia insignis* | | Ⅱ |
| 狸藻科 | Lentibulariaceae | | |
| 盾鳞狸藻* | *Utricularia punctata* | | Ⅱ |

续表

| 译　　名 | 拉 丁 文 学 名 | 保护级别 | |
|---|---|---|---|
| | | Ⅰ级 | Ⅱ级 |
| 木兰科 | Magnoliaceae | | |
| 长蕊木兰 | *Alcimandra cathcardii* | Ⅰ | |
| 地枫皮 | *Illicium difengpi* | | Ⅱ |
| 单性木兰 | *Kmeria septentrionalis* | Ⅰ | |
| 鹅掌楸 | *Liriodendron chinense* | | Ⅱ |
| 大叶木兰 | *Magnolia henryi* | | Ⅱ |
| 馨香玉兰 | *Magnolia odoratissima* | | Ⅱ |
| 厚朴 | *Magnolia officinalis* | | Ⅱ |
| 凹叶厚朴 | *Magnolia officinalis* subsp. *biloba* | | Ⅱ |
| 长喙厚朴 | *Magnolia rostrata* | | Ⅱ |
| 圆叶玉兰 | *Magnolia sinensis* | | Ⅱ |
| 西康玉兰 | *Magnolia wilsonii* | | Ⅱ |
| 宝华玉兰 | *Magnolia zenii* | | Ⅱ |
| 香木莲 | *Manglietia aromatica* | | Ⅱ |
| 落叶木莲 | *Manglietia decidua* | Ⅰ | |
| 大果木莲 | *Manglietia grandis* | | Ⅱ |
| 毛果木莲 | *Manglietia hebecarpa* | | Ⅱ |
| 大叶木莲 | *Manglietia megaphylla* | | Ⅱ |
| 厚叶木莲 | *Manglietia pachyphylla* | | Ⅱ |
| 华盖木 | *Manglietiastrum sinicum* | Ⅰ | |
| 石碌含笑 | *Michelia shiluensis* | | Ⅱ |
| 峨眉含笑 | *Michelia wilsonii* | | Ⅱ |
| 峨眉拟单性木兰 | *Parakmeria omeiensis* | Ⅰ | |
| 云南拟单性木兰 | *Parakmeria yunnanensis* | | Ⅱ |
| 合果木 | *Paramichelia baillonii* | | Ⅱ |
| 水青树 | *Tetracentron sinense* | | Ⅱ |
| 楝科 | Meliaceae | | |
| 粗枝崖摩 | *Amoora dasyclada* | | Ⅱ |
| 红椿 | *Toona ciliata* | | Ⅱ |
| 毛红椿 | *Toona ciliata* var. *pubescens* | | Ⅱ |
| 防已科 | Menispermaceae | | |
| 藤枣 | *Eleutharrhena macrocarpa* | Ⅰ | |
| 肉豆蔻科 | Myristicaceae | | |
| 海南风吹楠 | *Horsfieldia hainanensis* | | Ⅱ |
| 滇南风吹楠 | *Horsfieldia tetratepala* | | Ⅱ |
| 云南肉豆蔻 | *Myristica yunnanensis* | | Ⅱ |

续表

| 译　名 | 拉丁文学名 | 保护级别 | |
|---|---|---|---|
| | | Ⅰ级 | Ⅱ级 |
| 茨藻科 | Najadaceae | | |
| 高雄茨藻* | *Najas browniana* | | Ⅱ |
| 拟纤维茨藻* | *Najas pseudogracillima* | | Ⅱ |
| 睡莲科 | Nymphaeaceae | | |
| 莼菜* | *Brasenia schreberi* | Ⅰ | |
| 莲* | *Nelumbo nucifera* | | Ⅱ |
| 贵州萍蓬草* | *Nuphar bornetii* | | Ⅱ |
| 雪白睡莲* | *Nymphaea candida* | | Ⅱ |
| 蓝果树科 | Nyssaceae | | |
| 喜树(旱莲木) | *Camptotheca acuminata* | | Ⅱ |
| 珙桐 | *Davidia involucrata* | Ⅰ | |
| 光叶珙桐 | *Davidia involucrata* var. *vilmoriniana* | Ⅰ | |
| 云南蓝果树 | *Nyssa yunnanensis* | Ⅰ | |
| 金莲木科 | Ochnaceae | | |
| 合柱金莲木 | *Sinia rhodoleuca* | Ⅰ | |
| 铁青树科 | Olacaceae | | |
| 蒜头果 | *Malania oleifera* | | Ⅱ |
| 木犀科 | Oleaceae | | |
| 水曲柳 | *Fraxinus mandshurica* | | Ⅱ |
| 棕榈科 | Palmae | | |
| 董棕 | *Caryota urens* | | Ⅱ |
| 小钩叶藤 | *Plectocomia microstachys* | | Ⅱ |
| 龙棕 | *Trachycarpus nana* | | Ⅱ |
| 罂粟科 | Papaveraceae | | |
| 红花绿绒蒿* | *Meconopsis punicea* | | Ⅱ |
| 斜翼科 | Plagiopteraceae | | |
| 斜翼 | *Plagiopteron suaveolens* | | Ⅱ |
| 川苔草科 | Podostemaceae | | |
| 川藻(石蔓)* | *Terniopsis sessilis* | | Ⅱ |
| 蓼科 | Polygonaceae | | |
| 金荞麦* | *Fagopyrum dibotrys* | | Ⅱ |
| 报春花科 | Primulaceae | | |
| 羽叶点地梅* | *Pomatosace filicula* | | Ⅱ |
| 毛茛科 | Ranunculaceae | | |
| 粉背叶人字果 | *Dichocarpum hypoglaucum* | | Ⅱ |
| 独叶草 | *Kingdonia uniflora* | Ⅰ | |

续表

| 译　　名 | 拉丁文学名 | 保护级别 | |
|---|---|---|---|
| | | Ⅰ级 | Ⅱ级 |
| 马尾树科 | Rhoipteleaceae | | |
| 马尾树 | *Rhoiptelea chiliantha* | | Ⅱ |
| 茜草科 | Rubiaceae | | |
| 绣球茜 | *Dunnia sinensis* | | Ⅱ |
| 香果树 | *Emmenopterys henryi* | | Ⅱ |
| 异形玉叶金花 | *Mussaenda anomala* | Ⅰ | |
| 丁茜 | *Trailliaedoxa gracilis* | | Ⅱ |
| 芸香科 | Rutaceae | | |
| 黄檗(黄菠椤) | *Phellodendron amurense* | | Ⅱ |
| 川黄檗(黄皮树) | *Phellodendron chinense* | | Ⅱ |
| 杨柳科 | Salicaceae | | |
| 钻天柳 | *Chosenia arbutifolia* | | Ⅱ |
| 无患子科 | Sapindaceae | | |
| 伞花木 | *Eurycorymbus cavaleriei* | | Ⅱ |
| 掌叶木 | *Handeliodendron bodinieri* | Ⅰ | |
| 山榄科 | Sapotaceae | | |
| 海南紫荆木 | *Madhuca hainanensis* | | Ⅱ |
| 紫荆木 | *Madhuca pasquieri* | | Ⅱ |
| 虎耳草科 | Saxifragaceae | | |
| 黄山梅 | *Kirengeshoma palmata* | | Ⅱ |
| 蛛网萼 | *Platycrater arguta* | | Ⅱ |
| 冰沼草科 | Scheuchzeriaceae | | |
| 冰沼草* | *Scheuchzeria palustris* | | Ⅱ |
| 玄参科 | Scrophulariaceae | | |
| 胡黄连* | *Neopicrorhiza scrophulariiflora* | | Ⅱ |
| 呆白菜(崖白菜) | *Triaenophora rupestris* | | Ⅱ |
| 茄科 | Solanaceae | | |
| 山莨菪* | *Anisodus tanguticus* | | Ⅱ |
| 黑三棱科 | Sparganiaceae | | |
| 北方黑三棱* | *Sparganium hyperboreum* | | Ⅱ |
| 梧桐科 | Sterculiaceae | | |
| 广西火桐 | *Erythropsis kwangsiensis* | | Ⅱ |
| 丹霞梧桐 | *Firmiana danxiaensis* | | Ⅱ |
| 海南梧桐 | *Firmiana hainanensis* | | Ⅱ |
| 蝴蝶树 | *Heritiera parvifolia* | | Ⅱ |
| 平当树 | *Paradombeya sinensis* | | Ⅱ |

续表

| 译　　名 | 拉 丁 文 学 名 | 保护级别 | |
|---|---|---|---|
| | | Ⅰ级 | Ⅱ级 |
| 梧桐科 | Sterculiaceae | | |
| 景东翅子树 | *Pterospermum kingtungense* | | Ⅱ |
| 勐仑翅子树 | *Pterospermum menglunense* | | Ⅱ |
| 安息香科 | Styracaceae | | |
| 长果安息香 | *Changiostyrax dolichocarpa* | | Ⅱ |
| 秤锤树 | *Sinojackia xylocarpa* | | Ⅱ |
| 瑞香科 | Thymelaeaceae | | |
| 土沉香 | *Aquilaria sinensis* | | Ⅱ |
| 椴树科 | Tiliaceae | | |
| 柄翅果 | *Burretiodendron esquirolii* | | Ⅱ |
| 蚬木 | *Burretiodendron hsienmu* | | Ⅱ |
| 滇桐 | *Craigia yunnanensis* | | Ⅱ |
| 海南椴 | *Hainania trichosperma* | | Ⅱ |
| 紫椴 | *Tilia amurensis* | | Ⅱ |
| 菱科 | Trapaceae | | |
| 野菱* | *Trapa incisa* | | Ⅱ |
| 榆科 | Ulmaceae | | |
| 长序榆 | *Ulmus elongata* | | Ⅱ |
| 榉树 | *Zelkova schneideriana* | | Ⅱ |
| 伞形科 | Umbelliferae | | |
| 珊瑚菜(北沙参)* | *Glehnia littoralis* | | Ⅱ |
| 马鞭草科 | Verbenaceae | | |
| 海南石梓(苦梓) | *Gmelina hainanensis* | | Ⅱ |
| 姜科 | Zingiberaceae | | |
| 茴香砂仁 | *Etlingera yunnanense* | | Ⅱ |
| 拟豆蔻 | *Paramomum petaloideum* | | Ⅱ |
| 长果姜 | *Siliquamomum tonkinense* | | Ⅱ |
| 蓝藻 Cyonophyta | | | |
| 念珠藻科 | Nostocaceae | | |
| 发菜 | *Nostoc flagelliforme* | Ⅰ | |
| 真菌 Eumycophyta | | | |
| 麦角菌科 | Clavicipitaceae | | |
| 虫草(冬虫夏草)* | *Cordyceps sinensis* | | Ⅱ |
| 口蘑科(白蘑科) | Tricholomataceae | | |
| 松口蘑(松茸) | *Tricholoma matsutake* | | Ⅱ |

注：标“*”者由农业行政主管部门或渔业行政主管部门主管；未标“*”者由林业行政主管部门主管。

# 附录2 国家重点保护野生动物名录

（1988年12月10日国务院批准）

## 一、兽纲 MAMMALIA

| 目 | 科 | 种 | 拉丁文学名 | 保护等级 |
|---|---|---|---|---|
| 灵长目 | | | PRIMATES | |
| | 懒猴科 | | Lorisldae | |
| | | 蜂猴(所有种) | *Nycticebus* spp. | |
| | 猴科 | | Cercopithecidae | |
| | | 短尾猴 | *Macaca arctoides* | |
| | | 熊猴 | *Macaca assamensis* | I |
| | | 台湾猴 | *Macaca cyclopis* | I |
| | | 猕猴 | *Macaca mulatta* | |
| | | 豚尾猴 | *Macaca nemestrina* | I |
| | | 藏酋猴 | *Macaca thibetana* | |
| | | 叶猴(所有种) | *Presbyitis* spp. | I |
| | | 金丝猴(所有种) | *Rhinopithecus* spp. | |
| | 猩猩科 | | Pongidae | |
| | | 长臂猿(所有种) | *Hylobates* spp. | I |
| 鳞甲目 | | | PHOLIDOTA | |
| | 鲮鲤科 | | Manidae | |
| | | 穿山甲 | *Manis pentadactyla* | |
| 食肉目 | | | CARNIVORA | |
| | 犬科 | | Canidae | |
| | | 豺 | *Cuon alpinus* | |
| | 熊科 | | Ursidae | |
| | | 黑熊 | *Selenarctos thibetanus* | |
| | | 棕熊 | *Ursus arctos* | |
| | | (包括马熊) | (*U. a.* Pruinosus) | |
| | | 马来熊 | *Helarctas malayanus* | I |
| | 浣熊科 | | Procyonidae | |
| | | 小熊猫 | *Ailurus fulgens* | |
| | 大熊猫科 | | Ailuropodidae | |
| | | 大熊猫 | *Ailuropoda melanoleuca* | I |
| | 鼬科 | | Mustelidae | |
| | | 石貂 | *Martes foina* | |
| | | 紫貂 | *Martes zibellina* | I |
| | | 黄喉貂 | *Martes flavigula* | |
| | | 貂熊 | *Gulo gulo* | |

续表

| 目 | 科 | 种 | 拉丁文学名 | 保护等级 |
|---|---|---|---|---|
| 食肉目 | 鼬科 | 水獭(所有种) | *Lutra* spp. | |
| | | 小爪水獭 | *Aonyx cinerea* | |
| | 灵猫科 | | Viverridae | |
| | | 斑林狸 | *Prionodon pardicolor* | |
| | | 大灵猫 | *Viverra zibeiha* | |
| | | 小灵猫 | *Viverricula indica* | |
| | | 熊狸 | *Arctictis binturong* | Ⅰ |
| | 猫科 | | Felidae | |
| | | 草原斑猫 | *Felis lybica*(=*silvestris*) | |
| | | 荒漠猫 | *Felis bieti* | |
| | | 丛林猫 | *Felis chaus* | |
| | | 猞猁 | *Felis lynx* | |
| | | 兔狲 | *Felis manul* | |
| | | 金猫 | *Feils temmincki* | |
| | | 渔猫 | *Felis viverrinus* | |
| | | 云豹 | *Neojelis nebulosa* | Ⅰ |
| | | 豹 | *Panthera pardus* | Ⅰ |
| | | 虎 | *Panthera tigris* | Ⅰ |
| | | 雪豹 | *Panthera uncia* | Ⅰ |
| *鳍足目(所有种) | | | PINNIPEDIA | |
| 海牛目 | | | SIRENIA | |
| | 儒艮科 | | Dugongidae | |
| | | 儒艮 | *Dugong dugong* | |
| 鲸目 | | | CETACEA | |
| | 喙豚科 | | Platanlstidae | |
| | | 白鳖豚 | *Lipotes vexillifer* | |
| | 海豚科 | | Delphinidae | |
| | | 中华白海豚 | *Sousa chinensis* | Ⅰ |
| | | 其他鲸类 | (*Cetacea*) | |
| 长鼻目 | | | PROBOSCIDEA | |
| | 象科 | | Elephantldae | |
| | | 亚洲象 | *Elephas maximus* | Ⅰ |
| 奇蹄目 | | | PERISSODACTYLA | |
| | 马科 | | Equidae | |
| | | 蒙古野驴 | *Equus hemionus* | Ⅰ |
| | | 西藏野驴 | *Equus kiang* | Ⅰ |
| | | 野马 | *Equns Przewalskii* | Ⅰ |

续表

| 目 | 科 | 种 | 拉丁文学名 | 保护等级 |
| --- | --- | --- | --- | --- |
| 偶蹄目 | | | ARTIODACTYLA | |
| | 驼科 | | Camelidae | |
| | | 野骆驼 | *Camelus ferus* (= *bactrianus*) | I |
| | 鼷鹿科 | | Tragulidae | |
| | | 鼷鹿 | *Tragulus javanicus* | I |
| | 麝科 | | Moschidae | |
| | | 麝(所有种) | *Moschus* spp. | |
| | 鹿科 | | Cervidae | |
| | | 河麂 | *Hydropotes inermis* | |
| | | 黑麂 | *Muntiacus crinifrons* | I |
| | | 白唇鹿 | *Cervus albirostris* | I |
| | | 马鹿 | *Cervus elaphus* | |
| | | (包括白臀鹿) | (*C. e. macneilli*) | |
| | | 坡鹿 | *Cervus eldi* | I |
| | | 梅花鹿 | *Cervus nippon* | I |
| | | 豚鹿 | *Cervus porcinus* | |
| | | 水鹿 | *cervus unicolor* | |
| | | 麋鹿 | *Elaphurus davidianus* | I |
| | | 驼鹿 | *Alces alces* | I |
| | 牛科 | | Bovidae | |
| | | 野牛 | *Bos gaurus* | I |
| | | 野牦牛 | *Bos mutus* (= *grunniens*) | |
| | | 黄羊 | *Procapra gutturosa* | |
| | | 普氏原羚 | *Procapra przewalskii* | I |
| | | 藏原羚 | *Procapra picticaudata* | I |
| | | 鹅喉羚 | *Cazella subgutturosa* | I |
| | | 藏羚 | *Pantholops hodgsoni* | |
| | | 高鼻羚羊 | *Saiga tatarica* | I |
| | | 扭角羚 | *Budorcas taxicolor* | I |
| | | 鬣羚 | *Capricornis sumatraensis* | |
| | | 台湾鬣羚 | *Capricornis crispus* | I |
| | | 赤斑羚 | Naemorhedus cranbrooki | I |
| | | 斑羚 | *Naemorhedus goral* | |
| | | 塔尔羊 | *Hemitragus jemlahicus* | I |
| | | 北山羊 | *Capra ibex* | I |
| | | 岩羊 | *Pseudois nayaur* | |
| | | 盘羊 | *Ovis ammon* | |

续表

| 目 | 科 | 种 | 拉丁文学名 | 保护等级 |
|---|---|---|---|---|
| 兔形目 | | | LAGOMORPHA | |
| | 兔科 | | Leporidae | |
| | | 海南兔 | *Lepus peguensis hainanus* | Ⅱ |
| | | 雪兔 | *Lepus timidus* | Ⅱ |
| | | 塔里木兔 | *Lepus yarkandensis* | Ⅱ |
| 啮齿目 | | | RODENTIA | |
| | 松鼠科 | | Sciuridae | |
| | | 巨松鼠 | *Ratufa bicolor* | Ⅱ |
| | 河狸科 | | Castoridae | |
| | | 河狸 | *Castor fiber* | Ⅰ |

## 二、鸟纲 AVES

| 目 | 科 | 种 | 拉丁文学名 | 保护等级 |
|---|---|---|---|---|
| 䴙䴘目 | | | PODICIPEDIFORMES | |
| | 䴙䴘科 | | Podicipedidae | |
| | | 角䴙䴘 | *Podiceps auritus* | Ⅱ |
| | | 赤颈䴙䴘 | *Podiceps grisegena* | Ⅱ |
| 鹱形目 | | | PROCELLARIIFORMES | |
| | 信天翁科 | | Diomedeidae | |
| | | 短尾信天翁 | *Diomedea albatrus* | Ⅰ |
| 鹈形目 | | | PELECANIFORMES | |
| | 鹈鹕科 | | Pelecanidae | |
| | | 鹈鹕(所有种) | *Pelecanus* spp. | Ⅱ |
| | 鲣鸟科 | | Sulidae | |
| | | 鲣鸟(所有种) | *Sula* spp. | Ⅱ |
| | 鸬鹚科 | | Phalacrocoracidae | |
| | | 海鸬鹚 | *Phalacrocorax pelagicus* | Ⅱ |
| | | 黑颈鸬鹚 | *Phalacrocorax niger* | Ⅱ |
| | 军舰鸟科 | | Fregatidae | |
| | | 白瓜军舰鸟 | *Fregata andrewsi* | Ⅰ |
| 鹳形目 | | | CICONIIFORMES | |
| | 鹭科 | | Ardeidae | |
| | | 黄嘴白鹭 | *Egretta eulophotes* | Ⅱ |
| | | 岩鹭 | *Egretta sacra* | Ⅱ |
| | | 海南虎斑鳽 | *Gorsachius magnificus* | Ⅱ |
| | | 小苇鳽 | *Ixbrychus minutus* | Ⅱ |
| | 鹳科 | | Ciconiidae | |

续表

| 目 | 科 | 种 | 拉丁文学名 | 保护等级 |
| --- | --- | --- | --- | --- |
| 鹳形目 | 鹳科 | 彩鹳 | *Ibis leucocephalus* | Ⅱ |
| | | 白鹳 | *Cicohio ciconia* | Ⅰ |
| | | 黑鹳 | *Ciconia nigra* | Ⅰ |
| | 鹮科 | | Threskiornithidae | |
| | | 白鹮 | *Threskiornis aethiopicus* | Ⅱ |
| | | 黑鹮 | *Pseudibis papillosa* | Ⅱ |
| | | 朱鹮 | *Nipponia nippon* | Ⅰ |
| | | 彩鹮 | *Plegalis falcinellus* | Ⅱ |
| | | 白琵鹭 | *Platalea leucorodia* | Ⅱ |
| | | 黑脸琵鹭 | *platalea minor* | Ⅱ |
| 雁形目 | | | ANSERIFORMES | |
| | 鸭科 | | Anatidae | |
| | | 红胸黑雁 | *Branta ruficollis* | Ⅱ |
| | | 白额雁 | *Anser albifrons* | Ⅱ |
| | | 天鹅(所有种) | *Cygnus* spp. | Ⅱ |
| | | 鸳鸯 | *Aix galericulata* | Ⅱ |
| | | 中华秋沙鸭 | *Mergus squamatus* | Ⅰ |
| 隼形目 | | | FALCONIFORMES | |
| | 鹰科 | | Accipitridae | |
| | | 金雕 | *Aquila chrysaetos* | Ⅰ |
| | | 白肩雕 | *Aquila heliaca* | Ⅰ |
| | | 玉带海雕 | *Haliaeetus leucoryphus* | Ⅰ |
| | | 白尾海雕 | *Haliaeetus albcilla* | Ⅰ |
| | | 虎头海雕 | *Haliaeetus pelagicus* | Ⅰ |
| | | 拟兀鹫 | *Pseudogyps bengalensis* | Ⅰ |
| | | 胡兀鹫 | *Gypaetus barbatus* | Ⅰ |
| | | 其他鹰类 | (*Accipitridae*) | Ⅱ |
| | 隼科(所有种) | | Falconidae | Ⅱ |
| 鸡形目 | | | GALLIFORMES | |
| | 松鸡科 | | Tetraonidae | |
| | | 细嘴松鸡 | *Tetrao parvirostris* | Ⅰ |
| | | 黑琴鸡 | *Lyrurus tetrix* | Ⅴ |
| | | 柳雷鸟 | *Lagopus lagopus* | Ⅱ |
| | | 岩雷鸟 | *Lagopus mutus* | Ⅱ |
| | | 镰翅鸡 | *Falcipennis falcipennis* | Ⅱ |
| | | 花尾榛鸡 | *etrastes bonasla* | Ⅱ |
| | | 斑尾榛鸡 | *etrastes sewerzowi* | Ⅰ |

续表

| 目 | 科 | 种 | 拉丁文学名 | 保护等级 |
|---|---|---|---|---|
| 鸡形目 | 雉科 | | Phasianidae | |
| | | 雪鸡(所有种) | *Tetraogallus* spp. | Ⅱ |
| | | 雉鹑 | *Tetraophasis obscurus* | Ⅰ |
| | | 四川山鹧鸪 | *ArboroPhila rufipectus* | Ⅰ |
| | | 海南山鹧鸪 | *Arborophila ardens* | Ⅰ |
| | | 血雉 | *Ithaginis cruentus* | Ⅱ |
| | | 黑头角雉 | *Tragopan melanocephalus* | Ⅰ |
| | | 红胸角雉 | *ragopan satyra* | Ⅰ |
| | | 灰腹角雉 | *ragopan blythii* | Ⅰ |
| | | 红腹角雉 | *Tragopan temminchii* | Ⅱ |
| | | 黄腹角雉 | *Tragopan caboti* | Ⅰ |
| | | 虹雉(所有种) | *Lophophorus* spp. | Ⅰ |
| | | 藏马鸡 | *Crossoptilon crossoptilon* | Ⅱ |
| | | 蓝马鸡 | *Crossoptilon aurtun* | Ⅱ |
| | | 褐马鸡 | *Crossoptilon mantchuricum* | Ⅰ |
| | | 黑鹇 | *Lophura leucomelana* | Ⅱ |
| | | 白鹇 | *Lophura nycthemera* | Ⅱ |
| | | 蓝鹇 | *Lophura swinhoii* | Ⅰ |
| | | 原鸡 | *Gallus gallus* | Ⅱ |
| | | 勺鸡 | *Pucrasia macrolopha* | Ⅱ |
| | | 黑颈长尾雉 | *Syrmaticus humiae* | Ⅰ |
| | | 白冠长尾雉 | *Syrmaticus reevesii* | Ⅱ |
| | | 白颈长尾雉 | *Syrmaticus ewllioti* | Ⅰ |
| | | 黑长尾雉 | *Syrmaticus mikado* | Ⅰ |
| | | 锦鸡(所有种) | *ChrysoloPhus* spp. | Ⅱ |
| | | 孔雀雉 | *Polyplectron bicalcaratum* | Ⅰ |
| | | 绿孔雀 | *Pavo muticus* | Ⅰ |
| 鹤形目 | | | GRUIFORMES | |
| | 鹤科 | | Gruidae | |
| | | 灰鹤 | *Grus grus* | Ⅱ |
| | | 黑颈鹤 | *Grum nigricollis* | Ⅰ |
| | | 白头鹤 | *Grus monacha* | Ⅰ |
| | | 沙丘鹤 | *Grus canadensis* | Ⅱ |
| | | 丹顶鹤 | *Grus japonensis* | Ⅰ |
| | | 白枕鸿 | *Grus vipio* | Ⅱ |
| | | 白鹤 | *Grus leucogeranus* | Ⅰ |
| | | 赤颈鹤 | *Grus antigone* | Ⅰ |

续表

| 目 | 科 | 种 | 拉丁文学名 | 保护等级 |
|---|---|---|---|---|
| 鹤形目 | 鹤科 | 蓑羽鹤 | *Anthropoides virgo* | Ⅱ |
| | 秧鸡科 | | Rallidae | |
| | | 长脚秧鸡 | *Crex crex* | Ⅱ |
| | | 姬田鸡 | *Porzana parva* | Ⅱ |
| | | 棕背田鸡 | *Porzana bicolor* | Ⅱ |
| | | 花田鸡 | *Coturnicops noveboracensis* | Ⅱ |
| | 鸨科 | | Otidae | |
| | | 鸨(所有种) | *Otis* spp. | Ⅰ |
| 鸻形目 | | | CHARADRIIFORMES | |
| | 雉鸻科 | | Jacanidae | |
| | | 铜翅水雉 | *Metopidius indicus* | |
| | 鹬科 | | Soolopacidae | |
| | | 小杓鹬 | *Numenius borealis* | |
| | | 小青脚鹬 | *Tringa guttifer* | Ⅱ |
| | 燕鸻科 | | Glareolidae | |
| | | 灰燕鸻 | *Glareola lactea* | Ⅱ |
| 鸥形目 | | | LARIFORMES | |
| | 鸥科 | | Laridae | |
| | | 遗鸥 | *Larus relictus* | Ⅰ |
| | | 小鸥 | *Larus minutus* | Ⅱ |
| | | 黑浮鸥 | *Chlidonias niger* | Ⅱ |
| | | 黄嘴河燕鸥 | *Sterna aurantia* | Ⅱ |
| | | 黑嘴端凤头燕鸥 | Thalasseus zimmermanni | Ⅱ |
| 鸽形目 | | | COLUMBIFORMES | |
| | 沙鸡科 | | Pteroclididae | |
| | | 黑腹沙鸡 | *Pterocles orientalis* | Ⅱ |
| | 鸠鸽科 | | Columbidae | |
| | | 绿鸠(所有种) | *Treron* spp. | Ⅱ |
| | | 黑颏果鸠 | *Ptilinopus leclancheri* | Ⅱ |
| | | 皇鸠(所有种) | *Ducula* spp. | Ⅱ |
| | | 斑尾林鸽 | *Columba palumbus* | Ⅱ |
| | | 鹃鸠(所有种) | *Macropygia* spp. | Ⅱ |
| 鹦形目 | | | PSITTACIFORMES | |
| | | 鹦鹉科(所有种) | Psittacidae | Ⅱ |
| 鹃形目 | | | CUCULIFORMES | |
| | 杜鹃科 | | Cuculidae | |

续表

| 目 | 科 | 种 | 拉丁文学名 | 保护等级 |
|---|---|---|---|---|
| 鹃形目 | 杜鹃科 | 鸦鹃(所有种) | *Centropus* spp. | Ⅱ |
| 鸮形目(所有种) | | | STRIGIFORMES | Ⅱ |
| 雨燕目 | | | APODIFORMES | |
| | 雨燕科 | | Apodidae | |
| | | 灰喉针尾雨燕 | *Hirundapus cochinchinensls* | Ⅱ |
| | 凤头雨燕科 | | Hemiprocnidae | |
| | | 凤头雨燕 | *Hemiprocne longipennis* | Ⅱ |
| 咬鹃目 | | | TROGONIFORMES | |
| | 咬鹃科 | | Trogonidae | |
| | | 橙胸咬鹃 | *Harpactes oreskios* | Ⅱ |
| 佛法僧目 | | | CORACllFORMES | |
| | 翠鸟科 | | Alcedinidae | |
| | | 蓝耳翠鸟 | *Alcedo meninting* | Ⅱ |
| | | 鹳嘴翠鸟 | *Pelargopsis capensis* | Ⅱ |
| | 蜂虎科 | | Meropidae | |
| | | 黑胸蜂虎 | *Merops leschenaulti* | Ⅱ |
| | | 绿喉蜂虎 | *Merops orientalis* | Ⅱ |
| | | 犀鸟科(所有种) | Bucertidae | Ⅱ |
| 鴷形目 | | | PICIFORMES | |
| | 啄木鸟科 | | Picidae | |
| | | 白腹黑啄木鸟 | *Dryocopus javensis* | Ⅱ |
| 雀形目 | | | PASSERIFORMES | |
| | | 阔嘴鸟科(所有种) | *Eurylaimidae* | Ⅱ |
| | | 八色鸫科(所有种) | *Pittidae* | Ⅱ |

## 三、爬行纲 REPTILIA

| 目 | 科 | 种 | 拉丁文学名 | 保护等级 |
|---|---|---|---|---|
| 龟鳖目 | | | TESTUDOFORMES | |
| | 龟科 | | Emydidae | |
| | | 地龟 | *Geoemyda spengleri* | Ⅱ |
| | | 三线闭壳龟 | *Cuora trifasciata* | Ⅱ |
| | | 云南闭壳龟 | *Cuora yunnanensis* | Ⅱ |
| | 陆龟科 | | Testudinidae | |
| | | 四爪陆龟 | *Testudo horsfieldi* | Ⅰ |
| | | 凹甲陆龟 | *Manouria impressa* | Ⅱ |
| | 海龟科 | | Cheloniidae | |
| | | 蠵龟 | *Caretta caretta* | Ⅱ |

续表

| 目 | 科 | 种 | 拉丁文学名 | 保护等级 |
|---|---|---|---|---|
| 龟鳖目 | 海龟科 | 绿海龟 | *Chelonia mydas* | Ⅱ |
| | | 玳瑁 | *Ereimochelys imbricata* | Ⅱ |
| | | 太平洋丽龟 | *Lepidochelys olivacea* | Ⅱ |
| | 棱皮龟科 | | Dermochelyidae | |
| | | 棱皮龟 | *Dermochelys coriacea* | Ⅱ |
| | 鳖科 | | Trionychidae | |
| | | 鼋 | *Pelochelys bibroni* | Ⅰ |
| | | 山瑞鳖 | *Trionyx steindachneri* | Ⅱ |
| 蜥蜴目 | | | LACERTIFORMES | |
| | 壁虎科 | | Gekkonidae | |
| | | 大壁虎 | *Gekko gecko* | Ⅱ |
| | 鳄蜥科 | | Shinisauridae | |
| | | 蜥鳄 | *Shinisaurus crocodilurus* | Ⅰ |
| | 巨蜥科 | | Varanidae | |
| | | 巨蜥 | *Varanus salvator* | Ⅰ |
| 蛇目 | | | SERPENTIFORMES | |
| | 蟒科 | | Boidae | |
| | | 蟒 | *Python molurus* | Ⅰ |
| 鳄目 | | | CROCODILIFORMES | |
| | 鼍科 | | Alligatoridae | |
| | | 扬子鳄 | *Alligator sinensis* | Ⅰ |

## 四、两栖纲 AMPHIBIA

| 目 | 科 | 种 | 拉丁文学名 | 保护等级 |
|---|---|---|---|---|
| 有尾目 | | | CAUDATA | |
| | 隐鳃鲵科 | | Cryptobranchidae | |
| | | 大鲵 | *Andrias davidianus* | Ⅱ |
| | 蝾螈科 | | Salamandridae | |
| | | 细痣疣螈 | *Tylototriton asperrimus* | Ⅱ |
| | | 镇海疣螈 | *Tylototriton chinhaiensis* | Ⅱ |
| | | 大凉疣螈 | *Tylototriton kweichowensis* | Ⅱ |
| | | 细瘰疣螈 | *Tylototriton verrucosus* | Ⅱ |
| 无尾目 | | | ANURA | |
| | 蛙科 | | Ranidae | |
| | | 虎纹蛙 | *Rana tigrina* | Ⅱ |

## 五、鱼纲 PISCES

| 目 | 科 | 种 | 拉丁文学名 | 保护等级 |
|---|---|---|---|---|
| 鲈形目 | | | PERCIFORMES | |
| | 石首鱼科 | | Sciaenidae | |
| | | 黄唇鱼 | *Bahaba flavolabiata* | Ⅱ |
| | 杜父鱼科 | | Cottidae | |
| | | 松江鲈鱼 | *Trachidermus fasciatus* | Ⅱ |
| 海龙鱼目 | | | SYNGNATHIFORMES | |
| | 海龙鱼科 | | Syngnathidae | |
| | | 克氏海马鱼 | *Hippocampus kelloggi* | Ⅱ |
| 鲤形目 | | | CYPRINIFORMES | |
| | 胭脂鱼科 | | Catostomidae | |
| | | 胭脂鱼 | *Myxocyprinus asiaticus* | Ⅱ |
| | 鲤科 | | Cyprinidae | |
| | | 唐鱼 | *Tanichthys albonubes* | Ⅱ |
| | | 大头鲤 | *Cyprinus Pellegrini* | Ⅱ |
| | | 金线鲃 | *Sinocyclocheilus grahami grahami* | Ⅱ |
| | | 新疆大头鱼 | *Aspiorhynchus laticeps* | Ⅰ |
| | | 大理裂腹鱼 | *Schizothorax taliensis* | Ⅱ |
| 鳗鲡目 | | | ANGUILLIFOMES | |
| | 鳗鲡科 | | Anguillidae | |
| | | 花鳗鲡 | *Anguilla marmorata* | Ⅱ |
| 鲑形目 | | | SALMONIFORMES | |
| | 鲑科 | | Salmonidae | |
| | | 川陕哲罗鲑 | *Hucho bleekeri* | Ⅱ |
| | | 秦岭细鳞鲑 | *Brachymystax lenok tsinlingensis* | Ⅱ |
| 鲟形目 | | | ACIPENSERIFORMES | |
| | 鲟科 | | Acipenseridae | |
| | | 中华鲟 | *Acipenser sinensis* | Ⅰ |
| | | 达氏鲟 | *Acipenserdabryanus* | Ⅰ |
| | 匙吻鲟科 | | Polyodontidae | |
| | | 白鲟 | *Psephurus gladius* | Ⅰ |

## 六、文昌鱼纲 APPENDICULARIA

| 目 | 科 | 种 | 拉丁文学名 | 保护等级 |
|---|---|---|---|---|
| 文昌鱼目 | | | AMPHIOXIFORMES | |
| | 文昌鱼科 | | Branchiostomatidae | Ⅱ |
| | | 文昌鱼 | *Branchiotoma belcheri* | |

## 七、珊瑚纲 ANTHOZOA

| 目 | 科 | 种 | 拉丁文学名 | 保护等级 |
|---|---|---|---|---|
| 柳珊瑚目 | | | GOKGONACEA | |
| | 红珊瑚科 | | Coralliidae | |
| | | 红珊瑚 | *Corallium* spp. | Ⅰ |

## 八、腹足纲 GASTROPODA

| 目 | 科 | 种 | 拉丁文学名 | 保护等级 |
|---|---|---|---|---|
| 中腹足目 | | | MESOGASTROPODA | |
| | 宝贝科 | | Cypraeidae | |
| | | 虎斑宝贝 | *Cypraea tigris* | Ⅱ |
| | 冠螺科 | | Cassididae | |
| | | 冠螺 | *Cassis cornuta* | Ⅱ |

## 九、瓣鳃纲 LAMELLIBRANCHIA

| 目 | 科 | 种 | 拉丁文学名 | 保护等级 |
|---|---|---|---|---|
| 异柱目 | | | ANISOMYARIA | |
| | 珍珠贝科 | | Pteriidae | |
| | | 大珠母贝 | Pinctada maxima | Ⅱ |
| 真瓣鳃目 | | | EULAMELLIBRANCHIA | |
| | 砗磲科 | | Tridacnidae | |
| | | 库氏砗磲 | *Trldacna cookiana* | Ⅰ |
| | 蚌科 | | Unionidae | |
| | | 佛耳丽蚌 | *Lamprotula mansuyi* | Ⅱ |

## 十、头足纲 UEPHALOPODA

| 目 | 科 | 种 | 拉丁文学名 | 保护等级 |
|---|---|---|---|---|
| 四鳃目 | | | TETRABRANCHIA | |
| | 鹦鹉螺科 | | Nautilidae | |
| | | 鹦鹉螺 | *Nautilus pompilius* | Ⅰ |

## 十一、昆虫纲 INSECTA

| 目 | 科 | 种 | 拉丁文学名 | 保护等级 |
|---|---|---|---|---|
| 双尾目 | | | UIPLURA | |
| | 蛱虫八科 | | Japygidae | |
| | | 伟蛱虫八 | *Atlasjapyx atlas* | Ⅱ |
| 蜻蜓目 | | | ODONATA | |
| | 箭蜓科 | | Gomphidae | |
| | | 尖板曦箭蜓 | *Heliogomphus retroflexus* | Ⅱ |
| | | 宽纹北箭蜓 | *Ophiogomphus spinicorne* | Ⅱ |

续表

| 目 | 科 | 种 | 拉丁文学名 | 保护等级 |
|---|---|---|---|---|
| 缺翅目 | | | ZORAPTERA | |
| | 缺翅虫科 | | Zorotypidae | |
| | | 中华缺翅虫 | *Zorotypus sinensis* | Ⅱ |
| | | 墨脱缺翅虫 | *Zorotypus medoensis* | Ⅱ |
| 这着满胜对目？ | | | GRYLLOBLATTODAE | |
| | 蛋闻科 | | Grylloblattidae | |
| | | 中华蜜螃 | *Galloisiana sinensls* | Ⅰ |
| 鞘翅目 | | | COLEOPTERA | |
| | 步甲科 | | Carabidae | |
| | | 拉步甲 | *Carabus*(*Coptolabrus*)*lafossei* | Ⅱ |

## 十二、肠鳃纲 ENTEROPNEUSTA

| 目 | 科 | 种 | 拉丁文学名 | 保护等级 |
|---|---|---|---|---|
| | 柱头虫科 | | Balanoglossidae | Ⅰ |
| | | 多鳃孔舌形虫 | *Glossobalanus polybranchioporus* | Ⅰ |
| | 玉钩虫科 | | Harrlmaniidae | |
| | | 黄岛长吻虫 | *Saccoglossus hwangtauensis* | |

# 参 考 文 献


[1] 程胜高，罗则娇，曾克峰等．环境生态学．北京：化学工业出版社，2003.
[2] 柳劲松，王丽华，宋秀娟．环境生态学基础．北京：化学工业出版社，2003.
[3] 张合平，刘云国．环境生态学．北京：中国林业出版社，2002.
[4] 尚玉昌．普通生态学．第二版．北京：北京大学出版社，2002.
[5] 李博．生态学．北京：高等教育出版社，2000.
[6] 李振基，陈小麟，郑海雷，连玉武．生态学．北京：科学出版社，2000.
[7] 金岚．环境生态学．北京：高等教育出版社，1992.
[8] 尚玉昌，蔡晓明．普通生态学（上、下册）．北京：北京大学出版社，1992.
[9] 孙儒泳，李博，诸葛阳，尚玉昌．普通生态学．北京：高等教育出版社，1993.
[10] 云南大学生物系．植物生态学．重庆：人民教育出版社，1980.
[11] 马世骏．中国生态学发展战略研究．北京：中国经济出版社，1991.
[12] 孙儒泳．动物生态学原理．北京：北京师范大学出版社，2001.
[13] 杨彬然．环境生物学．北京：中国环境科学出版社，1990.
[14] 钦佩等．生态工程学．南京：南京大学出版社，1998.
[15] 张金屯．应用生态学．北京：科学出版社，2003.
[16] 周纪纶．经济生态学的发展战略研究（中国生态学发展战略研究）．北京：中国经济出版社，1991.
[17] 杨彬然．绿化工程在城市生态恢复中的重要作用（技术跨越式发展学术论坛）．长沙：湖南科学技术出版社，2001.
[18] 蒋志学，邓士蓮．环境生物学．北京：中国环境科学出版社，1989.
[19] www. wildlifewarden. net/fw/ml/p _ lists _ main. htm.
[20] www. zhb. gov. cn/eic/649647549078044672/19990909/1023068. shtml.
[21] 蔡晓明．生态系统生态学．北京：科学出版社，2001.
[22] 张昀．生物进化．北京：北京大学出版社，1998.
[23] 盛连喜．环境生态学导论．北京：高等教育出版社，2002.
[24] 戈峰．现代生态学．北京：科学出版社，2002.
[25] 郑师章等．普通生态学．上海：复旦大学出版社．
[26] 祝廷成．植物生态学．北京：高等教育出版社，1992.
[27] 曲仲湘等．植物生态学．第二版．北京：高等教育出版社，1990.
[28] 武吉华，张绅．植物地理学．第三版．北京：高等教育出版社，2000.
[29] Odum E P. 生态学基础．孙儒泳等译．北京：人民教育出版社，1982.
[30] 陈化鹏，高中信．野生动物生态学．哈尔滨：东北林业大学出版社，1993.
[31] 雷默特 H. 生态学．庄吉珊译．北京：科学出版社，1988.
[32] 陈灵芝．中国生物多样性．北京：科学出版社，1993.
[33] 尚玉昌．行为生态学．北京：北京大学出版社，1999.
[34] 杨士弘等．城市生态环境学．北京：科学出版社，2001.
[35] 常家传等．鸟类学．哈尔滨：东北林业大学出版社，1994.
[36] 周以良等．中国小兴安岭植被．北京：科学出版社，1994.
[37] 马建维等．森林调查学．哈尔滨：东北林业大学出版社，1995.
[38] 刘湘溶．生态文明论．长沙：湖南教育出版社，1999.
[39] 刘静玲．人口资源与环境．北京：化学工业出版社，2001.
[40] 黄振管等．植物环境与人类．北京：气象出版社，2000.
[41] Bharucha F R. Plant ecology（review of research）. 1955.
[42] Lovelock J E. Hands up for Gaia hypothesis. Nature，1990.
[43] Whittaker R H. 群落与生态系统．姚壁君译．北京：科学出版社，1975.
[44] 陈鹏．动物地理学．北京：高等教育出版社，1987.
[45] 周凤霞．环境生态学基础．北京：科学出版社，2011.
[46] 李季等．生态工程．北京：化学工业出版社，2008.
[47] 高吉喜等．生态文明建设区域实践与探索．北京：中国环境科学出版社，2010.
[48] 周凤霞．生物监测．北京：化学工业出版社，2012.